中侨彩图馆

刘凤珍 主编

人类的故事彩图馆

（美）房龙 著

刘雪涛 编译

中国华侨出版社

图书在版编目（CIP）数据

人类的故事彩图馆 /（美）房龙著；刘雪涛编译.
— 北京：中国华侨出版社，2015.12
（中侨彩图馆 / 刘凤珍主编）
ISBN 978-7-5113-5890-5

Ⅰ．①人… Ⅱ．①房… ②刘… Ⅲ．①人类学－通俗
读物②世界史－通俗读物 Ⅳ．① Q98-49 ② K109

中国版本图书馆 CIP 数据核字 (2015) 第 304093 号

人类的故事彩图馆

著　　者 /（美）房龙	
编　　译 / 刘雪涛	
丛书主编 / 刘凤珍	
总 审 定 / 江　冰	
出 版 人 / 方　鸣	
责任编辑 / 附　离	
装帧设计 / 贾惠茹 杨　琪	
经　　销 / 新华书店	
开　　本 /720mm×1020mm　1/16　印张：28　字数：625 千字	
印　　刷 / 大厂回族自治县德诚印务有限公司	
版　　次 /2016 年 5 月第 1 版　2018 年 3 月第 2 次印刷	
书　　号 /ISBN 978-7-5113-5890-5	
定　　价 /39.80 元	

中国华侨出版社　北京市朝阳区静安里 26 号通成达大厦 3 层　邮编：100028
法律顾问：陈鹰律师事务所
发行部：(010) 64443051　　　传真：(010) 64439708
网　址 www.oveaschin.com　　E-mail: oveaschin@sina.com

如发现图书质量有问题，可联系调换。

汉斯和威廉：

　　在我十二三岁的时候，我的舅舅，也就是让我爱上读书与绘画的引路人，他答应要带我一起到鹿特丹悠久的圣劳伦斯教堂的塔楼顶上，展开一次终生难忘的探险之旅。

　　我们的探险计划选在一个阳光明媚的日子，教堂司事帮我们打开了通往塔楼的大门，那把开门的钥匙很大，足以和圣彼得的钥匙相媲美。我们踏入那扇神秘的门，司事嘱咐我们说："等一会儿你们下来的时候只要拉拉铃铛，我就来开门。"随后，那扇大门就在吱吱呀呀的旧铰链声中被他关上了。那一刻，我们被关在了一个陌生的世界里，一个与大街上的喧嚣彻底隔绝的神奇世界。

　　那时，我体会到了一种"能够听得见的寂静"，这也是我生命中第一次有那样的感觉。不一会儿，在我们踏上第一段楼梯的时候，我随即又有了另一种崭新的体会——能够触摸得到的黑暗，而这些都是我对自然现象有限的知识积累中所不曾有过的。我们在一根火柴的光亮下拾级而上，一层、两层、三层……不断向上延伸的楼梯与黑暗仿佛没有尽头一般。直到我也记不清爬到多少层的时候，我们恍然间踏入一片光明之中。这是一层与教堂顶部一样高的阁楼，它作为储藏室零零散散地堆放着一些早已被人们遗弃的陈旧圣像。这些多年以前曾被善良的人们无数次膜拜的圣物，如今沉寂在厚厚的灰尘之下。尽管在我的先辈们看来，这些圣物无异于关乎生死的重要物件，但此刻却也无法摆脱沦为与废物、垃圾为伍的宿命。甚至圣像间已成为忙碌的老鼠们划地而居的安乐窝，机警如常的蜘蛛也不失时机地在圣像伸展的双臂间结网捕食。

我们接着又向上登了一层楼，镶焊着粗壮铁条的窗户敞开着，刚才的光亮也正来源于此。数百只鸽子从窗户出出进进，俨然已经把这个居高临下的地方当作安逸的栖息之所。铁栅栏间穿过的凉风迎面推送来阵阵神秘、舒缓的音乐，这些由我们脚下城市涌出的喧嚣之音经过遥远的空间过滤，变得格外地清纯、空灵。车轮碾过的辚辚声，马蹄叩击的嗒嗒声，机器与滑轮运转的辘辘声，还有替代人力从事各种不同作业的蒸汽机永不停歇的嘶嘶声——世间一切的声响都宛如鸽子低转略带节奏的咕咕声，在空气中化作绕指的轻柔。

楼梯到这已走到了尽头，继续向上就需要爬一段一段格子的梯子。梯子很旧又特别滑，所以向上爬的时候必须格外小心谨慎地踏稳每一级。当爬上第一架梯子，呈现在我们眼前的是叹为观止的雄浑奇观——一座巨大的城市时钟。在那里，我仿佛走进了时间的心脏，静静地聆听着时间流逝时每一下沉稳有力的脉搏，一秒、两秒、三秒，直到走满六十秒。然后，随着一阵猛烈的震颤，似乎所有的齿轮都停滞在那里，流淌不息的时间之河就这样被截下一分钟的长度。然而一切并未结束，这座沉重的时钟又重新迈出它优雅的步子，一、二、三，在连绵的轰隆隆声预示之后，难以计数的齿轮、链条间爆发出金鼓雷鸣般的轰鸣声——正午时分的钟声高高地荡过我们的上空，漫向天际。

继续向上爬是一层摆着各式各样的铜钟的房间，既有小巧精致的闹钟，也有让人惊叹不已的巨钟。其中有一口熟悉的大钟安置在房间的正中，那是一口在出现火灾或洪水等情况发生时才敲响的警钟，每当它在半夜响彻我的耳际，总把我吓得心惊胆战、四肢僵直。此刻，它独自肃穆地坐在那里，似乎陷入过去600年间的沧桑回忆，见证着鹿特丹友善的平民们所曾有过的喜悦与哀愁。在这座大钟的四周，整齐地悬挂着不少如老式药店中规规矩矩摆放的蓝色广口瓶一般的小钟，它们常在集市上为外来的商旅和充满好奇的乡民每周演奏两次轻快的乐曲。在钟的世界之外，还有一口黑色的大钟独自躲在角落里，它的沉闷与阴冷让人避之唯恐不及，那是一口在有人死亡时才敲响的丧钟。

随着我们继续向上爬，重新步入黑暗的我们脚下的梯子也变得更加危险、难攀。不知不觉间，倏然而至的清新空气让我们胸中畅然，登顶到塔楼制高点的我们正置身于一片广阔的天地之间。头顶高高的蓝天如此深远，脚下的城市宛如一座用积木搭建起的玩具般无比小巧。人们犹如渺小的蚂蚁一般匆忙来去，为他们各自的生计而忙碌着。而在遥远的天际，星星点点的乱石堆之外，安静地躺着那一片辽阔的碧野、良田。

这是我对广阔大千世界的第一眼印象。

此后，只要有机会我就会爬到塔楼的顶上，自娱自乐一番。尽管爬到顶楼是件煞费气力的蠢事，但以有限的辛苦换取精神上的充足回报让我乐此不疲。

从中获得的回报只有我自己最清楚，在那里，我可以触摸蓝天、俯瞰大地，可以同我的好朋友——那位慈祥的教堂守门人海阔天空地畅谈、说笑。他住在塔楼隐蔽角落里搭建的简陋住所里，值守着城市的时钟，更如父亲一般慈爱地照顾着那些大大小小的钟。当这座城市一旦出现蒙受灾难的迹象，他就会敲响警钟提醒所有的人。他时常叼着烟斗在充裕的闲暇时光里陷入悠悠的沉思之中。自从他离开学校半个世纪以来，几乎从不接触书卷。但值守教堂塔楼的漫长生涯与勤于思考，却让他由广阔的世界、平凡的生活中领悟到无上的智慧。

历史传说对于他来说烂熟于心，如同一段段他亲身经历过的鲜活记忆一般。他会指着一处河的转弯处对我说：“看那里，我的孩子。就是那个地方，你看到那些树了吗？那里就是奥兰治亲王为了拯救莱顿城而决堤淹田的地方。”他还给我讲述默兹河过去的陈年旧事，告诉我那里宽阔的河道如何由便利的港口转变为平坦、通畅的大路，又是怎样送走为人类在茫茫大海中的自由航行而努力的勒伊特与特隆普的著名船队最后一次出航，可是，他们却再也没有回来。

　　然后，他指着那些周围散布着小教堂的村庄，很久以前，守圣者们住在那些教堂里庇佑着人们。再远处则是德尔夫的斜塔，那里曾经是见证沉默者威廉遭暗杀的地方。这里同时也是格罗斯特最开始掌握初级拉丁文语法的地方。更远一点儿的地方是低矮的豪达教堂，那里曾是声名远播的伊拉斯谟幼年时的成长之地，他成年时所展现出来的智慧的威力甚至让皇帝的军队相形见绌。

　　而最后映入我们眼帘的是遥远的天际边烟波浩渺的银色海平线，那与我们脚下屋顶、烟囱、花圃、诊所、学校以及铁路清晰的影像形成了鲜明的对比。所有的这一切汇集成我们所称之为的"家园"，塔楼的存在为家园赋予了新的意义。它让那些杂乱无章的街道与集市、工厂与作坊变得秩序井然，展现着人们自身改变一切的能力与动力。而最大的意义在于：当我们置身于曾经的人类所取得的辉煌之中，能够激发出新的力量，它让我们在返回日常生活中时能鼓起勇气面对未来即将而至的种种困境。

　　历史，如同"时间之父"在逝去的无尽岁月中精心修建于各个领域里雄伟的"经验之塔"。倘若想登上古老的塔顶去纵览时空的壮美绝非易事，那里没有安逸、便捷的电梯，但作为拥有着强健腿脚的年轻人，足以通过自身的不懈努力完成这一壮举。

　　现在，我交给你们这把打开时空之门的钥匙。我为什么会如此热心于此？当你们返回时，自然就会知道答案了。

亨德里克·威廉·房龙

目录
Contents

第一章

混沌初开

一直以来，人类都生活在一个巨大问号的阴影之下。

我们是谁？

我们从何处而来？

我们要去往何方？

人类依靠着坚持不懈的勇气，对这些问题进行探究，将之推向遥远的天际，并期冀着能够一步步接近问题的最终答案。

但是，到现在为止，我们还是没有走得太远。

我们所知道的仍然少之又少。不过，我们还是可以较为精确地推测出许多事情的本来面目。

本章，我将会告诉你们，人类历史舞台的最初是怎么被搭建起来的。

假如我们用直线的长度来表示动物在地球上存在时间的长短的话，那么，人类（或者说类似人类生命的物种）在地球上生存的时间，就是所有线中最下面那条最短的直线。

人类是最晚出现在地球上面的，但是，人类却最先学会用大脑来征服这个世界。这也是我们不去研究猫、狗、马等其他动物，而偏偏研究人类的原因，即便是人类以外的动物们背后也潜藏着它们独特、有趣的历史发展进程。

世界的最初，我们繁衍生息的这个星球是一个由燃烧物质构成、如尘埃一般飘行在浩渺太空中的巨大球体。持续几百万年不熄的燃烧让球体的表面逐渐化为灰烬，最终一层薄薄的岩石覆盖在了上面，毫无生命的迹象。无休止的暴雨将坚硬的花岗岩渐渐消磨、侵蚀，冲刷下来的碎屑被带到了峰峦叠嶂、云雾笼罩的峡谷之中。

终于，云开雨歇，灿烂的阳光普照大地。这个星球上随处可见的积水逐渐汇集发展成为东西半球一望无际的海洋。

在随后的某一天，伟大的奇迹出现了：一个生命诞生在这个毫无生气的星球上！

这个世界最初生命的种子在大海之中颠沛流离。

无所事事的它在海浪间随波逐流了几百万年。在这期间，为了能够更好地适应恶劣的地球环境而让自身得以生存，它逐渐形成了某些习性。细胞中的一部分成员认为湖泊和池塘黝黑的泥地是个不错的地方，于是它们定居在由山顶冲积下来的淤泥中，成为了

人类的起源

　　关于人类的起源，科学给予人们一个充满着神奇与逻辑性的解释，而宗教则给予人们一个充满着虚构与梦幻般的传述。在《圣经·创世记》中，神在第一天创造了光明，第二天划分出天地的界限，第三天创造了绿树、芳草等植物，第四天使日月、星辰轮转，第五天创造了海洋生物与飞鸟，第六天创造了陆地生物与人，瑰丽的神学色彩吸引着无数人对自身起源好奇的目光。

植物的始祖。一些其他细胞则不这么认为，它们继续过着漂泊的生活，它们中的一部分长出了如同蝎子一般带有骨节的、奇形怪状的腿，在海底茂盛的植物和一些淡绿色形似水母的物体之间不断爬来爬去；甚至它们中的一部分长出了鳞片，它们依靠游泳的本领来四处活动，寻找食物填饱肚子，逐渐演变成辽阔海洋中不计其数的鱼类。

　　在此期间，植物的数量也在不断地增长着，海底的空间变得愈发局促，为了生存，植物们不得不到更加开阔的领域开辟新的家园。于是，万般无奈的部分植物迁往沼泽和山脚下的泥地附近开始它们崭新的生活。除了在每天早晚两次的潮汐时从略咸的水中回味故乡的气息以外，初来乍到的它们必须加紧适应新的环境，以便在地表稀薄的空气中顽强地生存下去。漫长的磨砺终于使它们可以如同最初在水里的生活一样，自由自在地生活在陆地上的空气中。它们茁壮地生长着，漫过山野，形成茂密的灌木与树林，它们甚至学会绽放娇艳、芬芳的花朵，吸引那些终日忙碌的蜜蜂与飞鸟将它们的种子带到世界的各个角落，直到地球上到处充满着生机盎然的绿色。

拥挤的海洋逼迫植物们开始迁徙，不能幸免的鱼类也开始逃离海洋。它们在借助鳃呼吸的同时也掌握了借助肺呼吸的方法，这让它们可以在水中和陆地上自由地生活，因此被称为"两栖动物"。你可以从脚边跳过的青蛙身上轻易地看出一只两栖动物在海陆之间畅行无阻的美妙。

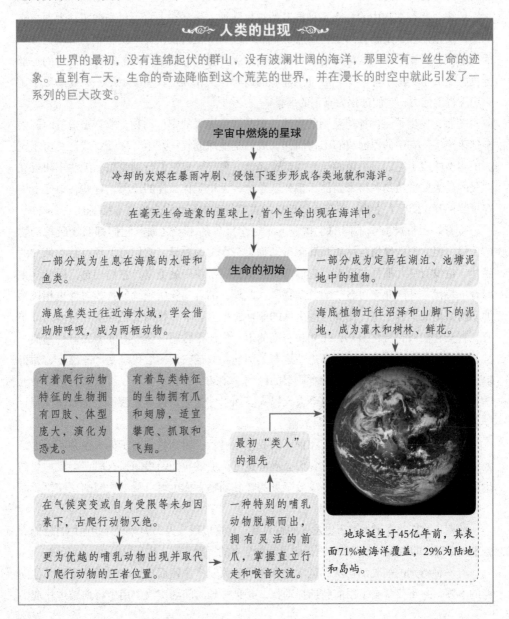

人类的出现

世界的最初，没有连绵起伏的群山，没有波澜壮阔的海洋，那里没有一丝生命的迹象。直到有一天，生命的奇迹降临到这个荒芜的世界，并在漫长的时空中就此引发了一系列的巨大改变。

宇宙中燃烧的星球

冷却的灰烬在暴雨冲刷、侵蚀下逐步形成各类地貌和海洋。

在毫无生命迹象的星球上，首个生命出现在海洋中。

一部分成为生息在海底的水母和鱼类。

生命的初始

一部分成为定居在湖泊、池塘泥地中的植物。

海底鱼类迁往近海水域，学会借助肺呼吸，成为两栖动物。

海底植物迁往沼泽和山脚下的泥地，成为灌木和树林、鲜花。

有着爬行动物特征的生物拥有四肢、体型庞大，演化为恐龙。

有着鸟类特征的生物拥有爪和翅膀，适宜攀爬、抓取和飞翔。

最初"类人"的祖先

在气候突变或自身受限等未知因素下，古爬行动物灭绝。

更为优越的哺乳动物出现并取代了爬行动物的王者位置。

一种特别的哺乳动物脱颖而出，拥有灵活的前爪，掌握直立行走和喉音交流。

地球诞生于45亿年前，其表面71%被海洋覆盖，29%为陆地和岛屿。

离开水之后，这些动物就会越来越适应陆地上的环境，其中的一些变成了完全的陆地动物，即爬行动物（就是像蜥蜴一样爬行的动物）。它们与森林中的昆虫们成为邻居，分享着那里的寂静。为了更加快速地在松软的土壤中行走，它们拥有了四肢，体型也变得越来越大。最终的结果是，它们进化成为了身高三十到四十英尺的庞然大物，并且统治了整个地球。在生物学上，这些体型如此庞大的生物被冠以鱼龙、斑龙、雷龙等等的名字，它们就是恐龙家族。它们的体型大到让人叹为观止，打个比方，如果让它们和大象一起玩耍，就仿佛一只壮硕的成年老猫在同自己的幼崽嬉闹。

后来，爬行动物中的一支系种群开始远离陆地，生活在上百英尺高的树顶上面。它们不再使用四肢来走路，而是将四肢练就成可以从一根树枝快速地跳跃到另一根树枝上面的本领。日积月累，这些动物的身体开始发生变化，它们躯体两侧和脚趾之间的一部分皮肤变成了类似于降落伞一般可供伸展的肉膜，又在其上长出了羽毛——翅膀赋予了它们飞行的能力，它们进化为真正的鸟类。

随后，发生了一件神秘莫测的事情。那些体型庞大的爬行动物竟然在短短的时间内全部灭绝了。其中的原因我们不得而知。或许是地球的气候发生了突变，或许是由于庞大的体型妨碍了它们自由地游泳、奔走或爬行，最终导致它们行动受限，无法享用近在咫尺的高大蕨类植物和树木而活活饿死。总之，无论是什么样的原因，这些在地球上生存了数百万年的巨大生物，曾统治着地球的古爬行动物至此完全消失不见了。

接着，另一类完全不同的生物登上了这个世界的王者之巅。它们都属于爬行动物的后代，但它们的性情与体质却和爬行动物有着太多的差异。它们身上没有鱼类那样的鳞片，也没有鸟儿那样的羽毛，它们浑身上下长满了浓密的毛发，它们用自己的乳汁来哺育下一代，并因此而得名"哺乳动物"。此外，哺乳动物所延续的种族习性也相较其他动物要更加优越一些。比如这些生物的雌性会把自己下一代的受精卵藏在身体内部孕育，直至它们成长孵化出来；比如在它们的下一代还很脆弱，还没有能力去对付其他天敌的时候，它们会将幼崽留在身边。这与其他动物放任它们的后代忍受严寒酷暑、猛兽攻击等残酷现实而自生自灭有着本质上的区别，年幼的哺乳动物不仅可以从母亲的身上学到很多东西，它生存的几率也会大大提高。如果你曾见识过母猫教授幼崽如何洗脸、捉老鼠等技能，你就能对此很容易理解了。

关于这些哺乳动物的概况，相信不需我浪费唇舌，因为它们对于你来说并不陌生。我们可以随处看到它们的身影，它们会漫步走过街道或我们的房间，有时还会成为我们生活中不可或缺的同伴。即便是少数罕见的哺乳动物，你也可以从动物园的铁栅栏后面一睹它们的风采。

此刻，我们站在了人类历史发展的临界点。从这以后，人类突然间开始运用自己的大脑来主宰自己的命运，他们成功地摆脱了动物惯有的沉默无语、生死轮回的生命苦旅。

有一种特别的哺乳动物从寻觅食物和居所的天赋中脱颖而出，它练就了超越其他同伴的本领，它不仅学会了用前肢捕捉动物，并且在长时间的实践应用中将前肢进化成

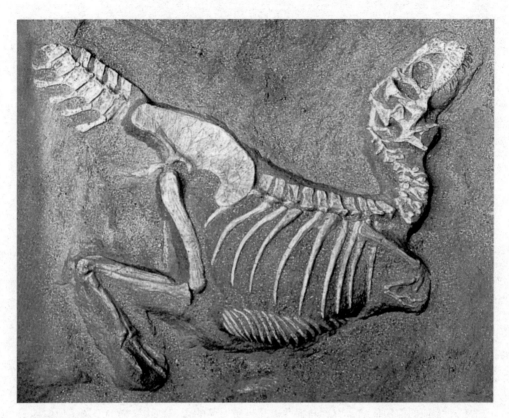

恐龙记忆

　　恐龙是生活在距今2亿3500万年至6500万年前的地球生物，繁盛一时的它们曾是地球上的绝对统治者。它们灭绝的原因至今仍是科学家们无法解开的谜团，只有掩埋在厚重的沉积与黄沙之下的化石向人们展示着它们曾经存在过的痕迹。图中是由有着"脊椎动物化石坟场"之称的蒙古中部地区发掘出的白垩纪肉食恐龙特暴龙化石，强健的腿骨、有力的上颚，即便是已成皑皑白骨仍然霸气十足。

类似于现代人手掌的前爪。在无以计数的尝试之后，这种动物终于学会了如何保持身体平衡来直立行走。（这是一个相当困难的动作，即便直立行走对于人类已有上百万年的经验，但我们的后代仍然还要从头开始学习如何行走。）

　　这种生物既类似于猴子，也类似于猿，相较之下，却又比它们两者中的任何一个都要高级。它已经可以适应地球上任何地方的气候条件，更是当时地球上最为杰出的猎手。它们常常成群结队地行动，以便彼此获得更充分的安全保障。它们同其他动物的交流方式相近，最初仅能凭借发出特殊的咕噜声或吼叫来警示幼仔所面临的危险。但几十万年间的不断进化，让它们终于学会了用喉音彼此交流。

　　或许，你会觉得不可思议，但这种生物就是我们最初"类人"的祖先。

第二章

人类最早的祖先

最初的人类究竟是什么模样？我们知道的少之又少。

人类的祖先并没有留下任何照片和图画给我们，但是，我们在古老黏土层的最深处仍然可以不时挖掘到他们骨骸的碎片，这些骨片与已在地球上消失的生物遗骸混杂在一起，见证着过往岁月的巨大变迁。那些将人类视为动物王国中的一员的人类学家，为揭开人类起源的秘密不惜耗尽一生的心血，他们将这些碎骨作为研究的标本，历经数年的研究，现已能够相当精确地将人类祖先的模样加以拼合、复原，重现在我们的面前。

人类的祖先是一种外表丑陋的哺乳动物，他们的身材相对于现代人来说要矮很多。生存环境中长期的风吹日晒，导致他们的皮肤变成了深棕色，毫无美感。他们的头上、手上、腿上以及全身的大部分皮肤都长着粗糙的毛发。他的手指尖细而有力，近似于猴子的爪子。他的前额低陷，有着与那些以牙齿做刀叉的食肉动物一样的下颌。他们处于赤身裸体状态，不知火为何物，即使当浓烟、岩浆漫过大地，暴怒的火山轰鸣中喷出赤红的烈焰，他们也不知道那就是火。

他们蜗居在丛林深处阴暗潮湿的角落，就如同非洲俾格米原始部落承袭至今的传统

❧ 人类的祖先 ❧

最初的人类仍处于蒙昧阶段，他们为了能够生存下来，而在寒冷、饥饿、恐惧、生死的边缘挣扎着，直到有一天他们适应了环境，并成为这个世界未来的王者。

远古人类			
起居习惯	昼出夜归	天　敌	野兽、自然环境
外部特征	身材较矮，皮肤呈深棕色，体表遍布毛发，外貌丑陋，前额低陷，下颌突出，手指尖细有力。		
食　物	以树叶或植物根茎为主，偶尔能成功偷蛋或猎获弱小动物，生食。		
居住条件	不会建房筑屋，栖息在阴暗潮湿的角落。		
文明程度	较低，还未懂得用火，不会制造工具。		

生存环境一样。当饥肠辘辘的时候，他们就生吃树叶与植物的根茎，或者从恼怒的小鸟那里偷取鸟蛋喂养自己望眼欲穿的孩子。偶尔时来运转，他们也能够捕获麻雀、小野狗或野兔来作为自己付出精力与耐心后的奖赏。茹毛饮血的生食方式对于他们来说名正言顺，因为那时的人类还从未体验过烧煮后的熟食是怎样的美味。

当太阳升起的时候，人类的祖先就开始在森林中四处寻找食物。当夜幕降临的时候，他们就会在四面重重围拢的残暴野兽迫近下，和自己的家人藏匿在深深的树洞或巨大的岩石后面。要知道夜晚是野兽外出觅食的集中时段，它们非常乐于将人类作为配偶或幼仔的美味佳肴。在那个弱肉强食的世界，人类终日提心吊胆地苟且生活，时刻忍受着恐惧与苦难。

夏季的烈日让人类饱受炙烤煎熬，而冬季的酷寒则常使他们的孩子在冰冷的怀中被死神带走。当他们不小心受伤的时候，要知道在捕猎的时候是非常容易摔断骨头和扭伤脚踝的，没人会帮助他们，他们只能在痛苦中孤独地死去。

最初的人类喜欢急促无章、滔滔不绝地说个不停，这与动物园中许多动物纷扰杂乱的叫声如出一辙。还远没有自己语言的人类总是简单重复着同样急促、怪异的音节，并且乐此不疲，皆因这能让他听见自己的声音。直到突然有一天，他们有了新的想法：他们觉得这种从喉咙发出的特殊声音可以警示同伴。于是，当危险来临的时候，他们就会用约定好的短促尖叫来彼此传递讯息，如"那里有一只老虎"或者"那边有五头大象"等。而听到的人则咕哝着给予相应的回答，意思大概就是"我知道了，赶紧躲起来！"而这或许就是人类语言最初萌生的源头。

但是，正如我前面所提到的，关于早期人类的具体状况我们至今仍知之甚少。他们不会制造工具，更不会建房筑屋。他们悄无声息地来到这个世界，又悄无声息地死去。他们死去后留在世间的痕迹也仅仅不过几根锁骨与头骨碎片而已。这些仅存的遗迹告诉我们，在几百万年前的地球上繁衍生息着某种与其他物种完全相异的哺乳动物，这就是人类的祖先。或许他从一种近似于猿的动物进化而来，并学会了直立行走，甚至将灵活的前爪像手一样使用，他们和凑巧成为我们人类祖先的生物有着极深的渊源。

关于人类的祖先我们知之甚微，更多的秘密还有待于人们新的发现。

露西复原图

露西是美国古人类学家1974年在埃塞俄比亚发现的南方古猿阿法种的古人类化石，这具不完整的年轻女性化石距今有350万年之久，曾被认为是最早发现的可直立行走的人类。科学家依据骨骼进行了数据还原，将露西生前的形象重新复制出来，她身材矮小，暗棕色的皮肤上遍布长而粗糙的毛发，可以直立行走，宽大、灵巧的双手已可以从事一些简单、精巧的工作。

第三章

史前人类

史前人类学会了制造工具。

　　最初的人类完全没有时间的概念，他们压根不知道什么是年、月、日，更不会有生日或婚丧嫁娶的时间记录。但时光荏苒，让他们自然而然地读懂了四季变迁的规律。他们逐渐发现当寒冷的冬天过去以后，总会迎来暖意融融的春天。当果实挂满枝头，野麦穗成熟可食的时候，炎热的夏天取代了春天。而夏意褪尽，秋风转凉，漫天落叶四处飞卷的时候，也暗示着金秋已深，众多动物们开始为漫长的寒冬忙碌起来。

　　然而出乎意料的是，这种规律在某一年也出现不寻常的状况：气候发生了巨变。当寒冬迟迟不去、夏季姗姗来迟时，野果难以完全成熟，原本应当绿草如茵的山顶却依旧覆盖着厚厚的积雪。

　　在某一天清晨，饥饿难耐的野人成群结队地从高原地带来到了山下。骨瘦如柴、面黄肌瘦的他们因语言不通，吵吵嚷嚷地无法与山下的居民良好地交流。即便如此，山下

求生本能

　　远古人为了躲避自然界的风霜雨雪，将居住在干燥、避风石洞中的野兽赶走，自己取而代之成为那里的"新主人"。为了获得更多的食物，他们学会了以棍棒、石块和简单的陷阱来狩猎，并从自然界中雷电造成的山火中获得火种，通过火来获得光明、温暖、熟食，并借助火来警示、驱赶野兽。

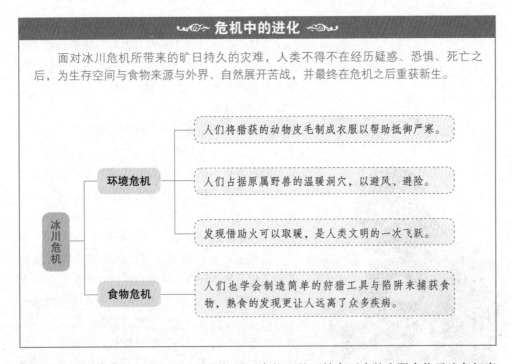

危机中的进化

面对冰川危机所带来的旷日持久的灾难，人类不得不在经历疑惑、恐惧、死亡之后，为生存空间与食物来源与外界、自然展开苦战，并最终在危机之后重获新生。

冰川危机

- **环境危机**
  - 人们将猎获的动物皮毛制成衣服以帮助抵御严寒。
  - 人们占据原属野兽的温暖洞穴，以避风、避险。
  - 发现借助火可以取暖，是人类文明的一次飞跃。
- **食物危机**
  - 人们也学会制造简单的狩猎工具与陷阱来捕获食物，熟食的发现更让人远离了众多疾病。

的居民也从他们落魄的身形看出野人们需要食物。然而储存下来的有限食物无法负担当地居民与外来野人们的双重需求，几日的试探协商未果后，本地人与赖着不走的野人们爆发了一场手脚并用的惨烈争斗。众多家庭卷入这场冲突，并惨遭杀戮，侥幸逃生的幸存者逃回了山中，并在随后而来的暴风雨中难逃冻饿而死的厄运。

这甚至让居住在森林中的人类也感到了恐惧。白天变得愈发地短暂，而夜晚也逐渐变得愈发地寒冷。

最后，一些零星的绿色小冰块出现在两山之间峡谷的裂缝中，并逐渐凝结汇集成庞大的冰川沿着山坡呼啸而下，骇人的力量将巨石推入山谷之中。山间响起了闷雷一般的轰鸣声，由冰块、泥浆和花岗岩混合而成的泥石洪流淌过森林，将森林中酣睡着的居民吞没。百年的古树也难逃倾覆之灾，倒在熊熊燃烧的森林大火中化为灰烬。紧接着，一场鹅毛大雪漫天而至。

这样的大雪连绵不绝，月复一月，植物难逃一死，很多动物离开这里逃向南方的温暖地带。人类面对这样的情况，也不得不并开始逃亡，他们携带着家眷丌始像动物一样向南方迁徙。但相对于后者，人类逃命的速度却比野兽们缓慢很多，越来越迫近的寒流让人类意识到盲目的逃亡没有意义，要么开动脑筋想方设法改变局面，要么坐以待毙。而事实上人类总是倾向于选择前者，冰川时期曾四次从致命危机中成功逃脱的经验给予了他们更多求生的欲望。地球上每次冰川期都把所有的生命置于死亡的阴影之下，这一次人类仍需借助他们的智慧寻求一线生机。

为了抵御严寒，人们想出了穿衣服的办法，他们可不想被活活冻死。他们先是学会了如何来制造陷阱，以便更好地捕捉动物。他们挖一个大坑，在上面盖上树枝和树叶，让动物看不出来，当一只狗熊或者野狗掉进去的时候，他们就会用石块将其砸死。由此，他们就可以将动物的皮毛当作衣服来御寒。

仅有衣服还是不够的，他们还必须要有一个房子。不过这相对容易得多，他们将动物居住的、温暖的洞穴占据，从此他们就有了住的地方。可是，天气的寒冷似乎比他们想象的更加严重，仅有的条件仍然会让抵抗力比较弱的老人和孩子大批冻死。于是，一个伟大的想法诞生了——用火。

曾经有一个人狩猎时在山火中差点被烧死的经历让他想到了可以用火来取暖。在那个时候，火对于人类来说是相当危险的，但对于寒冷的境地来说，借用火取暖无疑是一个机智且有效的方法。于是，这个聪明的人就将野外燃烧着的树枝拖入了山洞，燃起了一堆火来。果然，有了火的帮助，冰冷的山洞顿时变得温暖起来。

一次偶然的机会，一只死鸡掉落到燃烧的火堆中，当然这样的小事自然不会引起人类的特别关注。可是，当烤熟的鸡肉飘散出香味时，人们才发觉自己的疏忽。人类大胆地尝了尝烤熟的鸡肉，发现味道实在是太好了，而且远比生肉要好吃得多。于是，人类学会了用火来烤食物，摆脱了生吃食物的习惯。

数千年的冰川期终于过去了，能够从这个时期安然度过的人类都有着绝顶聪慧的头脑。整个冰川期中漫长的饥饿和寒冷，迫使他们必须不停地开动脑筋来对抗大自然的威胁。他们发明出各式各样的工具，他们学会用尖石磨制石斧，制造沉重的石锤；他们学会用黏土制成碗和罐子，并在阳光下晒硬后使用；他们储存起大量的食物，以便挨过整个漫长的冬天。威胁着人类最终命运的冰川期迫使人类用自己的大脑去思考，不仅没有使他们灭绝，反而促使人类向前迈进了一大步。

石制工具

远古人通过仿制自然界生物或生活中的先例来制作简单的石制工具，尽管非常粗糙，但却具有砸、捣、切等多种用途。

第四章

象形文字

文字记录的历史起源于埃及人发明的书写术。

我们最初繁衍生息在欧洲荒野上的祖先们正以让人惊叹的速度，学会越来越多的新鲜事物。毫无疑问，只要时机成熟，他们必然将摆脱野蛮的过去，创造出一些属于他们自己的独特文明。不出所料，当他们被发现时，他们曾经与世隔绝的生活走到了尽头。

一位来自南方的探访者勇敢地横跨海洋，翻越群山，发现了欧洲大陆上生活着的野蛮人，他来自非洲，来自那里一个叫"埃及"的地方。

在西方人还在幻想着刀叉、车轮、房屋等文明产物的最初轮廓，远在尼罗河谷的埃及人已在这之前的数千年衍生出了更加高级的文明。现在，让我们将目光从我们的祖先转向人类文明最早的摇篮——地中海南岸和东岸，探访一下那里人们的生活。

作为一个充满智慧的种族，古埃及人教会我们很多先进的东西。他们有着先进的农耕技术，对农田灌溉有着丰富的经验；他们擅长建筑，他们当时建造的神庙是后来希腊人效仿的模板，也是我们现代教堂的最初雏形。他们还发明了时间的计量，并且略加改进后，直到现在还在使用。其实，古埃及人对人类最大的贡献应当是发明了文字，由此，我们的语言才得以保存下来。

可能，你会认为读书写字是很平常的事情，是人类与生俱来的能力，因为我们周围有着大量关于文字的东西，比如报纸、书籍、杂志等。但是，真实的情况并不是如此，书写和文字这些对人类有着重大意义的东西，是最近才诞生的。猫、狗因为没有掌握一种方法将历代的经验保留下来，因此，它们只能传授给后代一些简单的经验。如果没有文字的出现，那么，人类就和猫、狗那样的动物没有区别了。

在公元前1世纪，古罗马人踏上埃及的土地。他们在整个尼罗河谷到处都可以看见些奇怪的小画像，很显然，从这些图案中可以找出和这个国家历史相关的线索。可是，因为罗马人向来都对外族的东西没有任何兴趣，因此，无论是雕刻在神庙和宫殿墙上，还是描画在纸莎草纸上的图案，都没有引起罗马人深入研究的兴趣。最后一批懂得其中奥秘的埃及祭司也都在几年前撒手人寰。丧失独立主权的埃及简直就是一个装满人类过往记录的大仓库，充斥着无人破译且对于整个世界都毫无价值的历史记忆。

在此后的1700多年中，古埃及始终遮挡着神秘的面纱立于人前。直到1789年，转机

罗塞塔石碑 高1.14m 宽0.73m
厚0.28m 现存于英国大英博物馆

　　罗塞塔石碑是公元前196年，以希腊文字、古埃及文字和当时社会通用体文字一式三份雕刻在石碑上的古埃及国王托勒密五世的诏书。后人参照不同版本字体的文字发现并破译出已失传千年的古埃及象形文字的钥匙，为解读古埃及文字与历史跨出了里程碑式的一步。

出现了。当时，法国的一位姓波拿巴的将军在率军准备进攻英属印度殖民地的时候，恰好路过东非，还没有跨过尼罗河就尝到了战败的苦涩。但这次充满戏剧性的远征却给世界历史解决了一个关于古埃及的难题，因为他们不经意间将古埃及的图像文字破译了。

　　罗塞塔河边（尼罗河口）狭小城堡里的生活是单调无趣的，因此，一位法国的年轻军官为了调剂一下生活，决定到尼罗河三角洲的古废墟中走一走，察看一下那些古老的文物。此间，他无意中发现了一块黑色玄武岩石板，上面刻满了大量在埃及随处可见的小图像。其实这也没有什么奇怪的，但是，这块石板让人吃惊的地方在于，上面竟然刻着三种不同的文字，其中之一就是大家熟知的希腊文。这样的石板激发了他的兴趣，他想到："如果将石板上的希腊文和埃及图像进行对比，是不是就可以破解这些图像的意思呢？"

　　这个思路是正确的，似乎也并不难，但破解的工作直到20多年后才有了实质性的进展。1802年，法国教授商博良开始研究著名的罗塞塔石

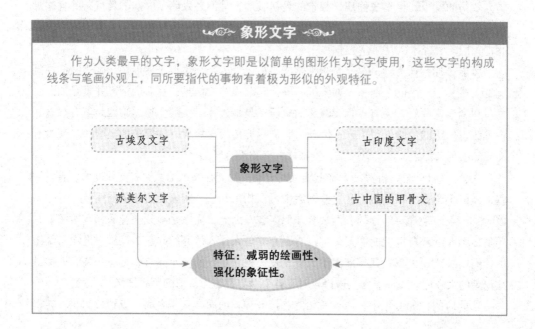

象形文字

　　作为人类最早的文字，象形文字即是以简单的图形作为文字使用，这些文字的构成线条与笔画外观上，同所要指代的事物有着极为形似的外观特征。

古埃及文字　　　　古印度文字

象形文字

苏美尔文字　　　　古中国的甲骨文

特征：减弱的绘画性、强化的象征性。

碑，将希腊文字和埃及文字进行比照破译。到了1823年，他终于将石碑上14个小图像成功破译了！尽管商博良在不久之后因过度劳累溘然而逝，但他却将埃及文字破译的规律留给了人类，这是一个多么伟大的贡献！因为有了这些将近4000年的文字记录，让人们对尼罗河流域的历史相对于密西西比河来说要有着更加充分、翔实的了解。古埃及的这

《亡灵书》节选　草纸绘画　公元前1400年

　　《亡灵书》是古埃及人放置在墓地死者身边的一种符箓，其中所记录或描绘的文字、绘画涉及大量的赞美诗、咒语、箴言，以期能帮助亡灵顺利地抵达来世幸福的彼岸。古埃及人在其中记录着这样一段文字："我的心脏在我的心房里，那是我的休憩之处。"

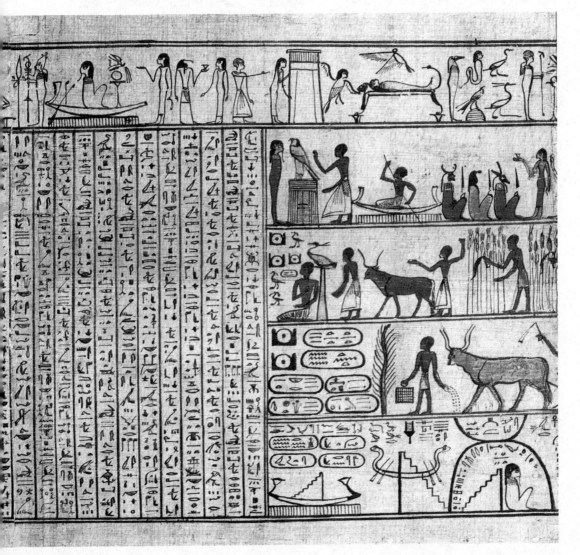

种神圣的文字在历史上是有着重要地位的，我们现代字母中还有一些是从古埃及字母中演变过来的。它是世界上第一次将人们的语言记录下来的文字，因此至少你应该了解一下这个5000年前存在的极具智慧的文字系统。

当然，你肯定知道表意文字是什么。在我们西部平原地区，每一个流传甚广的印第安传说都会有印第安人所使用的奇怪小图案，从这些图案中我们可以得到一些关于猎杀了多少野牛、参与捕猎的猎手有多少等信息。这些简单的图像对于我们来说是很容易理解的。

或许你认为古埃及的文字也是诸如此类的图像语言，其实并不是这样的。聪明的古埃及人早已经超越过了这个阶段，他们的图像包含的意思要远远大于图案本身。现在，就让我来给你们作一个简单的讲解。

现在，你把自己当作正在研究古埃及文字的商博良，此时，你正在认真研究一叠纸莎草纸上写满的古埃及象形文字。在草纸上有这样一个图案，一个男人拿着一把锯子，

表音文字

古埃及人是世界上首先运用"表音文字"的人，大量的象形文字符号具备着一定的表音功能，依据笔画点、划、撇、捺的走势，人们将语音、语言以书面文字的形式保留下来。尽管古埃及人中仅有百分之一的人能够读书写字，致使这些文字的奥秘仅有极少数人可以领悟，但人们从保存完好的文献与壁画中依然能够准确地辨认出它们的样子。

你可能会这样理解："这个图案说的应该是农夫拿着锯子去伐木。"然后，你拿起另一张纸，这里讲的是一位在82岁高龄去世的皇后。可是，你在这里依旧看见了拿锯子男人的图像。显然，这里的意思肯定不会是皇后去伐木，其中肯定大有名堂，那么这里的意思应当是什么呢？

最终法国人商博良为我们拨开了这层迷雾，商博良发现，古埃及人使用的是一种"表音文字"，这让他们成为世界上最先使用这类文字的人。这种文字借助了口语单词的读音，利用一些简单笔画如点、线、弯曲等将我们的口语以书面的形式记录了下来。

让我们再回过头说说那个男人拿着一把锯子的图案上。"锯"（saw）这个单词，它可以代表木工店中的一件工具，也可以是动词"看"（to see）过去式的表达。

在古埃及的文字中，这个单词在数百年里有着显著的变化：最初的时候，这个图案代表的意思就是锯子这种特定工具；后来，这个意思逐渐淡化，而变成了一个动词的过去式；而在之后的漫长使用当中，这两种意思都被淘汰，而图案 代表的仅是一个单独的字母"S"。或许你不太明白我的意思，下面我给大家举一个例子。我们用古埃及文字来将一个现代的英文句子表达为：

图案 ，也许表示的是眼睛，也就是你脑袋上两只可以看清斑斓世界的圆形东西；或者表示的是我（I）这个概念，即那个正在讲话的人。

图案 ，也许表示的是一种能够采集花蜜的动物，也就是蜜蜂；或许也代表动词"是"（to be）。最终，它演变为"成为"（be—come）或"举止"（be—have）之类动词的前缀。例句中接下来的图案是 ，它的意思可能是三个发音相同的词，"树叶"（leaf）、"离开"（leave）或是"存在"（lieve）。

然后，依旧是"眼睛"的图案，前面已经讲述过了。

最后，这里是一个图案 ，也就是一只长颈鹿。这个词是古埃及图像语言遗留下来的一部分，它们就是象形文字发展最初的源头。

现在，我们根据语音很容易就可以读出该句的意思来：

"我相信我看见了一只长颈鹿。"（I believe l saw a giraffe.）

在象形文字出现之后，古埃及人在几千年的时间里使其日趋完善，直到他们可以借助它很容易地表达任何意思。他们用这种文字给友人写信、记录账目，并记录国家的历史与事件，以便于后人翻阅、借鉴，这让人们能从积累下来的经验教训中获得指引与启示。

第五章

尼罗河流域

尼罗河流域——人类文明的发源地。

人类通常是哪里有丰富的食物就到哪里去安家，因此，人类的历史其实也算是一部四处觅食、躲避饥饿的迁移史。

有着肥沃土地的尼罗河河谷很早就声名在外，良好的生存条件致使非洲内陆、阿拉伯沙漠和亚洲西部等地的人们不断涌来在此安家落户。日积月累，这些到此生根繁衍的人们聚集成一个新的种族，他们称自己为"雷米"，也就是"人们"的意思，这和有的时候美洲被我们称为"上帝的乐土"如出一辙。每年夏天，尼罗河在泛滥的时候就会将沿岸变为浅湖，待湖水退去，留下来的是几英寸厚的肥沃土地，这些都是最好的农田和

计时与祭司

古埃及人借用月相来计算时间，以月亮的盈亏作为计时标准，一年三季，一季四个月。通过有关天文学的壁画，人们能够发现古埃及人对于时间的理解——头顶红色圆盘的神像代表有着重大、特殊意义的日或月，而分割成均匀小份的圆圈则代表着一年12个月份需要供奉祭品的节日。

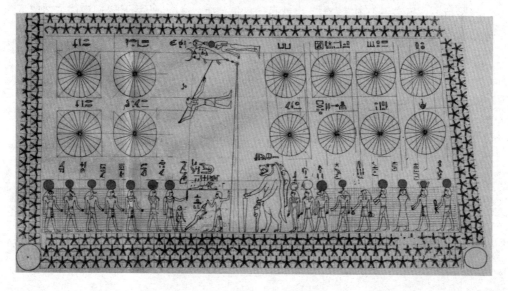

牧场。能够来到如此富饶的地方，这些人们又怎么能够不感谢命运之神呢？

在古埃及尼罗河流域，那条养育着几百万人口的富饶之河几乎全凭自然之力支撑起勃勃生机，这让人类历史上第一批大城市的居民有着得天独厚的生存条件。不过，不要认为所有的耕地都集中在河谷地带，各个地方的耕地都是存在的。聪明的古埃及人建造出一个由众多小运河和杠杆、吊桶构成的复杂提水设施，借此将低处的河水引到高出河床的河岸顶部，再通过一个精密的灌溉沟渠系统将水输送到更多的农田。

史前人类为了寻找食物养活自己和家人，一般情况下，一天需要工作16个小时。但是，生活在埃及的人们却不必这样，因为他们拥有着大量的空闲时间。他们甚至为了打发时间制作出很多没有实际价值的精美物品。

古埃及祭司

精通文字与天文学的祭司们掌控国家，他们满腹学识，记录着历史，称颂、宣扬自然界中"神"的力量，有着极高的社会地位。

日子就这样继续着，突然，他们的脑海中冒出了各种各样和日常生活中的吃饭、睡觉、为孩子寻找住所等琐碎之事完全没有任何关系的奇怪念头。例如，星星从哪里来？电闪雷鸣是怎么回事？引导历法制定的尼罗河规律的潮起潮落受控于谁的手？甚至他们还在想自己是谁。他们虽然面临着疾病和死亡的威胁，却总能坦然、幸福地生活。

古埃及有这么一类人，他们是思想的守护者，他们被尊称为"祭司"，当人们提出各种稀奇古怪的问题时，祭司就会主动上前来为他们竭尽所能地解答。祭司拥有着渊博的知识，他们肩负着用文字记录历史和保存史料的重任。他们高瞻远瞩，深深醒悟：人类不能只考虑自己和眼前的利益，他们将人们的眼光引向来世。彼时，西部的群山之外将成为人们灵魂的安息地，拥有无上之力的俄赛里斯神掌控着他们的生死赏罚，人们将在那里向神汇报自己前世的所作所为，并以此作为神最终裁决的依据。由于祭司们过于看重俄赛里斯与伊希斯执掌的来世国度，导致活着的人将今生的生活当作走向来世的短暂之渡，尼罗河这块富饶的土地终究成为了死者最终的埋骨之地。

后来，古埃及人产生了一种奇怪的想法，他们认为如果人们失去了今生的躯壳，那么他们的灵魂就无法进入俄赛里斯的冥界。所以，一旦有人死去，他们的家人就会立刻开始处理尸体，用香料和药物来防止腐烂。他们将尸体放在氧化钠溶液中浸泡，几个星期后再填上树脂。波斯语中的树脂读作"木米乃"（Mumiai），所以，这种经过特殊防腐处理的尸体就被称作"木乃伊"（Mummy）。做好防腐处理之后，人们会用一种特制的亚麻布将尸体紧紧包裹起来，放入特制的棺木中，将其安葬在最终的墓穴深处。古埃及人的坟墓其实根本不像坟墓，反倒是像一个家一样，墓葬中摆放有家具和乐器（这样可以让主人在等待进入俄赛里斯冥界的时候打发无聊），此外，还有一些诸

祭司墓碑

墓碑上镌刻着的文字记录着，奈切尔——阿拜拉夫王子曾是早期法老斯奈弗鲁官廷中的祭司、书吏以及皇家法官。

如厨师、面包师和理发师等的小雕像作陪，他们负责为身处黑暗的主人提供各种饮食、打理卫生等服务，而不会使墓主成为让人生厌的邋遢鬼四处游荡。

起初，古埃及人的坟墓修建在西部群山的岩石中，然而随着古埃及人不断向北迁移，他们的坟墓也就跟着被建造在沙漠中了。不过，让古埃及人生气的是，沙漠中不但有凶猛的野兽，也有可恶的盗墓贼。盗墓贼常常会偷偷潜入墓室，将木乃伊随意搬动，将陪葬的珠宝搜刮一空。于是，古埃及人就采用在坟墓上建立石冢的方法来阻止盗墓贼的渎神行为。后来，攀比之风悄然生出，富人们争相将石冢建造得越来越高，人们都想要建立一个最高的石冢。其中创下最高纪录的是公元前13世纪的埃及国王胡夫法老，希腊人称之为芝奥普斯王。

胡夫法老的陵墓高达500多英尺，占地13英亩，相当于基督教最大建筑圣彼得大教堂占地面积的3倍，被希腊人称为金字塔。

整个金字塔的建造时间持续了20多年，动用了10余万奴隶，这些人在漫长的时间里不停地劳作，他们将尼罗河一边的石材，搬运到河对岸（至于他们是如何跨过河面的，至今我们还不曾知晓，这在我们看来简直是一项非常不可思议的奇迹）。然后，他们再搬着石头穿过沙漠，将其放到相应的地方。这些优秀的建筑师和工程师将这个工程完成得非常出色，直到今天，尽管这些重达几千吨的巨石饱经风雨，可是通往陵墓中心的狭长过道却依旧保持着原状，没有丝毫变化。

～ 木乃伊的制作 ～

古埃及人认为人死后灵魂仍然不朽，它会依附于死者的尸体，在另外一个世界"继续"生活，于是将死者制成经久不坏的木乃伊，以确保来世生活的长久与美好。

木乃伊的制作流程

❶ 脑浆处理　用特制工具敲碎筛骨，将死者的脑髓破坏，并由死者鼻孔取出，再在头骨中填入药物和香料。

❷ 内脏处理　由身体左侧的切口处取出死者的肝、肺、胃、肠，而作为死者思考和智慧的象征，心脏则被保留下来。尸体经过清洗、消毒以及极为关键的脱水处理后，填入药物和香料，最后仔细缝合切口。

❸ 整形处理　在尸体表面涂抹油膏或松脂，以亚麻布或石头作为逼真的假眼，经过简单化妆整形后，佩戴上最好的珠宝。

❹ 包裹处理　在庄重、繁杂的祈祷与符咒声中，以白色的亚麻布将尸体手指、手掌、四肢、躯干依次包裹起来，并在亚麻布间放置护身符。

❺ 结束　相传阿努比斯神会将木乃伊送交死者的家人，再装入石棺，放入墓室安葬。

第六章

埃及的故事

埃及由盛到衰的历史。

不得不说，尼罗河是人类和善的朋友，但是，同时它又是一位苛刻的监工。沿岸的人们在它的调教下，学会了如何协作劳动。人们认识到了合作的力量，他们共同修建了灌溉沟渠和防洪堤坝。由此，他们也懂得了如何和自己的邻居友好相处，这样互帮互助的关系使一个有组织的国家的建立水到渠成。

当这个国家中有一个权势远胜于他周边多数邻居的人登上了历史的舞台，他自然而然地一跃成为了整个地区的领袖人物。当西亚那些贪恋富饶土地的国家入侵这里，想要将它据为己有的时候，这个领袖就站出来成为了抗击外敌的统帅。他逐步登上了统领这块土地的王座，将从地中海沿岸到西部山脉的广袤土地握在他的手中。

那些辛苦劳作的农民们其实对古埃及法老（法老的意思为"住在大宫殿里的贵

狩猎狮子的亚述国王

这座公元前640年的浮雕镌刻在亚述巴尼拔的宫殿墙壁上，勇猛的亚述国王正镇定地跃马挺矛将尖矛刺入狮子的喉咙，而另一只伤痕累累的狮子正残忍地试图袭击国王的备用战马。喜好狩猎的亚述国王信奉武力统治，他们有着作战勇猛的士兵，嗜杀成性，在整个西亚打下广阔的领土，掠夺了大量的财富。他们试图以暴力和威慑统治国家，但最终仍被反抗声所淹没。

狮子的象征

坚强、勇猛的狮子与亚述人的精神气质极为一致，而狩猎狮子被看作是亚述国王勇猛善战与神授权力的象征，也只有国王才有资格去狩猎这种残暴的野兽。

人"）所做的种种政治上的冒险举动没有丝毫兴趣。他们对生活的要求很简单，只要他们缴纳的税收和承担的劳役没有太过分，能够让他们接受，他们就会心甘情愿地被法老们统治着，他们也会像尊重大神俄赛里斯一样尊重国王。

不过，当有外族人入侵这里，大肆掠夺，埃及人的生活顿时就陷入无边的黑暗之中。埃及人向往的平静生活维持了2000多年后，一个野蛮的阿拉伯游牧部落——希克索斯人侵占了埃及，他们肆意欺凌、奴役埃及人，征收巨额的赋税，长达500年的统治让埃及人叫苦不迭、民怨四起。不但如此，穿过沙漠来到埃及的歌珊地寻求避难谋生的希伯来人（犹太人）同样是埃及人讨厌的对象，皆因希伯来人成为了入侵者的税吏和官员，进而帮助仇敌来压迫他们。

公元前1700年后不久，底比斯的人民发动了反抗起义。在经过漫长时间的抗争之后，他们将希克索斯人赶出尼罗河谷，使得埃及挣脱了苦难的枷锁。

弹指一挥的1000年以后，亚述人出兵称霸整个西亚，埃及被纳入了萨丹纳帕路斯帝国的版图。公元前7世纪，埃及再度迎来独立，成为居住在尼罗河三角洲塞斯城的国王属地。公元前525年，埃及又被波斯国王冈比西斯占据。时间驻足在公元前4世纪，衰落的波斯被亚历山大大帝踩在脚下，埃及成为了马其顿的一个行省。直到亚历山大大帝麾下的一位将军自封为新埃及之王，建立了托勒密王朝，定都于刚刚崛起的亚历山大城，埃及才从名义上又恢复了独立。

就这样，到了公元前39年，罗马人将战火引入埃及。此时埃及的统治者是最后一代君主——艳后克娄帕特拉，她竭尽所能挽救濒临灭亡的王朝，甚至不惜出卖自己的美色。罗马的将军们一个个被她的美貌所倾倒，这种美色的毒药远胜十几个埃及军团。她先后将罗马征服者恺撒大帝及安东尼将军成功魅惑，使得埃及可以苟延残喘。但公元前30年，恺撒的侄子兼继承人奥古斯都大帝站在她的面前，完全不像他死去的伯父那样拜倒在艳后克娄帕特拉的裙下，女王的埃及军队被打得溃不成军。被俘的艳后克娄帕特拉大难不死，却难逃将准备作为战利品带回罗马城游街示众的命运，这无疑是一个巨大的侮辱。当克娄帕特拉知道了这个消息后，就服毒自杀了。自此，埃及就成为了罗马的一个省。

第七章

美索不达米亚

美索不达米亚是东方文明的第二个中心。

　　我将带你站在最高的金字塔顶端，在这里，你可以想象自己拥有一双雄鹰般犀利的眼睛，然后你可以将目光移向遥远的东方，穿过漫天黄沙的沙漠，你就会看见一块位于两条大河之间河谷地带的绿洲，那里闪烁着生命的光芒。那里就是《旧约全书》中曾经提到过的人间乐土，犹如一个充满无限神秘魔力的所在，希腊人称其为"美索不达米亚"，意思是"两条河之间的国度"。

　　这两条河为"幼发拉底河"（巴比伦人称为普拉图河）和"底格里斯河"（也叫迪克拉特河）。那里是诺亚逃难途中停留、休憩过的地方，亚美尼亚白雪皑皑的群山孕育着那里的大河。河流从南部的平原上缓缓淌过，最终汇入遍布泥沼的波斯湾，这两条河的存在使得西亚地区干旱的沙漠变成了大片肥沃的土地，养育着沿岸的无数生灵。

　　尼罗河吸引人的地方就是它能够为人们提供大量、丰富的食物，同样的，"两条河之间的国度"也是因此而受到了人们的关注。这里是一块拥有希望的土地，北部高山的居民和南部荒漠的部落都曾想要独自占据这里，让它成为他们的领地。因此，他们之间展开了残酷的征战，无尽的战火中仅有最聪明的、最勇猛的人才能够生存下来。到这里，我们可能会很容易明白，美索不达米亚的种族为何会如此强大，他们创造出一个能够和古埃及相媲美的文明是完全可以理解的。

富饶的两河流域

　　美丽的尼罗河涨落依旧，肥沃的冲积平原给那里的人们带去富饶、幸福的生活，即便是他们终将死去，那里的人们也以各种方式寄托于来世重获新生。这幅墓葬壁画中呈现的是阿蒙霍特普二世的首席御医尼巴蒙驾着纸莎草船同妻女在沼泽中猎捕水鸟的景象，充满着生机的植物、鸟禽和鱼类就环绕在他们身边，象征着生命，水中游弋的罗非鱼暗示着再生，而身穿着贵重服饰的人物也暗示着来世与重生。

第八章

苏美尔人

亚述和巴比伦王国的故事，一段从苏美尔人刻在泥板上的楔形文字中获得的关于闪米特人的历史。

15世纪，是一个特别的世纪，皆因此时大量未知的大陆被人们所发现，这对于地理学来说无疑是一个充满激情的时代。航海家哥伦布想要在海洋上找到一条通往古代中国的航线，但却无心插柳地找到了美洲新大陆。奥地利有一位主教资助了一支探险队，一路向东探寻莫斯科大公的故乡，结果毫无所获。在这之后长达一代人之久，西方人才终于摸到了莫斯科的城郊。在此期间，威尼斯人巴贝罗对西亚的废墟古迹进行了考察，并兴奋地就一种神秘文字的发现做了一份研究报告。在伊朗谢拉兹地区的许多庙宇石壁上以及无数烘干的泥板上，皆可以寻获这些神秘而古老文字的影子。

但是，当时的欧洲还在为许多其他事情忙得焦头烂额，并没有对此有过更多的关注。直到18世纪末，丹麦勘测员尼布尔才将第一批"楔形文字"泥板（因为该文字的字母呈楔状，故此得名）小心翼翼地捧回欧洲。一位非常有耐心的德国教师格罗特芬德历经30年的时间，终于将前面的四个字母成功破译，它们分别是D、A、R及SH，合在一起即为波斯国王大流士的名字。在20年以后，位于伊朗贝希斯顿的古波斯石刻文字被英国官员罗林森所发现，破译这种西亚楔形文字奥秘的工作方才真正拉开帷幕。

商博良的工作相对于破译楔形文字这样的难题来说，还是比较轻松的。至少人们可以通过古埃及人绘制的图像进行文字猜测，但最早居住在美索不达米亚的苏美尔人，却完全放弃了图像这种形式，而是突发奇想创造出一种全新的V形文字系统，将文字刻在泥板上面。在看这些文字的时候，我们是很难想象出它和象形文字之间有什么关联。根据我下面举的几个例子，你很快就会认同我的判断了。

最开始的时候，要在砖上钉上一颗"星星"的话，它的形状是这样的 。但是，这个图案无疑是很复杂的。没过多久，当我们要在"星星"上面衍生出来"天空"这个概念的时候，这个图案就被我们简单地写成了 。这样的写法虽然简单一些，但人们要看懂的话就更难了。诸如此类，一头牛的写法由 演变为 ，一条鱼的写法由 演变为 。太阳在最开始是一个平面的圆形而已 ，后来就变成了 。倘若我们现在依然在沿用苏美尔人的文字系统，那么一条船  的写法将会是 ▣。这样的文字体系看上去如此地复杂，但是苏美尔人、亚述人、巴比伦人、波斯人以及曾经在两河之间生活过的不同种族所使用的文字全是这个，而且时间长达3000多年。

美索不达米亚平原的历史是一部充斥着无穷无尽征战与杀戮的战斗史诗。北部的苏美尔人最早来到这里，作为曾居住在山区中的白种人，他们习惯了在山顶上祭祀他们的神灵。于是他们来到平原地区之后，就开始建造人工山丘，并在山顶上建立祭坛用来祭祀。但是他们不会建造楼梯，就采用了绕塔倾斜而上的长廊来替代，这个创意是非常不错，至今我们的工程师依旧在使用着，例如我们的火车站，就是用上升的回廊将楼层之间相连在一起的。或许，我们也沿用了很多苏美尔人的其他创意，只是我们并不知道那些创意出自他们的手笔。当其他种族占领两河流域的以后，苏美尔人就被同化了，我们再也看不到他们的一丝踪迹。不过，他们建造的高塔并没有消失，依旧还矗立在美索不达米亚平原上。当流浪的犹太人途经巴比伦的时候，将这些雄伟的建筑称之为"巴别塔"（意思为"通天之塔"）。

大约在公元前40世纪，苏美尔人进入美索不达米亚平原，但是，很快他们就被阿卡德人打败了。在阿拉伯沙漠中有一群讲着同样方言的部落，阿卡德人就是其中的一支。因为他们坚信自己是诺亚3个儿子中"闪"的直系后裔，因此他们还被称为"闪米特人"。大约又过了1000年，另一个闪米特沙漠部落阿莫赖特人征服了阿卡德人，占领了该地。阿莫赖特人中出现了一位著名的国王，即汉谟拉比。他在圣城巴比伦建造起一座富丽堂皇的宫殿，并且还颁布了一套法律（即《汉谟拉比法典》），他的这些举措使得巴比伦成为了古代时候制度最完善的帝国。接下来，赫梯人，这个在《旧约全书》中曾经提到过的民族也踏上了这块土地，他们开始对这里掠夺破坏，凡是他们带不走的东西通通被毁坏了。不久，信仰沙漠大神阿舒尔的亚述人又将赫梯人征服了。亚述人将尼尼

楔形文字与古代美索不达米亚的世界地图

高12.2cm　宽8.2cm

不规则图形中心矩形的上半圈部分是巴比伦，中部的环形水道是海洋的标记，而最外围的8个三角形指代隔海相望的陆地或岛屿；楔形文字铭文则记录着这些地区可能居住着伟大的神灵与英雄，这块沉寂于时空中的泥板虽远未完成，但却告诉人们巴比伦曾经的神话世界。

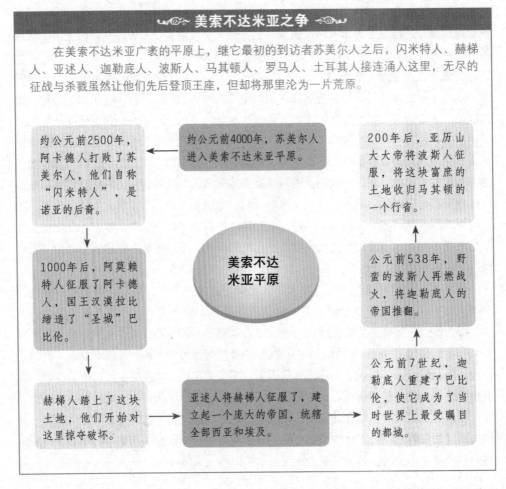

美索不达米亚之争

在美索不达米亚广袤的平原上，继它最初的到访者苏美尔人之后，闪米特人、赫梯人、亚述人、迦勒底人、波斯人、马其顿人、罗马人、土耳其人接连涌入这里，无尽的征战与杀戮虽然让他们先后登顶王座，但却将那里沦为一片荒原。

约公元前2500年，阿卡德人打败了苏美尔人，他们自称"闪米特人"，是诺亚的后裔。

约公元前4000年，苏美尔人进入美索不达米亚平原。

200年后，亚历山大大帝将波斯人征服，将这块富庶的土地收归马其顿的一个行省。

美索不达米亚平原

1000年后，阿莫赖特人征服了阿卡德人，国王汉漠拉比缔造了"圣城"巴比伦。

公元前538年，野蛮的波斯人再燃战火，将迦勒底人的帝国推翻。

赫梯人踏上了这块土地，他们开始对这里掠夺破坏。

亚述人将赫梯人征服了，建立起一个庞大的帝国，统辖全部西亚和埃及。

公元前7世纪，迦勒底人重建了巴比伦，使它成为了当时世界上最受瞩目的都城。

微作为首都，并以此为中心建立起了一个庞大的帝国，其辖区包括全部西亚以及埃及地区。这个帝国的统治是十分残酷的，凡是在它统治下的种族都需要向其缴纳赋税。直到公元前7世纪，闪米特部族的另一支——迦勒底人，将巴比伦重新建立起来，并且使它成为了当时世界上最受瞩目的都城。迦勒底人中有一个非常著名的国王尼布甲尼撒，他倡导臣民进行科学研究，他们发现的天文学、数学等最基本原理后来皆成为现代科学研究的重要基石。公元前538年，这块古老的土地再次燃起战火，迦勒底人的帝国被推翻，一支野蛮的波斯游牧部落占据了这里。200年后，亚历山大大帝展开攻势，将波斯游牧部落打败。这块富庶的土地，曾经生活着众多闪米特部族的地方，又成为了马其顿的一个行省。

随着时间的推移，这块土地上又先后迎来了罗马人、土耳其人，征战最终让世界文明的第二中心——美索不达米亚成为了一片广袤的荒原，曾经的光荣和沧桑，也只能从那些巨大的土丘中寻找到只言片语。

巴别塔 　彼得·勃鲁盖尔　1563年作　114cm×155cm

　　据古希腊历史学家希罗多德的记载，巴别塔修建在8层逐层缩小的高台之上，四周有螺旋形的阶梯可逐级而上，塔高约90米，顶端建有马克杜尔神庙，整个建筑气势恢宏，人称"通天之塔"，被当作天上诸神前往凡间途中的"驿站"。

第九章

摩 西

犹太民族的领袖——摩西。

公元前2000年的某一天，闪米特游牧部落中渺小又微不足道的一支开始了他们漫长的流亡生涯。他们的家园原本位于幼发拉底河口的乌尔附近，此刻，他们将试图在巴比伦国王的领土内找到一块新的牧场。但是，显然这个领地的国王并不欢迎他们，在国王军队的驱赶下他们必须离开，继续向西迁徙，寄希望于可以找到一块没有主人的土地来安家。

这支游牧部落就是希伯来人，也就是我们通常所称的犹太人。他们一路颠沛流离、风餐露宿，经过漫长的艰苦跋涉之后，他们终于在埃及安顿下来，开始了稳定的生活。他们在这里平静地生活了500多年，和当地的居民一直和平相处、友好往来。之后，当这个宽容和善的国家被希克索斯人征讨的时候（参考"埃及的故事"），他们却为了保全自己而宣誓尽忠效命于外国侵略者。在埃及人的奋勇抵抗之下，希克索斯人终于被赶出了尼罗河谷，埃及得到了自由和独立。但是，犹太人将要面临的却是灾难。埃及人将他们划为奴隶，像使唤牛马一样使唤他们，驱赶他们在皇家大道和金字塔的工地上挥汗流血。更加可怕的是，埃及边境上又有很多士兵严密把守，犹太人压根就没有逃走的机会。

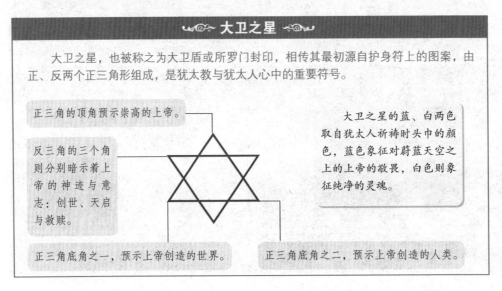

大卫之星

大卫之星，也被称之为大卫盾或所罗门封印，相传其最初源自护身符上的图案，由正、反两个正三角形组成，是犹太教与犹太人心中的重要符号。

正三角的顶角预示崇高的上帝。

反三角的三个角则分别暗示着上帝的神迹与意志：创世、天启与救赎。

大卫之星的蓝、白两色取自犹太人祈祷时头巾的颜色，蓝色象征对蔚蓝天空之上的上帝的敬畏，白色则象征纯净的灵魂。

正三角底角之一，预示上帝创造的世界。

正三角底角之二，预示上帝创造的人类。

　　如此几年的血泪磨难让犹太人苦不堪言，直到有一个年轻的犹太人站了出来，带领他们逃离了苦海，他就是摩西。居住在沙漠中的牧民严格遵守着祖先的传统，不为外国文明的安逸和奢华所感染。摩西常年居住在那里，受其影响，对祖先们的淳朴美德十分敬仰，因此，他想要改变族人们的思想，让他们重拾先祖的美德。摩西带领着族人，在埃及士兵的追击下，成功地来到了西奈山脚下平原的腹地。在漫长而又孤独的沙漠生活中，摩西逐渐意识到了闪电与风暴之神的力量，并对其十分敬仰，这位神就是耶和华，在西亚地区广泛受到崇拜的众神之一。他统治着天庭，赐予牧人生活、取火与呼吸。在摩西的谆谆教诲下，犹太人越来越信仰耶和华，使后者成为了希伯来民族唯一的主。

摩西

　　摩西是公元前13世纪的犹太人先知，相传他受到神的感召，带领着居住在埃及深受奴役的犹太人返回故乡，在迁徙途中获得了神所颁布的《十诫》律法，镌刻在两块石板上。他深受犹太人的敬仰，引导和监督犹太人依照《十诫》的训示过着圣洁的生活。

　　一天，摩西突然离开了犹太人的暂住地，人们不知道他到哪里去了，有人说看到他带着两块粗石板离开了。到了下午，漫天乌云，降下的暴风雪让西奈山的山顶都变得模糊不清。风暴过去后不久，摩西回来了。他出去时带着的粗石板上面竟然刻满了耶和华对以色列民族所说的话，显然那是在闪电和雷鸣中刻下的。从那一天起，所有犹太人都开始信奉耶和华，后者已经成为了犹太人最高的主宰者、唯一的真神。犹太人遵循他的说教，开始按照十诫的训示重新过上了从前圣洁的生活。

　　接着，犹太人跟随着摩西，在他的带领下穿越沙漠，继续过着居无定所的生活。在整个流浪的过程中，他们十分遵从摩西的指令。摩西告诉他们应该吃什么东西，喝什么东西，如何在炎热的气候中维持身体的强健。多年之后，这些犹太人终于来到了一块富庶的土地——巴勒斯坦，意为"皮利斯塔人的国度"，并在那里结束了他们艰辛的漂泊生涯。作为巴勒斯坦最早的居民，皮利斯塔人是克里特人中卑微的一支，他们从自己的海岛中被人赶出来之后，就在西亚海岸边安顿下来。但是，巴勒斯坦地区已经被另一支闪米特部族迦南人牢牢占据。不过，勇敢的犹人人并没有畏惧，他们一路向前，攻入了谷地，并在山谷中建立起众多城市。与此同时，他们还为耶和华专门修建了一所雄伟的庙宇，将庙宇所在的城市称为"耶路撒冷"，即"和平家园"的意思。

　　此时的摩西，已不再是犹太人心目中的精神领袖。他这一生都在为敬奉耶和华而存在着，工作勤勉而努力，此刻，他太累了，他望着远方巴勒斯坦的群山，安详地闭上了自己的双眼。摩西带领族人摆脱了外族人的奴役，建立起独立自由的家园，不但如此，他还使犹太人成为世界各民族中最先信奉唯一的神的民族。

第十章

腓尼基人

腓尼基人——创造字母的人。

腓尼基人隶属于闪米特部族，和犹太人是近邻。在很久以前，他们就定居在了地中海沿岸，并且他们修筑了提尔和西顿这两座固若金汤的城市。居住在这里没有多久，他们就将西方海域的贸易垄断了。他们有定期的商船开往希腊、意大利和西班牙地区。有的时候，他们还会不顾危险地将船驶过直布罗陀海峡，前往锡利群岛采购锡矿。凡是他们走过的地方，都会在那里建立大量被称为"殖民地"的小型贸易据点。这些建立起的殖民地后来不少发展成为了现代城市，例如现今的加的斯和马赛。

腓尼基人是一群唯利是图的商人，他们的贸易涉及了一切可以进行交易的东西，而

字母的演化

西方人类文字的演化经历了一个缓慢而漫长的过程，这些最初由原始人绘制的图案、符号在不断发展、变化中，逐渐被后人理解、掌握并形成特有体系，为人类文明的延续与发展留下了闪光的印记。

时间	文字	概述
公元前32世纪	圣书体文字	即埃及的象形文字，由图形文字、音节文字、字母构成。
公元前20世纪	瓦迪耶尔霍尔碑文	已发现14个字母，也有人将它们称作"最早的字母"。
公元前16世纪	原始西奈文	共27个字母，腓尼基字母的前身。
公元前11世纪	腓尼基字母	共22个字母，由象形文字开始向现代文字转变。
公元前6世纪	希腊字母	共26个字母，由腓尼基字母演化而来。
公元前6世纪	拉丁字母	共26个字母，世界上最为通用的字母。

字母的出现

　　繁衍生息在地中海东岸的腓尼基人曾建立起一个有着高度文明的古代国家，他们凭借着智慧与勇敢，行迹遍布地中海的每一处角落，所到之处商船、航道、港口的不断涌现使他们成为古代世界最成功的航海者与商人。讲究效率与功利的腓尼基人将繁复的苏美尔人楔形文字与埃及象形文字优化，创造了简单、便捷的字母，图片中的鸡形墨水瓶上镌刻的26个字母就是由腓尼基人传入、希腊人改良后的最终样子。

　　且他们认为这是理所当然的，从未有过丝毫良心上的自责。如果犹太人对他们的评价真实可信，那么，腓尼基人确实就是一群非常不正直、不诚实的人，他们人生的最高理想就是将世间的财富搜刮一空。结果是，他们成为了孤家寡人，没有人喜欢他们。不过，他们却给后代留下了一笔可贵的财富——那就是字母。

　　腓尼基人最初也烂熟于苏美尔人发明的楔形文字，但是他们却认为，这些文字不仅写起来不方便而且十分浪费时间。作为商人，他们更喜欢凡事讲究效率和实际，雕刻繁琐的字母这种如此浪费时间的事情，显然并不是他们所想要的。于是，他们便投入精力，创造出了一种新的文字体系来取代楔形文字。他们参考了埃及的象形文字中的几个图案，将苏美尔人的楔形文字中的几个进行简化。他们对文字的要求是书写的速度和效率，因此就抛弃了原有文字中优美的外形。最后，数千个不同的文字图案就被他们简化成了22个字母，既简短又方便。

　　随后，腓尼基人发明的字母通过爱琴海传入希腊境内。希腊人则在此基础上，又创造出几个字母，加入其中。然后，希腊人将改进过的字母传到了意大利。罗马人则将字母的外形进行修缮后，传给了西欧的野蛮部落。而这些野蛮人就是我们的祖先。这就是为什么本书使用的是起源于腓尼基人的字母文字，而不是用埃及象形文字或苏美尔人楔形文字的原由。

第 十一 章

印欧人

闪米特人与埃及人被说着印欧语的波斯人征服了。

古埃及人、巴比伦人、亚述人及腓尼基人统治的世界已经有将近3000年的历史了。随着时间的推移，这些居住在河谷地区的古老民族渐归没落。因此，当一个新的民族，以神采奕奕的面貌出现在这个世界的时候，那些古老的民族就无可置疑地等待迎接消亡。这个新的民族不仅将欧洲握在手中，同时也掌控着印度地区的王权，他们就是"印欧种族"。

印欧人和闪米特人一样，属于白种人的分支，但是，他们却说着不一样的语言。这个语言是欧洲所有语言的起源，当然，其中不包括匈牙利语、芬兰语以及西班牙北部的巴斯克方言在内。

在我们知道他们存在以前的许多世纪里，他们就已经在里海沿岸定居了。突然，有一天，他们将家当收拾起来，开始向北进发并寻找新的家园。他们其中的一部分来到了中亚的群山之间，居住在伊朗高原四周的群峰下长达几个世纪，因此，印欧人也被称之为雅利安人。剩余的人则继续奔向日落的方向，最后，他们将整个欧洲平原据为己有。关于这段历史我将会在讲述希腊和罗马历史的时候详述。

现在，让我们来讲述一下雅利安人。相当一部分雅利安人追随着他们著名的导师查拉斯图特拉（又名索罗亚斯德）远离曾经居住在山谷之中的生活，他们沿着水流湍急的印度河向下而行，直达海边。没有离开的人则心甘情愿

希腊重甲步兵 雕像 公元前6世纪

希腊重甲步兵头戴着带有护颊的科林斯头盔，以坚固的重盾和铜质甲胄护住自身的胸、背和小腿，昂贵的装备与完善的战术思想使希腊重甲步兵成为当时最具有战斗力的军队。

亚历山大镶嵌画　镶嵌画　约公元前80年　800cm×600cm　现存于意大利那不勒斯国家博物馆

　　这是一幅1831年从意大利庞贝古城"农牧神殿"遗址中发掘出的古罗马镶嵌画。据考证，这幅壁画是一幅希腊晚期绘制的复制品。时光的侵蚀已使镶嵌画的局部出现脱落，它如实地再现了历史中亚历山大大帝与波斯末代国王大流士三世在伊苏斯进行的那场宏大的战役。

地留在西亚的群峰之间建立起米底亚人和波斯人相对较为独立的地区。从古希腊的史书中，我们得知了这两个民族的名字。

　　公元前17世纪，米底亚人建立了自己国家，即米底亚王国。在波斯部族的国王由安申部族首领居鲁士接掌的时期，米底亚王国被前者彻底抹去。居鲁士则带领着士兵开始四处征战，没过多久，整个西亚及埃及就成为他和其子孙们的领地，他们成为了无可争议的统治者。

　　这些印欧种族的波斯人在精力尚且充沛的情况下，他们继续向西征讨，并且获得了接连的胜利。不久，他们就和另一个印欧部族发生了激烈的对抗，这些人早已在数世纪以前就迁入了欧洲，并占领了希腊半岛及爱琴海诸岛。他们之间的冲突，导致了希腊和波斯之间发生了三次著名的战争。

　　波斯国王大流士和泽克西斯曾经先后挥军侵入半岛以北的区域，试图染指希腊人的领土。他们为了想要在欧洲大陆上有一个根据地，几乎拿出了所有的力量。但是，不幸的是，他们还是以失败告终了。雅典海军的力量简直坚不可摧，他们将波斯军队的补给线切断，这迫使亚洲的侵略者不得不退回他们的根据地。这是亚洲和欧洲之间的第一次正面战争。一个好比是精明老练的导师，另一个好比是风华正茂的学生。他们之间的战争直到现在还在继续着，在这本书其他章节中，还会涉及到更多东方与西方之间的战争。

第十二章

爱琴海

亚洲古老的文明被爱琴海人引入蛮荒时代的欧洲。

海因里希·谢尔曼小的时候，他的父亲给他讲述过特洛伊的故事。他对这个故事印象极其深刻，并且深深陷入了故事当中，他还立下了志愿，如果自己长大到能够独自远行的时候，一定会前往希腊寻找特洛伊。虽然谢尔曼的父亲仅是梅克伦堡村的一个乡村牧师，生活清苦而贫寒，但是却丝毫没有影响到他对理想的追求。谢尔曼决定要先积累一笔资金再考虑筹划考古挖掘的事情，因为他很清楚，寻找特洛伊是一件烧钱的壮举。实际情况是，在很短的一段时间内，他就拥有了一笔足以组建一支探险队的财富。于是，他很顺利地就来到了心目中位于小亚细亚西北海岸的特洛伊城旧址。

这是一个遍布农田的偏高丘陵地带，这块位于古代小亚细亚偏僻的弹丸之地在当地人的传说中，即是普里阿摩斯王的特洛伊城旧址，神秘的古城就沉睡在地下。兴奋的谢尔曼迫不及待地着手考古挖掘工作。他以最快的速度挖掘着，也正因为如此，他和他向往已久的城市错失了见面的机会。他的挖掘穿透了特洛伊城的中心，来到了另一个要比特洛伊城还要古老1000多年的城市遗迹中。在这里，谢尔曼发现了精巧别致的小雕像、稀有的珍宝以及装饰着让希腊人也从未见识过的花纹的花瓶，显然这些发现让人很吃惊。其实，如果他发现的仅仅是一些打磨过的石锤、粗陶罐等都是正常的，因为这些东西或许可能是希腊人之前在此定居的史前人类遗留的。可是，那些出乎意外的贵重物品又如何解释呢？

这些物品的发现，让谢尔曼作出了一个非比寻常的猜测，或许在距离特洛伊战争1000年以前，就有一个神秘的种族生活在爱琴海沿岸，他们在诸多领域的先进程度都远远超出后来侵占、摧毁并吸收其文明的希腊野蛮部落。而谢尔曼的推测果然没错，事实就是如此。

19世纪70年代末，谢尔曼对迈锡尼废墟进行了考察研究。连古罗马时期的旅行指南手册对这些废墟的悠久程度都惊叹不已，对于现代人就更不用说了。在发掘的过程中，谢尔曼在一道小圆围墙的方石板下面再次发现了一个令人难以置信的宝藏，当然了，这些东西依旧是那个神秘的种族遗留下来的。他们在希腊沿海修筑的城市高大、厚重，古希腊人称之为"巨人泰坦之作"。在古希腊的传说中，犹如天神一般的泰坦是时常同山

迈锡尼国王的宝藏

　　历史中的迈锡尼王朝有着古老而卓越的文明，约在公元前1200年，迈锡尼人与欧亚交界的特洛伊人展开过一场长达10年的残酷战争。传说中的迈锡尼国王阿伽门农借助阿喀琉斯和奥德赛的力量，终以"木马屠城"的策略将固若金汤的特洛伊城踏为废墟。迈锡尼人从周边邻邦掠夺了大量的黄金与奴隶，建立起他们强盛的国度，图片为迈锡尼国王宝藏中的黄金面具。

峰玩球以消遣的巨人。

　　最后，在经过考古学家仔细地研究之后，废墟的真实情况中终于浮出水面了。原来，这些工艺品均是出自质朴的水手和商人之手，并不是来自于哪个魔法师的杰作。这些人曾经在克里特岛和爱琴海的诸多小岛上生活着，在他们辛苦的劳作之下，使得爱琴海成为了一个贸易繁忙的商业中心，这里成为了一条纽带，在高度文明的东方和蛮荒落后的欧洲之间进行着源源不绝的商品和物资交易。

　　这个建立在海岛上的帝国延续了1000多年，它有着高度的繁荣以及更多先进的技术。位于克里特岛北部海岸的克诺索斯城是这个帝国的核心，那里的生活水准和卫生条件甚至足以和现代化的设施相比较。宫殿中设有精良的排水设施，并将取暖的火炉配备到了住宅当中。此外，他们还是历史上最先使用浴缸的民族，这在当时还是让人无比艳羡的奢侈品。在宫殿的下面修建有巨大的地窖，用来储藏葡萄酒和橄榄油，这让首批前

克里特文字

克里特人善于书写，但他们的语言与文字仍未被人们解读。

来实地参观的古希腊游客印象极为深刻。克里特"迷宫"的传说就是他们据此臆造出来的，迷宫是什么？就是指那些拥有数不清复杂通道的建筑物。如果我们身后的正门被关闭，我们会发现自己根本找不到另一个出口而无比恐惧。

后来，这个海岛帝国究竟发生了哪些事情？它又是如何忽然走向毁灭？对此，我也是毫不知情。

克里特人是善于书写的民族，但是，到现在为止，他们遗留下来的碑文还没有被我们破译。所以，对于他们的历史，我们无法确切地知晓，唯有从那些废墟之中一点点推测。从他们所创造出来的宏伟奇迹的废墟中，我们可以猜测，这个著名的帝国被来自欧洲北部平原的野蛮民族一夜之间毁于一旦。假设猜测是正确的，那么这个刚刚占领亚得里亚海与爱琴海之间那个遍布岩石的半岛的游牧部落，极有可能就是摧毁克里特人和爱琴海文明的野蛮种族，他们就是古希腊人。

克里特文明

克里特岛是爱琴海上最大的岛屿，它横列于北非和希腊之间，是古代东方与希腊交流的中转站。后来，在克里特岛兴起了部分较小的王国，其中最富盛名的一位君主叫作米诺斯王，大规模富丽堂皇的王宫建筑是当地人引以为傲的资本。

克里特文明		
地理位置	克里特岛位于北非和希腊之间，是古代东方与希腊的商贸要道。	
经济方面	农业	以种植谷物、橄榄和葡萄为主。
	工商业	铜器和金银器具制作精美；陶器工艺尤为突出，卡马雷斯彩陶被称为古代世界最美的彩陶之一。
	航海	造船业发达，所属商船来往地中海各地，并拥有相当数量的武装舰只。
文化方面	文字	早期即已经出现文字，学界称为"线形文字"。
	建筑	以大规模的王宫建筑为显著特征，米诺斯王宫即为典型代表。

第十三章

希腊人

征服整个希腊半岛的印欧赫愣人。

　　当金字塔承受了1000年的风雨，并且有了陈旧迹象的时候；当巴比伦那位聪明过人的帝王汉谟拉比在地下沉睡了几个世纪，突然某一天，印欧种族的一支小游牧部落离开了他们在多瑙河畔的故土，开始向南出发，寻找新的牧场。这个游牧部落就是希腊人的祖先，即赫愣人。传说在很久以前，世界上的人类身陷种种罪恶，这让居住在奥林匹斯山的众神之王宙斯颇为恼火，他用洪水将这个世界彻底倾覆，将所有人推向毁灭。最后，仅有丢卡利翁和他的妻子皮拉逃出生天，而他们的儿子就是赫愣。

　　关于这些赫愣人的历史，我们了解得并不多。著名的历史学家修昔底德是专门研究雅典历史的，他曾经对自己的祖先作过些许评价，但是口气相当不屑，说他们根本就微不足道、没有任何价值。他这样说其实也是有一定道理的，这些赫愣人确实十分野蛮，可以说他们的生活和猪没有什么两样，他们残忍地将敌人的尸首丢给牧羊犬做食物；而且，他们也不懂得尊重其他民族，残杀希腊半岛的土著皮拉斯基人，掠夺其土地，变卖其妻女。但是，赫愣人写了很多赞美亚该亚人骁勇善战的歌谣，这是因为亚该亚人曾经帮助他们杀入塞萨利和伯罗奔尼撒的山区。

❧❧ 潘多拉之祸 ❧❧

　　相传宙斯对潘多拉在人世间播撒的烦恼与灾难并不满意，作为对世人不敬诸神与罪孽深重的报复，宙斯决定亲手毁灭人类。在这场由宙斯掀起的毁灭性的洪水灾难中，只有善良的丢卡利翁和妻子皮拉在普罗米修斯的劝告下，依靠方舟逃出生天。

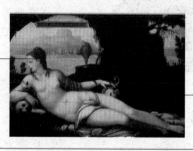

被诱惑的世人却在潘多拉（意为"拥有一切天赋的女人"）面前难逃劫难。

尚未开启的潘多拉魔盒装满了诸神施予世人的瘟疫、灾难。

赤陶模型商船　约公元前600-前500年　长31cm　宽9cm　高7cm

　　赫楞人通过海上贸易达成了与周边国度的沟通，他们从其他国家获取了大量农耕知识、铁器与航海技术，为其后来的强盛打下了坚实的基础。早期商船宽大、厚实的船体可以有效对抗风浪，使其在海面航行更加平稳的同时承载更多的货物；高于甲板的船尾便于导航瞭望，设有探出船体外的垂直轴是人工操纵的船舵；船尾甲板处的矩形孔道可通向船舱，那里是船员们的休息区。

　　赫楞人在山顶上能看到爱琴海人的所在，他们当然也想将其据为己有，但是他们没敢为此冒险。赫楞人明白，爱琴海人要比他们先进得多，他们的士兵使用的是金属刀剑和长矛，而自己使用的是粗糙的石斧，如果开战，孰胜孰劣显而易见。赫楞人在几个世纪以来不断地游走、浪迹于各个山谷和山腰之间，直到他们占领了全部的土地，他们才开始定居下来，安心做一个农民。

　　终于，希腊文明的历史开始了！这些早期的希腊人选择的住址位于能够看见爱琴海人殖民地的地方，他们每天观望着自己的邻居，最后终于按捺不住好奇心，去拜访他们狂妄自大的邻居。在那里，他们感到很吃惊。原来居住在迈锡尼和蒂林斯的高大石墙后面的人那里，有着很多自己闻所未闻且值得借鉴的东西。

　　不得不说，希腊人是一群非常聪明的学生，没用多长时间，他们就能轻松摆弄爱琴海人从巴比伦和底比斯买来的怪异铁制武器，同时，他们也学会了如何航海，这让他们开始建造船只、扬帆远航。

　　当爱琴海人再没什么可以教给他们的技艺之后，他们就做出了忘恩负义的事情——将自己的老师赶回了爱琴海的岛上。接着，他们不断入侵爱琴海上的其他城市，直到将所有的城市征服。在公元前15世纪，希腊人踏平了克诺索斯城，并肆意屠杀、掠夺。崇尚武力的他们历经10个世纪的时间成为了整个希腊、爱琴海和小亚细亚沿岸地区绝对的主宰。公元前11世纪，希腊人从版图上将古老文明的最后一个贸易中心特洛伊彻底抹掉，至此真正揭开了欧洲历史的大幕。

古希腊战船

　　古希腊战船造型优美，船身狭长，众多的操桨手协作让战船拥有航速快、机动灵活的特征。

第十四章

古希腊的城市

实质上以城市为国家的古希腊城邦。

作为现代人，我们可能对"大"这个概念情有独钟，我们喜欢被称为"大"的地方和东西，比如我们的国家是世界上"最大"的国家，我们国家拥有世界上"最强大"的海军，我们国家出产的柑橘和马铃薯是"最大"的等等，诸如此类都会让我们倍感骄傲。此外，我们生前喜欢到人口数百万的"大城市"里生活，死后则愿意被葬在"最大的公墓"中。

关于上面的种种说法，如果让古希腊人听到了，那么，他们会不知所云、难以理解。在古希腊人的观念中，他们追求的是"凡事皆须适度"。他们的生活就是这样的，他们的兴趣不在于单纯的大小和数量的多少。这样对生活的适度和节制并不是一种空谈，也不会单独出现在一些特殊场合，而是贯穿在古希腊人的整个生命、全部的日常生活中随处可见。这种态度也成为了希腊文学的一部分；它促使他们建造起精巧的庙宇；它的影子闪现在男人的服饰和女人的手镯上；它甚至伴随居民涌入剧院，如果任何一个敢于违抗高雅情趣或者优良传统的剧作家出现，得到的必然是一片声讨。

古希腊的政治家和最受欢迎的运动员也被他们要求必须拥有这种中庸的优良品质。假如，在斯巴达，有一位非常著名的长跑运动员在公众面前炫耀自己可以单脚站立很长时间，绝对远胜于任何其他的希腊人，那么，他得到的结果很可能是被人们毫不犹豫地踢出这座城市。因为，这些让他骄傲的资本是任何一只普通的鹅都可以轻易做到的。

或许你会说："适度和完美是一个非常优秀、且值得宣扬的美德。但是，在漫长的古代历史中，为何单单只有这些古希腊人做到了呢？"对于你的问题我会给予回答，不过在这之前，我必须要说一下古希腊人的生活状态。

在埃及或者美索不达米亚，都会有一个难以揣摩的最高统治者。他在遥远的宫殿中对他的帝国指手画脚，人们很难见到他，甚至一生从未见过他的真面目，但是他们却甘心做这位统治者最顺服的臣民。而希腊人则不是这样，他们的政治统治情况甚至可以说是完全相反的。希腊人是居住在众多独立"城邦"中的"自由公民"。这些城邦中，最大的也不会有现在的一个大型村庄那样大。当一个来自乌尔的农民说自己是巴比伦人时，他所说的意思是他属于向当时独揽西亚大权的国王纳税进贡的数百万大众之一。然

荣耀的雅典

　　古希腊人有着他们自己理想的生活，他们修建起典雅、肃穆的城镇，喜欢在宁静、祥和的阳光中聆听行吟盲诗人荷马所讲述的壮阔诗篇。荷马是古希腊著名的行吟盲诗人，相传他每日携带着七弦琴行走于热闹的市镇之中，为人们吟唱英雄的事迹与赞歌。

　　而当一个希腊人非常骄傲地说自己是雅典人或底比斯人的时候，在他的意识中，那里既是他的家乡，也是他的国家；那里没有什么最高统治者，任何的事情都只由集市上的人们决定。

　　对于希腊人来说，他们出生的地方就是他们的祖国。这里有他们的童年，他们曾经在雅典卫城的石墙间玩捉迷藏游戏，这里有着很多和他一样大的男孩、女孩一起长大，他们相互之间非常熟悉，就好比是一个班级里的同学那样熟悉。不仅如此，他的祖国还是埋葬他们父母尸骨的神圣之地。他的小房屋在高大结实的城墙保护下，他们和家人一起快乐自由地生活着，一块大约四五英亩岩石遍布的土地几乎就是他们的全部家当。这样的生活环境会给人带来怎样的影响，他们会发生什么样的思想变化？现在，我想你应该大致了解了。巴比伦人、亚述人、埃及人只不过是众多低贱民众中的一个组成部分而已，好比是一条大河中的一滴水一般，丝毫不会引起任何波浪。但是，希腊人却不同，他们能够很好地和周围的环境融合在一起，他们似乎与生俱来就是那个小镇的一分子。每一个希腊人都可以感觉到，自己的一举一动都被博闻多识的邻居们关注着，无论什么事情都是一样。就算是创作戏剧、雕刻大理石塑像、谱写曲子等，他们的心中也时刻存在着一个念头，那就是自己的一切努力都会展现在身边自由的公民面前，并接受他们专业、中肯的评价。有了这样的观念，他们就只会不断力争完美。而他们从小接受的教育是如果没有适度，你们一切都将是不完美的，完美就会变成海市蜃楼，都是虚妄的。

希腊就如同一个要求严格的学校，而希腊人在教育中做出了斐然的成绩。新型的政治体制、新的文学样式、新的艺术理念等，都是他们一手缔造的杰出成就，甚至有些成就让我们这些现代人也自惭形秽。而且更加不可思议的是，这些奇迹发生的场所，只不过是一个个仅有现代城市四五个街区大小的村庄而已。

让我们来看一下最终的结果吧！

公元前4世纪，马其顿的亚历山大大帝以武力征服了整个世界。当战事平定，亚历山大就决定要将真正的希腊精神传播到世界各地。他将那些小村庄、小城市中的希腊精神带到了新建立起的幅员辽阔的帝国土地上，煞费苦心地想要将它们发扬光大。但是，这些希腊人离开了故土之后，他们就全变了，变得没有生气了。他们看不到每天相处的庙宇，闻不到故乡小巷中那些熟悉的味道，这些都让他们的灵气失去大半，他们不再生机勃勃，他们创造不出来杰出的作品了。所以，他们变成了廉价的工匠，仅仅只能生产出一些不入流的作品。

当强盛的帝国将古希腊的小城邦吞并，小城邦不再独立，那么古老的希腊精神也就枯萎了，并且一去不返，永远在这个世界上消失了。

雅典人的雕刻

在富足的雅典人支持下，人们将纪念女神雅典娜的雕像放置于雅典卫城神殿的柱廊顶端，出于文雅的考虑，雕塑家们用轻柔的衣褶与精细的发辫将女性柔美的躯体遮挡起来，雅典人以其高超的技艺在大理石中注入人的情感与灵魂，他们以此让典雅、高贵的美常存于世间。

第 十五 章

古希腊的自治

世界上最早实行民族自治的国家就是古希腊。

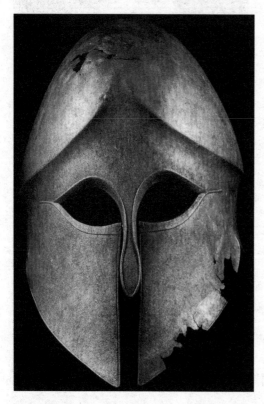

科林斯头盔 公元前500年

有着狭小眼孔、狭长鼻甲、宽大护颊的科林斯头盔是科林斯城邦军队的标准配备之一。作为集贸和战略重地，科林斯曾是数百个结为一体的希腊城邦中的一员，商业、手工业与航海业曾是它的重要经济支柱，贵族与富人掌握着这座城市的命脉，但后被罗马所灭，成为罗马统辖下的亚该亚行省的中心。

希腊人最开始的生活讲究贫富均等，每个人拥有的牛羊数量是一样的，他们将泥筑的小房子当作自己的豪宅。他们生活自由，可以按照自己的心愿来做事，如果城市中有一些需要大家共同作决定的大事情，所有的人就会聚集在市场上讨论。这时，会有一位德高望重的老人来主持会议，他会让每一位公民都有平等机会来发表自己的看法与主张。如果一旦有战争发生，人们就会将这里最勇敢、最自信的一个人推举为首领，由他做统帅来带领大家作战，直到战争结束，人们也有权力随时解除他的职务。

随着时间的流逝，小村庄变为了大城市。一些人工作努力，一些人则游手好闲，一些人特别倒霉，一些人则依靠旁门左道积累了大量财富。于是，城市中的居民划分为少数富人和大量的穷人，从前贫富均等的和谐情况也就不复存在了。

不但如此，那些从前遇到危机而被人们推举出来，引领大家赢得战争，让人们心悦诚服的领袖、统帅都逐渐淡出了人们的视线。一群贵族取代了他们的位置，作为城市中的富人阶级，贵族们拥有着大量的财富与土地。贵族们享有的许多特权是其他公民望尘莫及的，他们从地中海东部的集市购买最精良的武器，他们有着大量的空闲时间熟习搏击，他们住的房子足够宽敞坚固，他们甚至雇佣了士兵为其死心效命。当然，他们也会为夺取城市的统治权而争执不断。直到他们中的一个具备压倒性的优势成为最终的王，统治整个城市。直到有一天，他被另一个窥视王位的贵族杀掉或被赶出这个国家。

这样的国王一般都是依靠手下的士兵来保护自己和自己的统治地位，人们称其为"暴君"。在公元前7到公元前6世纪之间，希腊的城市几乎都由这样的暴君掌控着。虽然，他们中也不乏有才干的人，但是，如此不尽人意的统治终究不会让人心悦诚服。于是，希腊人以各种方式寻求变革，在不断的改革中，致使世界上最早的民主制度诞生了。

公元前7世纪初，存在已久的僭主制度在雅典人的决议中最终被废除。他们要将发言权授予给更多的公民，以便更多的人参与政府的管理，力图恢复这个曾在亚该亚人的先祖时代就大行其道的制度。一位名叫德拉古的人被授命来制定一套保护穷人免遭富人侵扰的法律，德拉古接到任务后，就立刻全身心投入了进去。但是，因为他是职业律师，根本不了解普通人的生活，以他的观点来看，犯罪就是犯罪，无论轻重都理应受到严厉

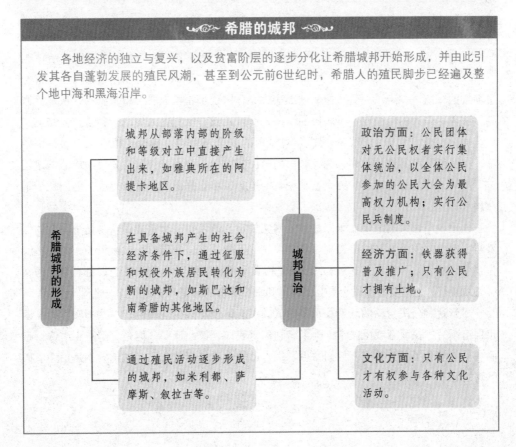

希腊的城邦

各地经济的独立与复兴，以及贫富阶层的逐步分化让希腊城邦开始形成，并由此引发其各自蓬勃发展的殖民风潮，甚至到公元前6世纪时，希腊人的殖民脚步已经遍及整个地中海和黑海沿岸。

希腊城邦的形成

- 城邦从部落内部的阶级和等级对立中直接产生出来，如雅典所在的阿提卡地区。
- 在具备城邦产生的社会经济条件下，通过征服和奴役外族居民转化为新的城邦，如斯巴达和南希腊的其他地区。
- 通过殖民活动逐步形成的城邦，如米利都、萨摩斯、叙拉古等。

城邦自治

- 政治方面：公民团体对无公民权者实行集体统治，以全体公民参加的公民大会为最高权力机构；实行公民兵制度。
- 经济方面：铁器获得普及推广；只有公民才拥有土地。
- 文化方面：只有公民才有权参与各种文化活动。

梭伦改革

公元前594年，梭伦当选为雅典首席执政官，并着手改革。他设立了新的政权机构，使贵族权力受到一定程度的节制。这次改革把雅典引向了民主政治和发展商品经济的道路，同时也使雅典民主体制基本成形，因此梭伦被誉为"雅典民主政治之父"。

的惩罚。显然，大多数希腊人认为德拉古法典过于苛刻了，压根就不能执行起来，因为按照新法典，偷个苹果都要被处死，那么，全希腊恐怕连用刑的绳子都不够。

由此，雅典人放弃了这个最初人选，开始寻找一个更切实际的改革者。终于，他们找到了一个更加得力的完美人选。梭伦，这个来自贵族阶层的人，他曾经周游过许多地方，并且对很多国家的政治体制都有过研究，他经过细致的权衡，制定了一套法律。这部法典充分体现了希腊人所希望得到的"适度"原则，法典尽最大的可能改善了农民的境遇，而且还没有触犯富人的既得利益。要知道，负责雇佣、管理兵源的富人阶层决定着城市的安全与稳定。梭伦还拟订了一项特别条款，在法官审理案件的时候，利益受损的市民有权向一个由30位雅典公民组成的陪审团进行辩解，这样就可以保护穷人不受法官的迫害（法官是由贵族阶级组成，他们几乎不拿薪水）。

梭伦改革最大的成果在于以法律的明文规定，诱使每一个普通民众为切身利益的保障与实现必须积极参与城市管理。雅典人从此不能再找任何借口待在家里了，他们不能说"今天我很忙"或者"下雨了，我还是待在家里比较好"。每一个公民都有自己的义务必须履行，他们要参加议会集会，促进和维护城市的繁荣和安定。

尽管这种公民自治的政府在很多时候并没有体现出多少优越性，一些不实际的空谈也层出不穷，执政者或臣民常常为了名利尔虞我诈、彼此诋毁，但是，不得不承认，希腊人从中学会了独立自主，他们懂得了用自己的力量来拯救自己，这未尝不是一件值得欣喜的好事。

第十六章

古希腊人的生活

古希腊人的生活是什么样呢？

我想你们可能会有这样的疑问，假如古希腊人总是在听到命令后，就跑到集市讨论国家大事，那么，他们的家庭和生意事务该如何处理呢？他们有那么多时间吗？这一章，我就给你们解答一下这个疑惑。其实，能够参与政府所有事务的人并不是城市中所有的人，而是拥有参与权力的自由市民。要知道，每一个希腊城市居民的组成皆为少数生来自由的市民、大量的奴隶和少量外国人。

对于外国人，只有极少数情况，例如战争需要征召兵员的话，希腊人才会给予这些他们称作"野蛮人"的外来户以真正的公民权。但是，这只属于特例。出身问题是你获得公民资格的重要标准，首先，你必须是一个雅典人，而且你的父亲和祖父也都是雅典人，也就是说你生来就是雅典人。除此以外，即使是富甲一方或战功显赫，只要你出生在一个非雅典人的家庭，你永远也仅是一个住在雅典的外国人。

在人们推翻"国王"或"暴君"的专制统治后，自由民阶层便开始接管希腊的每个城市，他们的利益变为了整个城市的利益。这种体制的正常运转，依靠的是奴隶阶层，一个数量高于自由民六七倍的巨大群体。古希

古希腊人的生活 浮雕　公元前5世纪

宽大的木椅旁边，一个古希腊女子正轻轻将干净、整齐的衣物放入柜子中，在她身后的墙壁上挂着一个细条编织篮、一面镜子、一个单耳长颈瓶和一个双耳酒杯。在古希腊，尽管富人掌握着社会上更多的财富，但崇尚优雅的古希腊平民仍然有着他们平和、朴素的生活。

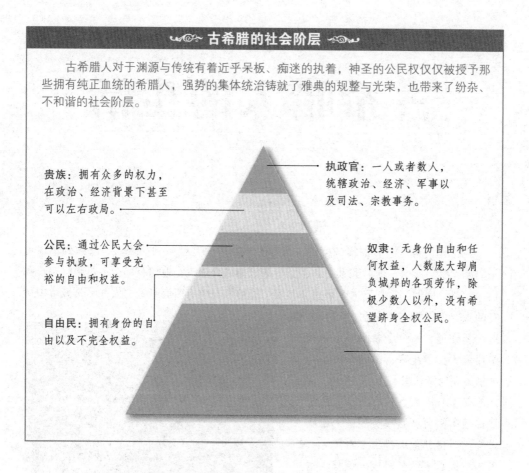

古希腊的社会阶层

古希腊人对于渊源与传统有着近乎呆板、痴迷的执着，神圣的公民权仅仅被授予那些拥有纯正血统的希腊人，强势的集体统治铸就了雅典的规整与光荣，也带来了纷杂、不和谐的社会阶层。

贵族：拥有众多的权力，在政治、经济背景下甚至可以左右政局。

执政官：一人或者数人，统辖政治、经济、军事以及司法、宗教事务。

公民：通过公民大会参与执政，可享受充裕的自由和权益。

奴隶：无身份自由和任何权益，人数庞大却肩负城邦的各项劳作，除极少数人以外，没有希望跻身全权公民。

自由民：拥有身份的自由以及不完全权益。

腊自由民家中或者生意需要的种种繁重劳动都由奴隶承担，也就是说自由民基本无需劳动，这同现代人为养家糊口、支付房租而不得不付出大量时间和精力来进行工作有着本质的区别。

奴隶们把整个城市工作全部揽了下来，烹饪、烘烤、制作蜡烛等都是他们的工作。他们成为了理发师、木匠、珠宝加工者、教师、会计等，而他们的主人则或者去参加公共会议、讨论战争问题；或者在剧院观看埃斯库罗斯的最新悲剧；或者参与到剧作家欧里庇得斯对大神宙斯无上威严的质疑等革新思想讨论中。

从某种角度看，古雅典就好比是一个现代俱乐部一般，会员就是所有的自由民，仆人就是所有的奴隶，后者随时听候主人的差遣。当然，做会员自然是一种不错的营生。

一说到"奴隶"这个词，恐怕你的脑海中会立刻浮想起《汤姆叔叔的小屋》中的那些悲惨的人。其实，这里的奴隶并不是那样的。他们每天为别人服务，为别人耕种田地，自然不是一件愉快的事情。但是，一些没落的自由民也同样如此，他们会到那些富人的农庄出卖劳力，过着和奴隶一样的悲惨生活。甚至，在城市里的很多奴隶要比下层自由民更加富有。古希腊人的观念就是凡事要适度，对待奴隶同样如此，他们的方式要温和很多。之后的罗马人就不是这样了，他们对待奴隶就像牲口一样，奴隶和工厂里的机器一样没有权力，不仅如此，还常常因一点小失误而被主人喂给野兽当食物。

奴隶制度，在希腊人的眼中是一种必需的制度，他们的城市依靠这样的制度运转，如果缺失它，他们就不能拥有文明舒适的家园。奴隶们从事的工作中也有像现代社会总由商人和专业人担任的复杂工作。至于家务劳动，那些让你母亲耗费大量精力、父亲下班之后闷闷不乐的东西，在古希腊人那里则变得不屑一顾。他们追求自由舒适的生活，他们的生活环境简单而朴素，因此根本没有大量的家务劳动需要做。

古希腊人的房子是非常朴实、简单的，他们的屋子中没有任何一件能让现代人认为是享受的物件，甚至连富人都居住在土坯房中。四面墙和一个屋顶就组成了希腊人的屋子，屋子中会有一扇门通向外面，连窗户都没有。厨房、起居室、卧室的房屋布局环绕着简单的露天庭院，里面都会有一座喷泉或是一些小型雕塑以及几株植物，看起来宽敞而又亲切。假如天气晴朗不下雨或者气温不太低的时候，庭院就是一家人的生活场所。庭院的一角，有厨师（是奴隶）在做食物；院子的另一角，有家庭教师（同样是奴隶）在教授孩子们学习希腊字母和乘法表；又一个角落，女主人和裁缝（同样是奴隶）在缝缝补补做针线活。女主人一般足不出户，皆因在古希腊一个已婚妇女总在大街上抛头露面总会让男主人觉得颜面无光。而在门内的一个小房间里，男主人在认真清算着账目，这是农庄监工（同样是奴隶）刚刚送过来的。

古希腊人对于饮食也并不热衷，他们认为这是一件无法规避的烦恼，如果娱乐还可

酒宴中的古希腊人

古希腊人的酒会通常在男子的私人宅邸中举行，画面中酒兴阑珊的客人正躺在躺椅上，一手托着酒杯，一手扶着头部，认真地倾听着旁边吹笛人的演奏。这类略带社交性质的酒会通常会持续至深夜，席间人们高谈阔论，气氛融洽，甚至有时会沦为一场激烈的辩论比赛。

以打发时光和陶冶情操，那么饮食根本不能带来快乐。晚饭准备妥当后，全家人坐在一起吃饭，饭菜很简单，主食为面包，喝一些葡萄酒，再吃少许的肉类和蔬菜，很快就可以吃完了。他们认为喝水有损健康，因此，只有在没有其他饮料可以解渴时才会喝水。希腊人也喜欢和朋友聚餐，但是绝对不会像现代人那样大吃大喝，他们会对此十分反感。他们聚餐的时候，会十分优雅地交谈，细细品尝美酒和饮料。虽然他们似乎更喜欢喝酒，但是他们对此非常节制，如果在宴会上喝得酩酊大醉会让他人看不起。

古希腊人不仅在饮食上崇尚简单，在衣饰上同样如此，他们喜欢干净整洁的外表，头发和胡子会被梳理得一丝不苟，他们也会常常锻炼，游泳、田径都是他们喜欢的健身项目。在服饰上，他们绝不会去追求亚洲的流行风尚，更不会穿着那些艳俗、奇特的衣服。男人的衣服一般都是白袍，那样使他们看起来像意大利官员一般气度得体、举止优雅。

对于自己的妻子，他们也喜欢在其穿金戴银时欣赏不已，但在她们出门时就会力求低调，因为在公众场合炫耀财富被他们看作是一件非常庸俗的事情。

总而言之，古希腊人的生活是朴素而节制的。桌椅、书籍、房子、马车等东西将会占据拥有者的大量时间，人们不得不浪费时间和精力去养护、抛光、擦拭、装点它们，最终使拥有者成为它们的奴隶。古希腊人是如此热爱自由，他们不仅心灵自由，身体也要自由，他们将自己日常生活的需要降到最低，而他们的精神则得到了最大的自由。

第十七章

古希腊的戏剧

戏剧的出现让人类拥有了最初的公共娱乐方式。

很久以前，古希腊人就书写着歌颂先祖们英勇无畏品质的壮阔诗歌，他们在诗歌中讲述先祖们把皮拉斯基人逐出希腊半岛以及摧毁特洛伊城的巨大成就。当时，行吟诗人会到处朗诵这些戏剧，走街串巷让人们聆听。但作为现代生活中不可或缺的娱乐形式，戏剧并非是从这些诗歌中衍生出来的。诗歌的产生是非常不可思议的，所以我觉得有必要单独列出一章，来为大家讲一下戏剧是如何产生的。

游行，是古希腊人喜欢的活动，他们每年都会举行一场盛大的游行，用来赞美与敬奉酒神狄俄尼索斯。酒神非常受希腊人的崇拜，因为他们喜欢喝葡萄酒（他们认为游泳与航海是水唯一的用途）。酒神的受欢迎程度就如同今天我们国家"冷饮机"深受追捧的情况一样没

西方戏剧的起源

对于西方戏剧的起源，较为认同的说法是源于希腊城邦人们对"酒神"狄俄尼索斯的崇拜以及对其祭奠的盛大游行庆典中的山羊叫声。人们将沉闷、乏味的咩咩叫改为融合既定台词与表演的新颖方式，以此讲述狄俄尼索斯或其他神灵的故事，古雅、庄重的氛围让古希腊人为之痴迷。

有什么分别。

在希腊人心目中，酒神居住在葡萄园中，和一群被称为萨堤罗斯的半人半羊怪物整日过着逍遥、自在的日子。因此，在游行的时候，人们会在身上披上羊皮，并边走边发出近似公羊的咩咩叫声。希腊语中山羊的写法为"tragos"，歌手的写法为"oidos"，而那些神似山羊咩咩叫声的歌手通常被成为"tragos-oidos"，意为山羊歌手。后来，山羊歌手的奇怪称呼就变成了"悲剧"（tyagedy）这个词语。在戏剧中，悲剧暗示着一出有着悲惨结局的戏，这和欢乐的喜剧被称作圆满结局的戏如出一辙。

你的心中肯定会出现这样的问题：在世界上盛行不衰2000多年的高雅悲剧是如何从那些山羊歌手发展而来的呢？你或许不会想到哈姆雷特和山羊歌手之间会有什么联系。其实，这个并不难理解，我现在就告诉你。

刚开始的时候，人们对这些山羊歌手的表演是非常感兴趣的。每当演出时就会有很多观众围在他们周围欣赏，这给大家带来了很多欢乐。但是，不久后，人们就兴趣缺缺

古希腊戏剧的大师名作

古希腊人喜欢借助诗歌来展现他们对国家、对家庭、对生活、对美好未来的评述与热爱，而当戏剧出现之后，这种澎湃的感情更激发了无数的名师大家开发创作热情与智慧，为后人留下了众多经典的传世名作。

戏剧类别	戏剧大师	创作特点	代表作品	成就
悲剧	埃斯库罗斯	首次加入了第二个表演者，改变了传统戏剧模式。	《俄瑞斯忒亚》、《普罗米修斯》等。	古希腊最伟大的悲剧大师。
悲剧	索福克勒斯	展现个人意志与命运相搏的"命运悲剧"。	《安提戈涅》、《俄底浦斯王》等，后者被认为是"古希腊悲剧的典范"。	古希腊全盛时期的悲剧大师。
悲剧	欧里庇德斯	展现社会动荡时代人们对神性、人性、战争、民主的思考。	《美狄亚》、《特洛伊妇女》等，前者被认为是"古希腊最动人"的悲剧。	古希腊民主危机时期的悲剧大师。
喜剧	阿里斯托芬	展现人们对社会政治、经济与贫富分化的思考。	《巴比伦人》、《云》、《鸟》等，后者被认为是"古希腊现存最完整"的寓言喜剧。	古希腊城邦衰退时期的喜剧大师，欧洲"喜剧之父"。

了，甚至有些讨厌这种表演了，如此乏味沉闷的东西怎么能够吸引人呢？于是，他们认为这也是一种罪恶，要求歌手表演一些更加吸引人的节目。这时，一个来自阿提卡地方伊卡里亚村的青年诗人有了一个新奇的想法，他让合唱队中的一个人和游行队伍前列的首席排箫乐师站在一起、彼此对话。这个队员在说话的时候，双臂会不断挥舞做出各种动作（这表示当他人在唱颂时，他则是在"表演"）。此人会不断地提出很多问题，而乐队领队则会按照青年诗人预先在纸莎草纸上写好的答案给予应答。

这种预先准备好的对答其实就是一种简单的对白，当时的对答大多是讲述酒神狄俄尼索斯或者其他神的故事。民众对于这种新鲜的表演形式是非常喜欢的，于是，在酒神游行的时候，每次都准备这样一项表演。后来，这样的表演变得越来越重要，甚至超越了游行本身和咩咩叫。

作为成就非凡的古希腊著名"悲剧艺术家"，埃斯库罗斯在他的人生中（公元前526—公元前455年）大约写了80部悲剧，而且他还对上述的表演形式进行了改革，将原来的一名演员变为了两名。后来，索福克勒斯又将人数增加到三个。公元前5世纪中期开始，欧里庇德斯在创作那些让人不寒而栗的悲剧时，他会根据剧情而决定使用演员的人数，而不是局限在两个或者三个。当阿里斯托芬用他的笔对任何人、任何事、甚至奥林匹斯山诸神报以嘲笑时，他笔下的喜剧让合唱队的地位已经一落千丈，成为了旁观者。他们只能整齐列队站在演员们的身后，当台上的人们演到违反神意的罪恶一幕时，他们就会大声高唱："啊，这是一个多么恐怖的世界啊！"

随着戏剧形式的变化，人们认为有必要提供一个适合的场地来满足表演的需求。于是，希腊的每个城市都出现了剧院。剧院通常会开凿在城市附近小山的岩壁上，人们坐着木制的长凳观赏宽阔圆形场地上演员与合唱队的表演，这个场地就是舞台。在舞台后面有一个帐篷，是让演员化妆用的，他们会戴上或悲或喜的黏土制大面具前去表演。希腊文中帐篷为"skene"，后来的"布景"（scenery）一词就源自于此。

当观赏悲剧成为了希腊人生活中不可或缺的一部分，他们就会认真对待它，剧院已不仅仅作为一个让人们释放心情的娱乐场所而存在。每一个新戏的推出就像选举一般隆重，而一个成功的剧作家所获得的殊荣绝对不亚于一名凯旋而归的将军。

第十八章

波斯战争

希腊人成功抗击了亚洲对欧洲的入侵，使波斯人退回爱琴海的对岸。

雅典娜

雅典娜是希腊人尊崇的智慧与工艺女神，更是掌控着正义的女战神，相传体态婀娜、披坚执锐的她拥有着宙斯一般的力量。作为将智慧与力量完美结合的雅典守护神，雅典娜常持拥有无比神力的埃吉斯盾庇护着她的子民，为歌颂雅典对波斯的伟大胜利而修建的雅典卫城主体建筑帕农神庙中祭祀的就是雅典娜。

腓尼基人是专职的商人，爱琴海人则是他们的学生，这让古希腊人深谙经商之道。希腊人仿照腓尼基人的做法，建立起了很多殖民地，并且开始将货币广泛使用在和外国客商的交易中，其取得的成果甚至超过了腓尼基人。到公元前6世纪，他们凭借着更高的效率，使得小亚细亚沿岸地区基本已经被他们完全掌控了，腓尼基人的大部分生意也被他们夺走了。希腊人的做法当然让腓尼基人感到不满，他们心中对此十分怨恨，但是，他们的实力不足以让他们和希腊人对抗。战争是一件十分冒险的事情，于是，他们只好静静等待报仇的机会，而将仇恨暂时藏在心底。

关于波斯帝国崛起的事情，在前面我已经讲述过了。波斯游牧民族中一支并不起眼的部落突然开始了四处的征伐，并且在很短的时间里，将西亚大部分地区占领。但是，相对来说，这些波斯人还是比较文明的，他们对待新归顺的人们尚且算是有礼貌的，只是规定他们每年需要向上进贡一定的赋税即可，并没有大肆掠夺。在波斯人到达小亚细亚海岸的时候，他们对吕底亚地区的希腊殖民地提出了同样的要求，要求他们缴纳赋税，并且承认波斯国王是他们至高无上的主人。当然，这个无礼的要求遭到了拒绝，希腊殖民地向爱琴海对岸的宗主国发出求救的呼声，由此，一场战争的序幕缓缓拉开了。

假如史书中的记载值得我们信任的话，希腊的城

马拉松之战

蓄势而出的波斯帝国在公元前490年大兵压境，并在雅典东北部的马拉松平原登陆，与据险而守的希腊联军展开大战。希腊联军充分借助了马拉松平原中间高、两侧低（且为狭长泥沼地）的地势，大胜波斯军团，成为以少胜多的典型战例。

马拉松之战		
参战双方 对比项目	希腊联军	波斯军团
战术位置	守方	攻方
参战兵力	11000人	100000人
指挥官	米尔泰底	大流士
参战兵种	重装步兵	步兵、弓箭手、骑兵
阵型	密集阵型	普通方阵
战术分析	拉长阵型以平原两侧的泥沼地弥补侧翼的弱点，使敌军难以迂回攻击软肋，并充分发挥正面的优势，强劲发起冲锋。	训练水准不高，在丧失弓箭压制与骑兵突击优势之后，较弱的防护装备与稀疏阵型在对方冲击下溃散。
结局	胜	败

邦制几乎是每一任波斯国王忧心忡忡的难题。这样的制度很可能被归顺于波斯帝国的诸多民族当作是一个好的榜样，从而引发反抗波斯统治的大潮。所以，如此危险的政治制度是必然要消灭掉的，至少波斯人这样认为，他们要让希腊人服服帖帖地臣服于强大的波斯帝国。

　　而对于希腊人来说，因为他们之间相隔着爱琴海，因此据险而守的他们并不感到十分畏惧。只是他们的宿敌腓尼基人却在此刻半路杀出，并站在了波斯人的一方，承诺为波斯国王大军出征欧洲提供运输所需的船只。结果在公元前492年，亚洲一股试图毁灭欧洲日益强大的古希腊而集结的势力正待机而出。

　　波斯国王派遣使者前往希腊发出最后的警告，除非希腊人贡献出"土和水"作为归顺的信物，否则就开战。古希腊人义无反顾地将这个可怜的来使扔进了井里，并告诉他那里有着他们想要的一切。就这样，和平之门已经被彻底地封死了。

　　但是，高踞在奥林匹斯山上的神祇庇护着他的子民们。载满波斯大军的腓尼基人舰队还没接近阿托斯山，就被风暴之神吹得青筋爆裂的海上飓风所掀翻，所有波斯人无一幸免。

　　又过了两年，波斯人召集起更多的军队卷土重来。他们计划横渡爱琴海，由马拉松村附近登陆直取雅典。得知消息的希腊人即刻派遣重兵坚守马拉松平原上俯视海岸线的制高点。与此同时，希腊人派遣长跑健将把消息传往斯巴达，以求援手。出乎意料的是斯巴达人乐于作壁上观，并借以打压雅典的盛名。以至于其他城邦各怀心思均按兵不动，只有普拉提亚派出了1000名士兵驰援雅典。公元前490年的秋天，雅典统帅米尔泰底亲率他强悍的战士在如潮水般涌来的波斯人面前孤军奋战。勇猛的希腊人在波斯军团的枪林箭雨中纵横冲杀，摧枯拉朽般将波斯人的战阵冲得七零八落，如此骁勇善战的敌手让波斯人胆战心惊、溃不成军。

入夜，身处雅典的人们眺望着远方那被无数战船燃起的大火吞噬的赤红天空，心急如焚地等待着最新的战报。直到北方道路上跑来一团尘土，那是风尘仆仆的长跑健将菲迪浦底斯，他勉强支撑着，几近虚脱。他作为求援的信使刚刚从斯巴达返回，就追随统帅米尔泰底赶赴战场，他奋力厮杀，而后主动请缨将胜利的战报带回他所热爱的雅典。翘首以待的雅典平民在他扑倒在地后，急切地跑过去将他搀起，而这个英雄在虚弱地吐出一句"我们胜利了"之后便一命呜呼，他慷慨赴义的事迹让所有雅典人动容、崇敬。

经历了如此一场大败让波斯人心灰意冷，摧毁雅典的企图再次宣告破产，雅典海岸线上的重兵驻守让他们难有可乘之机，于是他们不得不黯然退回亚洲。至此，希腊又迎来了短暂的和平与安定。

在接下来的8年时间里，波斯人休养生息，增强自己的力量，等待时机，当然，希腊人同样也是如此，不敢有丝毫的懈怠。他们的心里都很明白，未来一场激烈的战争是不可避免的。可是，就在这关键的时刻，雅典内部对战争处理的看法出现了不同的声音。有的人认为陆军有待增强，有的人则认为增强海军实力是击败波斯人的关键。由阿里斯蒂底斯和泰米斯托克利分别领导的陆军派和海军派开始了相互攻击，他们之间僵持不下，而雅典的防御工程也一拖再拖。直到陆军派的阿里斯蒂底斯政治落败而遭流放，海军派才终于掌控了大权，他们大力建造海军，在雷埃夫斯建起一座让人不敢小视的海军基地。

公元前481年，波斯派出一支庞大的军队侵入希腊北部省份色萨利地区，使得希腊半岛再次陷入了灾难之中，即将面临覆国的危险。为了拯救家园，人们期待着有着骁勇传统的斯巴达人能率领着他们矗立在风口浪尖，但是，因为危险还并没有蔓延到斯巴达城邦，所以斯巴达人对战争并不尽心。这种散漫态度带来的后果就是忽略了北方通往希腊腹地的防守。

连接色萨利和希腊南部省份的道路位于背山面海的狭窄险地，易守难攻，因此斯巴达国王李奥尼达率领一支精干的小股部队受命据此防守。在李奥尼达英明的指挥下，勇猛的斯巴达战士在以少战多的情况下，成功地将波斯大军牢牢钉在他们的阵地上。可是，希腊人中出现了一个名叫埃非阿尔蒂斯的叛徒，他背叛了大家，带领一支波斯军队从梅里斯附近的小路穿过山隘，直抵李奥尼达守军的后方。波斯人在温泉关附近（德摩比勒）与斯巴达人展开了惨烈的大战，持续到夜晚的苦战堆尸如山，李奥尼达和他忠诚的斯巴达勇士最终全军覆没。

　　温泉关战役过后，希腊的防守在所向披靡的波斯人面前全线崩溃，波斯军团很快就占领了希腊的大部分地区。8年前的惨败让波斯人一直耿耿于怀，他们一举攻陷了雅典，并将守卫那里的希腊士兵驱赶出卫城的岩石堡垒，把多年的怨气化作烈火将雅典城烧成一堆瓦砾。在敌人面前，雅典人只能拖家带口纷纷逃往萨拉米岛。从这个局面来看，雅典似乎已经是必败无疑的了。公元前480年9月20日，泰米斯托克利率领雅典海军和波斯舰队展开激战，最后将其引入希腊大陆与萨拉米岛之间的狭窄海面上。仅仅几个小时的时间，3/4的波斯舰船就被雅典人摧毁，战争的局面因此而扭转。

　　海上局势的受挫，导致波斯人高歌猛进的陆军失去了后援，即使在德摩比勒地区取得的大捷也变得没有任何意义。最后，波斯国王泽克西斯选择暂时撤退，待来年卷

李奥尼达在温泉关战役

　　面对几十倍于己的波斯大军，斯巴达人在他们的王——李奥尼达的率领下凭借勇猛与信念在易守难攻的关隘温泉关死守了三天三夜，史称"温泉关战役"。画中戴冠持剑的李奥尼达同誓死追随他的斯巴达勇士们在温泉关全部牺牲，书写了波斯帝国与希腊战争中最为悲壮的一页。

土重来与希腊人决一死战。波斯军队暂时进入北部的色萨利地区养精蓄锐，蛰伏以待来年春天。

但是，不一样的是，斯巴达人的观念发生了巨大的转变，他们终于明白这次的战争关系到整个希腊半岛的生死存亡，于是，他们决定竭尽全力进行反击。原本，斯巴达人修建了一条横跨柯林斯地峡的城墙，以便保护自己的城邦，如今，他们将坚实的城墙抛在身后，主动跟随希腊联军统帅保萨尼阿斯出击马多尼奥斯率领的波斯军队。于是，两军在普拉提亚附近展开大战。希腊军队是由来自12个城邦的士兵组成，大约有10万人；波斯军队则大约30万人。虽然力量悬殊，但是，希腊军队凭借着勇气向波斯军队发起了攻击。战争的结果和马拉松平原一样，波斯军队的箭阵被希腊重装步兵击溃，波斯人完全丧失了东山再起的机会。而在同一天，在小亚细亚附近的米卡尔角，雅典海军在和敌人舰队的对垒中也大获全胜，不得不说实在是非常巧合。

就这样，欧洲和亚洲之间的第一次面对面的交锋就这样画上了句号。雅典人从中赢得了巨大的荣耀，而斯巴达人也因为勇猛而盛名远播。这两个城市之间，如果可以不再相互嫉妒，不再互相打击，而是组成一个强大统一的希腊帝国，这将是再好不过的了。但是，历史就是这样，往往总是事与愿违。当胜利远去，人们渐渐从狂欢中变得平静，美好的机会也随之付诸东流了！

萨拉米海战

作为波希战争的重要转折点，萨拉米海战是希腊人又一次引以为豪的"以少胜多"之战，此战中原本胜券在握的波斯舰队损失惨重，继而完全丧失了对战争的主动权，不得不吞下自酿的苦酒。

萨拉米海战	
战前形势	1. 攻占温泉关以后，波斯军长驱直入希腊，雅典城被攻陷。 2. 希腊各城邦士兵、平民均集中到萨拉米海湾。
过程	1. 波斯水陆两军齐头并进，势头正猛，而希腊联军内部人心波动。 2. 波斯战舰数量众多、行动迟缓，水兵对战场水域不熟；希腊一方则正相反，并在提米斯托克利的指挥下，充分借助海湾狭窄、滩浅的地势，率部突击。 3. 重围之中，希腊舰队发挥本方舰船机动灵活的特点，斜刺撞断波斯战舰长桨，继后逐一撞沉敌舰。 4. 在突如其来的飓风中，波斯舰队乱作一团，自然之力、自身相撞以及希腊舰船攻击之下，波斯舰队损失严重，不得不仓皇逃离。
意义	1. 萨拉米海战是希波战争中决定性的一战，希腊开始由防守转为进攻，最终赢得了战争的胜利。 2. 萨拉米海战为希腊人赢得了荣誉，希腊从此迈入了"黄金时代"。

第十九章

雅典与斯巴达的对峙

　　雅典和斯巴达之间漫长而艰苦的战争，双方目的是为了夺取
希腊半岛的统治权。

　　雅典和斯巴达，这两个城市之间的共同点在于它们同属于希腊城邦，并且讲着同一种语言，其余的，我们根本看不出来它们有任何的相似点。雅典，位于地势高高的平原上面，可以感受到从海面吹过来的阵阵微风，它的人民对这个世界充满了好奇，总是在享受着这个世界的美好。斯巴达，一个位于四周环山的峡谷底部的城市，因为高山的阻挡，他们几乎和外面世界隔绝，根本没有机会接触新的事物和思想。雅典城中有着繁忙的生意往来，是一个贸易之城，是一个对外开放的大集市；斯巴达则是一个大军营，人们个个都是全副武装，人人崇尚武力，大家的最高理想就是成为一名优秀的士兵。雅典人的生活是惬意的，他们喜欢在温暖的阳光照耀下，坐下来谈论诗歌或者是聆听哲人的讲学。斯巴达人则不是，他们几乎对文学一窍不通，但是却熟知各种战斗技巧。可以说，斯巴达人是狂热的战争爱好者，他们对战争有着执着的热爱，即使战争会牺牲掉他们所有的情感也心甘情愿。

　　由此，我们也就很容易理解，为何斯巴达人对雅典的成功充满了嫉妒和仇恨。在波斯入侵战争平息之后，雅典人就将在战争中投入的精力，转投到了城市建设、和平建设之中。雅典人重新修建起雅典卫城，他们在这座雄伟的大理石神殿中祭祀雅典女神。伯里克利，这个雅典民主制度的杰出领袖，则到处邀请著名的雕塑家、画家和科学家到雅典来工作，他不惜花费巨资，让他们帮助建设更加美好的城市，同时对雅典的年轻人进行教育和培训。当然，伯甲克利也没有放松对斯巴达的提防，为此，他专门建造了从雅典到海岸沿线的高大城防，由此，使得雅典成为了当时防卫最坚固的堡垒。

　　一段时间里，两个希腊城邦——雅典和斯巴达和平共处、友好为邻。但是，因为一个小争执又使得双方陷入了敌对当中，由此战火一直延续了30年，并最终以雅典的落败收场。

　　战争的第三年，雅典迎来了一场十分可怕的瘟疫，瘟疫导致雅典城中的半数人口死亡。更加让人悲伤的是，英勇睿智的雅典领袖伯里克利也不幸死于瘟疫中。然后，一个非常有作为的年轻人阿尔西比阿德被公众推举为领袖，他继承伯里克利的衣钵，开始领

雅典学院 壁画 拉斐尔·桑齐奥 1509年至1511年间 底长772cm 现存于意大利梵蒂冈博物馆

　　宏伟的殿堂中，左侧壁龛上的太阳神阿波罗寓意着和谐与理性，右侧壁龛上的智慧女神弥涅耳瓦则寓意着守护知识与和平。中间通道上以手指天的柏拉图与以手覆地的亚里士多德两大古典哲学巨匠似乎正在陈述着各自的观点，众多神态各异、姿态不一的人物和谐地分布在每一处角落。良好的学术氛围使雅典诞生了无数智者先哲，在人类数学、天文、哲学、建筑、诗歌等领域产生了深远的影响。

导大家。新的领袖提出了对西西里岛上的斯巴达殖民地锡拉库扎进行远征的建议，并且在阿尔西比阿德的指挥下，顺利地实施了起来。雅典人的远征军做好了万全的准备，只待他们的领袖一声令下。但是，意外却出现了，因为参与了一场街头斗殴，阿尔西比阿德不得不流亡在外。然后，一个新的将军上任了，可惜的是这个新将军既鲁莽又没有见识。因此，雅典军队连连失利，先是海军的全部船只被毁灭，后来陆军又惨遭毁灭性打击。一些少数幸存下来的雅典士兵则在被俘虏后，押往锡拉库扎的采石场如奴隶般辛苦劳作，最终也在饥寒交迫中死去了。

　　在这次战争中，雅典几乎失去了它所有的年轻人，由此造成雅典元气大伤。根据战争的局势，即使雅典人再坚持下去，恐怕也是无法挽回局面了。因此，公元前404年4月，雅典人在毫无希望的情况下，宣告投降。对于雅典人来说，这一刻是灰暗的。曾经守卫城市的高大城墙已经变成废墟，海军也已全军覆没。最鼎盛时期的雅典曾经征服过大片的土地，建立了一个以雅典为中心的大帝国，然而此刻它的地位已经一落千丈，帝国中心的称谓也早已名存实亡。即使这样，雅典城散发出来的求知、求真及探索的精神依旧没有消失，它已经深深扎根在雅典人的心中，此刻它依旧在发挥着作用，甚至比从前的力量更强大。

　　雅典从此以后不再是希腊半岛的决策者，它已经彻底衰败了。但是，它对世界的影响依旧，甚至已经跨越了希腊半岛的边界，延伸到了世界各地。这里是人类第一所大学的发源地，它依然是热爱智慧的人们心中无可取代的圣地。

第二十章

亚历山大大帝

马其顿的亚历山大大帝建立起--个希腊式的世界帝国，这样的野心最后会有什么下场呢？

当年，亚该亚人从他们的家乡多瑙河畔离开，向南去找寻新的牧场的时候，他们曾经在马其顿的群山中生活过一段时间。自此以后，希腊人和他们北部的邻居就一直保持着千丝万缕的官方交流。当然，希腊半岛上的局势也被马其顿人关注着。

斯巴达和雅典之间争夺希腊半岛的战争结束的时候，正好是一位名叫菲利浦的才智双全的人统治着马其顿。此人对于希腊的文学与艺术十分推崇，可是却十分瞧不起希腊在政治中所欠缺的自制与魄力。当菲利浦得知希腊将金钱和人力用在毫无意义的争吵上时，他对这个优秀民族的做法十分生气。于是，他派出军队，占领了希腊，成为了希腊的统治者，当然，

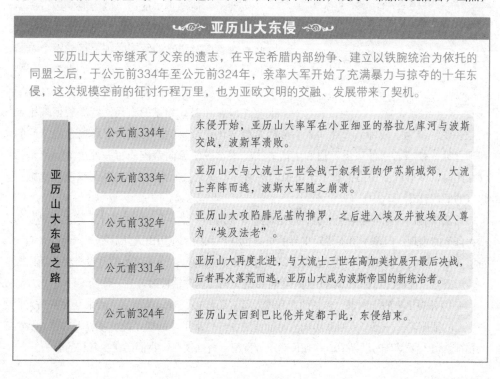

亚历山大东侵

亚历山大大帝继承了父亲的遗志，在平定希腊内部纷争、建立以铁腕统治为依托的同盟之后，于公元前334年至公元前324年，亲率大军开始了充满暴力与掠夺的十年东侵，这次规模空前的征讨行程万里，也为亚欧文明的交融、发展带来了契机。

亚历山大东侵之路

公元前334年	东侵开始，亚历山大率军在小亚细亚的格拉尼库河与波斯交战，波斯军溃败。
公元前333年	亚历山大与大流士三世会战于叙利亚的伊苏斯城郊，大流士弃阵而逃，波斯大军随之崩溃。
公元前332年	亚历山大攻陷腓尼基的推罗，之后进入埃及并被埃及人尊为"埃及法老"。
公元前331年	亚历山大再度北进，与大流士三世在高加美拉展开最后决战，后者再次落荒而逃，亚历山大成为波斯帝国的新统治者。
公元前324年	亚历山大回到巴比伦并定都于此，东侵结束。

亚历山大的胜利 版画 阿尔布雷西
特·阿尔特多费尔 1529年 慕尼黑圣坛
画陈列馆

精美的画作中记录着亚历山大在伊苏斯
战役中所取得的辉煌战果。激烈的战场上，
亚历山大指挥勇士们冲锋向前，而大流士三
世正乘着双轮马车仓皇逃离。刀枪林立，旌
旗猎猎，两军士兵如红黑色的两条河流在地
面上回环涌动；地平线上波澜不惊的地中海
版图暗示着这一战之后所取得的宏伟战果。

争吵也因此而停止了。占领希腊后，他就命令希腊人民加入他的远征计划，也就是征讨波斯，这也是对150年前泽克西斯攻打希腊的惩罚。

但是，非常遗憾的是当远征还在精心策划当中时，菲利浦就被人谋害了，他没能看见远征军的出发。不过，他的儿子亚历山大却将此任务继承了下来。亚历山大，精通政治、军事、哲学、艺术，是杰出的希腊导师、哲学家亚里士多德心爱的学生，他对希腊文化有着非常深厚的感情。

公元前334年的春天，亚历山大带领着他的大军从欧洲出发。历经7年的跋涉，他的军队终于到达了印度。在漫长的征途中，亚历山大消灭了希腊商人的老对手腓尼基人，他让埃及俯首称臣，并且被尼罗河谷的人们尊称为法老的儿子与继承人。他还毁灭了整个波斯帝国，将最后一任波斯国王杀死。他进入喜玛拉雅山的腹地，下令重新修建巴比伦。那一刻，全世界都成为了马其顿的行省和属国。

接下来，他停止了征讨，因为他要进行一项更加宏伟的计划了。他是如此地热爱希腊文化，因此，他要求新建立的帝国必须要接受整个希腊文化与精神的改造。他下令全国人民学习希腊语，城市也要修建希腊样式的建筑。曾经在战场上叱咤风云、刀兵相见的士兵，竟然脱下战袍，摇身一变，成为了教师，大肆向人们传播希腊文化。昔日的军营成为了灌输希腊文明的和平之地，使得希腊的风俗习惯和生活方式像洪水一般流向帝国的每一处角落。但是，就在此时，年轻的亚历山大患上了可怕的热病，不幸于公元前323年死在了汉谟拉比国王修筑的旧巴比伦王宫内。

希腊文化的大潮开始渐渐退去，但是却遗留下来了一片养育文明的沃土，这虽然是亚历山大自负的表现，但是不得不说对世界的贡献也是巨大的。亚历山大死后不久，他建立的大帝国就在一群将军的瓜分下四分五裂了。不过令人欣慰的是，这些将军们并没有将亚历山大的梦想丢弃，他们的目标依旧是开创一个将希腊文明与亚洲精神融合为一体的宏伟时代。

帝国分裂出来的小国家，包括西亚和埃及等，历经很长时间的独立，后来又被罗马人吞并。新的征服者——罗马人对亚历山大时期所建立、传承下来的遗产统统接收。这样，从前的精神就植入了罗马的世界中，并且长达几个世纪，直到现在，我们还在受着它的影响。

第章

概 要

第一章至第二十章的小结。

从前，我们总是站在自己的角度去遥遥审视东方。但从此刻起，我们将从失去光彩的埃及与美索不达米亚平原上把视线拉回，我将带你去看一看西方的景象。

不过，在我们出发之前，先要稍事休整，把我们记忆中的一切梳理一番。

首先，我将你带到史前人类的面前，他们纯朴、自然，性情低调。就像我曾跟你说的，他们是世界五大洲从远古蛮荒中各式各样的飞禽走兽间走出来的最弱不禁风的一个。他们凭借着聪慧的头脑与较为优越的创造力从众多困境、灾难中涉险而出。

接下来，酷寒的气候使冰川时期延续了好几个世纪。这使地球上生息的史前人必须付出更多的智慧与努力才能改变长期生活的劣境。但正是这种"求生的欲望"，让众多生物在过去、甚至现在仍能为苟活于世的不懈努力提供源源动力。冰川时代的人们通过不断地思考以适应周边的环境，他们鼓起勇气面对、并走出了野兽也难以求生的漫漫严冬，直到温暖的阳光重新俯照这个世界，他们从中接受了众多绝境逢生的课程训练，而这正是他们高高凌驾于他们愚蠢的邻居活到今天的关键因素。

我也曾经跟你说过，在我们的祖先还在为困窘的生活而踌躇不前时，一个孕育于尼罗河谷的文明正在悄然崛起，他们以日新月异的速度几乎在一夜之间建立起人类第一个文明的中心。

作为人类第二所杰出的校园，位于"两河流域"的美索不达米亚成为了我们探访的下一站。在那里，我借助爱琴海上诸岛的绘制地图，告诉你它们是如何发挥出桥梁的作用，并将古老的东方文明与技术传递至西方那些诸事尚待萌生的希腊人手中。

之后我给你讲述了印欧部族中的一支——赫愣人的来龙去脉。他们在数千年以前离开了亚洲的家园，最终在公元前11世纪辗转跋涉到遍布岩石的希腊半岛并定居下来，成为希腊人的祖先。接着，我又给你们介绍了希腊半岛上仅为城邦的小城历史，在他们的手中，源自古埃及与亚洲的文明得以焕发出新的生机，甚至比以往任何文明都要完美优越、生机勃勃。

当我们重新审视这个世界，不难发现人类的文明传承呈现出一个半圆的轨迹，它从埃及起始，途经美索不达米亚和爱琴海诸岛，西行汇入欧洲大陆。在史前4000年的漫长

希腊城邦的回忆

　　人们告别了游牧的生活，正式在最初的城市定居下来，他们用砖石修砌起庞大、复杂的给水与排水系统，尽管这些设施有着不少古埃及、亚洲文明的影子，但是希腊城邦居民用他们的双手所缔造的崭新文明仍让现今的人惊叹不已。

　　旅程中，古埃及人、巴比伦人、腓尼基人甚至包括犹太人在内的诸多闪米特部族，他们都曾引领这个世界走向光明。他们将文明的火种传给印欧种族的希腊人，而后者成为了另一个印欧种族罗马人的老师。闪米特人也不甘寂寞地沿着非洲北海岸向西进发，掌控着地中海的西半部。

　　接下来你们将会看到，这两个水火不容的后起民族之间所爆发的激烈大战，而罗马人笑到了最后，建立起强大的罗马帝国。它将埃及–美索不达米亚–希腊的交汇文明渗入到欧洲大陆的各个角落，并由此打下现代欧洲社会的牢牢根基。也许如此说来，会让人觉得难以理解，但把握住几条基本的线索，展现在我们眼前的历史就会变得豁然开朗。对于一些语言所无法说清的地方，我们将通过书中的地图来解释。在这个简短的总结之后，我们将回到刚才说到的内容，那是一场迦太基人与古罗马人之间的生死大战。

第二十二章

罗马和迦太基

迦太基和罗马人为了争夺西地中海的统治权展开了激烈征
战，最后结果为迦太基灭亡。

卡特·哈斯达特位于一座小山上面，它是腓尼基人的一个小贸易据点。站在城市
中，可以俯瞰到一片宽90英里的平静海面，这就是将欧洲与非洲分隔开来的阿非利加
海。如此理想的位置，是任何一个其他商业中心和贸易中转站都无法奢望的，所以，此
地的贸易迅速地发展起来。从贸易的角度看，卡特·哈斯达特几乎是一个完美无缺的地
方，在很短时间内它就变得十分富有了。

公元前6世纪，当提尔在巴比伦国王尼布甲尼撒的手中化为齑粉的时候，哈斯达特就
成为了一个独立的国家，和母国断绝了一切关系，成为了一个名为迦太基的国家。从那
时起，它优越的地理位置，就使它成为了闪米特族向西方扩张势力的一个重要前沿阵地。

可是，尽管有着诸多优势，但这座城市从母国继承过来的坏习惯依旧存在，可以
说，这是它最大的不幸。这个坏习惯也是腓尼基人特有的，从其1000多年的发展中可以
看出来，无论是兴盛还是消亡都和其逃不开干系。虽然说哈斯达特是一个国家，其实充
其量也不过是一个由一支强大的海军守卫着的大商号而已。迦太基人是一群名副其实的
商人，他们的生活中只有贸易，其余的优美精致的事物对他们来说没有任何的意义。他
们的统治者总是那些极少数但权势颇重的富人集团，无论是这座城市及附近的乡村，还
是他们的殖民地，无一例外。希腊语中，富人写作"ploutos"，因此希腊人将这样的政
府称为"plutocracy"（富人统治或财阀统治）。迦太基就是一个典型的富人政权。迦太
基的国家政权掌握在12个大船主、大商人及大矿场主的手中，他们暗箱操纵着国家的一
切，所有决定都以他们的利益为主，国家就好比是一个大的公司，可以让他们赚取丰厚
的利润。他们每天都保持着矍铄的精神，勤奋工作，对周围的动态保持着密切的关注。

随着时间的流逝，迦太基不断富强壮大，对周围地区的影响力也提升了，它的属地
扩大到了北非的大部分海岸地区、西班牙以及法国的部分地区。这些地区每年都要向位
于阿非利加海滨的富裕城市缴税、进贡。

迦太基几乎相当于是一个古代的自治共和国，因此，它也不可避免地会有人奋起
反抗被统治的命运。当然，这是需要有前提的。此前，迦太基之所以能够安定，大多数

迦太基人的赤陶面具

作为腓尼基人的重要殖民地，迦太基是由众多殖民者建立起的新城，富人统治下的城市让这里成为众多国家艳羡的肥肉，周边不断的战争纷扰促使大量难民涌入这一地区，成就了它历史上的繁荣、昌盛，而统治者对于自身利益的患得患失也让这座城市如履薄冰。图为迦太基人放置在墓葬中用以驱逐邪气的赤陶面具。

迦太基银质硬币　约公元前230年

正面是迦太基人心中的神迈勒卡特，反面是迦太基人拥有的让人望而生畏的战争工具——战象。

人心甘情愿被少数人统治着，也是得到大多数人的认同的。当迦太基有足够多的工作机会，商人给出的薪水还算充足，大部分的市民生活并不艰难，由于生活上没有任何的困难，因此，这个富人政权是没有人质疑的，大众不会提出一些让人尴尬的问题来为难政府。可是，一旦当国家不能让大众满意，船只停运，熔炉中没有足够矿石来冶炼，码头工人和装卸工人只能终日游手好闲，家人已经陷入饥饿的困境之中，大众对政府的不满就表达出来了，这时遵循古代迦太基传统，要求重开平民会议的呼声就会日益高涨。

富人政权当然不想出现平民反抗的现象，因此，他们对整个城市的商业运转总是竭尽所能，把持着良好的商业秩序。在长达500年的城市商贸扩张中，他们是成功的。但是，突然有一天，统治迦太基的富人得到了一个从意大利西海岸传来的谣言，让他们陷入了恐慌。谣言说，台伯河边的一个毫不知名的小村子突然崛起，并且成为了意大利中部所有拉丁部落推举的统领。这个村庄叫作罗马，此时正在计划建造船只，想要和西西里及法国南部地区进行贸易往来。

意大利西海岸其实是一个文明地区，但是，在长期的历史发展过程中却被人们忽视了。在希腊，所有优良的港湾都面向着东方，关注着繁忙交易的爱琴海岛屿，感受着文明和贸易的优越感。但是此刻，在意大利的西海岸则是另外一番景象，几乎可以用荒凉来形容。这里没有任何能够让人感到激动的事情，荒芜的海岸被地中海冰冷的海浪拍打着。贫穷是这里最恰当的描述，它几乎不被人知道，也不会有外国商人到此。土著居民们过着与世隔绝的生活，他们默默无闻地生活在连绵不绝的丘陵和沼泽遍布的平原之上。

在历史上某个突如其来的日子里，在欧洲大陆生活的一些印欧种族的游牧部落开始向南方迁移，因此，这片宁静的土地迎来了它的第一次严重入侵。侵略者在冰天雪地的阿尔卑斯群山中艰难跋涉，在行进中，他们发现了一个能够翻越山脉的隘山，由此，他们顺利进入亚平宁，他们犹如潮水一般涌入到这个形状酷似长靴的半岛。我们对这些早期的征服者知道的并不多。我们对他们的了解，也是从一个荷马人对他们辉煌往昔的歌颂中得知的，否则我们将不会得知任何关于他们的战功和远征。直到800年之后，才有了他们自己关于建立罗马城的记述。这些记述和真实的历史是有很大差距的，充其量不过是一些神话故事，况且此时的罗马已经成为了一个大帝国的心脏。我一直记不住，罗慕洛斯和勒莫斯跳过了对方城墙的事情中，究竟是谁跳过了谁的墙。如果在睡前阅读，这些故事无疑是最佳的安抚孩子入睡的工具。关于罗马城真实的建立过程，确实是一件非常无趣又单调的事情。

罗马地处意大利中部平原的中心，它直接的出海口就是台伯河。在台伯河的沿途有着7座小山，恰好可以用作人民抵御外敌的避难场所，当时他们的敌人主要是来自周围的山地以及地平线外的滨海地区。罗马优越的地理位置正是它真正闻名的原因，这和美国上千座城市的发迹是一样的。当时，罗马位于一条贯通半岛南北的大道上面，交通便利，常年都可以使用。因此，这里吸引了四面八方的人前来进行贸易，做马匹的买卖，

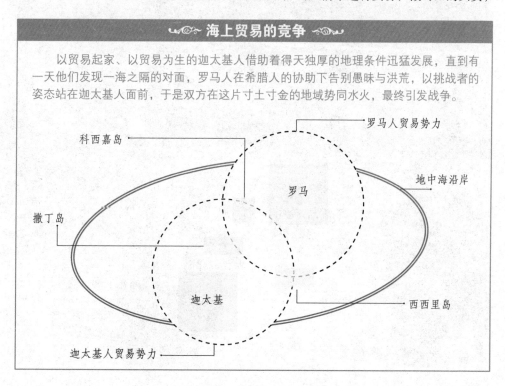

海上贸易的竞争

以贸易起家、以贸易为生的迦太基人借助着得天独厚的地理条件迅猛发展，直到有一天他们发现一海之隔的对面，罗马人在希腊人的协助下告别愚昧与洪荒，以挑战者的姿态站在迦太基人面前，于是双方在这片寸土寸金的地域势同水火，最终引发战争。

科西嘉岛

罗马人贸易势力

罗马

地中海沿岸

撒丁岛

迦太基

西西里岛

迦太基人贸易势力

而罗马也可以为旅途劳累的人提供驻足的地方。

当时，罗马敌人中的一个是住在山地的萨宾人，他们是一群野蛮的人，而且行为恶劣、品行不端，他们妄想要以掠夺来获取生活所需的物品。虽然他们野蛮，但是他们也十分落后，使用的武器还是石斧和木盾牌，如此落后的武器自然对装备先进的罗马人来说不足挂齿了。因此，罗马人最危险的敌人应当是滨海地区的人们，即伊特拉斯坎人。关于伊特拉斯坎人的信息，在历史上依旧没有人能够给出一个答案，他们属于哪个民族？他们何时来到意大利西部滨海地区定居？他们又是因何而离开自己的家乡？这些我们都不知道。虽然他们给我们留下了大量的碑文，可是，这种对我们来说就像神秘图案的伊特拉斯坎字母，还无人能够破解。

伊特拉斯坎人最开始可能生活在小亚细亚，但是，或许由于战争或者瘟疫的原因，

迫使他们不得不离开家乡，到他处寻找新的生存之地，这是关于伊特拉斯坎人最切实际的猜测了。但是，无论他们是因为什么原因来到意大利，我们都不能否认是他们将古代文明从东方带到了西方，教授给罗马人最基本的文明生活，而且几乎涵盖了生活的各个方面，包括建筑、战术、艺术、烹饪、医学、天文等，仅仅这一条我们就可以判定伊特拉斯坎人在历史上的重要地位。

　　但是，历史是如此地相似，希腊人对他们的导师爱琴海人并不喜欢，同样的，罗马人也是如此，他们也不喜欢伊特拉斯坎人。当希腊人发现了和意大利通商的优势时，当第一艘希腊商船满载货物抵达罗马城时，罗马人就将伊特拉斯坎人甩在了后面。希腊人原本到意大利的目的是进行贸易，但当他们发现居住在罗马乡间（被称为拉丁人）的部族对有价值的新事物接受能力很强的时候，他们就留了下来，成为了罗马人新的导师。

罗马人发现文字是个十分有用的东西，于是，他们根据希腊字母创造出了拉丁文；他们接着发现统一的货币和度量衡对商业发展有很大的好处，于是，他们立刻照办。最后的结果是，希腊人仅想将苹果扔给罗马人，不想罗马人却将果肉和果核全都吞了下去。

未经确定的景物　木板油画　现存于英国伦敦国家美术馆

　　充满着传统与荣耀的罗马城是当地人们的骄傲，正中背景处的斗兽场与右侧的天使城堡是罗马城的重要标志性建筑，慷慨、热情的罗马人聚集在市井当中，或为生计而奔走，或为打发闲暇时光而彼此交流，执政官掌控和负责着这个城市的事务，务实的个性让整个城市充满着朝气。

青铜母狼雕像　铸造于公元前480年

以青铜雕塑著称于世的伊特拉斯坎人崇尚自然，这座著名的伊特拉斯坎青铜母狼雕像的头部与身体轮廓有着显著的自然特征。母狼的颈部有着如狮子般勇武、细软的鬃毛，有神的眼睛中透露出悲悯与警觉，它的身后流传着罗马城"母狼哺婴"的故事，相传罗马城的缔造者孪生兄弟罗慕洛斯和勒莫斯儿时落难中依靠狼奶获救，而善良的母狼也成为了罗马城的象征。

　　不但如此，罗马人还十分欣喜地将希腊诸神也全部接纳过来，宙斯在罗马的新名字为朱庇特。但是，罗马的诸神们却和那些陪伴希腊人度过一生、走完整个历史过程的表兄妹们不一样，并没有表现出欢欣喜悦，反而保持着严肃的神态，小心翼翼地宣扬着正义。这些神属于国家机构的一部分，每一个人都有着自己掌管的部门。追随者们也因此被要求必须要严肃认真，没有任何的违逆，罗马人在他们的神面前也是绝对地服从。但是，罗马人和他们的诸神之间的关系却远没有达到亲密无间的程度，这和希腊人同奥林匹斯山巅的诸神之间的关系是有很大差异的。

　　在政治制度方面，虽然罗马人与希腊人都属印欧人种，但罗马人并没有模仿希腊人。由于两者的语言同出于印欧语系，罗马最初的历史有着很多雅典及其他希腊城邦历史的影子。罗马人轻而易举地摆脱了从前古代部落酋长世袭的制度，没有了国王的束缚，他们将贵族崛起的势力竭力挟制住，并花费了漫长的时间才最终建立起由一切罗马自由民共同参与执政的政治制度。

　　因为罗马人的想象力和表现欲远远不如希腊人活跃，因此，他们在治理国家的时候不会采用枯燥的言论和滔滔不绝的演讲，他们喜欢现实的方法，认为行动力高过任何言论。平民大会（"Pleb"，即自由民的集会）在他们眼中不过是一种空谈，是一种恶习。他们管理城市的方法则是选择两名执政官负责实际事务，再由一群老年人组成的"元老院"辅佐他们。这些元老则来自于贵族阶层，这是对习俗尊重的表现，不过他们的权力也是有着严格限制的。

　　雅典曾经为了解决贫富矛盾，被迫制定了德拉古法典和梭伦法典，当罗马发展到一定时期的时候，出现了同样的情况。公元前5世纪，罗马的富人和穷人之间出现了争斗，最终的结果是，罗马出台了一部保护穷人的法典，法典中规定要设置一位"保民官"，以便保护穷人免遭贵族法官的迫害。保民官从穷人中选出，担任城市的地方长官。如果一旦政府官员有不公正的行为对待市民，保民官有权力捍卫公民权利，对其行为进行阻止。根据罗马的法律，当一个案子在没有充分证据的时候，执政官要判处一个人死刑时，保民官可以保释此人，使其不必丢掉性命。

　　"罗马"，当我在提及这个词语的时候，大家肯定会以为罗马就是指一个仅有几千人的小城市。其实，真正能够显示罗马城实力的地方在于城市之外广袤的城乡地区。罗马帝国在早期的时候，对管理这些境外省份所使用的殖民技巧，是很让人吃惊的。

　　最初，意大利中部唯一的一座拥有高大城墙，防御能力强大的城市就是罗马城。但是，罗马城并不因此而占据着高高在上的地位，反而十分友好和慷慨。当周围的拉丁部落在遭受到敌人入侵的时候，罗马城总是为其提供避难场所。逐渐地，大家认识到如果和罗马城保持亲密的关系，对自己的安全是非常有利的。所以，他们想方设法采用各种模式来和罗马城达成了同盟。在这一点，罗马依旧表现出了大度的姿态，他和每一个前来要求同盟的国家都保持着平等的关系，使他们成为"共和国"或共同体的一员。从这点上可以看出，罗马人是相当聪明的，因为他没有像其他国家，例如埃及、巴比伦、腓尼基、希腊等，试图让这些和自己种族相异的人归顺于自己。

罗马周边的乡村 布面油画 克劳德·洛兰 现存于意大利洛代市安格尔西修道院

　　宽阔的平原与参天的大树旁，古典神话中普赛克的父亲向阿波罗祭献，从而为他女儿终身的幸福祈求一个好的归宿。宏伟壮阔的罗马郊外乡村沉浸在一种平和而充满着希望的氛围，热情的罗马人以分享自由与财富的诱惑汇集了大量平民，给予他们生活的希望与奋斗的目标，这让罗马变得空前强大。

帝国的历程

　　罗马给予一切"外来者"平等的机会，并与其从情感上建立起稳固的攻守同盟，大量的外来者不仅用他们的智慧与双手建立起罗马的繁荣，更将其看作是永远不离不弃的精神家园。从蛮荒中走出的罗马逐步富庶发达，坚毅的个性与凌人的傲气让其走上通往强盛帝国的道路。

罗马人是这样说的："你想要加入我们？好的，很欢迎！我们会将你们和罗马公民同等对待，享受同等的权利。但是，作为回报，当我们的城市，我们共同生存的家园遭受到敌人入侵的时候，你们也要鼎力相助，为保卫家园而奋力迎战。"这些外来人员当然是十分感激罗马人的做法，因此，他们也将忠诚回报给了罗马人。

在古希腊的时候，当一座城市有敌人入侵的时候，其中的外来居民第一个动作就是携带财产迅速逃走。之所以这样做，是因为他们认为这里不过是一个临时避难所而已，并不是自己真正的家园。他们之所以能够住在这里是因为向主人缴纳了税款，如果没有税款主人是不欢迎他们的，所以城市对他们来说充其量仅是一个住的地方而已，他们当然不会为了保卫它而献出生命。但是，当罗马城遭受困难的时候，所有的拉丁人就会一起站起来保卫家园，即使很多人居住的地方距离这里很遥远，即使有些人根本就没有目睹过罗马城的面貌，但是，他们依旧认为那里是自己的家园，他们有义务保卫，任何的失败和灾难都不会隔断他们对罗马城的热爱。

公元前4世纪初，意大利遭到了野蛮的高卢人的入侵。罗马军队在阿里亚河附近被高卢人打败，使得罗马城最终沦陷。高卢人进入罗马城之后，就开始悠闲地等待罗马人前来求和。但是，事实却让他们失望了，罗马人没有出现。此时，高卢人突然发现情况对自己很不利，因为罗马城的四周布满了仇视他们的人，他们已经被围困在罗马城，他们的粮食供给完全被切断了。高卢人就这样坚持了7个月的时间，在饥饿和身陷异乡的恐惧中，他们最后不得不撤退了。罗马人对外来公民的宽容不仅仅表现在战争的时候，罗马城获得了空前绝后的强盛也和"平等政策"的成功有很大关系。

从上面这段对罗马历史简单的描述中，我们可以看出罗马人和迦太基人治理国家的思想是不一样的，甚至说差别是非常之大的。迦太基人使用的是从前埃及和西亚惯用的模式，也就是压迫属民服从，让他们完全听命于自己，一旦这些人民有所反抗，抑或不能让自己满意，那么，他们作出的反应就是利用军队来镇压，这也属于典型的商人思维。罗马人则不同，他们完全抛弃了这样的思想，而是创造了"平等公民"的概念，使得所有的人都和平共处。

现在，你可能会明白迦太基对罗马的憎恨了吧？迦太基知道罗马是非常聪明而且强大的，一旦发展起来，必将威胁到自己，因此，迦太基总是想要找一些似是而非的借口来出兵征讨罗马，目的就是想将其扼杀在萌芽之中。

迦太基具有多年的经商经验，已经变得精明且老练，自然不会鲁莽行事，于是，他们想了一个办法来解决。迦太基向罗马提出双方各自划出自己的势力范围，并且不能侵犯对方的利益。罗马同意了这个建议，可是，协议没过多久就被双方打破了。当时，统治着富饶的西西里岛的是一个非常无能的政府，这对入侵者无疑是一个很好的机会，而迦太基和罗马同时看中了这块肥沃的土地。

双方分别派兵前往西西里岛，由此，双方展开了长达24年的战争，这场战争在历史上被称为第一次布匿战争。双方首先是在海上展开了激烈的战斗。战斗初期，似乎迦太基的胜算会更多一点，毕竟他们拥有一支训练有素的海军，而罗马的海军才刚刚建立而已。根据以往的海战法，迦太基只要猛烈撞击敌人的船只，或者从侧面发动总攻将对方的船桨折断，然后，趁着对方惊慌失措的时候，再采用弓箭和火球进行攻击，将敌人杀死即可。可是，事情并不是如预期的那样进行。聪明的罗马工程师发明了一种装有吊桥的战船，由此，罗马士兵就可以通过吊桥来到敌人的船上，罗马人是擅于肉搏的，他们拥有强壮有力的体魄，因此，迦太基的弓箭手很快就被罗马人杀死了。很显然，这场战争中，迦太基是处于劣势的，因此，米拉战役中迦太基的舰队遭到了重创。战争的结果是，西西里岛从此成为了罗马帝国的一部分。

　　和平维持了23年后，冲突又出现了。罗马人占据了撒丁岛来开采铜矿，迦太基则占领了整个西班牙南部来开采白银，由此，两国竟然成为了邻居。罗马人显然是不喜欢迦太基人的，于是，他们派出军队到比利牛斯山的那一边，防备着迦太基军队。

　　双方都已经作好了第二次对战的准备，只是现在还缺少一个借口，而海上一个孤立的希腊殖民地给了他们很好的借口。迦太基人派兵入侵西班牙东海岸的萨贡特，萨贡特人无力对抗，于是，向罗马人发出了求援。罗马人当然满口答应，不过将远征军组织起来是需要花费时间的，可是，就在这短短的时间内，迦太基占领了萨贡特，并将其焚毁。这样的举动让罗马人非常气愤，于是，他们决定出兵迦太基。罗马人派出一支军队直接来到了迦太基的本土附近，接着又派出一支军队前往迦太基占领的西班牙，以便阻止其前往本土救援。这个计划看似是非常完美的，似乎罗马人胜券在握，人们都已经可以想象到胜利的场景了。可是，罗马人的如意算盘却落空了，诸位神灵并没有让他们如愿以偿。

　　公元前218年的秋天，一支罗马军队启程前往西班牙攻打迦太基军队，罗马人民对他们抱着很大的希望，都在期盼一个胜利的消息传来。可是，他们得到的却是一个可怕的谣言，而且谣言迅速传遍了整个台伯河平原。谣言是从一些粗野的山民口中传出的，他们说，有一群大约几十万的棕色人带着一种奇怪的野兽从比利牛斯山的云朵中突然出现了，那些野兽每一只足足有房子那么大。如今，他们位于古格瑞安山隘，这里就是几千年前赫尔克里斯赶着他的格尔扬公牛从西班牙前往希腊时路过的地方。没过多久，罗马城中便来了一群逃难的人，他们一个个面如死灰、衣衫褴褛，他们将具体的事情和细节

马背上的罗马人 大理石雕像

雄健的战马上一个英姿飒爽的年轻罗马男子赤身端坐，浓密的短发下一双坚毅的眼睛注视着前方。罗马人在他们的土地上建立起一个充满朝气的强盛国家，精于贴身近战的他们勇猛而灵活，这使周边其他弱小国家的军队或唯利是图的雇佣军相形见绌，仅能以远距离作战或机动性强的游击战堪堪应付。

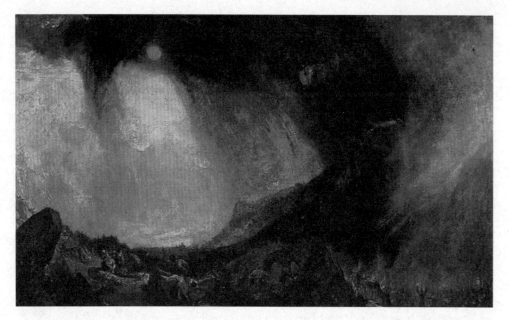

汉尼拔翻越阿尔卑斯山 画布油画 J.M.W.透纳 1812年 146cm×237cm 现存于英国
伦敦泰特美术馆

　　暗淡的天空中，飓风夹杂着雨雪如巨大的椭圆形旋涡，将天空与太阳吞噬，狂风与雪崩将大自然的怒火倾泻到阿尔卑斯山下奋力死战的生灵。作为北非古国迦太基的著名统帅，汉尼拔率军进攻西班牙，并以巨大的代价翻越阿尔卑斯山，入侵意大利北部，让罗马人寝食难安。

　　统统告诉了大家，这让大家知道了真实的情况。原来，是哈米尔卡的杰出儿子汉尼拔率领着9万步兵、9000骑兵及37头高大威猛的战象出现了，他们跨过比利牛斯山，西皮奥将军率领的罗马军队在罗纳河畔遇上了他们，结果被打败了。然后，汉尼拔又翻越过冰天雪地的阿尔卑斯山，协助高卢人，在特拉比河将第二支前往的罗马军队打败了。现在，汉尼拔开始向普拉森西亚进攻，这里是连接罗马与阿尔卑斯山区行省大道上的一个北方重镇。

　　当元老院得知这一消息的时候，虽然十分吃惊，但是表面却装作很镇定的样子，依旧像往日那样一丝不苟地工作。他们向公众隐瞒了罗马军队失败的消息，重新派遣出两支军队前去攻打汉尼拔。汉尼拔对于用兵十分精通，当罗马军行走到特拉美诺湖边的狭窄道路时，他出其不意率兵杀向罗马军。罗马军队被突如其来的出击弄得惊慌失措，虽然竭尽全力抵抗，依旧没有挽回败局，最后，所有的罗马军官和大部分士兵都在特拉美诺湖一战中死去。这次的战争，除了元老院以外，所有的罗马人再也无法镇定了，他们开始感到惊恐和害怕。

　　费边·马克西墨斯被授予了全权的职责，"视拯救国家的必要"可以采取任何行动应对，然后，他带领着第三支军队出发了。这第三支军队都是一些没有经过训练的新兵，战斗力可想而知，不过这也是罗马可以召集到的最后一批士兵了。汉尼拔是一个非常狡诈、聪明的人，而且率领的是身经百战的老兵，双方力量的悬殊是很明显的。费边对这些情况了然于心，因此，他为了不导致全军覆没，必须要时时刻刻小心应对。费边尽量不和汉尼拔发生正面冲突，而是尾随其后，将一切能吃的东西统统烧掉，将道路和桥梁毁掉，同时，还攻击一下迦太基人的小股部队。这是一种让敌人困扰的游击战术，而费边正是以此来削弱敌军的士气。

以这样的方式来对抗敌人，显然对于罗马人来说是不够的，他们心中的恐慌并没有消除，反而躲在罗马的城墙中整日恐慌着过日子。他们整天都要求采取行动，而且必须立刻执行。如此看来，必须要有一场胜利的战役来抚慰他们弱小的心灵了。于是，一个名为瓦罗的大众英雄横空出世站了出来，他在罗马城中到处进行演讲，他十分激动地说着自己的聪明之处，并且批判行动迟缓的费边，由此，大众开始倒向他这一边，而可怜的费边则遭到了大家一致的反对，并且被大家称为"行动缓慢者"。如此情况下，瓦罗就这样自然而然地成为了罗马军队的新任总司令。公元前216年，在瓦罗的指挥下，罗马遇到了历史上最惨重的失败，在康奈战役中，罗马失去了7万多人。

此时，汉尼拔掌控了整个意大利。他横冲直撞地闯入意大利，横扫整个亚平宁半岛。他的军队每到一个地方都会这样宣传自己：我们是救世主，我们要将你们从罗马的压迫中解放出来。同时，他还极力规劝大家加入到对抗罗马的战争中。虽然汉尼拔以一副朋友的姿态来对待大家，而且还声称自己是解放大家，可是，受到他恩惠的人们似乎并没有感谢他，反而开始排斥他。罗马对人心的多年经营收效显著，境内城市仅有卡普亚和叙拉古两地对侵略者有心归附。这让汉尼拔与意大利人化敌为友的虚情假意迎头遭到一盆冷水。远征的军队孤军深入，同时又得不到当地人的支持，这让汉尼拔的军队粮草频频告急。当汉尼拔认识到自己的处境时，就立刻派人给迦太基送信，要求给予援兵和粮草，不幸的是，迦太基根本没有能力满足他的要求。而凭借着海战中围绕吊桥的近战优势，罗马人确立了海上霸主的地位。汉尼拔想方设法凭一己之力扭转局面，但麾下的迦太基军队在与罗马军队的消耗中虽捷报连连，巨大的损失也让人如鲠在喉。意大利

罗马军团士兵 青铜雕像　高11.5cm

罗马军团士兵通常以皮革表面缝制相连铁环结成的锁子甲作为防护，青铜雕像上可以清楚地分辨出有着极强罗马特征的条状皮质、铁片结成的环甲，腿部有着坚固的青铜护胫，有着较开阔视野的头盔顶部纵列的鬃毛暗示着士兵在军团中的身份与地位，罗马军团通常有五六千人之众，加入军团是罗马人的荣誉。

的农民将这个所谓的"救世主"看作瘟疫一般远远躲开。

此时，汉尼拔发觉自己似乎已经陷入了被占领国军民的重重包围之中，他多年的征战竟然换来了这样一个结果。局势在某一时刻似乎有了转机，但是，却很快让他的希望覆灭了。哈士多路巴，汉尼拔的兄弟，也是一个骁勇善战的人，他在西班牙打败了罗马军队，就要越过阿尔卑斯山前来增援汉尼拔。出发前，他派人送信给汉尼拔，并让他派出军队在台伯河平原接应他。但是，此信却不幸地被罗马人拿到了，汉尼拔由此失去了兄弟的消息。汉尼拔只能在焦急中等待兄弟的到来，但是，他等来的却是一个装在篮子里的头颅，哈士多路巴已经被杀死了，也就是增援的军队已经全部阵亡了！

此刻，罗马军队已经完全掌控了局面，他们杀死哈士多路巴后，在将军小西皮奥的带领下很快将西班牙占领了。四年后，罗马人准备向迦太基发动最后一击，汉尼拔渡过阿非利加海回到家乡，展开了和罗马之间的对抗。公元前202年，在扎马战争中，罗马大败迦太基，汉尼拔逃亡到提尔，辗转来到了小亚细亚。在这里，他想要说服叙利亚人、马其顿人和他一起对抗罗马，但是，收效并不大。最终，这些却成为了罗马的一个借口，由此战争蔓延到了东方和爱琴海周边地区。

战败后，汉尼拔成为了一名逃亡者，无奈他只能到处流亡，居无定所。在长期的流亡折磨中，他终于看清了事实，迦太基已经彻底被打败了，他自己的梦想也已经破灭了，他的祖国想要得到和平就必须签订屈辱的条约。在战争中，迦太基的海军已经全军覆没，如果想要重新建立必须要经过罗马人的允许；罗马还向其索要了数额巨大的战争赔款，全部偿还完毕的日子遥遥无期。汉尼拔彻底绝望了，他认为生命已经失去了希望和意义，因此，公元前190年，他以服毒的方式结束了自己的生命。

40年后，罗马人再次展开了对迦太基的战争，这也是最终的决战。战争历时30年，虽然这个曾经为古代腓尼基殖民地的国家进行了坚决地抵抗，但是，最后在饥饿难耐的情况下，他们还是投降了。罗马人将幸存下来的少量男人和女人卖掉当奴隶，然后，将整个城市焚毁。这场大火整整燃烧了两周，迦太基曾经辉煌的宫殿、仓库、兵工厂被付之一炬。从此，整个城市消失了。罗马军队终于发泄了心中的怨恨，班师回朝享受胜利的果实去了。

迦太基灭亡后的1000多年中，地中海一直以欧洲的内海存在着。但是，当罗马帝国开始销声匿迹的时候，亚洲就开始了行动，试图占有这个内陆海洋。至于具体的过程，我会在穆罕默德的故事中讲给你听。

最佳位置 布面油画 劳伦斯·阿尔玛·塔德玛爵士 1895年 64.2cm×45cm 私人收藏

三名罗马年轻女子聚集在极高的建筑物顶端一角，观看着小如玩具般的凯旋战船驶入港湾。随着迦太基的覆灭，巨大的财富与随之而来的奴隶又一次成为胜利者的玩物，骄傲的罗马人沉浸在胜利的盛大庆典当中，暂时忘记了战争本身也同样对其国民造成了难以磨灭的伤害。

第 二十三 章

罗马帝国的兴起

罗马帝国是怎样形成的？

罗马帝国的形成，完全是一个偶然，是自然而然形成的，并没有刻意去筹划。在整个发展过程中，这里没有任何一位著名的将军、政客或者刺客公开站出来对大家说："朋友们，罗马公民们，我们需要建立一个帝国。现在我将带领大家从赫尔克里斯之门开始一直征服到托罗斯山，这些地方以后都将属于我们！"当然了，我们必须承认，罗马军队是骁勇善战的，罗马也出现过很多著名的将军、政客、刺客等，但是罗马帝国的建立确实并不是人为预先策划出来的。

罗马公众有一个最大的共同特点，那就是务实。他们不喜欢任何关于政府的政论话题，当有人在他们面前说一些关于国家的理论时，大家会毫不客气地立刻离开，各自去做自己现实中的事情。那么，为何罗马还会掠夺那么多的土地呢？其实这也并非他们的本意，他们是不得已才掠夺他人土地的，而不是因为自己的贪

古罗马军团

古罗马军团中的中流砥柱非步兵莫属，图中位于战阵前列的罗马旗手与罗马步兵站在一起。旗手通常由有着丰富战场经历、德高望重的老兵担任，他怀中持着设有军团级别、军团标牌、军团荣誉标牌、军团人数、庇护神祇以及军团装备标牌的旗杖，以便于战场指挥官随时查看、调度；步兵则通常配备有标枪、盾牌和近身肉搏用的战剑。

行省制度

"行省"一词源自拉丁文"provincia"，意为"委托"，最初泛指罗马境内外由罗马官员管理的地域，而后则成为特指境外缴纳贡赋属地的代名词。作为古罗马对所征服之地制定的一系列管理制度，行省制度是罗马管理境外属地的重要基石。

古罗马行省制度

起始于公元前3世纪，随着罗马所辖领土的不断扩张，这种由罗马元老院制定的管理制度遂不断推广、完善。

划定所辖区域的行政法规，其中包括确定行省监管的领地范围、城镇数目、行省居民的权利与义务，并指定该行省应向罗马缴纳的贡赋品种与具体数量。	各地行省施行包税制，多收多得让所属居民受尽盘剥；所有土地、资源等均为罗马国有资产，其经营、转让或者租赁的权力收归国家。	每个行省由罗马元老院指派总督、副总督和财务官，总督通常由有经验的执政官担任，全权执掌行省的各项事务，自由度较高，逐步形成一系列特权、贵族阶层。

婪或者野心等原因。在罗马人的思想中，他们宁愿终生务农待在家中，但是，如果有人侵略他们的国家，他们也不会袖手旁观、坐以待毙。那些侵略他们的国家如果来自遥远的海外，他们也会立刻毫不犹豫地跋山涉水到其国家去战斗，以保护自己的利益。一旦敌人被征服了，他们就会留守在敌人的土地上妥善地管理它，因为他们不愿意这些土地被其他的野蛮部落占领，更加不愿意看见新的敌人出现。这样的事情看起来似乎有点复杂，但是，我们对此还是比较容易理解的，因为，现在也有很多这样的事情发生。

公元前203年，西皮奥带领众将士跨过阿非利加海，从此非洲也被卷入战争。迦太基顿时慌了神，汉尼拔则奉命返回国家进行抵抗。但是，由于汉尼拔所率领的是雇佣军，他们并不情愿为其效劳，所以，战场上的表现也是差强人意。在扎马附近的战斗中，汉尼拔被打败，但他不愿意投降，而是逃到了亚洲的叙利亚和马其顿，想要获得支援。这些在前一章我说过。

当时，叙利亚和马其顿的统治者（他们都是由亚历山大帝国分裂而成的）正在进行一场远征埃及的谋划，显然平分富饶的尼罗河谷远比得罪强势的罗马更有意义。埃及国王听到这个消息后，第一时间向罗马人求救。由此，我们可以想象到一场阴谋与反阴谋的大戏就要开始了。可是大家不要忘记了，罗马人是务实的，他们不喜欢一切不切实际的东西。因此，这场大戏还没有开始就结束了。公元前197年，在色萨利中部的辛诺塞法利平原，即被称为"狗头山"的地方，罗马军队在此打败了马其顿人抄袭希腊的重装步兵方阵，大获全胜。

接着，罗马人准备进攻半岛南部的阿提卡，他们对希腊人说要将其从马其顿的奴役中解放出来。但是，希腊人的老毛病又开始了，他们像从前在光辉岁月中所做的一样，开始了无休无止的争吵，他们在获得自由之后所做到的第一件事情竟然是争吵！罗马人对此当然是厌恶的了，他们对政治的理解还远达不到这个程度。开始的时候，他们忍着性子不去打扰希腊人，但是，当谣言和攻讦如雪花般到处飞舞的时候，他们终于忍无可忍开始进攻希腊。罗马人杀一儆百，焚毁了柯林斯城，最终希腊成为了罗马的一个省。由此，马其顿和希腊成为了罗马东部的防卫缓冲区。

此时，叙利亚国王安蒂阿卡斯三世统治着赫勒斯蓬特海峡那边的广袤土地。汉尼拔则对他进行了十分具有煽动性的劝说，他将入侵意大利、攻占罗马城说成是一件十分简单的事情。由此，安蒂阿卡斯三世动摇了。

挥军入侵非洲并曾在扎马打败汉尼拔的西皮奥将军的弟弟——卢修斯·西皮奥奉命来到了小亚细亚。公元前190年，他在玛格尼西亚附近打败了叙利亚军队，接着，安蒂阿卡斯被自己国家的人民处死。就此，小亚细亚也成为了罗马的保护地。

到此为止，曾经小小的城市共和国变成了拥有地中海周围大片土地的帝国。

第 二十四 章

罗马帝国

在经历了几个世纪的动荡与革新后，罗马帝国取代了罗马共和国。

罗马军队在获得了多次胜利后，就凯旋回国了，迎接他们的是盛大的游行和狂欢，整个罗马城都是沸腾的。但是，不幸的是，虽然有了这些荣誉，可是人民的生活依旧如此，并没有因此而变得更加幸福。更加不幸的是，他们的生活似乎正在变得更加糟糕，农夫们因为要服兵役，所以很多土地都荒芜了；而那些功劳卓著的将军以及他们的亲朋好友却因为掌握着很大的权力，从中大捞了一笔。

古老的罗马共和国以简朴的生活为荣，即使是著名人物的生活也同样朴素。但是，战争之后，奢侈浮华之风开始出现在人们的生活中，人们开始抛弃朴素的生活，转而追求更多的金钱和物质享受。由此，罗马成为了一个富人统治的国家，国家的一切政策都在为富人服务。但是，这样的情形也正意味着衰退和灭亡。现在，让我来告诉你。

在仅仅150年中，罗马几乎占领了地中海沿岸所有的土地，他们是这片区域真正的统治者。按照古代曾有的惯例，成为战俘的人，结果就是终生失去自由，沦为奴隶。罗马同样如此，而且他们对于战俘没有任何的同情心，战争在他们眼中就是生杀予夺。迦太基在覆灭后，当地的妇女和儿童以及他们的奴隶一起被罗马人变卖，这些人统统都成为了奴隶。至于希腊人、马其顿人、西班牙人和叙利亚人，他们反抗过罗马的统治，同样也会是这个下场。

在2000年前，奴隶是一个什么概念？他不过是机器上的一个零件，就和现代工厂中的机器作用一样，只要有钱就可以随意购买。罗马的富人们（即元老院成员、将军、发战争财的商人）开始大量购买土地和奴隶。他们购买的土地一般都是被新占领的国家，也有直接掠夺，而不用花费任何钱财的土地。奴隶则从市场上可以随意买到，奴隶是公开出售的，你可以任意挑选便宜的来买。在公元前3世纪和2世纪期间，多数时候的奴隶市场供应是很充足的。庄园主们对待奴隶也是相当苛刻，他们就像使唤牛马一样驱使奴隶，当奴隶们筋疲力尽、无法支撑而死在田边的时候，主人可以随意到最近的奴隶市场再购买一个，那里随时都有柯林斯或迦太基战俘来报到。

下面，让我们看一下罗马普通农民的日子是怎样的！

作为一个罗马公民，为国家而战是应当的，这是他的义务，他没有任何的抱怨。

罗马战神

　　作为古罗马的战神，性情炽烈、崇尚杀戮的马尔斯更是罗马的保护神，图片中心位置的战神马尔斯身披铠甲，手持染血的圆盾与战剑，被他的恋人美神维纳斯由身后抱住，而周边黑色的浓烟中身陷战争苦难的人们惊恐的眼神与无力的挣扎正暗示着战争的残酷与灾祸。战争让罗马人最终成为地中海沿岸的主人，而被征服的国家与人们则毫无幸免地陷入苦难。

当他经过漫长的服役期，可能是10年、15年或者20年之后，他退役回到家乡。然而，他发现自己的房屋在战火中已经完全毁掉，属于自己的耕地早已是杂草丛生。作为一个男人，他没有气馁，他安慰自己即使这样也没有关系，生活可以重新开始。于是，他将土地重新修整，除掉杂草，他辛辛苦苦开始耕作，终于，他的劳动有了回报，他收获了谷物、牲畜、家禽。接着，他来到市场，想将这些东西卖掉，但是，没想到的是，农产品的价格如此低廉，都是因为大庄园使用奴隶耕种而降低成本的原因。无奈之下，他只好将东西低价售出。日子就这样过了几年，他终于熬不住了，于是，他来到遥远的城市过着打工生活。可想而知，城市的生活并不好过，他时常饿肚子。在这里，有着成百上千的人和他一样，过着悲惨的生活，他们聚集在郊区肮脏不堪的棚子中，这里的环境十分恶劣，不但如此，疾病也不断骚扰他们，而如果是瘟疫，他们就只能等死。他们每个人心中都是愤愤不平的，他们感到不公平，他们曾经为了祖国舍生忘死，而如今祖国却置他们于不顾。所以，当有一些野心家进行慷慨激昂的演讲时，他们十分愿意听，很快，他们就和野心家站在了一起，成为了国家统治的威胁。

面对这样的情况，富人阶级没有丝毫的恐惧，他们说："我们拥有军队和警察，如

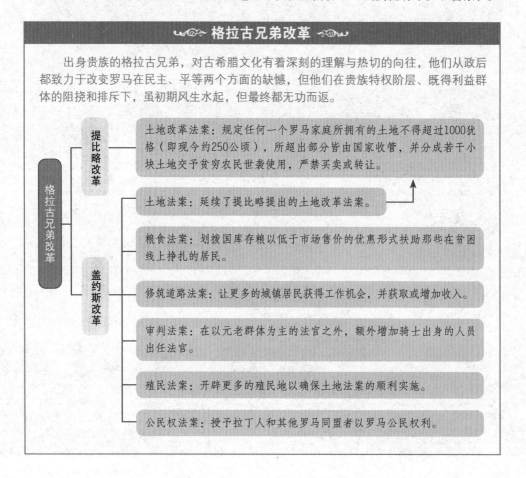

格拉古兄弟改革

出身贵族的格拉古兄弟，对古希腊文化有着深刻的理解与热切的向往，他们从政后都致力于改变罗马在民主、平等两个方面的缺憾，但他们在贵族特权阶层、既得利益群体的阻挠和排斥下，虽初期风生水起，但最终都无功而返。

格拉古兄弟改革

提比略改革
- 土地改革法案：规定任何一个罗马家庭所拥有的土地不得超过1000犹格（即现今约250公顷），所超部分皆由国家收管，并分成若干小块土地交予贫穷农民世袭使用，严禁买卖或转让。
- 土地法案：延续了提比略提出的土地改革法案。

盖约斯改革
- 粮食法案：划拨国库存粮以低于市场售价的优惠形式扶助那些在贫困线上挣扎的居民。
- 修筑道路法案：让更多的城镇居民获得工作机会，并获取或增加收入。
- 审判法案：在以元老群体为主的法官之外，额外增加骑士出身的人员出任法官。
- 殖民法案：开辟更多的殖民地以确保土地法案的顺利实施。
- 公民权法案：授予拉丁人和其他罗马同盟者以罗马公民权利。

土地与奴隶 浮雕

　　大量由战争收归的奴隶从事着罗马城镇中绝大多数的劳作，这些处于社会底层的人们终年辛苦不辍，却仅仅被当作与土地、牲畜一般的财产看待，他们供养着社会上层的富人生活在奢靡与消遣当中，社会的不平等为社会稳定埋下了隐患，图中罗马城的地主正给租种他土地的佃户交上来的物品——登记。

果暴徒出现，很快就可以将他们解决掉。"然后，他们就待在自家舒适的别墅中，不是修剪花草，就是阅读那些希腊奴隶为其翻译成优美拉丁文的荷马史诗。

　　但是，仅在少数几家名门望族之间，他们依然保持着古老共和国时期的优秀品质和无私效忠精神。阿非利加将军西皮奥的女儿科内莉亚，嫁给了一位名为格拉古的罗马人。她有两个儿子，分别叫提比略和盖约斯。他们长大后，先后进入了政界，而且还尽自己的力量颁布了几项社会所需的改革措施。在当时，2000户贵族控制着意大利半岛上绝大多数的土地，提比略·格拉古在当上保民官之后，为了帮助那些处境困难的自由民，将两项古代的法律重新恢复了，法律对个人拥有土地的数量进行了限制。他希望借此扶持那些小土地所有者阶层，要知道对国家来说这些人举足轻重。可是，富人们却对此十分不满，甚至称他为"强盗"和"国家公敌"。他们雇佣了一群暴徒，策动了一场街头暴乱，想要杀死这个深受人民喜欢的人。当提比略步行前去参加公民大会的时候，他刚刚来到会场，就被一群暴徒们蜂拥上去，对其拳打脚踢，最后，他不幸被扑死。10年过后，他的兄弟盖约斯和他一样，也试图进行改革，来削弱那些势力过于强大的特权阶层。他颁布了一部"贫民法"，目的是帮助没有土地、极度困难的农民，但是，最终的结果却大相径庭，反而使得大部分罗马公民变成了乞丐。

　　盖约斯为贫民在帝国的边区建立了一片居留地，但是，那些应该来此居住的人却并没有留下。当盖约斯·格拉古想要做更多的事情来进行改革的时候，他也遭到了暗杀。追随他的人不是被杀死，就是被流放。前面的两个改革者都是贵族绅士，但是，下面的两位和他们不一样，是职业军人，他们是马略和苏拉。他们各自都有一些拥戴者和支持人。苏拉的支持者是庄园主，马略代表的则是自由民，后者曾经在阿尔卑斯山脚下打败了条顿人和西姆赖特人，在自由民心中，他是一位大英雄。

公元前88年，元老院出现了不安的情绪，因为他们听到了一些从亚洲传来的消息。据说，黑海沿岸有一个国家的国王叫米特拉达特斯，他的母亲是希腊人，此时，他正在积极策划，想要建立第二个亚历山大帝国。米特拉达特斯计划的第一步，就是将居住在小亚细亚一带的所有罗马公民，包括老弱妇孺在内统统杀死。对于罗马来说，这样的举动就是一种挑衅。于是，元老院决定立刻派出一支军队前去讨伐这位国王。但是，问题出现了，这次战争由谁带领呢？元老院认为应当由执政官苏拉担任；但是，民众们拥护马略，他们认为马略不仅有着五次执政官的经验，并且维护着民众的利益。

最后，财产雄厚的一方占据了上风，苏拉被正式任命为军队的管理者。马略则被迫逃到了非洲，等待机会进行反击。当苏拉一到达亚洲，马略就立刻返回了意大利，同时，他将一群对现实生活不满的人集合到一起，开始向罗马前进。马略很容易就进入了罗马城，然后，他用了五天五夜的时间将那些元老院中反对他的人通通清理掉了。马略终于如愿以偿地坐上了执政官的位置，但是，不幸的是，他因为过度兴奋而猝死了。

接下来的四年时间里，罗马一直都处于混乱状态。当苏拉打败米特拉达特斯后，就打算返回罗马为自己复仇。他说到做到，接连几周，很多罗马人死于内乱，只要有着同情民主改革嫌疑的人都在劫难逃。一天，一位名叫裘利斯·恺撒的年轻人，因为和马略走得非常近，准备被施以绞刑。就在这时，周围的人为他求情说："他还是个孩子，放过他吧！"士兵动了恻隐之心，就饶了他一命。关于这个年轻人，下面会讲到他。

苏拉呢？他成为了"独裁官"，所有的罗马属地上唯一的最高决策者与执行官。他在位4年，然后于退休后安然离世。他和很多一辈子杀害自己同胞的罗马人一样，晚年过得十分闲适，浇花种菜几乎占据了他大多数的时间。

虽然苏拉死去，但是，罗马依旧没有摆脱混乱，反而局势开始出现下滑的趋势。米特拉达特斯国王不断骚扰帝国，于是，苏拉的好友庞培将军不得不经常率军向东讨伐他。最后，米特拉达特斯被罗马人赶进了山区，陷入了无望的困守之中。米特拉达特斯知道自己的生命已经走到了尽头，他不想成为罗马人的俘虏而沦为奴隶，于是，他和当年的汉尼拔一样，服毒自尽了。

除掉米特拉达特斯这个心腹大患之后，庞培没有停

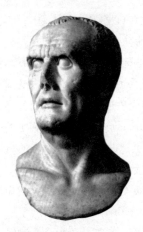

盖乌斯·马略

作为古罗马时期著名的政治家与统帅，马略授命于日耳曼人侵入罗马的危难时刻，他执政期间大刀阔斧的军事改革与募兵制不仅推动战争胜利的天平倾向于罗马，更维护了社会的稳定，巩固了罗马政权，但也最终将罗马引向帝制与独裁。

止征战。他将叙利亚打败，重新将其纳入罗马的版图中；他将耶路撒冷摧毁，横扫整个西亚，他想要创立一个由罗马人缔造的亚历山大帝国传奇。公元62年，他终于返回了罗马，而且还带回了整整12艘船那么多的国王、王子和将军，不过，他们此刻的身份都是俘虏。罗马人为庞培举行了盛大的凯旋仪式，这些俘虏们不管从前有着多么高的地位，都不得不像战利品一样展示在公众面前。此外，庞培还将高达4000多万的战利品献给了罗马。

现在，罗马最迫切需要的是一位铁血统治者。在几个月以前，一位名叫卡梯林的毫无才能的年轻贵族，因为赌博将所有家产败光了，所以，他想要发动一场政变，而他可以从中投机取巧获得一笔钱财。但是，有一位叫作西塞罗的律师，他是一个具有公众精神的人，发现了这其中的诡计，便向元老院揭发了卡梯林。卡梯林被迫逃走了。经过此事后，罗马的危机还是没有解除掉，野心勃勃的年轻人到处都有，他们随时都有可能发起政变。

苏拉

作为战功显赫的古罗马著名统帅，从军团财务官起步的苏拉栖身于马略麾下，他有着绝佳的社交与军事才能，朱古达战争胜利荣誉的归属问题在苏拉与马略之间埋下不和的隐患。对于政治话语权的窥视与社会变革的酝酿最终致使罗马自身爆发内战，而苏拉以强势的军力最终登顶胜利的宝座。

危机当前，获得过巨大荣誉的庞培将军站了出来，他组织起一个三人同盟，共同负责政府事务，他则摇身成为同盟的领袖。位列第二的就是裘利斯·恺撒，他之所以有这个资格，主要归结于在西班牙担任总督期间积累起不错的声望。第三个人是克拉苏，他是因为拥有巨额的财富才上位的，并没有太重要的地位。此人因为在罗马军队出征时，为其提供物资装备，因此发了横财。但是，此人根本就没有福气享受自己的财富和地位。因为不久他就被派遣到了帕提亚出战，结果很快就阵前殒命了。

三个人中能力最强者，当数恺撒。他明白，如果要实现自己的宏伟目标，那么，拥有一些辉煌的战功是很有必要的，一个英雄总是可以更容易受到民众的认可与欢迎。于是，恺撒出发了，他前去征服这个世界，他越过阿尔卑斯山，将欧洲的荒野，即现在的法国地区征服了。然后，他在莱茵河上修建了一座坚固的木桥，进入条顿人的领地。再然后，他利用船只到达了英格兰。如果不是因为国内局势很需要他，他才迫不得已回国，否则没有人知道恺撒的远征会进行到何地。

在远征中，恺撒突然得到了一个从国内传过来的消息。庞培已经担任了罗马的"终身独裁官"，这就代表着恺撒只能算作是一个"退休军官"而已，这意味着他如果想要达到更加显赫的地位显然是不可能了。恺撒可是一个野心勃勃的家伙，从马略时期就已经投身到了军事战斗中了。不甘心的他决定要做一个让元老院和他们的"终身独裁官"

驰骋西亚的罗马军团

　　出身贵族的罗马统帅庞培，凭借着武力扫平了罗马的内忧外患，而后吞并叙利亚与巴勒斯坦，率罗马军团攻陷耶路撒冷，并以所向披靡之势席卷了整个西亚，沿途掠夺了大量的财富与战俘。凯旋罗马后，庞培与恺撒、克拉苏结成秘密的政治同盟，史称"前三头"。

后悔不已的事情。他带领着军队，跨过阿尔卑斯高卢行省和意大利之间的鲁比康河，开始向罗马进军。老百姓十分欢迎他的到来，称其为"人民之友"。恺撒一鼓作气攻破了罗马城，庞培则被逼逃亡去了希腊。恺撒当然不会放过他，继续派兵追击，在法尔萨拉附近打败庞培和他的追随者，庞培有幸逃走，渡过地中海来到了埃及。但是，他一上岸，就立刻被埃及国王托勒密暗杀了。几天后，恺撒也来到了埃及，但是，他面对的却是埃及人和庞培的罗马驻军联合的攻击，他发现自己的处境变得很危险了。

恺撒是幸运的，他将埃及舰队成功焚毁，削弱了敌人的力量。但是，位于码头边的埃及著名的亚历山大图书馆却不幸遭殃，火花落在了屋顶上面，图书馆毁于一旦，要知道，这里可是珍藏着不计其数的古代典籍。埃及海军覆亡后，恺撒将矛头对准了埃及陆军。他将埃及那些诚惶诚恐的士兵赶入尼罗河，托勒密也不幸落水身亡。然后，埃及建立了一个新政府，由已故国王的姐姐克娄帕特拉执掌政权。此时，米特拉达特斯的儿子兼继承人法那西斯为了给父亲报仇，也准备发动战争。当恺撒得到此消息后，立刻率军返回。在进行了五天五夜的战斗后，恺撒取得了胜利。他给元老院发去了捷报，同时，他还留下了一句名言流传于世，即"Veni, vidi, vici"，意为"我来了，我看见了，我征服了！"

然后，恺撒回到了埃及，他被女王克娄帕特拉迷倒了，变得难以自拔。公元46年，恺撒带着克娄帕特拉一同回到了罗马，开始执掌政权。恺撒的一生中，总共赢得了四次重大战争的胜利，人们为其举行了四次凯旋入城仪式，他则每次都是威风凛凛地走在队列的最前面，他已经成为了罗马人心中的英雄。

在罗马元老院，恺撒对元老们讲述了他所经历过的辉煌的战争。元老们对他自然是感激不尽，感谢他保卫了国家，于是，他顺理成章地成为了"独裁官"，任期为10年。这导致恺撒跨出了人生中足以致命的第一步。

新上任的独裁官为了改变国家混乱不堪的现状，施行了很多强有力的措施，他为自由民成为元老院成员提

艳后克娄帕特拉

作为古埃及托勒密王朝的最后一任法老，克娄帕特拉用她的美貌与智慧维护了埃及短暂的繁荣与和平。

恺撒

"无冕之王"恺撒是罗马著名的军事统帅与政治家，出身名门，他征服了高卢全境，首次跨越莱茵河侵入日耳曼人的领地，甚至征讨西班牙、不列颠、希腊、埃及，是罗马帝国当仁不让的奠基者。

供了机会。他恢复了古罗马制度，让边疆地区的人民享有公民权。他特准"外国人"参与到政府事务，可以讨论国家的政策。他也对边远省份进行了行政改革，而那里多数都被权势贵族视为他们各自的私有领地与财产。总之，恺撒所做的一切措施几乎都是在为大多数人的利益着想，因此，特权阶层出现了不满，开始仇视他。50个年轻贵族联合起来，策划了一个"拯救共和国"的叛乱计划。在3月15日，当时的罗马历法已参照了埃及的历法，当恺撒进入元老院参加会议的时候，他被一群一拥而上的年轻人杀死了。罗马再次陷入了没有领导者的境地。

现在，有两个人可以继承恺撒的位置。一个是恺撒从前的秘书安东尼，另一个是恺撒的外甥孙兼其庄园继承人渥大维。渥大维一直在罗马待着，安东尼则去了埃及。可能喜欢美女是罗马将军的天性，安东尼很快就拜倒在了克娄帕特拉的石榴裙下，对军政也不大管理了。

为了争夺罗马的统治权，两人之间展开了激烈的斗争。经过阿克提翁一役，安东尼彻底失败，然后自杀。于是，克娄帕特拉就需要独自和敌人对抗了，她想像从前那样，用自己的美貌来征服这个罗马人，但可惜的是，渥大维根本对她没有任何兴趣，反而是打算将其作为战利品在凯旋仪式上展览，克娄帕特拉不愿意接受侮辱，于是选择自杀了。随着托勒密王朝最后一个继承人的死去，埃及失去了独立，成为罗马的一个省。

恺撒之死

恺撒大帝以武力为罗马征服了广袤的疆土，他兵不血刃地攻占了罗马，强势压倒了他的政敌庞培，为照顾到大多数人的利益推行了一系列改革，却在元老院被众多特权阶级密谋暗杀。图中的暗杀者们缓缓退去，然而等待着他们的不是平民对独裁者死去的欢庆，而是一张张冷漠的面孔。

　　渥大维是一个非常睿智的人，他知道如果说出的语言比较过分的话，就会将他人吓到，他可不想再走他舅舅那样的老路。于是，当他光荣地回到罗马后，他提出的要求用语就变得十分谦虚诚恳。他不愿意做"独裁官"，只需要一个"光荣者"的称号即可。但是，几年之后，当元老院给予他"奥古斯都"（神圣、卓越、显赫的意思）称号的时候，他坦然接受了。又过了几年，人们开始称他为"恺撒"或"皇帝"，而那些士兵们则称呼他们的统帅和总司令为"元首"。于是共和国悄然间变为了帝国，而普通的罗马人甚至对此毫无知觉。

　　公元14年，渥大维统治的地位已经很牢固了，几乎没有任何的质疑。他就像是一个神一般被人们膜拜，尽管在此前只有诸神才能享此殊荣。他的继承者顺理成章地成为了真正意义上的"皇帝"，他们成为历史上一个空前强大的帝国的掌控者。

　　其实，罗马长期处于无政府的状态和混乱政局早已让普通老百姓无比厌烦了，他们希望摆脱这种生活，他们不想听到有任何关于暴动的消息，因此，只要新的统治者能够给他们一个安静的生活，不论统治者是谁都无所谓。毫无继续扩张领土打算的渥大维向罗马人许以40年的平静生活。在公元9年，他经过反复权衡后曾攻打过在欧洲西北荒野定居的条顿人。但是，在条顿堡森林中，他派遣的将军瓦禄和所有士兵都阵亡了。这让此后的罗马再没有提起驯化这群蛮荒人的兴致。

　　此时，罗马人将全部的精力放在国内，要知道国内的问题可是非常严重的，但是，当他

渥大维

　　渥大维是罗马帝国的开国皇帝，元首政体的创始人，他独揽政治、军事、司法、宗教大权于一身，给罗马人带来了长久的稳定与繁荣，后被元老院赐封为"奥古斯都"，即"神圣的"、"高贵的"之意，作为恺撒大帝的外甥与合法继承人，他继承着恺撒的意志与荣耀。

们想要挽回局面的时候，已经来不及了。在经历了两个世纪时间的内外战争之后，罗马失去了大批优秀的年轻人。自由农民几乎在战争中消失了。因为大量奴隶的存在，自由民根本没有力量和庄园主抗衡。城市已经不是原来的城市，这里聚集着大量贫困肮脏的破产农民。战争还导致国内出现了一个庞大的官僚阶层，因为基层官员的薪水不足以养

圣诞 油画 G.范·洪特霍斯特 现存于意大利佛罗伦萨乌菲奇美术馆

　　浓浓夜色下的叙利亚小村庄，刚与木匠约瑟订婚的玛利亚奇迹般由于圣灵的神奇能力而怀孕。临产前夕为遵守罗马政府申报户籍的规定，夫妻俩前往指定的地点申报，途中借宿马棚时降生了一个男婴，并根据神的旨意取名耶稣。画面中躺在马槽乱草中的圣婴周身笼罩在神圣、祥和的光辉之中。

家，他们不得不开始接受贿赂。更可怕的是人们思想的转变，人们已经习惯了战争和流血，还出现了以他人痛苦为乐的心理。

　　1世纪的罗马帝国，从外表上看的话，它的确是一个辉煌的政治体系，拥有辽阔的疆域，即便是曾经让人侧目的亚历山大帝国都成为了它的一个行省而已。但是，在表面辉煌的遮掩之下，却是一幅幅不堪入目的画面。帝国中有着成千上万穷困的人民，他们整日像蚂蚁一样劳碌着，但是，他们却吃不饱穿不暖，吃的、住的和牲口没有什么两样。他们的生活毫无希望，并且这种状态会一直持续到他们郁郁离世的那一天。

　　转眼间，罗马步入建国后的第753年。这个时候，裘利斯·恺撒·渥大维·奥古斯都还在帕拉坦山的宫殿中为处理国家政务而焦头烂额。但是，在叙利亚一个小村庄中，木匠约瑟夫的妻子玛利亚正在悉心照料她刚刚降生的孩子，一个在伯利恒马槽中出生的男孩。

　　这个世界是多么地奇妙啊！

　　最后，两个看似不相干的东西——王宫和马槽将会相遇，展开对抗。

　　而最后的胜利将属于马槽。

第二十五章

拿撒勒人约书亚

拿撒勒人约书亚，即希腊人口中的耶稣。

公元62年的秋天，也就是罗马建成后的第815年，罗马外科医生埃斯库拉庇俄司·卡尔蒂拉斯给在叙利亚步兵团服役的外甥写了一封信，信的全部内容是这样的：

我亲爱的外甥：

前几天，我被人请过去，给一位叫作保罗的病人出诊。他似乎是一个犹太裔的罗马公民，这个人给我的感觉十分有教养，举止优雅。我听说他来到这里，是为了处理一起诉讼案，这个案件的具体情况我不太了解，只知道可能是由撒利亚或者地中海以东地区的某个法庭起诉的。我曾经听到有人说起过他，说他是一个野蛮、凶狠的人，他到处发表演讲，公开反对人民和罗马法律。但是，我发现这个人却是一个聪慧过人、诚实守信的人。

我有一位曾在小亚细亚的兵营中服役的朋友，他也对我说过一些关于保罗的事情，说他在传播一个新的教义，那是一个让人完全陌生的神祇。于是，我就问我的病人，是不是有这个事情，还问他是否号召过其他人反对我们可敬的皇帝陛下。保罗说他所宣传的那个国度并不存在于现实的世界中，而且他还说了很多特别古怪的言论，我一点都不理解。当时，我心里想，他可能是因为在发高烧，所以说了一堆乱七八糟的胡话吧！

可是，不管怎么样，他的高尚品德和优雅举止已经给我留下了一个很深的印象。但是听到他几天前在奥斯提亚大道上被人杀害的消息，让我非常难过。因此，我写了这封信，如果你下次路过耶路撒冷，最好可以帮助舅舅打听一下关于这个朋友保罗的一些事情，以及他所宣传的那个犹太先知的情况，这个先知似乎是他的导师。我们的奴隶们听到这个宣讲中的弥赛亚（救世主）后，每个人都激动不已，其中竟还有人公开谈论这个"新的国度"（暂且不管它的意思），结果被钉上了十字架。我很想搞清楚这些谣言的真相。

你忠诚的舅舅
埃斯库拉庇俄司·卡尔蒂拉斯

六周后，这个罗马外科医生的外甥，即高卢第七步兵团上尉格拉丢斯·恩萨的回信如下：

我亲爱的舅舅：

接到您的来信后，我已经按照您的吩咐将情况大致了解了一下。

我所在的部队两周前曾接到前往耶路撒冷的任务。在上个世纪，这个城市曾经历过数次变革，战争让老城区的建筑基本都毁掉了。我们来到这里已经将近一个月了，据说，佩德拉地区有一些阿拉伯部落在不断活动，村庄都遭到了掠夺，所以明天我们就要赶赴该地区。今天晚上刚好我可以抽出时间来回您的信件，但是，关于您的问题，恐怕我不能给出过于详细的回答，请您不要抱有太大希望。

在这座城市里，我和大部分老人都交流过，但是，却没有人能够将非常确切的信息告诉我。几天前，军营附近来了一个商贩，我在他那里买了一些橄榄，顺便就和他聊了一会儿。我问他知不知道那个年纪轻轻就被杀死的著名弥赛亚。他回答说曾亲眼所见，他的父亲曾经将他带到各各他（耶路撒冷城外的小山）去观看了死刑的执行，并告诫他不要违反法律，如果成为犹太人的公敌就会遭到如此下场。他还给了我一个地址，让我去找弥赛亚曾经的好朋友，一个叫作约瑟夫的人。他还特别嘱咐我说，如果想要知道更多相关的东西，就一定要去找这个人。

今天上午，我去找了约瑟夫。他现在已经到了风烛残年的年纪，但是他的思维依旧清晰，记忆力也不错，从前是在淡水湖边以打鱼为生。他告诉

信仰者保罗

作为亚伯拉罕的后裔，保罗出生在罗马帝国的直属领地，是拥有着罗马公民身份的犹太人。他是第一个去外邦传播基督教的信仰者，足迹遍布土耳其、马其顿、希腊及地中海东部各地，他对基督教的迅速传播与蓬勃发展产生了重大的影响，后被罗马皇帝处死。

保罗的一生

作为《圣经》中重点提及过的著名人物，保罗为基督教的传播与发展作出了极大的贡献，他传道的足迹遍布小亚细亚、马其顿、希腊以及地中海以东地区，使基督教得以在希腊、罗马迅速传播，被认为是基督教首位神学家。

保罗的一生

保罗出生于罗马重要学术中心——小亚细亚的西里西亚区大数城，家境宽裕。

犹太人的血统与出生地的国籍原则让他拥有着犹太人和罗马公民的双重身份。

幼年时期，他在耶路撒冷求学，后成为制作帐篷的学徒，并以此为业。

青年时期，授命前往大马士革肃清基督教散播的教义与影响，经历了迫害、了解、质疑、信服的思想转变。

皈依基督教之后，保罗在小亚细亚、马其顿、希腊以及地中海以东地区四处传道，使基督教义获得了推广。

保罗在逃亡中完成了他的传道使命，返回耶路撒冷后被抓捕并押往罗马城，在一场反基督教运动中被罗马皇帝尼禄处死、殉道。

了我很多在我出生以前，在那个动荡岁月所发生的事情真相。

那时，罗马在位的皇帝是杰出而荣耀的提庇留，在犹太与撒马利亚地区担任总督的人名叫彼拉多。关于彼拉多这个人，约瑟夫知道的并不多，但是可以肯定的是那是一个比较忠诚、正直的人，因为他在任期间得到了大家一致的好评，是一位名声不错的官员。具体的时间约瑟夫也记不大清楚了，应该在783年或784年，彼拉多奉命前往耶路撒冷平定异常骚乱。听说，有一位年轻人（拿撒勒木匠的儿子）准备密谋叛乱，目的是要推翻罗马政府的统治。但是，那些通常消息十分灵通的情报官员，此时却对其没有任何的察觉。官员将这个事件调查过后，得出的结论是此人是一位遵纪守法的公民，没有必要对其进行任何控告。但约瑟夫说，这一调查结论让犹太教的老派领袖们大为光火。这些平素高人一等的祭司们深深嫉妒着这位年轻人，皆因这位年轻人在希伯莱贫穷大众间的声誉威胁到了他们的地位。这些祭司们对彼拉多揭发说，这个"拿撒勒人"曾经在公开场合说过这样的言论：不管是希腊人、罗马人，还是腓利士人，只要他想过上高尚、体面的生活，就能和那些终日研习摩西律法的犹太人一样，具有着优秀的品质。彼拉多最开始并没有对此过多在意，直到在庙宇集会的人们叫嚣着要对耶稣处以私刑，并杀害其所有追随者，彼拉多才将耶稣拘留起来，以保护他的安全。

对于这场斗争，彼拉多并不了解其中的深刻根源。他问犹太祭司们为何对此人如

量己律人

　　相传耶稣以悲悯和博爱之心看待世人，在贫苦大众中有着与日俱增的支持率，这让部分上层祭司嫉恨在心。他们让耶稣评判一个按律应处以乱石砸死的行淫女子的罪行，在慈悲与律法之间，耶稣却认为只有无罪的人才有资格用石头砸她，众多观念上尖锐的分歧引起了上层祭司的强烈不满。

　　此不满，祭司们立刻情绪激动地大声喊道："异端！叛徒！"约瑟夫说，最后，彼拉多派人将约书亚（拿撒勒人的名字，在此地区的希腊人称其为耶稣）带了过来，当面质问他。他们单独交谈了几个小时，彼拉多也问及了那些耶稣在加利海边传教时所宣讲的思想，也就是祭司们口中的"危险教义"。耶稣面对问题，十分沉着地回答说他从来不干涉政治，他只在乎人的灵魂，而不是肉体。他所希望的是人们之间的相处能够和兄弟姐们一般，大家共同敬奉一切生灵的父亲，即独一无二的上帝。

　　对于斯多葛学派和其他希腊哲学家的学说，彼拉多有过很深的研究，但是耶稣所说的言论让他找不出哪里有叛逆或者煽动性的倾向。约瑟夫说，彼拉多为了挽救仁慈先知的生命，再次动用了自己的力量，他拖延时间而不给耶稣判刑。这时，在祭司们不断地煽动下，犹太人变得异常激动，甚至有点疯狂。耶路撒冷是一个经常发生骚动的地方，但是其周围驻扎的士兵却很少。因此，人们直接向该撒亚的罗马当局递呈了报告，并在报告中指责彼拉多总督"已经陷入了拿撒勒人的危险教义中，他已经被异端同化了"。同时，城市中的游行请愿活动不断，他们要求撤换掉已站在帝国皇帝对立面的彼拉多。要知道，每一个罗马驻外总督都必须遵守一个原则，就是不能和当地居民有任何冲突，彼拉多也不会例外。事实上如果他坚持下去，很可能会引发战争和暴动。于是，约书亚的牺牲就成为了必然，而他也坦然接受了这个惩罚，并且宽恕了那些对他恨之入骨的人。他在耶路撒冷暴民的癫狂嗤笑与讥讽谩骂中，被钉死在了十字架上。

　　约瑟夫给我讲的就这么多。他在给我讲述的时候，一直泪流不止，看着他伤心的模样，实在让人不忍。在离开的时候，我送给他一枚金币，但是他没有收下，而是请求我将金币送给比他更穷的人。我也向他打听了关于您的朋友保罗的事情，但是他知道的并不多。只知道他从前以制作帐篷谋生，后来他为一心宣扬仁爱、宽容的上帝而放弃了自己的职业。上帝和我们从前所知道的耶和华在性情上有着极大的差别。保罗到过小亚细亚和希腊的许多地方，他告诉那里的奴隶们，他们和其他人一样都是仁慈天父的孩子，不论贫富，只要能诚实、善良地生活，一生尽力做善事，帮助那些境地悲惨的人，就都能拥有幸福的未来。

　　这就是我所了解到的全部情况，希望这些能够让您满意。从这个故事中，我看不出任何可能威胁到帝国安全的地方。但是您清楚，对于生活在这一地区的人民，我们罗马人是不可能真正了解他们的。对于您的朋友保罗的死，我也深表惋惜，真希望此刻的我能够在家中忏悔曾经的过失。

您忠诚的外甥

格拉丢斯·恩萨

耶稣之死

　　曾经平静的耶路撒冷在上层祭司们的操纵与煽动下发生了骚乱，歇斯底里的犹太人要求处死耶稣的声浪给当地的罗马政府施加了巨大的压力，最终妥协民意的罗马总督彼拉多无奈签署了死刑的命令。而在犹太人近乎疯狂的叫嚣与嘲笑中，耶稣带着平静与宽恕走上了十字架。

第 二十六 章

罗马帝国的衰落

开始走向衰落的罗马帝国。

在古代历史教科书中，罗马的灭亡时间是公元476年。也正是这一年，罗马最后一个皇帝被赶下了他的王座。但是，我们知道罗马的建立并不是一天完成的，因此它的灭亡过程也同样如此。罗马消亡的速度是非常缓慢的，这样导致的结果是很多罗马人根本感觉不到罗马正在消亡，他们还依旧沉浸在昔日的荣耀之中。罗马人看到了政局的动荡不安，也因物价高、收入低而对艰辛的生活抱怨不已。商人们将谷物、羊毛和金币等资源囤集居奇，唯利是图，这让平民百姓叫苦连天。当有的总督十分贪婪，搜刮民脂民膏的时候，罗马人也会站起来进行反抗。但是，这只是生活中的小插曲而已，多数的罗马人在公元前4个世纪中，依旧过着安逸的生活。他们依旧吃喝无忧（由钱包中钱的数量决定），他们依旧爱恨分明（不同性格的人不一样），他们也会去剧场看演出（有不少免费的角斗士搏击表演）。不过，也有一些可怜的人会饿死街头，这类情况在任何时期都无法避免。罗马人继续过着自己的生活，根本没有察觉到他们老迈

罗马的消亡

尽管罗马身陷动荡的泥潭，但并没有多少罗马人注意到灭亡的临近，人们一边喋喋不休地抱怨着身边的不平与生活的维艰，一边却又在酒色、利益、爱恨编织起的庆典中麻木、沉湎。社会阶层出现了严重且无法弥补的裂痕，人性的泯灭让繁盛的罗马岌岌可危。

的帝国已濒临覆灭。

看一下罗马帝国，就会明白罗马人为何意识不到迫在眉睫的危机了。罗马帝国，它是如此强大，到处都可以看到辉煌繁荣的景象。连接各个省份之间的大道四通八达；尽职尽责的警察严厉地打击着拦路盗贼；边防稳固，那些欧洲北部荒蛮的民族根本不敢有任何侵犯；众多的附属国每年都向罗马进贡称臣。除此之外，还有一群聪明、睿智的人在彻夜为国操劳，他们不断标正帝国前进的方向，为使其重现昔日的荣光而竭尽所能。

但是，罗马帝国衰败的原因在于其根基已经被破坏，这在上一章就提到过。这让任何试图扭转局势的改革都变得徒劳，不会有丝毫作用。

其实，罗马只是一个城邦，从来都是，这和古希腊的雅典或科林斯没有太大的差别，要统治整个意大利的话，它是有足够资格的。但是，如果罗马想要做一个统治全世

界的帝国，无论从政治上还是从实力上看，它都是没有足够能力的。因为常年的战争，让罗马的年轻人多数死在了战火中，农民则因为承担不了过于沉重的兵役和赋税，要么做乞丐，要么依附于庄园主，最后成为所谓的"农奴"。这些身陷苦难的农民不是自由民也不是奴隶，他们只能终身成为土地的附属品，如同牲口和树木一般。

在这里，国家就是一切，国家的荣誉更要大于一切，而那些普通的公民则微不足道。至于那些可怜的奴隶们，在听取保罗宣讲的思想后，他们很快就接受了谦恭的拿撒勒木匠儿子所散布的福音。他们不仅不再反抗了，反而变得更加温顺，一切都依照主人的吩咐去做。他们想着既然现在这个世界不过是一个暂时的寄居场所而已，自己也无力改变，所以奴隶们也就不再关注这个世界。他们是希望打仗的，以便可以更快地进入天堂，享受幸福的生活，不过，他们却不愿意为罗马帝国战斗，因为罗马帝国对努米底亚或帕提亚或苏格兰发动的战争，不过是他们野心勃勃的皇帝所期望获得的辉煌成就罢了。

就这样，当时光悄悄流逝，罗马帝国的情况变得越来越坏了。刚开始的时候，罗马皇帝还会做一下领袖的样子，他将管理各地属民的权力授予各个部族的首领。但是到了2世纪、3世纪，罗马皇帝大多为军人出身，他们表现的就完全是军营的作风了，他们的安危依靠着手下禁卫军的忠诚度。皇帝变换得很快，犹如走马灯一般。当一个皇帝刚刚上台，就会被另一个野心勃勃且拥有足够财富可以拉拢士兵的家伙干掉，他们依靠谋杀登上高高的皇位，然后又会成为被谋杀的目标而摔下王座。

同时，罗马的北方边境也不时被野蛮民族骚扰着。罗马在自己的公民中已经招募不到士兵了，于是就只能借助外国雇佣兵来阻挡侵略者的脚步。雇佣兵虽然受雇于罗马，但是，当他们在战场上遇到自己同种族的敌人时，必然会产生恻隐之心，消极作战。最后，罗马皇帝想到了一个好办法，那就是让某些野蛮民族到帝国内部定居，而其他部族也纷至沓来。但是，没过多久，他们就积蓄了一肚子的怨恨，埋怨罗马税官无情地掠走了他们全部的积蓄。如果没有人回应他们的呼声，他们就会冲到罗马抗议，以便让皇帝尽快答复他们的请求。

这类事件时有发生，因此，帝国的首都罗马成为了让人感到不愉快的地方。所以，康士坦丁皇帝（公元312—337年在位）有了一个寻找新首都的想法。后来，他选择了拜占廷，那里是欧亚之间的通商要地，设立于此的新都后被改名为君士坦丁堡。康士坦丁去世后，他的两个儿子继承了皇位，为了更加方便地管理帝国，他们将罗马帝国分为两个部分。哥哥驻扎罗马，统治西部地区；弟弟驻扎君士坦丁堡，统治东部地区，成为东部的一方霸主。

到了4世纪，欧洲迎来了一个非常可怕的民族——匈奴。这些来自亚洲的神秘骑兵在欧洲各地不断流窜，并对罗马发动攻击。在长达两个世纪的时间里，他们依托欧洲北部的集结地，到处烧杀掠夺，直到公元451年匈奴人在法国沙隆的马恩河被彻底打败才得以终止。在匈奴进军多瑙河的时候，当地的哥特人为了逃生不得不侵犯罗马的领土。公元378年，为了阻止哥特人的入侵，瓦伦斯皇帝在亚特里亚堡附近战死沙场。22年后，在国

东罗马帝国的短暂崛起

饱受各地蛮族骚扰的罗马帝国幅员辽阔，为了便于管辖遂将帝国分为东、西两部分，其中西罗马帝国在外族侵扰中逐步消亡，而东罗马帝国则将纯正的罗马血统延续了下来，甚至一度国力强盛，重现了昔日罗马帝国的盛况。图中的查士丁尼大帝及其随从正手捧圣器向基督献祭，开创了拜占廷帝国的黄金时代。

王阿拉里克的带领下，西哥特人向西进攻，攻破了罗马，他们只是将几座宫殿毁坏了，没有更多的劫掠。接着，汪达尔人又来了，他们对罗马这个历史悠久的城市没有丝毫的怜悯，他们几乎将整个城市破坏殆尽。再后来，勃艮第人、东哥特人、阿拉曼尼人、法兰克人……无休止的侵略让罗马人应接不暇。此时，只要一个强盗拥有野心，能够召集一批追随者，那么，他就可以任意践踏罗马。

公元402年，西罗马皇帝逃亡到了一个防御坚固的海港城市——拉维纳。公元475年，日尔曼雇佣军的指挥官鄂多萨在这个城市中，采用了温柔的方式劝说最后一任西罗马帝国皇帝罗慕洛·奥古斯塔斯让出了皇位。然后，他宣布自己是罗马的新统治者，将意大利的土地纳为己有。此时，东罗马帝国皇帝自顾不暇，只能默许了这一事实。于是，在长达十年的时间里，西罗马帝国剩下的省份都由鄂多萨统治着。

几年后，东哥特国王西奥多里克带领军队攻入了这个新成立的国家，一举占领了拉

废墟中的文明

多年的战火将这座有着悠久历史与荣耀的罗马城剥落得面目全非，蛮族将曾经安然享乐的上层贵族驱逐出他们的安乐窝，贫穷、饥饿、暴力接踵而至，人们只能在断壁残垣之中哀叹记忆中曾经无比繁荣昌盛的文明与城市，在历史的舞台上蒙上一层悲壮的色彩。

维纳，将鄂多萨杀死在餐桌上。在西罗马帝国的废墟上，西奥多里克又建立起一个短命的哥特王国。6世纪，一群由伦巴德人、撒克逊人、斯拉夫人、阿瓦人联合起来的势力入侵了意大利，推翻了哥特王国，重新建立国家，将首都定在帕维亚。

帝国的首都罗马在连续不断的战争中，已经变成了一片废墟，毫无生气。历史悠久的宫殿遭到强盗们的数次洗劫，学校没有了，老师们受饿而死。蓬头垢面、满身臭气的野蛮人将别墅中的富人赶出家门，自己住了进去。帝国的街道、桥梁也因为年久失修而坍塌，不复使用。曾经繁荣的商业也消失了，意大利变得死气沉沉。在经过埃及人、巴比伦人、希腊人、罗马人几千年的努力，这块远古人类不敢奢望的文明之地面临着在西方大陆消亡的危险。

然而，位于远东的君士坦丁堡仍将帝国中心的旗帜又扛了1000年。但是，这里很难被人当作是欧洲大陆的组成部分，这里的趣味和思想都偏向东方，他们似乎不记得自己曾是欧洲人的后裔了。随着时间的流逝，希腊语代替了拉丁语，人们抛弃了罗马字母，使用希腊文书写罗马的法律，让希腊的法官来进行讲解。东罗马皇帝像神一般受到崇拜，这和尼罗河谷的底比斯一样。当拜占廷的传教士想要扩大传教的领地时，他们会向东走到俄国，为那里广袤的荒野带去拜占廷的文明。

此时的西方，已经被野蛮的民族牢牢占据。在将近12代人的时间里，社会准则沦为杀戮、战争、纵火和劫掠，而欧洲文明竟然没有被彻底毁灭。欧洲没有退回到原始、荒蛮社会的重要因素只有、也仅有一个，那就是教会的存在。

教会，这个群体的组成者，恰是那些追随拿撒勒木匠耶稣的人们。要知道，拿撒勒人死去的原因，仅是为了避免让叙利亚边境上一个小城市发生混乱而已。

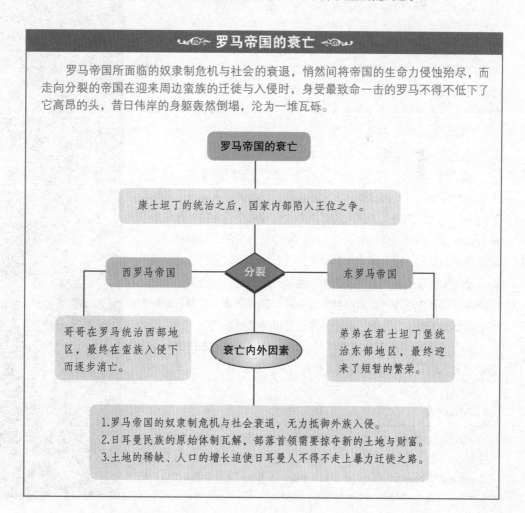

罗马帝国的衰亡

罗马帝国所面临的奴隶制危机与社会的衰退，悄然间将帝国的生命力侵蚀殆尽，而走向分裂的帝国在迎来周边蛮族的迁徙与入侵时，身受最致命一击的罗马不得不低下了它高昂的头，昔日伟岸的身躯轰然倒塌，沦为一堆瓦砾。

罗马帝国的衰亡

康士坦丁的统治之后，国家内部陷入王位之争。

西罗马帝国　　分裂　　东罗马帝国

哥哥在罗马统治西部地区，最终在蛮族入侵下而逐步消亡。

衰亡内外因素

弟弟在君士坦丁堡统治东部地区，最终迎来了短暂的繁荣。

1.罗马帝国的奴隶制危机与社会衰退，无力抵御外族入侵。
2.日耳曼民族的原始体制瓦解，部落首领需要掠夺新的土地与财富。
3.土地的稀缺、人口的增长迫使日耳曼人不得不走上暴力迁徙之路。

第 二十七 章

教会的兴起

为何基督教世界的中心在罗马?

帝国时期的罗马普通知识分子，对于那些祖辈所崇拜的神明并没有投入太多的关注。他们之所以每年还要定期几次到神庙敬拜，只是为了遵从既有的习俗而已，并非出于信仰。在人们为了庆祝某个大型的宗教节日而进行列队游行的时候，他们几乎不会参与其中，总是作为一个置身事外的旁观者而存在。他们认为，罗马人的崇拜是幼稚滑稽的事情，无论是朱庇特（众神之王）、密涅瓦（智慧女神），还是尼普顿（海神）都一样，不过是共和国创立之初的遗产罢了。对于一个研究斯多葛学派、伊壁鸠鲁学派和其他杰出雅典哲学家著述的智者来说，这些根本不登大雅之堂。

基于此，罗马人对于宗教信仰采取了十分宽容的政策。政府规定，国家所有公民，包括罗马人、居住在罗马的外国人以及罗马统治下的希腊人、巴比伦人、犹太人等，必须向神庙中设立的皇帝像表示应有的尊重。这样的规定和美国人向邮局中悬挂着的总统画像行注目礼是同样的概念，没有深层次的含义，仅是一个形式而已。在罗马，每一个公民都有权按其喜好去赞颂、崇敬、爱慕任何一个神，于是，罗马建起各种各样不同的庙宇和教堂，那里供奉着来自世界各地的神明，甚至埃及的、非洲的、亚洲的神也可以随处看见。

当首个耶稣的追随者来到罗马，四处宣扬"四海之内皆兄弟"的新鲜教义时，不仅没有遭到大家的反对，而且还吸引了不少好奇

信仰的转变

最早的耶稣追随者们同其他派别的传教士一样，在信奉自由与宗教宽容的罗马锲而不舍地宣讲着他们的信仰。那些相悖于罗马崇尚武力的观念吸引着人们的目光，而在进一步接触后，基督教所彰显的无私与博爱促使很多罗马人放弃了原有的信仰，转而投入基督教的怀抱。

的人前来聆听。罗马作为强盛帝国的中心，这里不断涌现出各种各样的传教士，他们每个人都在向罗马公民传述着他们的"神秘之道"。自封的传道者们向人们大声诉说新教义，他们说出了无限美好的未来和欢喜，告诉人们如果跟随他所信仰的神即可以拥有这一切。

一段时间后，那些聆听过"信仰基督教的人"（意为耶稣的追随者或被上帝涂抹了膏油进行祝福的人）发现了一件奇怪的事情，他们所讲的东西自己竟然从来没有听说过。这些人不关心拥有多少财富，不关心拥有多高的地位，他们却大大赞颂贫穷、谦卑、顺从的美德。但是，罗马帝国成为世界最强的国家恰好不是借助这些品德。当帝国正处在欣欣向荣的时期，竟然有人跑过来告诉他们，世俗的拥有并不代表他们可以永远幸福，确实有点不可思议。

　　此外，基督教传教士们还说过更加恐怖的事情，如果一个人要拒绝聆听真神的言论，那么他未来的命运将是无比凄惨的。很明显的，如果人们对此心存侥幸可不是什么好主意。当然，在不远处的神庙中，罗马的旧神还依旧存在着，但是，他们的力量够强大吗？他们可以抵御得了从遥远亚洲传播过来的新上帝的权威吗？人们越想越害怕，心中的疑惑也就越来越多。然后，他们为了加深对教义条款的理解，纷纷来到信仰基督教的人传教的场所。没过多久，他们和传播基督福音的男男女女们有了更深入的接触，结果他们发现这些人和罗马僧侣大相径庭。这些人全都穿着破烂的衣服，他们关爱奴隶和动物，他们对钱财没有任何的欲望，反而帮助更加穷苦的人们。罗马人被这样无私无畏的品质打动了，他们开始纷纷抛弃原有信仰，成为了信仰基督教的一员，罗马的庙宇变得异常冷清，而私人住宅的密室或露天田野却不断有信仰基督教的人们的聚会召开。

　　时间一年年地悄然流逝，传教工作在继续进行着，信仰基督教的人的队伍越来越壮大。他们推选出神父或长老（"Presbyters"，希腊语中的意思是"老年人"），来

冲突与惨剧

　　羽翼渐丰的基督教逐步确立了其在罗马帝国的权威地位，促使罗马政府不得不重视起基督教的规模与影响力。然而，基督教在与其他宗教的共存问题上毫不妥协，使其生存环境遭受到前所未有的挑战，罗马人不时以漫无边际的指控与罪名惩罚、屠杀基督教信仰者，而温顺的后者宁愿放弃生命依然坚持着。

基督教的崛起之路

由犹太人底层民众流行的秘密教派到罗马帝国认可并推行的国教，基督教经历了一场脱胎换骨般的蜕变。不断扩大的影响力与对王权的靠拢让基督教最终与帝国政权结为一体。

基督教的崛起之路

- **产生** —— 公元前2世纪，犹太人底层民众间流行一种宣称"救世主"即将降临的秘密教派，基督教也由此而生。

- **发展**
  - 初期基督教富于战斗精神的教义与社会主流思想格格不入，甚至遭到部分抵触人群、统治集团的迫害与镇压。
  - 罗马帝国对宗教的宽容为基督教赢得了发展空间，尖锐思想的淡化与对容忍、谦让的宣扬让基督教获得认同，并逐步壮大。

- **转变**
  - 随着基督教的性质、影响力发生了变化，罗马政权对其的策略也由镇压转为恩威并施，而后正式承认其合法地位。
  - 基督教逐步成为帝国统治强大的思想武器，在392年被定为国教。

担任保护社团利益的负责人。每一个行省的所有社团还会推选出一位统领全区基督教事务的主教。彼得是继保罗之后来罗马传教的基督教派信仰者，他很荣幸地成为了第一任罗马主教。当发展到某个阶段，彼得的继任者（被追随者尊敬地称呼为"父亲"或"爸爸"）进而开始被人们称作"教皇"。

教会逐渐发展成为罗马帝国中集影响力和权势于一身的复杂机构。基督教义不仅对那些在现实世界中感到绝望的人有着感召力，同时，也吸引了那些在帝国政府中无法实现自己抱负和理想的有才能的人。这些人的能力在耶稣追随者中得以充分地施展。基督教的逐步强大，让帝国政府不得不对其格外重视。我们前面说过，罗马对于宗教还是比较宽容的，它允许人们追求自己喜欢的宗教，但是，前提是一切宗教必须和平相处，"自己生存，也让别人生存"是基本准则。

然而，基督教社团却不能拥有宽容其他宗教的胸怀，他们认为自己信奉的上帝才是这个世界上唯一的真正主宰，其他的神都不过是招摇撞骗的骗子而已。而对于其他宗教来说，这样的言论显然是非常刺耳的，于是帝国警察出面要求禁止这样的言行，但是信仰基督教的人们并没有改正。

康士坦丁的梦境

  罗马附近的米尔维亚桥战役一触即发，愁苦难眠的康士坦丁大帝恍然间望见夜空中浮现的十字架，有天使暗示他依此可在即将爆发的大战中获得全胜。事实上，罗马帝国已经意识到基督教背后的影响力以及赋予人精神上的慰藉与振作，而后有着巨大辅政潜力的基督教获取了官方的认可，跻身罗马社会的上层。

不久之后，更大的问题出现了。信仰基督教的人们不愿意向罗马皇帝施行表达敬意的礼仪，也不愿意去服兵役。政府扬言要重重惩罚他们，但是，他们却不以为然，他们说这个悲惨的世界不过是他们进入天堂乐土的"通道"而已，即使丧失现世的生命，也绝不背弃自己的信仰。对于这样的言行，罗马人显然是无法充分理解的，他们只能任其所为，偶尔将出现的几个敢于反抗的信仰基督教的人杀死。在基督教会成立的早期，有一些暴民对基督教追随者施行过私刑，将其杀害了，但是政府却没有这样做过。暴民们将一些子虚乌有的罪名加在顺从的基督教信仰者身上，而且罪名五花八门，例如杀人、吃婴儿、散布疾病和瘟疫、危难时刻出卖国家等。暴民们很容易就将信仰基督教的人处死了，他们压根不怕有人报复自己，因为他们很了解这些信仰基督教的人，他们只会以德报怨。

  此时，周边蛮族对罗马的骚扰不胜其烦。在罗马军队动用武力也无法解决问题时，基督传教士挺身而出，来到了野蛮的条顿人面前，开始对他们宣讲和平福音。这些人是意志坚定的信仰者，他们不畏生死、沉着冷静，他们将不知悔改的人在来世地狱中悲惨的情景描绘得有声有色，因此，条顿人从内心深处感到了恐惧。这些野蛮人一直对古罗马的智慧抱有敬畏之情，他们认为这些人来自罗马，恐怕讲的都是事实。因此，基督传教团在条顿人和法兰克人居住的蛮荒之地形成了强大的力量，六个传教士相当于整整一个罗马军团的威力。此时，罗马皇帝终于开始重视基督教，他觉得基督教对于帝国应当是大有裨益的。所以，在一些行省中，基督教信仰者拥有了和信仰古老宗教的人们一样的权力。但是，在4世纪下半叶仍出现了本质上的颠覆。

  康士坦丁是当时在位的皇帝，有的时候，大家也会称呼他为康士坦丁大帝（没人知道如此称呼他的真正缘由）。此人可以说是一个非常恐怖的暴君，但是，话又说回来，一个仁慈的皇帝是很难在那个黑暗的时代存活下去的。康士坦丁的一生算是比较坎坷的，有着无数次的起起落落。有一次，强大的敌人几乎就要将他打败了。这时，他抱着试一试的心态，想要借用一下这个亚洲的新上帝的威力。他发誓说，假如他能够在下一场战役中取得胜利，那么，他就信仰基督教。结果，他真的大获全胜。于是，康士坦丁开始相信上帝的权威，并且接受洗礼成为了一个信仰基督教的人。

从此，罗马官方正式接受基督教，这使得基督教在罗马的地位更加稳固了。

但是，相对于罗马的总人数来说，信仰基督教的人员总数所占比例依旧是较少的，大约只有5%~6%而已。基督教的终极目标是使全民信仰上帝，所以，它丝毫不让半步。他们认为基督教的上帝是这个世界的唯一主宰，所以，众多其他的旧神都必须被毁掉。当朱利安担任皇帝的时候，因为他是希腊智慧的热衷者，所以极力保护异教的神祇免受摧毁。但是，不幸的是，他很快就在征讨波斯的战争中阵亡了。接着，由朱维安继任皇帝之位，他将基督教的权威重新竖起，于是那些古老的庙宇接二连三地关门闭户。再后来，查士丁尼皇帝在君士坦丁堡修建了著名的圣索菲亚大教堂，将柏拉图一手创立的雅典哲学学院彻底解散。

这一举动意味着古希腊世界的彻底消亡，在新的世界里，人们充分享受着思考的自由，按照自己的意志构建未来。当世界到处充满着野蛮和愚昧的洪流，陈旧的秩序分崩离析。人生如在波涛起伏的大河中寻找航向的小船，古希腊哲学家微妙的准则似乎难以给人们指引一条明确的方向。抛掉这些不适用的东西，人们需要的是一个积极明确的指引，而教会恰好可以满足这些要求。

这个时代，是一个万事飘摇的时代，任何事情都存在着不确定性。但是，教会却不

教皇格利高里

　　教会内部如同一个大家庭，教皇在拉丁语中有"父亲"之意。作为某个城市或教区的神职管理者，主教意味着职责与荣光，他们经常衣着考究、庄重，深受人们的尊重与敬仰。有着优秀传统的教会随着不断发展壮大，越来越多的国家认可罗马主教的地位，进而被推为整个西欧的精神领袖。

是，它像岩石一般屹立不倒，它不会因为危险而退缩，也不会根据情况而改变，它总是坚持真理和神圣的准则。这样的毅力不仅加深了群众对其的敬仰，也使它从那些可导致罗马帝国覆灭的灾难中平稳度过。

当然，不得不说，基督教能够取得最后的胜利也包含着一定的侥幸成分。5世纪时，当西奥多里克在罗马建立的哥特王国灭亡后，意大利的外来侵扰相对缓和了许多。之后担任意大利统治者的伦巴德人、撒克逊人和斯拉夫人则是一些没有强横实力的落后民族。罗马主教之所以能够维持城市的独立自主，完全得益于宽松的政局。没过多久，罗马大公（既罗马主教）就被意大利半岛上分布的诸多残余小国奉为政治和精神上的绝对主宰。

万事俱备只欠东风，此时，只需一位强大的王者出来统治即可。因此，格利高里横空出世。格利高里出身于旧罗马的贵族统治阶层，在公元590年登上历史舞台。他曾担任"完美者"，即罗马市的市长；然后成为了僧侣，最后当上了主教。尽管他本人想做一位传教士，将基督的福音传到蛮荒的英格兰去，但还是被人强行带到了圣彼得大教堂，成为了教皇。在短短的任职14年间，他成为了名副其实的基督教会领袖，直至他去世，整个西欧的基督教世界都已经正式承认了罗马教皇的地位。

但是，罗马教皇的权威也仅仅局限在西欧，并未扩展到东罗马帝国。位于君士坦丁堡的东罗马帝国实行的依旧是旧传统，政府的最高统治者和国教领袖还是奥古斯都和提庇留的继任者（即东罗马皇帝）。1453年，君士坦丁堡在土耳其人的长期围困下最终沦陷，东罗马最后一位皇帝康士坦丁·帕利奥洛格被土耳其士兵杀死在圣索菲亚大教堂的台阶上。

在发生这一幕的几年前，帕利奥洛格的弟弟托马斯之女左伊公主同俄国的伊凡三世喜结良缘。由此，君士坦丁堡传统的继承人就名正言顺地成为了莫斯科大公。现代俄罗斯的盾形徽章中就加入了古老的拜占廷双鹰标志（为了纪念罗马被分为东西罗马而设立的），而曾经仅仅为俄国第一贵族的大公有了一个新身份——沙皇。他开始居于所有臣民之上，拥有和罗马皇帝一样高高在上的权威，不管是贵族还是农奴，在他面前都变得微不足道。

沙皇建造的宫殿为东罗马皇帝从亚洲和埃及引入的东方风格，外观和亚历山大大帝的王宫极其相似（依照他们对自我的奉承）。这个由行将入土的拜占廷帝国留下的奇特遗产，赠予给了它完全不确定的世界，并且在前俄国宽广无垠的大草原上蓬勃发展，延续了长达600年的时间。沙皇尼古拉二世是最后一个享受这份殊荣的人，也是最后一个佩戴拜占廷双鹰标志皇冠的人。确切地说，他在不久之前才和自己的儿子和女儿们一并被杀身亡，尸体被扔进了一口井中。随着他一同殉葬的，还有那些古老的特权，教会的地位又重新回到了康士坦丁皇帝之前的样子，与罗马的教会地位毫无差别。

但是，在下一章我将说到，西方教会的命运则完全不同。一个来自阿拉伯放牧骆驼的先知，他所宣讲的教义给整个基督教世界带来了毁灭性的威胁。

第二十八章

穆罕默德

> 赶骆驼的穆罕默德成为了阿拉伯沙漠中的先知，他的追随者
> 为了唯一真神安拉的荣耀，几乎将整个世界征服了。

讲述过迦太基和汉尼拔之后，关于强盛的闪米特族的事情我就没有再提及了。假如你还记得，你应当能想起前面章节中所叙述的关于他们在古代的事迹。巴比伦人、亚述人、腓尼基人、犹太人、阿拉米尔人、迦勒底人都是闪米特族的一分子，他们曾经统治西亚长达三四千年。后来，来自东边的印欧语族波斯人和来自西面的印欧种族希腊人打败了他们，从此他们失去了统领一切的权力和地位。在亚历山大大帝去世100年后，非洲殖民地迦太基城的腓尼基人为争夺地中海的霸主与罗马人展开恶战。最后，迦太基战败灭亡。罗马人统领世界长达800年之久。

到了7世纪，闪米特的另一个部族再次出现在历史的舞台上，并且对西方世界的权威造成了威胁。他们隶属于阿拉伯沙漠中的游牧部落，也就是天性温顺的阿拉伯人。起初，他们只是平静地过着自己的日子，并没有任何称霸的企图。后来，在默罕默德的带领和感化下，他们开始跨上战马远征他国。在不过一个世纪的时间里，阿拉伯骑兵就已

大天使迦伯列

大天使迦伯列常以神的追随者形象出现，亦被阿拉伯人看作是真理与司掌梦境的天使。相传大天使迦伯列向先知穆罕默德告知了神的启示并预言未来，他赋予后者人间使者的神圣使命，将伊斯兰教的种子撒满阿拉伯的土地。而在阿拉伯人的追随下，穆罕穆德也最终统一了阿拉伯境内的各个部落。

经深入到了欧洲的腹地，那些法兰克的农民面对这些强悍的敌人，只能颤颤巍巍地听着他们宣讲"唯一的真神安拉"的荣耀和"安拉的先知"穆罕默德的教条。

阿哈默德是阿布达拉和阿米娜的儿子，人们称其为"穆罕默德"，意为"应当赞美的人"。关于他的故事就和《一千零一夜》中的故事一样充满传奇。他出生于麦加，原本是一个赶骆驼的行商者，他似乎还有癫痫病，每当发病的时候就会昏迷过去。这时，他总会做一些奇怪的梦，在梦里他总是能听到大天使迦伯列的讲话，这些话在《古兰经》中都有记载。穆罕默德因为是商队的首领，所以他几乎到过阿拉伯的各个地方，和犹太人、信仰基督教的商人有过很多接触。时间久了，穆罕默德发现仅崇拜唯一的上帝是有很多好处的。要知道，当时的阿拉伯人仍尊崇祖先的教诲，膜拜奇怪的石头或树干。在伊斯兰圣城麦加至今还有一座保存完好的方形神殿，其中就安置着受世人膜拜的偶像与伏都教供奉的奇特遗迹。

穆罕默德下定决心要当阿拉伯人的摩西，成为先知和领导者。一个赶骆驼的先知显然是不合时宜的，于是他娶了一个有钱的寡妇为妻，也就是他的雇主赫蒂彻，由此他有了一定的经济基础得以开展传教工作。他先是向自己的邻居们宣称，他是人们朝思暮想的由真主安拉派遣来拯救世界的先知。对于他的言论，邻居们非但不相信，反倒大声讽刺他。即使这样，穆罕默德也不灰心，继续做着自己的传道工作。终于，邻居们不再容忍他了，并决定试图杀死他，以摆脱这个让人生厌的疯子和异类。而得知消息的穆罕默德和他最忠诚的学生阿布·伯克尔连夜逃往麦地那。这次发生在公元622年的逃亡事件，成为了伊斯兰教史上的大事，伊斯兰教将那一年设为了穆斯林的纪元。

在麦加城里，穆罕默德在人们心中就是一个赶骆驼的商人，但是在麦地那，没有人知道他是谁，所以人们对于他的传道事业并不反感，由此，传道事业开始出现转机。没过多长时间，穆罕默德的身边就围绕了很多的追随者，他们被称为"穆斯林"，意为"顺从神旨"的信仰者。在穆罕默德那里，顺从神旨就是人值得赞赏的最高品质。穆斯林的队伍不断壮大，穆罕默德已经有了足够的力量来征讨那些嘲笑过他的人了。他带领一支麦地那军队，气势磅礴地穿过沙漠，麦加就这样轻而易举地被他占领了。他将当地的很多居民杀死，由此，其他人就对他先知的地位更加深信不疑了。

从此，直至穆罕默德死去，他都没有遇到任何阻碍与困扰。

伊斯兰教成功崛起的原因很简单，主要有两方面：一方面，穆罕默德提出的宗教教义简单明了。凡是伊斯兰的追随者，都必须要热爱世界的主宰，热爱那位仁慈强大的神——安拉。追随者要尊敬父母，听从父母的命令。在和邻居相处的时候，不能随意蒙骗邻居。个人提倡谦虚温和，对待穷人和病人要仁厚、有礼。此外，不允许饮酒，以简朴为要，仅此而已，教义就是这么简单。伊斯兰教中没有类似于基督教中"看守羊群的牧人"那样的角色，也就没有了需要人们慷慨解囊、始终供奉的主教。在清真寺，即穆斯林的教堂，建筑风格也是极尽朴素，在石头垒砌的大厅中，没有长椅板凳，更没有画像。追随者们可以随意聚集在这里（依照自己的意愿），讨论或者阅读

《古兰经》。对于伊斯兰教的追随者们来说，那些谨记的教条和戒律并没有对他们有太过的束缚。每天，他们都会面对着圣城麦加的方向，做五次简单的礼拜祷告。除此以外，他们任凭安拉的意志来掌控这个世界，乐观而顺从，听任命运的安排。

这种对生活的态度，可以让他们的内心得到一定程度上的满足，但也不会出现什么发明电动机、修筑铁路或开发新航线等等的事情。它让穆斯林们变得心态平和，友善地与他所处的世界相处，这固然也是件不错的事情。

穆斯林取得胜利的第二个原因是：他们的战士和信仰基督教的人展开对战是为了实现信仰。先知穆罕默德曾经说过，只要是在战场上勇敢抗击敌人，战死

阿拉伯王子的晚餐

优雅的池塘边，衣饰华贵的王子倚坐在矮树旁边，侍女们有的在倒酒，有的在演奏优美的乐曲，通明的火把或火烛映照下，草地上笼罩着一层柔美的光。与基督教不同的是，伊斯兰教更注重个体自身的修为。

沙场的人，就能够直接进入天堂。和突然死于战场相比，在这个悲惨的世界上痛苦地生存，似乎前者更让人愿意接受。穆斯林有了这种信念，在同十字军对战时，在心理上就占据了极强的优势。十字军们根本没有这样的境界，他们生活本身长期处于对黑暗来世的惶恐中，这让他们对于今生的美好享受更在乎一些。从这一点中，我们也可以看出其中的端倪，为何时至今日穆斯林士兵依然可以毫不畏惧地奔向战场，压根对被杀死的危险毫不在意。也正是如此，对于欧洲来说，他们仍是危险而强大的敌人。

随着伊斯兰的发展，穆罕默德也被公认为众多阿拉伯部落的领袖，同时，他也拥有

了极大的权力。当伊斯兰教的根基稳固之后，他便可以行使这些权力，尽管这种成功时常成为从逆境走出的伟人无法逾越的泥潭。他为了得到富人阶层的支持，还会特别制定一些为富人服务的规定，例如追随者可以娶四房妻子。那时候，妻子一般都是男方从女子父母手中购买过来的。娶妻是一项昂贵的投资，而娶四房妻子的奢侈想法除了那些拥有单峰驼和椰枣园的富翁以外，普通人家基本连想都不敢想。伊斯兰教创立的本意，是为了服务大漠中的劳苦牧人，但是如今却为了迎合城市集贸中的富户而不断改变。可以说，这样的改变对穆罕默德的宏伟事业没有什么益处，也有违初衷。先知本人则依旧辛苦工作，每天向他人传道、颁布新规定等，直到公元632年6月7日，穆罕默德患上热病突然离世为止。

继承穆罕默德位置的人被称为哈里发，意思为"穆斯林的领袖"。第一个继任者是穆罕默德的岳父阿布·艾克尔，他曾经和穆罕默德并肩作战，共同经历了最初最困难的时期。两年后，阿布·艾克尔去世，奥玛尔接管重任。他继承领袖位置之后不到10年，就率领军队相继征服了埃及、波斯、腓尼基、叙利亚、巴勒斯坦等地方，并建立了第一个伊斯兰帝国，定都于大马士革。

奥玛尔死后，哈里发的位置由穆罕默德的女儿法蒂玛的丈夫阿里担任，不久，阿里在一场关于伊斯兰教义的争吵中被人谋杀了。此后，伊斯兰国家就成为了世袭制度，原先的宗教领袖不复存在，有的只是强盛帝国的统治者。他们将新的首都建立在幼发拉底河岸附近、距离巴比伦遗址不远的地方，新城命名为巴格达。原先的阿拉伯牧民变成了无敌的骑兵兵团，出发到远方，将穆罕默德的福音传播给异教世界。公元700年，穆斯林将军泰里克翻过赫尔克里斯门，抵达充满峻峭山崖的欧洲海岸。他将那里命名为直布尔阿尔塔里克，也就是泰里克山或直布罗陀。

11年后，在泽克勒斯战役中，西哥特国王在和泰里克的对战中失败。接着，穆斯林继续向北推进，他们沿着当年汉尼拔进攻罗马的路线，翻越了比利牛斯山的山隘。在波尔多附近，穆斯林军队遭到了阿奎塔尼亚大公的袭击，不过，后者并未得手。穆斯林经此一役后继续向北，他们下一步想要夺取巴黎。但是穆罕默德逝世100年的时候，即公元732年，欧亚双方在图尔和普瓦捷展开了大战，穆斯林终尝战败的苦果。法兰克人的首领查理·马泰尔（绰号铁锤查理）赶走了穆斯林，挽救了欧洲，彻底熄灭了穆斯林企图征服整个基督教世界的梦想。但是，被赶出法兰西的穆斯林仍控制着西班牙。阿布德·艾尔·拉赫曼在西班牙建立了科尔多瓦哈里发国，后来这里成为了中世纪欧洲科技与艺术的胜地。

这个掌控西班牙的摩尔王国延续了整整7个世纪，"摩尔王国"的名称源自那里的人来自于摩洛哥的毛里塔尼亚地区。直到1492年，欧洲最后一个穆斯林堡垒格拉纳达沦陷，西班牙人才恢复了自由。然后，西班牙皇室才委派哥伦布出发航行探险，揭开了地理大发现的时代。没过多久，穆斯林再次集合兵力，征服了亚洲和非洲的许多地区。迄今为止，世界上伊斯兰教信仰者和基督教追随者的数量并没有太大的差别。

第二十九章

查理曼大帝

法兰克查理曼大帝的称帝之路，以及他做起的世界帝国的春秋大梦。

经过普瓦捷战役，欧洲获得了独立和自由。可是，欧洲内部的问题依旧存在，当罗马警察消失以后，欧洲就处于极度混乱状态，所以欧洲的危险还没有解除。北欧那些刚刚开始信仰基督教的民族，对遥远的欧洲主教充满了崇敬之意。但是，主教大人在向北远眺，看着那些连绵起伏的群山却感到异常不安。谁能预料，在某个时刻突然有一支野蛮部落横空出世，迅速跨过阿尔卑斯山，叩响那扇罗马城的大门。全世界的精神领袖——教皇认为他们实在是有必要寻找一位力量强大的同盟者，这样一旦出现危险，教皇陛下就可以得到保护。

因此，神圣的教皇们，那些既崇高又现实的人们开始精心挑选起盟友来，他们冥思苦想后，终于找到了合适的人选，即最具有希望的日尔曼部落，即历史上的法兰克人，他们从罗马帝国灭亡之后就一直占据着欧洲的西北部。在日耳曼早期，曾经有一位名叫墨罗维西的国王，他曾经在公元451年的加泰罗尼亚战役中帮助过罗马人，将那些给欧洲人留下心理阴影的匈奴人打败了。随后，他的子孙建立了墨罗温王朝，然后，将罗马帝国的土地一点一点地占为己有。公元486年，国王克洛维斯（古法语中为"路易"）认为自己的国家具备了一定的实力，所以开始和罗马人公开敌对。但是，他的后代却都是一些胆小无能的人，他们对于国家事务置之不理，而是依仗"宫廷管家"，即首相来处理。

矮子丕平就是其中一位首相，作为著名的查理·马泰尔的儿子，他世袭了父亲的爵位，担任了首相。刚上任的他面对国家局势感到束手无策。当时的国土是一位虔诚的神学家，他只会恭恭敬敬地侍奉上帝，对于政治则毫不过问。丕平于是前去征求教皇大人的意见，结果得到了这样的回答："国家的权力属于实际操控的人。"丕平听了之后，领悟了其中的深意，于是，他鼓动墨罗温王朝的最后一位国君蔡尔特里克出家为僧了。而丕平在其他日尔曼部落酋长的同意和支持下，自命为法兰克国王。但是，丕平并没有满足于自己所拥有皇帝的权力，他想要的是比日尔曼部落酋长更大的荣光。于是，精明的他筹划了一个加冕仪式，他将西北欧的最著名的传教士博尼费斯邀请过来，为其加冕

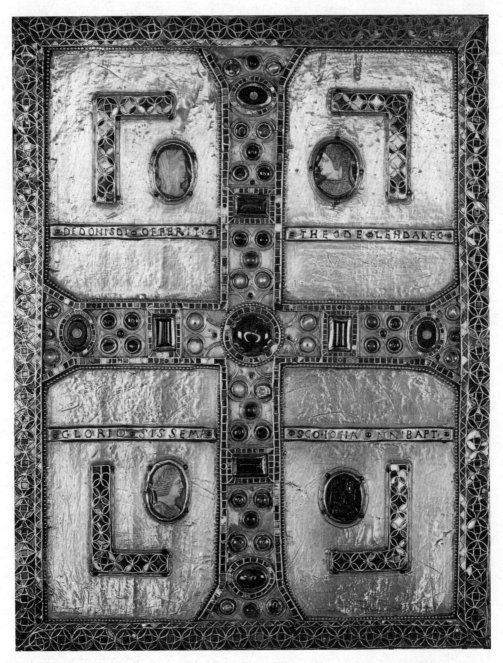

和平的代价

　　意大利北部巍峨的阿尔卑斯山脉并没有给高贵的教皇带来一丝一毫的安全感，欧洲精神领袖的宝座更让他如坐针毡，于是示弱求和与寻找同盟成为当务之急。教皇格利高里一世更是将镶满珠宝的金福音书封面送与侵占意大利北部大片领土的伦巴德国王，但也仅能同好战的日耳曼人换取短暂的和平。

时涂抹膏油，并将他封为"上帝恩准的国王"。于是，"上帝恩准"就顺理成章地成为了加冕仪式中不可缺少的仪式之一，直到1500年之后才销声匿迹。

对于教会对他的帮助，丕平从心底里感谢他们，也变得更加忠心。他为了和教皇的敌人战斗，曾经两次远征到意大利。他将拉维纳及其他几座城市从伦巴德人手中夺取了回来，然后献给了尊敬的教皇陛下。教皇欣然接受了新领土，并且将其纳入所谓的"教皇国"版图中，直到50年前，它依然以一个独立国家的名义存在着。

丕平去世后，罗马教会和埃克斯·拉·夏佩勒或尼姆韦根或英格尔海姆（法兰克国王的办公地点是不固定的，他们会带领着大臣们不断迁移，从一个地方到另一个地方）总是保持着亲密的关系。最后，教皇和国王作出了一个重大决定，从而影响到了整个欧洲的历史。

公元768年，查理担任法兰克国王，一般称呼其为卡罗勒斯·玛格纳斯或查理曼。查理曼将德国东部原本属于撒克逊人的土地占领了，然后，他在欧洲北部大兴土木，建立了许多城镇和教堂。查理曼又得到了西班牙的求援，于是，他开始远征，和摩尔人阿布·艾尔·拉赫曼展开了激战。不幸的是，在比利牛斯山区，野蛮的巴斯克人对其进行了猛烈地攻击，他不得已带兵撤回。在这个非常时期，布列塔尼亚侯爵罗兰横空出世，罗兰以实际行动履行了早年不惜以生命效忠国王的誓言，为了让皇家军队顺利撤退，罗兰不惜和自己的属下战死沙场，从他身上可以充分看到早期法兰克贵族对国王竭智尽忠的高尚品质。

8世纪的最后10年，欧洲南部出现了很多纠纷，查理曼被迫将全部精力放在了那里。教皇利奥八世遭到了一群罗马暴徒的攻击，他们以为他死了，就将其尸体随手扔在了道路上。教皇被一些善良的路人救了起来，并将其送到了查理曼的军营。然后，查理曼第一时间派遣了一支军队即刻前往罗马，将骚动平定了下来。在法兰克士兵的保护下，利奥八世顺利回到拉特兰宫，从康士坦丁时代起这里就被设为教皇的居所。教皇被袭的第二年圣诞节，即公元799年12月，查理曼前往罗马参加在古老的圣彼得教堂举行的盛大祈祷仪式。当他祷告完毕准备离开的时候，教皇为他戴上了一顶预先准备好的皇冠，然后宣布他为罗马皇帝，称其为"奥古斯都"，并让人们对他致以最热烈的祝贺。要知道那个无与伦比的称号可是有几百年没有使用了！

欧洲北部再次成为罗马帝国的一分子，但是，帝国最高荣誉的获得者，却是一个日耳曼酋长，要知道他从来没有学习过读书写字，仅认识几个简单的字而已。但是，他是一个勇武的战士，可以维护欧洲地区在一定时间内保持和平稳定。不久后，就连君士坦丁堡的东罗马皇帝，他曾经的对手，也给这位"亲爱的兄弟"写了一封信，借此表示他们的友好和亲密。

遗憾的是，公元814年，这位聪明能干的皇帝去世了。

他死后，儿孙们为了能够得到最多的帝国遗产，开始了争夺之战。卡罗林王朝的土地在公元843年通过凡尔登条约后被第一次瓜分。接着在公元870年，帝国土地再次被瓜

查理曼加冕称帝

公元799年圣诞节，教皇在罗马圣彼得大教堂将备好的皇冠戴在诵念完祷词的查理曼头上，将他加冕为罗马皇帝的消息昭告天下。骁勇善战的法兰克王国国王控制着大半个欧洲的版图，而这次加冕标志着罗马教皇与日耳曼蛮族国家征服者之间的强强联盟，促成了掌控大半个欧洲政教实权的基督教帝国。

查理曼大帝

中世纪欧洲法兰克王国加洛林王朝国王，勇敢正直，被后人尊称为"欧洲之父"。

分，他们在缪士河畔签订了默森条约，将法兰克王国一分为二。"勇敢的人"查理分得了包括旧罗马时代的高卢行省在内的西半部分。此地区的居民语言已经被同化，完全使用拉丁语。这就是为什么纯种日尔曼民族国家的法兰西使用的却是拉丁语。

帝国的东半部分属于查理曼的另一个孙子，也就是日尔曼族人称作"日尔曼尼"的地区，这里的土地从来就没有被罗马帝国占领过。奥古斯都大帝（即渥大维）曾经想要征服这块位于"遥远东方"的蛮荒之地，但是，在公元9年，当他的军队在条顿森林被敌人打得片甲不留后，他就将这个想法打消了。那里的居民从未受到过较高层次的罗马文化洗礼，条顿方言俚语在那里大行其道。条顿语中，"人民"（People）被念作

"thiot"，所以，基督教传教士将日尔曼民族所说的语言称为"大众方言"或"条顿人的语言"（lingua teutisca）。后来，"teutisca"一词渐渐演变为"Deutsch"，"德意志"（Deutschland）的称谓就来源于此。

此时，卡罗林王朝继承者显然是保不住那个人人注目的帝国皇冠了，于是，皇冠就这样又滚回了意大利，从此成为了小君主、小权谋家争相夺取的物件。他们为了得到皇冠，不惜大肆制造流血事件，当一个人戴在头上后（根本不理睬教皇是否同意）不久，另一个更加强大的人就会将其抢走。教皇此时是四面楚歌，成为了争斗的中心，无奈之下，他向北方发出求援。但是，这次他找的是撒克逊亲王奥托，而不是西法兰克王国的统治者。他派人带着信件跨过阿尔卑斯山，前去找当时这位日尔曼各部落公认的最卓越的领导人。

和其他日尔曼族人一样，奥托对意大利半岛湛蓝的天空和淳朴的人民一直都有着一种莫名的尊敬。当他得到教皇陛下的信件后，就立刻派兵前去支援。教皇利奥八世为了酬谢他，将其封为"皇帝"。此后，"日尔曼民族的神圣罗马帝国"成为了查理曼王国的东半部分的新署名。这个政治产物虽然让人感到某种不舒服的感觉，但是，它却具有顽强的生命力，一直存在了839年。1801年，也就是托马斯·杰斐逊就任美国总统那年，它才终于寿终正寝，被淹没在历史的尘埃中。将旧日尔曼帝国彻底消灭的人，是一个中规中矩的公证员的儿子，他来自法国科西嘉岛，因为在法兰西共和国服役期间立下了不小的军功，因而青云直上，取得了不错的成就。他的手下，有着一支以骁勇善战而闻名于世的近卫军团，在其协助下，此人实际上已经成为了整个欧洲的统治者。虽然如此，他也不能免俗，想要更多的东西。他将教皇从罗马请了过来，参与其举

奥托大帝加冕

在罗马教皇的求援下，德意志国王奥托率军翻越阿尔卑斯山侵入亚平宁，平定了罗马内部的叛乱，在罗马圣彼得大教堂被教皇加冕，成为神圣罗马帝国皇帝，史称奥托大帝。奥托大帝甚至与教皇签订了协议，前者不仅有保护教皇的义务，更能决定教皇的任命，致使皇权凌驾于宗教之上。

行的加冕仪式。仪式开始了，教皇很无奈地站在一边，看着那个身材短小的人，宣称着自己继承了查理曼大帝的光荣传统，然后将皇冠戴到了自己的头上。此人不是别人，正是赫赫有名的将军——拿破仑。历史就好比是人生，虽然有着无穷的意外出现，但是，本质却是极其相似。

第三十章

北欧人

在 10 世纪,北欧人的野蛮为何使得人们不得不向上帝祈求保护?

3世纪和4世纪的时候,中欧的日耳曼人曾经时常入侵罗马帝国,然后直接奔向罗马搜刮财产,他们的生活几乎就是以这样的方式来维系的。风水轮流转,到公元8世纪,日耳曼人也得到了相同的待遇,他们也遭到了其他人的劫掠。对于这样的情景,他们自然是痛恨不已,但是,这些掠夺者不是别人,正是那些住在丹麦、挪威和瑞典的斯堪的纳维亚人,也就是日耳曼人的近亲表兄。

这些从前勤劳、质朴的水手们怎么会变成无恶不作的海盗呢?其中的原因我们并不知道。但是,可以肯定的是,当北欧人认识到了抢劫的好处以及海岛生活的自由、乐趣之后,人们已经无法让他们终止这样的行为了。他们会在某天突然来到海岸附近的法兰克人或弗里西亚人的小村子中,犹如从天而降的魔鬼一般,干扰着人们正常的生活。他们会将男人全部杀死,将妇女掳掠,然后扬长而去。当国王或者皇帝的军队赶到的时候,他们看到的只是一片瓦砾而已,那些劫掠者早已没有了踪影。

查理曼大帝去世以后,欧洲世界比较混乱,而北欧海盗们也更加大胆,他们的行动

海盗的藏身之地

北欧海盗的崛起让欧陆滨海国家终日惶惶不安,出于对维京海盗罗洛家族的忌惮,法国国王册封其为世代划地而居的"诺曼底大公"。图中是初期海盗们的藏身之地,城市凋败的文明与废墟中徒留的仅仅是无止境的贪婪与欲望。

诺曼人登陆英格兰

　　窥视隔海相望的英格兰多年的罗洛家族子孙积蓄力量，趁后者薄弱之际率军渡海征服了整个英格兰，并自立为英格兰国王。

也更加频繁。欧洲所有沿海的国家都遭到过他们的欺凌，他们沿着荷兰、法兰西、英格兰以及德国的海岸建立了一系列的独立小国，最远他们还到达过意大利。不得不说北欧人是非常聪明的，在征服其他民族后，他们能够迅速学会其语言，同时改进自己的生活方式，将原先维京人所有的粗俗、野蛮统统丢掉了。

　　10世纪初期，法国海岸地区多次受到一个叫作罗洛的维京人的骚扰。那时的法国国王是一个胆小懦弱的人，根本没有能力来抵御这些凶悍的强盗，最后，他想出了一个贿赂的办法，让他们成为法国的"良民"。这位法国国王许诺说可以将诺曼底地区奉送给他们，条件是他们不能再骚扰其他地区。罗洛同意了这个交易，然后就在此定居下来，成为了"诺曼底大公"。但是，罗洛身体里流淌着的征服他人的血液被他的子孙们继承了下来。狭窄海峡的对面，在仅有几小时航程的地方，就是英格兰海岸上白色的岩壁和碧绿的田野，他们此刻就可以清楚地看到这一切。英格兰，这个可怜的地方，曾经有多少辛酸痛苦的经历啊！首先，他们被罗马帝国占领，经历了200年殖民地的生涯。然后，当他们终于摆脱了罗马人，欧洲北部石勒苏益格的两个日尔曼部族，盎格鲁人和撒克逊人又占领了这片土地。接着，丹麦人又来了，他们将英格兰的大部分土地据为己有，成立了克努特王国。时间到了11世纪，丹麦人终于在长期的斗争中被驱赶了出去，一个被称为忏悔者爱德华的撒克逊人做了国王。此人身体状况不好，看上去似乎生命不会维持多久，同时，他也没有任何的继承人。诺曼底大公看到这样的情景，自然是心动不已，于是，他开始暗地里积蓄自己的力量，等待出击的那一刻。

　　1066年，爱德华辞世，威塞克斯亲王哈洛德继承了王位。诺曼底大公认为这是一个好时机，于是，就带领军队渡过海峡来到了英格兰。在黑斯廷战役中，哈洛德被打败，诺曼底大公自封为英格兰国王。

　　在上一章里，我们说过，公元800年时，一个日尔曼酋长取代了原先的罗马统治者，成为了著名的罗马帝国皇帝。在1066年，一个北欧海盗的子孙竟然摇身变为了英格兰国王。

　　看一下我们的历史，是不是觉得趣味十足、妙不可言？是的，真实事情的美妙远远超过了神话，因此，我们大可以不再看那些神话，仅仅关注下历史就可以了。

第三十一章

封建制度

　　欧洲中部成为了名副其实的大兵营，受着三方敌人的包围。假如没有职业士兵骑士和封建体制中行政官员的存在，那么，欧洲早已消亡。

　　下面，我要给大家说一下1000年时欧洲的概况。那时的欧洲，商业萧条，农业荒废，人们的生活更是穷困潦倒，到处流传着世界末日的传言。人们感到十分恐慌，于是，人们不断涌向修道院当僧侣。要知道，在末日审判的时候，假如你正在虔诚地侍奉上帝，那就再好不过了。

　　在一个很遥远的时代中，日耳曼人离开中亚群山，开始向西迁移。他们人多势众地强行侵入了罗马帝国，然后，这个辽阔的西罗马帝国就在日耳曼人的践踏下消亡了。东罗马帝国没有遭到入侵，完全是因为它并不在日耳曼民族迁移的路线上。但是，这个帝国也好不到哪里去，它已经失去了往日的辉煌，在西罗马覆灭之后的动乱年代中苟且偷生（欧洲历史上最黑暗的年代当数6、7世纪）。

　　在传教士们耐心的传教中，日耳曼人皈依了基督教，开始接受那个世界的精神领袖，即担任教皇的罗马主教。到9世纪时，查理曼大帝凭借着个人能力将罗马帝国的光辉传统再次复兴，将欧洲大部分地区纳入到一个国家中。但是，到10世纪，查理曼苦心经营的硕果却被破坏殆尽。帝国四分五裂，西半部分成为了一个独立国家，即法兰西；东半部分则被称为日尔曼民族的神圣罗马帝国取代，帝国中各个国家的统治者为了能够获得统治者的地位，纷纷宣称自己是恺撒和奥古斯都的正统后裔。

　　但是，真实的情况是，法兰西国王的权力仅仅局限于皇家所居住的城堡一地而已，而那些实力强大的大臣们则不断对神圣罗马帝国的皇帝发出挑衅。总之，他们只不过有一个称号罢了，并没有多大的实权。

　　让人们感到雪上加霜的是，有三个不同方向的敌人一直虎视眈眈地威胁着西欧。南面是占领着西班牙的穆罕默德追随者；西海岸则不断有北欧海盗的侵扰；东面更加糟糕，不但有匈奴人、匈牙利人、斯拉夫人和鞑靼人的不断入侵，而且除了一小段喀尔巴阡山脉能够保护一下百姓以外，其他地区几乎没有军事防卫存在。

罗马帝国那个繁荣和平的时代已经一去不复返了，人们只能在梦中偶尔回到那个遥远的时代。如今，欧洲的局势已经变成了"或者战斗，或者死。"当然，人们选择前者的可能性更大一些。1000年后，因为环境的因素，欧洲成为了一个大兵营，人们急需一个强大而有能力的领导者。但是，山高皇帝远，他们压根不能解决迫在眉睫的事情。于是，边疆居民（实际上，1000年的时候，大部分欧洲地区都可以算是边疆）需要自我挽救。他们十分配合地服从国王派到此地的行政长官，因为只有后者才能帮助对抗外敌、保护百姓。

欧洲中部迅速地出现了大大小小的公国、侯国，每一个国家根据各自不同的情况自制，统治者由公爵、伯爵、男爵或主教大人来担任。这些统治者们全部都宣誓效忠于"封邑"的国王（封邑的写法为"feudum"，封建制（feudal）一词就从此而来）。他们回报国王分封土地的方式就是战争时期全心全意地服役以及平时的纳税进贡。但是，那

蛮族称霸的混乱

纷乱、强横的蛮族肆意摧残着昔日的帝国，将一切文明与繁荣顷刻间化为焦土，近乎野蛮的破坏与掠夺成为这幕闹剧的主旋律。乱象丛生的蛮族内部也充斥着各种不和谐的声音，每个人都岌岌可危，于是每个人都在伤害他人的同时祈求着被别人拯救，在渺无希望的怪圈中迷失自己。

个年代的交通和通讯是很闭塞的，皇帝和国王如果下达一个命令也很难迅速到达属地的各个地方，所以，这些地方统治管理者的权力相对来说还是比较独立的。也可以进一步说，在自己所属的土地上，他们甚至取代了国王所拥有的大部分权力。

不要以为11世纪的普通人民是厌恶这种政治制度的，相反，他们是赞同这种封建制度的，因为对于当时的时代来讲，这个制度是一种行之有效且非常必要的制度。他们的大人或者领主通常居住在石头城堡中，城堡或者位于陡峭的岩壁上，或者位于护城河之内。当人们看到这样坚固、高大的城堡后，他们就会感到很安全，内心特别踏实，而且一旦有危险，他们就可以立刻躲进城堡中，保全自己的性命，所以他们的住所也建在位于能够看见城堡的地方，距离城堡越近越好。也正因为如此，欧洲的大部分城市都是从城堡附近发展起来的。

这里还需要强调一点，在早期的欧洲中世纪，骑士所担任的职务并不仅仅限于职业

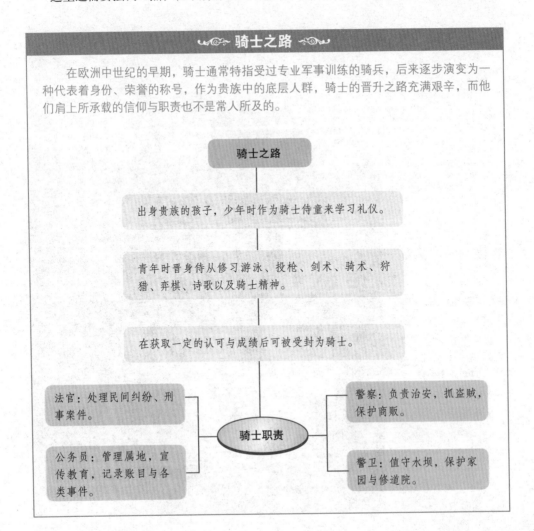

骑士之路

在欧洲中世纪的早期，骑士通常特指受过专业军事训练的骑兵，后来逐步演变为一种代表着身份、荣誉的称号，作为贵族中的底层人群，骑士的晋升之路充满艰辛，而他们肩上所承载的信仰与职责也不是常人所及的。

骑士之路

出身贵族的孩子，少年时作为骑士侍童来学习礼仪。

青年时晋身侍从修习游泳、投枪、剑术、骑术、狩猎、弈棋、诗歌以及骑士精神。

在获取一定的认可与成绩后可被受封为骑士。

法官：处理民间纠纷、刑事案件。

公务员：管理属地，宣传教育，记录账目与各类事件。

骑士职责

警察：负责治安，抓盗贼，保护商贩。

警卫：值守水坝，保护家园与修道院。

战士而已，他们还兼任着公务员的工作。他们是社区法官，民间纠纷、刑事案件都归他们管理；他们是警察，负责治安、抓盗贼，保护游走四方的小贩（即11世纪的商人）；他们是水坝的值守者，防止发洪水（和4000年前，埃及法老在尼罗河谷所做的一样），保护周围的乡村。他们还资助那些走街串巷的街头诗人，让他们可以向那些目不识丁的居民朗诵一些关于讲述大迁徙时代战争英雄的诗歌。此外，辖区内的教堂与修道院也是他们保护的范围。虽然他们不会读书写字（在当时，从事读写工作被认为是缺乏男子汉气概的表现），可是却有着一批教士被他们雇佣前来记录账目，记录那些本属地中所发生的婚姻、死亡、出生等事件。

到了15世纪，国王们的权力再次回归，他们开始充分行使自己被"上帝恩准"的特殊权力。由此，骑士们失去了那些独立的王国，身份转变为普通乡绅，这个时代很快就不需要他们了，他们开始遭到他人的嘲笑和唾弃。

城堡与骑士

人们在满目疮痍的土地上寻找着他们新的安乐窝，而修建在岩壁上有着高墙壁垒的城堡则成为其最安全的去处，于是人们将新家修建在这些城堡的周围，让那里重现生机与繁荣。少数人被册封为高贵的骑士，他们恪守着最初的誓言，守护着这块领地，甚至为了他们的荣誉不惜献出生命。

但是，如果没有封建制度的存在，那么欧洲很可能在黑暗时代中逐渐消亡。尽管同今天的世界有很多坏人一样，骑士的群体中也不乏害群之马。但是总体来看，12世纪、13世纪的男爵们还是为了历史的进步作出了巨大贡献，他们作为行政管理者，兢兢业业、勤奋刻苦，是他们维持着那个时代的运转。那些历经埃及人、希腊人、罗马人世代承袭的文化与艺术，在那个时代已经非常微弱了，如果没有骑士以及他们的好友僧侣的出现，可以说，欧洲的文明就会彻底消失，欧洲人甚至可能会回到远古时代，一切从头开始发展。

第三十二章

骑士制度

骑士制度。

　　骑士制度和骑士精神的产生，主要是因为欧洲中世纪的职业战士之间可以相互帮助、相互团结，以试图维护共同的利益。

　　关于骑士制度的起源，我们了解得并不多。但是，当时混乱无序的社会所缺少的东西，恰恰可以从这个制度中得到补充，那就是一套标准明确的行为准则。这个准则出现之后，那个时代的野蛮习俗就变得稍微文明一些了，这相对于500年的黑暗时代要好得太多了。这些野蛮的边疆民众，生活的大部分时间都是在作战，他们所处的环境可以说是很恶劣的，每天面对的就生死存亡，因此，想要教化他们也是有一定难度的。他们信奉基督，对自己如此不堪的行为也感到羞耻，因此，他们在每天早晨都会发誓要改邪归正，变得更加宽容和仁慈。但是，在黑暗还没有来临之前，他们就将自己的诺言统统抛弃，将所有俘虏一一杀死。但是，只要人们拥有坚韧的毅力，人类还是可以进步的。因此，那些桀骜不驯的骑士也拥有了自己的准则，否则他们的下场一定很悲惨。

　　在欧洲各地，不同地区的骑士准则或骑士精神是有点差别的，但是，总体来说，这些准则都会有"服务精神"和"忠于职守"的条款。"服务"这个概念，在中世纪是一项非常高尚、优雅的品德，如果你是一个工作勤勉、认真的仆人，那么你也不会丝毫感到低人一等。忠诚对于骑士们来说是很重要的，那个时代必须要忠诚履行自己的职责，才有可能让生活继续下去。

　　所以，一个年轻骑士在起誓时会这样说，他会永远做上帝忠实的仆人，一生都会忠心服侍国王，对待比自己更穷苦的人们时会慷慨大方、毫不吝啬。而且，他还保证自己言行得当、不卑不亢，不向他人炫耀自己的成就，他还愿意和所有受苦的人们做朋友。当然，那些他们认为凶险的敌人是不包括在内的。

　　如果深究，骑士们的誓言不过是将十诫的内容，用通俗语言表达出来，以便中世纪时的人们可以理解透彻。在誓言基础上，骑士们还创造出了一套复杂的礼仪，来约束人们的行为。亚瑟王的圆桌武士和查理曼大帝的宫廷贵族就是中世纪骑士的榜样，这和普罗旺斯骑士的抒情诗或骑士英雄史诗中叙述的如出一辙。骑士们希望自己和朗斯洛特一样勇敢，和罗兰伯爵一样忠诚。无论他们的服饰多么简朴破旧，无论他们多么贫穷、生活窘迫，他们也要保持严肃，极力约束自己的行为，谈吐优雅，这关乎到骑士自身的声誉。

由此，骑士团就仿佛成为了一个培养优雅举止的学校一般，而想要保持社会在正常的轨道运行，这些东西反而是不可或缺的。骑士精神已经成为了谦虚有礼的代名词，骑士们向他人展示着如何进行衣着搭配、如何更加优雅地进餐、邀女士共舞时该如何执行等数以千计的有关礼貌的问题。有了这些得当的礼仪，人们的生活似乎变得更加舒适，更加和谐，更加有趣了。

但是，这个制度和人类的其他制度一样，如果一旦作用不存在，那么迎接它的就是灭亡。

我后面将要讲到的十字军东侵使得商业变得繁华，恢复了经济活力，因此，欧洲原野上的城市犹如点点星光一般瞬间洒遍各地。当这些城镇中的居民们逐渐积累起财富，并甘愿花费金钱来聘用优秀的教师时，骑士精神的高贵举止很快就被广泛普及。火药的出现让披坚执锐的勇猛战士曾经拥有的优势顿然全无。当雇佣军在作战的时候不会

骑士精神

骑士精神是中世纪以上层社会贵族文化精神为模板的道德、人格精神，既有着贵族的优雅，又有着平民的朴实，更有着武士的忠贞与血性。他们崇尚荣誉、谦卑、坚毅、挚诚、勇敢、忠诚，他们无私地坚守着内心与信仰，即便是穷途末路也丝毫不能夺走他们高傲的气节。

像下棋那样用精致的步骤和富于美感的策划来战斗，于是，骑士就显得那么多余了。骑士们曾经的高尚情操几乎没有用武之地，所以，他们难免成为了社会的笑柄。尊贵的堂吉诃德先生或许是最后一位真正的骑士。他离世后，由于遗留下来许多个人债务，因此，那些和他相依为命的盔甲和宝剑被先后拍卖。

也不知道为什么，这把宝剑好像经过很多人的手。比如华盛顿在福奇谷那个杳无希望的冬天佩带过它；戈登将军在喀土穆城堡被包围，等待死亡的时候，这把宝剑成为了他唯一的防身武器。

我不了解在刚刚过去的世界大战中，这把宝剑究竟起过多大的作用，但是，可以认定的是，它有着难以估量的威力。

第 三十三 章

教皇与皇帝的权力之争

中世纪人民古怪的双重效忠体制，以及由此引发的教皇同罗马帝国皇帝之间的无休止争吵。

想要真正理解历史上一个时期的人，将他们的行为、思想等统统理解透彻，是一件非常困难的事情。例如，你的祖父，一个你每天都可以看见的人，他在思想、行为、衣着上的选择和倾向，都会让你有一种生活在不同时代的感觉。当你想要深入他的思想，真正理解他的时候，即使你想破脑袋，也未必有任何成效。现在，我说的这些人要比你的祖父早25代，想要理解他们恐怕更是困难，所以，你可能要将这章读上几遍才可以理

❦ 权力之争 ❧

随着国家的强盛、家园的复苏，人们不免又升起对罗马强权时代的憧憬，然而两个帝国权力的继承者之间却出现了巨大的分歧。这种权力之争给普通的民众带来了难以抉择的苦恼，也为国家的复兴之路蒙上了一层阴影。

权力双方分工明确，却也彼此掣肘、彼此侵犯。

物质幸福 ← 目标 — 掌管世俗世界的皇帝 ／ 守护精神世界的教皇 — 目标 → 灵魂安宁

非此即彼的矛盾且犯错成本高昂，让普通民众难以抉择。

帝国的曙光

昔日的辉煌掩藏在僧侣们的记录中，深埋在城市的废墟之下，曾经的历史化作传说在民间流传，部分人见证了历史，而绝大多数人对发生过的一切所知甚少，对于他们来说维系生计远比熟读历史更迫切且有意义。看着渐渐复兴的家园，罗马人又升起了对重回骄傲、荣耀时代的期待。

出头绪。

在中世纪，普通民众的生活是简单朴素的，可以说是平淡无趣的，生活中也不会有特别的事情发生。即使是一个自由市民，可以到处游荡，他们的活动范围也绝不会超过居住的邻区，他们也总是这样。那个时代是没有什么书籍的，更不要说印刷的书籍了，那根本不存在，他们能够读到的东西也仅是一些在很小范围中流传的手抄本。一些关于科学、历史和地理的东西，随着古希腊和古罗马的灭亡，也早已不复存在。只是，在各地有一些勤奋的僧侣会教给人们一些认字、写字的本领以及简单的算术。

关于过去的历史，他们的认识都来自于长辈们讲述的故事和传说。不过，在世代相传的故事中，人们却将历史的完整性、准确性保存得很好，在人们的口述中几乎没有太大的出入。即使2000多年过去了，在印度，如果孩子淘气的话，母亲们依旧会说："如果不听话，伊斯坎达尔就会将你捉走！"伊斯坎达尔是谁？答案很简单，他就是公元前330年率军入侵并占领印度的亚历山大大帝。即使几千年过去了，依旧还在流传着他的故事。

　　有关罗马历史的教科书，中世纪的人们是从来没有读过任何只言片语的。真实的情况是，就连现在小学三年级儿童所耳熟能详的起码知识，他们可能都没有听说过。虽然如此，罗马帝国这个在你们现代人看来仅是一个代名词而已的东西，却渗入到了他们生活的方方面面，他们的身心都能感受到它的存在。他们死心塌地地尊奉教皇是精神领袖，这是因为教皇住在罗马城，他们代表的是罗马帝国。当查理曼大帝和后来的奥托大帝冒出了想要复兴"世界帝国"、创建神圣罗马帝国的想法时，人们是无比雀跃的。中

世纪早期的人们认为那才是世界的本来面目。

在罗马的统治中，存在着两个不同的继承人。这个政治制度其实很容易理解，两个统治者有着明确的分工，世俗世界的统治者（皇帝）主要负责臣民们物质方面的幸福，精神世界的统治者（教皇）负责臣民们的灵魂。但是，当这样的制度在真正实行的时候，却有着很多的弊端，导致一些忠诚的自由民陷入十分尴尬的境地。皇帝总是想要介入教会的事务中，但是，教皇却丝毫不领情，反而出面教导皇帝该如何去治理国家。因此，双方逐渐发展成为相互的警告，希望对方不要插手自己的事情。如此下去的结果，双方之间出现争斗也就无法避免了。

普通的民众在面对这样的情形时，该如何去做呢？作为一个优秀的信仰基督教的人，自然应当是既遵从于教皇又效忠于国王的。但是，如今这两人成为了仇人，他们是虔诚的信仰者，也是善良的公民，他们该如何是好？

这让普通民众有些为难，想要给予一个明确的答案是很难的。如果当时在位的皇帝是一个精力旺盛的人，那么，在资金充足的情况下，他会组建起一支军队，翻过阿尔卑斯山，进军罗马。他会将教皇的宫殿团团包围，然后让教皇屈从于自己的指令，否则结果可想而知。

但是，这样的情况并不多见，反倒是教皇的力量更加强大一些。所以，结果就是这个没有遵照教皇旨意的皇帝或国王以及他的全部无辜的臣民统统被开除了教籍。这代表

末日审判

强硬的教会通过精神世界掌控着人们的灵魂，宣称着世界末日来临之时，基督对世人施以最后的审判，信仰上帝并行善者升入天堂，反之则堕入地狱，百合花与宝剑预示着神的仁慈与力量。图中被救赎的灵魂在圣彼得的迎接下踏上天堂的水晶台阶，而罪恶的灵魂则在恶魔的奴役下忍受烈焰与黑暗。

什么呢？这就表示国家中所有的教堂都将被关闭，人们不能接受洗礼，临死的人也不会有神父为其举行忏悔祷告，生前的罪行就无法被赦免。中世纪政府的一半职能就这样被剥夺掉了。

更加可怕的事情还在后面，教皇可以赦免臣民对国王的效忠宣誓，他鼓动大家反抗皇帝的统治。但是，如果人们遵照教皇的旨意来执行，那么国王自然也不会放过他们，必然会将他们处死，如此性命攸关岂能疏忽大意。

其实，教皇和皇帝之间的战争，受到最大牵连的当数普通的民众，他们的生活会变得异常艰难。11世纪下半叶，是人们生活最困苦的时候。当时，德国国王亨利四世和教皇格利高里七世进行了两场没有胜负结果的战争，不但没有什么进展，反而导致欧洲在50年的时间里混乱不堪。

11世纪中期，教会内部出现了纷争，改革运动开始了。那时，教皇的产生还不是很规范，每一个神圣罗马帝国的皇帝都希望上位的教皇是一个对帝国有利且平易近人的人。所以，当选举教皇的时候，皇帝总是会亲自来到罗马，想方设法依靠自身的力量将对自己有利的人推上教皇之位。

直到1059年，形势发生了转变。在教皇尼古拉二世的指令下，罗马附近教区的主教及执事们组织起一个红衣主教选举团，他们当中的首脑人物拥有着选举未来教皇的特权。

1073年，格利高里七世被红衣主教选举团推选为教皇的继任者。此人来自于托斯卡纳地区的一个非常普通的家庭，名叫希尔布兰德。他野心勃勃、精力旺盛，深信教皇神圣的无上权力建立在花岗石般坚定的信念与勇气基础上。在他的观念中，他认为教皇不仅仅是教会的首领，也应该统治所有的世俗事务。既然教皇能够决定让一个普通的日尔曼王公做皇帝，让他们享受前所未有的荣耀和尊严，那么，教皇也有权随意罢免他们。教皇可以将任何一个大公、国王或皇帝制定的法律废掉，但是，对于教皇宣布的敕令，如果有人敢质疑，那么，等待他的将是残酷的惩罚。

争执

皇权与教会之间对于世界的掌控权之争从未停止，即便是显得波澜不惊，实则暗流涌动。他们彼此在各自的世界里挥舞着自己赋予自己的权力威吓着对方，矛盾、激化、冲突、平复……周而复始，渺小弱势的平民与士兵却深陷这幕闹剧中苦不堪言。

　　欧洲所有的宫廷都迎来了格利高里派遣的大使，他们向君主们宣告了教皇最新颁布的法令，并且告诉他们要特别关注其内容。征服者威廉屈服了，他保证会遵守。但是，亨利四世，这个天生就具有反叛精神的家伙，这个从6岁开始便经常和臣属打架斗殴的人，压根就没有屈服的意思，他打算反抗教皇的旨意。亨利四世为此召集了德意志主教会议，会议上他将格利高里无尽的罪行——陈列，最后以沃尔姆斯宗教会议的名义得出结果，将格利高里的教皇地位废黜了。

　　格利高里的回应是，将亨利四世这位不称职的道德低下的国王逐出教会，同时还要求德意志的王公们与亨利四世划清界限。日尔曼的贵族们中不乏一些野心家，他们争相期待着取代亨利四世的位置，于是，他们开始极力要求教皇前来奥格斯堡，为他们挑选新的国王。为此，格利高里应邀离开了罗马，开始动身前往北方。亨利四世自然也不是一个傻瓜，自己的处境多么危险他是知道的。于是，他为了保全自己，要尽自己最大的力量来同教皇讲和。虽然是在寒冷的冬天，但是，亨利依旧冒着严寒出发了，他马不停蹄地翻过阿尔卑斯山，赶到了卡诺萨城堡，那是教皇途中暂时休息的所在地。1077年1月25日至28日，亨利穿着一件破烂不堪的僧侣装（破衣服下藏着一件暖和的毛衣），将自己伪装成一个虔诚的信仰者，然后，在城堡的大门前整整守候了三天时间，以请求教皇的原谅。三天后，格利高里让他进入了城堡，并且亲自原谅了他。

　　但是，亨利的忏悔是非常短暂的，刚安然渡过危机，返回德国的他就原形毕露了。他故伎重施，又一次被教皇革除了教籍，而再度召集的德意志主教团会议又一次宣称废黜格利高里。不过，这次亨利四世率先发难，亲率大军翻越阿尔卑斯山，将罗马城团团围困。无奈之下的格利高里被迫让出教皇之位，最后在流放地萨勒诺郁郁而终。虽然，表面上看国王似乎胜利了，但是，当亨利四世返回德意志后，教皇和国王之间的战争又开始了，所以，第一次的流血冲突其实没有任何实际意义。

　　没过多久，德意志帝国皇位由霍亨施陶芬家族夺取了，他们的做法更加猖狂、更加独立，压根就不把教皇当回事儿。格利高里曾经说过：教皇和所有世俗的君主相比，地位是在其之上的，因为到了末日审判的时候，他所照管的羊群里每一只羊的行为，都是由教皇来负责的。在上帝看来，每一个国王顶多只扮演着羊群之中忠厚、老实的牧羊人角色。

　　霍亨施陶芬家族中有一个叫作弗里德里希的人，也就是那个以红胡子巴巴罗萨远近闻名的人，他提出了一个与教皇言论截然相反的观点。他说，他的先祖之所以能够掌管神圣罗马帝国，是经过"上帝本人的恩准"。意大利和罗马也是包含在帝国的领域中的，这些地方已成为帝国"失去的行省"，所以，他要用战争的手段将其夺回。但是在第二次十字军东侵时，弗里德里希在小亚细亚不幸溺水而死。他的儿子弗里德里希二世继承了王位，此人极具才干，他依旧是一个反对教皇的人。

　　教皇自然不喜欢弗里德里希二世。事实上，对于粗俗愚笨的德国骑士和狡诈阴险的意大利教士，以及乌烟瘴气的北方基督教界，弗里德里希二世发自内心地蔑视他们。但

帝国与教廷之争年表

德意志帝国的崛起，让那里的君主们试图逐步强化对教会的控制。而随着罗马教廷势力衰退以及神职人员的腐化堕落，更让教皇的权威面临艰巨的挑战，也由此引发了漫长的帝国与教廷之争。

时间	事件
1049年	由德国皇帝亨利三世推举的教皇利奥九世推动教会内部改革。
1056年	亨利三世过世，年仅6岁的亨利四世继承王位，德国王权衰微。
1059年	拉太朗宗教会议推行《教皇选举法》，任命红衣主教选举教皇。
1073年	格利高里七世登顶教皇之位。
1075年	格利高里颁布《教皇敕令》，重申教皇对教会的独立专权。
1066年	亨利四世在巩固王权与教会改革中，与教皇格利高里产生冲突。
1077年	亨利四世前往意大利向教皇忏悔，格利高里重新恢复了亨利的教籍。
1083年	亨利四世举兵发难，进逼意大利并围困罗马城；1085年，格利高里客死萨勒诺。
1088年	教皇乌尔班二世主持教会期间，继续奉行格利高里政策，德国王权在内乱中不断被削弱。
1106年	亨利五世即位，教皇帕斯卡尔二世拒绝为其加冕；亨利五世进军罗马，囚禁了教皇及枢机成员，双方短暂和解后又重归对立。
1116年	亨利五世再次率军直逼罗马，驱逐了教皇帕斯卡尔二世。
1122年	亨利五世与新任教皇达成一致，双方在签订《沃尔姆斯宗教协定》后，圣职任命与授予的权力之争最终平息。

是，他并没有发表任何言论，而是投身于十字军东侵，将耶路撒冷夺了回来，而且还被封为了圣城之王。但是，即便他的丰功伟绩无比辉煌，也丝毫不能改变教皇们的原有态度。弗里德里希二世仍然被逐出了教会，并且他的意大利属地也被教皇授予了安如的查理，即著名的法王圣路易的弟弟。战火因而又生，霍亨施陶芬家族中最后的继承人，康拉德四世之子康拉德五世曾经想要将自己的意大利属地夺回，但是失败了。他的军队被敌人打败，本人也在那不勒斯被砍了头。但在20年后，在西西里晚祷事件中，当地居民将那些非常不受大家欢迎的法国人全部杀死了，所以，流血和争斗依旧没有消失。

看上去，教皇和国王之间的争斗似乎没有尽头，因为问题没有解决的办法。但是，一段时间后，双方竟然渐渐消停了，他们之间学会了各自掌管各自的事务，他们不再涉足对方的管辖范围。

1273年，德意志皇帝由哈布斯堡的鲁道夫来担任。新皇帝不愿长途跋涉前往罗马接受加冕，教皇也默许了这一情况，对德意志的事情也不愿多做理会。虽然这样平淡的和平来得晚了一些，但不可否认原本可以建设家园、发展国力的两个世纪，被毫无任何意义的战争消耗殆尽。

不过，失之东隅，收之桑榆。在教皇和国家之间发生争斗的时候，意大利的诸多小城市则在小心谨慎地寻求平衡之间，悄无声息地逐渐发展、壮大起来，并且拥有了独立地位。当朝拜圣地的人流开始涌动，无法计数的朝圣者喧嚣着、吵嚷着跨境奔往耶路撒冷的时候，这些小城市从容不迫地将他们的交通和饮食问题解决了，而且获得了大量的金钱。当十字军远征将要落下帷幕时，它们已拥有了坚石、金钱修筑起的高墙壁垒，这让他们在直面教皇和国王时有了更多的底气。

教会和国家之间的斗争，最终获得最大利益的一方，却是中世纪的城市，它们坐享其成，获得了胜利的果实。

第 三十四 章

十字军东侵

当土耳其人占领了圣地，亵渎了圣灵，东西方的贸易就此中断，曾经的内部争端被搁置一旁，十字军的东侵拉开了序幕。

在三个世纪之间，信仰基督教的人和穆斯林基本保持着和平相处的态势，当然，西班牙和东罗马帝国这两个作为欧洲门户的国家实属例外。7世纪，穆罕默德的追随者占领了基督教的圣地叙利亚。不过，他们并没有敌视耶稣，也将他当作一位著名的先知看待（当然，肯定是比不上穆罕默德的），所以，如果有信仰基督教的人前来朝圣，他们从来都不阻拦。在康士坦丁大帝的母亲圣海伦在圣墓之地建造起的大教堂里，朝圣者可以随便祈祷。但是，11世纪的时候，一支来自亚洲荒原被称为塞尔柱人或土耳其人的鞑靼部落，打败了西亚的穆斯林国家，占领了基督教圣地。从此，容忍、善待的相处戛然而止。土耳其人还将小亚细亚的全部地区从东罗马帝国那里掠夺了过来，由此，东西方之间的贸易就中断了。

在平常的时候，东罗马皇帝阿历克西斯很少理会西方的基督教邻居，只是关注着东方，但是此刻他不得不向欧洲的兄弟们请求援助。他说了一些利害关系，他说如果君士

十字军东侵

在挤满追随者的大厅中，罗马教皇乌尔班二世在神圣罗马帝国皇帝的施压下，为重振教皇的绝对权威，鼓动着人们加入针对伊斯兰教国家的第一次十字军东侵，以夺回他们的圣城耶路撒冷。宗教的狂热促使人们不顾一切地涌向耶路撒冷，并由此引发了近200年罪恶的宗教侵略战争。

～✲ 十字军东侵历程 ✲～

　　西欧国家社会的困境与民生的悲惨，让君主们不得不打起对外扩张、侵占掠夺的主意来转嫁危机，获得更多的财源。在寻求改变与宗教煽动的呼声下，狂热的人们纷纷踏上了夺取美好"圣地"的十字军东侵之路。

征讨历程	时间	大事记
第一次东侵	1096—1099年	十字军占领耶路撒冷，建立若干封建国家。
第二次东侵	1147—1149年	围困大马士革失败，未取得任何成果。
第三次东侵	1189—1192年	攻占塞浦路斯，耶路撒冷仍在穆斯林手中。
第四次东侵	1202—1204年	攻占君士坦丁堡，建立东方拉丁帝国。
第五次东侵	1217—1221年	远征埃及，沿途烧杀掠夺，以失败告终。
第六次东侵	1228—1229年	与埃及苏丹缔结十年合约，重拾耶路撒冷控制权。
第七次东侵	1248—1254年	远征埃及，法王路易九世兵败被俘。
第八次东侵	1270—1272年	法王为复仇远征突尼斯，遭遇瘟疫，身死撤兵。

坦丁堡被土耳其占领，那么也就意味着打开了通往欧洲的大门，欧洲各国立刻就会陷入危险之中。

　　意大利的一些城市有小块的贸易殖民地散布在小亚细亚和巴勒斯坦沿岸，他们为了保全自己的财产，维护自己的利益，所以，他们便开始宣传一些恐怖的故事。在他们的口中，土耳其被描述成了一群异常残暴的人，他们对信仰基督教的人十分残忍，不断进行迫害和残杀。当这些故事在欧洲传播开来的时候，人们顿时陷入了恐慌。

　　当时，在位的教皇是出生于法国雷姆斯的乌尔班二世，他曾经在著名克吕厄修道院接受过教育，那里也是格利高里七世曾经求学的地方。他认为展开行动的时机已经成熟。要知道，欧洲当时的情况很让人头痛，甚至说是极其地恶劣。那时欧洲现行的农耕方式依旧是最原始的方法（依旧延续罗马时代的耕种方式），所以粮食匮乏一直是个问题。饥饿和失业在欧洲随处可见，由此造成人们怨声载道，最终酿成了动乱。西亚从古到今都是富裕的粮仓，这里可以养活成百上千万人，显然，这里是人们比较理想的生活场所，大量人开始涌向这里。

　　1095年，教皇乌尔班二世在法国的克莱蒙特会议上，义愤填膺地控诉了那些践踏圣地的异教徒各种恶劣行径，然后，他又向大家描绘了从摩西时代开始，那块流淌着牛奶与蜂蜜的富饶之地是如何的美妙。最后，他鼓动法国的骑士们和欧洲的普通人民勇敢站起来，不要被家庭的观念所束缚，赶赴巴勒斯坦，将土耳其人赶走。

　　没过多长时间，整个欧洲的人们都失去了正常的思维，人人为了宗教而变得十分

克莱蒙特

1世纪末期的罗马主教，毕生致力于维护教皇至上的传统与荣誉，图为印有罗马教皇克莱蒙特头像的银币。

疯狂。男人们将手中的铁锤和锯子扔掉，走出作坊，头也不回地踏上通往东方最近的道路，奔赴巴勒斯坦屠杀土耳其人。甚至连孩子们也动了念头，他们想要用自己的热情和一个基督教信仰者的虔诚来说服土耳其人，让他们改过自新。这些冲动的人们几乎都是挣扎在困境生活边缘的人，他们一路上为了填饱肚子只能不断乞讨或者偷盗，这不仅给远征之路带来了无尽的危险，也常引发沿途乡民的痛恨而被截杀，所以这些人中大约有90%的人根本就不可能走到圣地。

充当十字军的第一批人仅是一些乌合之众，他们中间有虔诚的信仰基督教的人，有没有能力偿还债务的破产者，有没落的贵族后裔，也有为远避制裁而逃逸的罪犯，疯癫的隐士彼得和"赤贫者"瓦特成为了他们的领导者。这群人根本没有一点纪律观念，就像散漫的羊群一样浩浩荡荡向圣地进发了。他们惩罚异教徒的方法就是将遇到的所有穆斯林全部杀死。当他们走到匈牙利的时候，就不幸全军覆没了。

第一支远征队伍的失败让教会从中吸取了经验，他们认识到如果仅依靠热情是无法拯救圣地的，除了勇气和意念之外，想要成功就必须要有明细的组织统筹。于是，他们用一年的时间，组织训练了一支20万人的军队，然后，让布隆的戈德弗雷、诺曼底公爵罗伯特、弗兰德斯伯爵罗伯特以及其他几位具有丰富作战经验的贵族来做统帅。

1096年，第二支十字军出发了。抵达君士坦丁堡后，这些士兵们向东罗马皇帝进行了庄重的宣誓效忠仪式。（我前面已经说过，传统是不会轻易消亡的，尽管现在的东罗马皇帝是如此的无能，手中几乎没有任何权力，但是，他尊贵的地位依然是存在的。）然后，他们穿过海洋来到了亚洲，一路上他们把捉到的穆斯林俘虏尽数消灭。他们势如破竹，一路杀到耶路撒冷，很快就占据了该城，并将城中的所有伊斯兰教信仰者屠杀了。他们向圣墓进发，在那里称颂上帝之时，每个人都流下了虔诚和感恩的泪水。但是，好景不长，当土耳其人装备精良的部队涌入那里，今非昔比的土耳其人凭借着强大实力又重新夺回耶路撒冷，并且报复性地杀光了所有十字军战士。

接下来的200年中，欧洲人又接连进行了七次东侵，在一次次的经验教训中，十字军战士们学会了如果更好地到达亚洲。他们发现从陆地上走危险太多，于是，他们选择了水路。他们先是翻过阿尔卑斯山，再从意大利的威尼斯或热那亚搭乘船只前往亚洲。精明的热那亚人和威尼斯人很快就发现这项运送十字军战士的业务有利可图，并从中大赚了一笔。

凡是要渡海的十字军战士必须要支付高额的旅费，如果他们没有钱支付，这些意大利商人就会表现得非常大度，答应可以捎上他们，但条件是"一路上要为其工作"。十字军战士为了偿还从威尼斯到阿克的船费，他们不得不答应这些条件，然后他们会受命参与若干次战斗，并将所获的土地交给那个船主。因此，威尼斯获得了大量位于亚得里亚海沿岸、希腊半岛、塞浦路斯、克里特岛及罗得岛的土地，甚至连雅典也没有幸免于难，成为了威尼斯的殖民地。

十字军所做的以上种种事迹，其实对于圣地问题的真正解决毫无用处。随着时间的推移，人们当初狂热的宗教想法已经不复存在，而能够参加一段十字军旅程则成为了每一个出身良好的欧洲青年成长必修课程之一。所以，十字军东侵的人员从来没有缺乏过。但是，当初出征的目的已经淡薄了很多。最初的时候，他们开始远征的原因是出于对东罗马帝国及亚美尼亚的信仰基督教的群众的同情，出于对穆斯林的痛恨，但是，现在却不是这样的了。如今，他们仇视的对象变为了拜占廷的希腊人，这些人时常背弃十字架的信仰而蒙骗他们。连带着，他们也仇视起亚美尼亚人以及所有东地中海地区的人们。对于名义上的敌人穆斯林，他们则从心中开始尊敬他们，对于他们表现出的宽厚、公正十分欣赏。

不过，即使有这样的念头，大家也是不会说出来的。如果十字军战士能够返回家乡，那么，他或许就会不自觉地流露出一些从敌人那里学到的优雅举止，欧洲骑士们在优雅华贵的东方人面前，不过是一个乡下的土包子而已。十字军战士还将东方的一些植

战争背后的机遇

在漫长的岁月中，欧洲人又发动了大规模的七次征讨，十字军将士们放弃了充满艰险的陆路，转而由海路乘船驶往东方。跨越地中海的航线给意大利精明的商人带去了"商机"，他们以高昂的旅费作为交易筹码，换取十字军所到之处获得的土地，从而使他们摇身成为新的殖民者。

东西方文明的交锋

　　周而复始的攻占与沦陷，让十字军东侵最终沦为一场彻彻底底的失败。曾经的宗教狂热在经年累月的打磨中渐归平静，东西方文明如此大规模、近距离的冲突与交锋让成百万的欧洲年轻人获得了难得的磨练、充实机会，东西方人民对于彼此不同的文化与战争的残酷性也有了更为深刻的理解。

物种子带了回来，在自家的菜园中种植培育，例如桃子、菠菜等，这样不仅可以丰富食物种类，还可以到市场上出售换取金钱。在服饰上，他们对穆斯林和土耳其人穿着的丝绸或棉制的长袍也是相当欣赏，感觉十分潇洒飘逸，于是，他们纷纷改变着装，将笨重的铠甲丢掉了。到了这个时候，十字军东侵已经成为了欧洲青年必上的一堂文化启蒙课，而最初惩罚异教徒的目的已经渐渐被磨灭了。

　　用政治和军事的眼光来看十字军东侵，它无疑失败得很彻底。耶路撒冷及其他小亚细亚的诸多城市一直处于人们的争夺之中。虽然在叙利亚、巴勒斯坦及小亚细亚等地，十字军也曾经建立了一些很小的基督教国家，但是，最后的结果依旧是逐个沦为土耳其手中的属地。到了1244年，耶路撒冷已经完全被土耳其同化了，穆斯林已经牢牢掌控了这里，和1095年之前相比，圣地几乎没有什么改变。

　　但是，十字军运动却给欧洲带来了一次重大的变革，他们看到了东方绚烂的文明之后，就开始着手改变自己沉闷的古堡生活，为自己的生活注入了更多的活力，所以，他们必须要寻找更加合适的生活方式。显然，教会和封建国家无法满足他们的这种需求。

　　直到最后，他们在城市中才体验到了这种生活。

第 三十五 章

中世纪的城市

"城市的空气中充满了自由"，为何中世纪的人会如此说？

中世纪初期，人们处于一个开拓荒野和定居的时期。中亚群山里的日尔曼民族，他们本来生活在罗马帝国东北部森林、高山与沼泽以外的荒野地带，现在他们也开始大规模西迁了。他们穿越了这些充满艰险的天然屏障，直接进入了西欧平原地区，并且占据了大部分土地。和历史上所有的开拓者一样，日耳曼人喜欢不断地迁移，他们不愿意一直待在一个地方，"在路上"的感觉让他们兴奋不已。他们拥有非常旺盛的精力，他们开拓森林原野，他们和敌人不断争斗。这些人喜欢自由自在的生活，所以，他们不愿意到城市里面去居住。他们偏爱在草坡上吹着风放着羊，呼吸森林中的新鲜空气会让他们感到神清气爽。当他们在一个地方待得时间太久了，感到了沉闷时，他们就会立刻将帐篷收起，踏上寻找新牧场的旅程。

迁移的过程是辛苦的，也是一个优胜劣汰的过程，因此，幸存下来的人都是一些顽强的战士和勇敢的女人。在这样的繁衍过程中，日耳曼民

日耳曼人的生活

穿行于森林、高地与荒野的日耳曼民族，质朴而务实，他们在自由的土地上精力充沛地开拓着生活的希望。即便是生活窘迫，性情坚韧的他们仍乐于安于现状，平衡着与周边邻居们的复杂关系，逐步建起的村落改变了他们游荡的生活，以牛羊为主的畜牧业是他们主要的生计依靠。

族形成了一种坚韧、刚毅的性格，生命力极强。他们喜欢每天忙碌的日子，对生活中那些细致美好的东西不太关注，同时，也没有太大的兴致去写诗歌、玩乐器。他们总是务实的，不愿意多说废话，也不愿意讨论问题。村子中唯一"有学问的人"就是教士（13世纪中期以前，如果男人会读书写字会被认为是具有"女子气的男人"），当人们有了什么问题，当然无非也就是一些没有太大实用性的问题时，就会去请教他。同一时期，那些具有头衔的人或者贵族们，比如日尔曼酋长、法兰克男爵、诺曼底大公们等，他们则问心无愧地占据着原本属于罗马帝国的土地，然后在那里建立起自己的新国家。看上去，这个世界上很和谐、很完美，他们是称心如意的。

生活中，他们竭尽全力将自己城堡和四周乡村的事情处理得更加妥当，他们努力工作，不会有任何懈怠。但是，他们也和那些"凡人"是一样的，虔诚地遵守着教会的纪律，他们对来世的天堂也是非常期待的。对于自己的国王或皇帝，他们也是忠诚的，虽然这些虚无缥缈的执政者远隔万水千山，但仍让他们充满敬畏。总之，他们总是将每件事情力求做到完美，公平地对待邻居们而又不损害自己的利益。

不过，在某些时刻，他们也能感觉到生活的这个世界并不像理想中那样美好。这里，多数人已经沦为农奴或"长期雇工"，他们和牛羊无异，就连住的地方都在牛棚、羊圈中，他们仅是土地的附属品而已。他们的生活还没有到异常悲惨的程度，但也没有太大的幸福。此外，他们还能够怎么做？上帝主宰着整个中世纪，他对于世界的安排自然是完美无缺的。上帝的智慧是无人能够了解的，他安排了骑士和农奴同生在这个世界上，那么，作为对其无限崇拜的儿女，又怎么可以对这样的安排心生疑虑呢？所以，即使作为农奴，他们也不会有太多怨言。如果他们劳动过度，也只是像牲口一般默默无闻地死去。他们死后，主人会因此稍稍改善一下他们的生活状况，仅此而已，还能如何？假如农奴和封建地主主宰着这个世界的进步，那么，可以想象一下我们今天的生活必然和12世纪没有区别。当你牙痛的时候，也只能念一番"啊巴拉卡，达巴拉啊"的神秘咒语来缓解疼痛。如果此时出现了一位牙医，想要用"科学"的方式解除我们的疼痛，那么，他必然会招致我们的白眼。在他们心中，这些东西不仅没有用处，还是恶毒的。

随着你们年龄的增长，你们会发现自己身边有着很多对"进步"不相信的人。他们似乎很有头脑，我敢打保票，他们会喋喋不休地将我们这个时代的某些恶性劣迹大肆渲染一番，并以此向你证明"世界从来一成不变"。但是，我希望你们不要被这些人动摇了。我们的祖先学习直立行走几乎耗费了100万年，然后，他们又耗费了很多世纪将动物的鸣叫声发展成为语言。书写术，一个对人类发明有着重大作用的东西，它可以将人类的思想记录下来，如果没有它，人类是不可能有进步的，而它的出现也仅在4000年前。在你们祖父的时代，征服自然来为人类服务的新奇思想还饱受争议。所以我认为，人类正在以一种前所未有的速度不断前进。或许，我们的注意力更多地放在物质上，但是，我们不会一直这样，在某个时刻我们终将把目光转向那些除却健康、福利、城市下水道和机械制造等之外的其他问题上面。

在此，我要特别请你们注意一下，对于那些"古老的好时光"不要有着过多的惋惜和伤感。很多人只看到了中世纪时期富丽堂皇的教堂和优秀的艺术作品，然后将其和现在充满噪音的喧嚣和恶臭的汽车尾气这些不文明现象放在一起，进行比较，然后说现在不如古代。这样的说法实在是片面。中世纪时，每一个气势恢弘的教堂旁边，脏乱的贫民窟都星罗棋布，相比起来，即使是现在最破旧的公寓对于那个时候来说也如豪华的宫殿一般。没错，当高尚的朗斯洛特和帕尔齐法尔英雄们前去寻找圣杯的时候，他们不用忍受汽油散发出来的臭气。但是，他们不能避免其他的臭味，如谷仓牛棚的味道、大街上腐败垃圾的味道、主教宫殿旁边猪圈的味道，以及人们身上发出的味道，要知道很多人穿的都是祖父留下来的衣服，他们甚至一辈子没有使用过香皂，而且极少洗澡。我不愿意描述出一幅让人看着兴趣索然的景象，但

世界上最古老的文字——楔形文字

楔形文字是古代西亚地区刻录在石板或者泥板上的楔状文字，起源于亚美尼亚高原上繁衍生息的苏美尔人。文字将远古人的思想与记忆保存下来，成为人类文明得以延续的重要载体，而这种改变自然的发明创造正是人类得以生存、发展所仰仗的利器，更是人类拥有未来的基石。

是，你仔细阅读一下古代史，当你看到法国国王站在富丽堂皇的宫殿中远眺，却被巴黎街道上抢食的猪群发出的恶臭熏昏的时候，如果你看到了一些手稿恰好记录了当时的天花和鼠疫等瘟疫惨状，那么你就会理解"进步"这个词的真正含义了，它并不仅仅是现代广告商人的习惯用语而已。

假如，城市没有出现，那么，在过去的600年间是不可能出现进步的。所以，对于这个问题的讨论我会使用稍微长一点的篇幅，它是如此的重要，我们不能像对其他单纯的政治事件一样用三四页文字就将其概述了。

古代的埃及、巴比伦、亚述都是以城市为中心进行统治，而古希腊则不是，它是由很多的小城邦组成的。腓尼基的历史差不多也就是西顿和提尔这两个城市的历史。回顾强盛的罗马帝国，即使它拥有辽阔的疆域，也全都是以罗马为中心的。书写、艺术、科学、天文学、建筑学、文学等文明社会的产物，几乎都属于城市，都是从城市中诞生出的无限多的物质和精神文明。

在漫长的4000多年历史中，我们的城市就好比是一个木制的蜂房一般，里面居住着大量的人们，他们像工蜂一样每天忙碌不停。城市在人们的忙碌中犹如一个大作坊，每天有着大量商品出产，推动文明进展，从而产生了文学和艺术。随即，日耳曼人开始了大迁移，他们将辉煌的罗马帝国毁灭，将城市这个文明的摇篮焚毁，欧洲的文明不复存在，又变成了草原和村庄的组合。由此，欧洲文明开始停滞不前，黑暗、愚昧的时刻到来了。

十字军东侵恰恰为播种文明提供了良好的条件。但是，当果实成熟的时候，收获的人却从十字军战士变成了自由城市的自由民。

我曾经讲到过，那些城堡和修道院以及这类建筑高大坚固的围墙里，居住的是骑士和他的朋友僧侣，他们守护着周边乡村平民的人身安全与灵魂安宁。后来，有一些像屠夫、面包师、制蜡烛工人等手工业者也来到了城堡附近并居住下来，这样在领主需要他们的时候，他们就可以及时赶到，同时，当危险来临时，他们也可以在第一时间进入城堡寻求避难。如果在主人心情大好的时候，会特许这些人可以在房子周围装上栅栏，这样一来他们的房子就好像是单独一户人家似的。但是，所有这些人的生活皆以他们对主

罗马帝国版图

罗马帝国版图中清晰地标注着每一个城市的地理位置、相通道路与实际距离，尽管称不上严谨、精确，但人们不难找出地图北岸波浪状的莱茵河、中下部狭长的地中海以及地中海左端的马赛、右端的科西嘉岛，但这些罗马帝国曾繁华一时的城市、港口都在日耳曼人的践踏中毁于一旦。

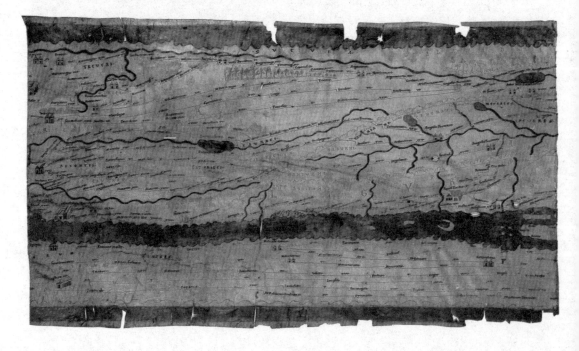

人的尊敬来换取，主人的施舍是他们生存的根本，如果在领主外出的时候，他们需要跪在路边亲吻他的手来表示感谢。

后来，十字军东侵开始了，世界在悄无声息地改变着。从前大迁移的时候，人们是从欧洲东北部迁往西部，而这次却使人们从蛮荒的西欧转移到了高度文明的地中海东南地区，并在那里接受新知识的熏陶。他们发现世界是如此宽广，并不仅仅局限在四壁之内的房子中。他们走出家园后，开始懂得欣赏精美的服饰、舒适宜居的房子、从未见过的美味佳肴以及其他出产于东方的让人目不暇接的稀奇物件。虽然他们回到自己的故乡，但是他们心中一直对这些东西念念不忘。于是，这些东西成为了那些走街串巷的小贩们（中世纪唯一的商人）最新出卖的商品，他们背着各类畅销货物向人们兜售。这些物品很受欢迎，于是商贩们的生意越做越大，显然人力携带物品已经不能满足市场的需求，于是卖货车出现了。不但如此，商贩们为了防止在战争频发之地出现一些违法行为，他们还雇佣了昔日的十字军战士来保护自己。于是，商贩们就开始在更加便利的条件下做起了更大的生意。但是，商人的生意也并不是那么好做的，当进入一个领主的属地时，他们必须缴纳商品税和过路费。虽然这样的盘剥让人无奈，但总体来说商贩们还是有利可图的，因此，他们对这样的经商方式还是可以接受的。

后来，商人中一些较精明的人发现，其实他们可以不必从远处购进商品，完全可以自己生产。于是，他们立刻行动，在家中腾出一片空地，设立了作坊开始生产。于是，他们逐渐成为了产品制造商，结束了行商的生活。他们的商品不仅提供给城堡中的领主和修道院院长，也能卖给附近城镇的居民。领主、院长们和他们进行物物交换，他们用农庄中的产品，比如鸡蛋、葡萄酒、代替糖的蜂蜜等换取所需商品。但是，物物交换的方式不适合用在边远市镇的居民，他们只能支付现金。于是，制造商和行商逐渐积累了部分碎小金块，而这完全颠覆了贵金属在中世纪初期的社会地位。

或许在你的脑海中无法呈现出一个没有钱币的世界。我们所生活的现代城市，如果离开钱币，那么你将举步维艰，很难生活下去。我们必须一天到晚随身携带一定的钱币，方便随时可能出现的支付情况。乘公共汽车你要花费1便士，餐厅吃晚餐你需要花费1美元，晚饭后供消遣的报纸还需要花费你3分钱。但是，在中世纪初期，很多人或许一辈子连一块钱币都没有见过。在希腊和罗马灭亡之后，他们的钱币被废墟掩埋在地下，接下来，经过大迁移的世界则完全成为了一个自给自足的农业社会，每一个农民都不需要依靠他人而生存，他们所种植的粮食，所饲养的绵羊和奶牛，让他们完全可以衣食无忧。

中世纪骑士的另一个身份就是拥有田产的地主。他们自己的庄园中可以提供给他和他的家人所有吃穿用的物品。房屋的修建也是如此，砖块从最近的河边制造出来，大梁则从男爵的森林中出产。他们极少有用钱购买东西的机会，即使需要购买，也是用自家生产的蜂蜜、鸡蛋、柴火去交换。

这样古老的农业模式却因为十字军的东侵而发生了巨大的转变，甚至难以维持下

平民的悲哀

　　上层社会的领主们在被授予的土地上修建起高大坚固的城堡与塔楼，而从事着各种行业的平民在附近安顿下来，靠出卖劳动成果换取平稳的生活。领主们肆意剥夺着平民的权力与财富，甚至在平民维持生计的庄稼、鱼塘中围猎取乐，图为日耳曼贵族在领地迫使平民在他们的庄稼、鱼塘中协助围猎。

去。你想象一下，如果希尔德海姆公爵打算前去圣地，那么，他就必须走上数千英里的路才可以到达。路途中，他必须要吃饭、住宿，由此会产生费用支出，那么，他怎么去支付呢？像在家中一样拿着自己的农产品去支付给某个威尼斯船主或布伦纳山口旅店主吗？显然不可能，难道他要带着一百打鸡蛋和整车的火腿踏上旅程吗？何况，这些先生们只收现金。所以，公爵无奈之下就只能带着少量的金子出发了。

　　但他们根本没有金子，于是，只好向老隆哥巴德人的后裔伦巴德人借一些。这些人早已经成为了专职的放债者，他们一个个悠然自得地坐在兑换的柜台后面（柜台写法为"banco"，也是银行"bank"的由来）。对于公爵大人借几百个金币的要求他们是很豪爽的，只是，他们要求公爵必须将庄园抵押给他。如此，公爵假如在东侵期间出现意外的话，他们也不会因此损失一笔金钱。

　　显然，这样的交易对借钱的人来说是有一定风险的。最后的结果大多都是庄园归伦巴德人所有，而骑士因此倾家荡产，只能作为战士受雇于另一个更强大、更精明的骑士邻居。

除此之外，公爵大人还可以到城镇的犹太人居住区借款，不过他需要支付50%~60%的利息，显然，这样的交易也是很不公平的。难道就没有其他的办法来解决这件事情吗？公爵想起了城堡附近小镇中居住的一些有钱人。公爵和他们从小就认识，他们的父辈也同样是非常熟悉的人，这些人肯定不会提出非分的要求。因此，公爵就让文书，也就是为公爵记账的识字教士，写了一张纸条给当地最著名的商人，请求借一笔小小的贷款。这件事可谓是轰动全城，大家相约聚集到了为教堂制作圣餐杯的珠宝商那里，城里所有稍具地位的人都来了，他们要慎重讨论一下这件事。拒绝公爵他们认为有些不妥当，但是，那些微薄的"利息"对他们也没有什么意思。一来收取利息有违人们的宗教信仰，二来利息也不过是农产品而已，这些东西大家很充裕，没有必要获得更多。

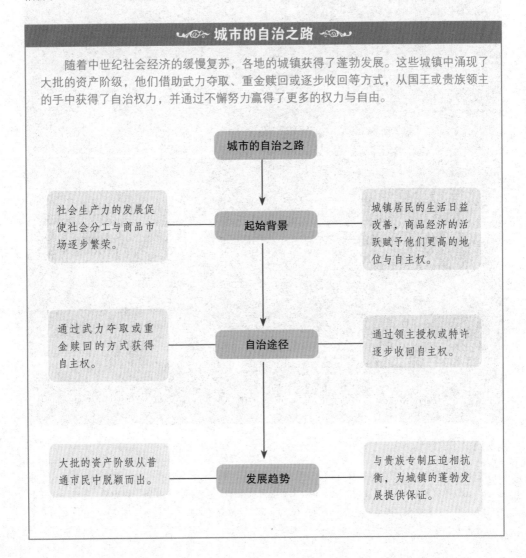

城市的自治之路

随着中世纪社会经济的缓慢复苏，各地的城镇获得了蓬勃发展。这些城镇中涌现了大批的资产阶级，他们借助武力夺取、重金赎回或逐步收回等方式，从国王或贵族领主的手中获得了自治权力，并通过不懈努力赢得了更多的权力与自由。

城市的自治之路

起始背景
- 社会生产力的发展促使社会分工与商品市场逐步繁荣。
- 城镇居民的生活日益改善，商品经济的活跃赋予他们更高的地位与自主权。

自治途径
- 通过武力夺取或重金赎回的方式获得自主权。
- 通过领主授权或特许逐步收回自主权。

发展趋势
- 大批的资产阶级从普通市民中脱颖而出。
- 与贵族专制压迫相抗衡，为城镇的蓬勃发展提供保证。

这时，一位平时总是安静专注于自己工作，貌似一个哲学家模样的裁缝开口说话，他说："其实，我们是不是可以要求公爵大人恩准我们一件事情，来作为借钱的回报呢？我们都非常喜欢钓鱼，但是，公爵大人从来不允许我们到小河里钓鱼。假如我们让其签署一份协议，准许我们随意在他所有的河流中钓鱼，我们则借给他100元。怎么样呢？这样的交易是不是很合理呢？他得到了金钱，我们则得到了钓鱼的权利。"

放贷人的出现

商业的发展促生了拥有一定数量现金的放贷人的出现，在那些现代银行前身的商铺中，放贷人坐在柜台后面认真地称量着钱币的重量，身后抵押品的货架、角落里闲谈的人都变得不再重要，连他的妻子也停止了手中书页的翻动，被这一刻吸引过去。只有桌面上凸起镜子中映现的巨大十字窗、尖顶高耸的教堂以及窗前读书的人暗示着他们此刻内心的平静与虔诚。

公爵大人欣然接受了这笔看似划算的交易，其实他签署的协议实际上是一份有关自己权力存亡的证明（不过表面上看，公爵丝毫没有损失地得到了100金币）。他让文书将协议书写好，盖上自己的印章（他不会写自己的名字），然后，他就带着金币和满腔热血前往东方战场了。直到两年之后，两手空空的公爵回到家中。当他看见城堡池塘边摆着一溜儿的鱼竿，悠闲的镇民们正在钓鱼，他十分愤怒，立刻命令管家将他们赶走了。这些人当时没有说什么，只是很听话地离开了。但是，到了晚上，城堡里迎来了一个商人代表团。他们对公爵依旧是尊敬的，先是道贺其平安归来，接着为今天因钓鱼而让大人生气的行为进行了道歉。然后，他们矛头一转，提醒大人他们钓鱼是合法的，这是得到大人恩准的。裁缝则将那个在珠宝商的保险箱中精心保管了两年的协议书拿了出来。

公爵一看到特许状，更是怒火中烧，更加生气了。但是，他并没有发火，他想起自己现在急需一笔金钱。此时，在著名的银行家瓦斯特洛·德·梅迪奇手中，有着公爵亲自签下大名的文件，这些文件可都是那些可怕的"银行期票"，这是他在意大利的时候欠下的债务，多达340磅佛兰芒金币，两个月后就是最后期限了。公爵想到那笔钱后，就暂时忍住了怒火，尽力让自己保持平静，接着他向商人提出借钱的要求。商人们没有立即答应，而是回答要回去商量一下。

三天后，商人来到城堡，答应了公爵的请求。他们说能够帮助大人度过困境，他们感到很荣幸，不过，作为借钱的回报，公爵是不是可以再签订一张书面保证（也就是特许状）。内容就是准许他们建立一个由商人和自由市民选举出来的议会，城镇内部的事务则由其管理，不再受到城堡的限制。

此次，公爵大人几乎要跳起来了，他认为商人实在是得寸进尺，但是，他因为急需金钱，所以无奈之下只能答应了。仅签订协议一周而已，公爵就后悔了。他带领自己的士兵，气势汹汹地来到了珠宝商家中，要求他拿出特许状。公爵说这本非自己的本意，是这些狡猾的商人趁人之危，从他手中骗走了。公爵拿到特许状后就将其烧掉了。市民们没有任何的反抗，只是默默地接受了这一切。

公爵的女儿要出嫁了，但是，他却拿不出嫁妆。他想要借钱，但是却没有一人愿意借给他。在珠宝商家中发生过那件事情后，公爵大人已经给人留下了"信用不良"的印象。公爵只好屈尊求和，并且答应给予商人一些补偿。这次市民不仅将前面所有的特许状拿了出来，而且还重新加了一张，那就是建造一座"市政厅"和一座坚不可摧的塔楼。公爵在协议上签字之后，他就拿到了合同上的第一笔借款。塔楼是干什么呢？就是为了更好地保管文件和特许状，以防出现火灾或者盗窃事件。其实，真正的目的是为了防止公爵再次反悔。

在十字军东侵开始以后的几个世纪中，这类事件在欧洲各地都是很常见的。但是，权力从封建城堡转移到城市的过程是渐进的，并不是一朝一夕就形成的。在这个过程中，也会出现争斗的现象，比如有几个裁缝或者珠宝商被杀死了，比如有些孤立的城堡被焚毁等。但是，此类事件发生的次数并不多。在悄无声息中，城镇变得越来越富裕，封建地主变得越来越穷困。封建地主虽然没落了，但是，他们依旧坚持着自己应当有的场面，这样才不失其身份，可是，如此大的开销他们怎么应付得了呢？所以，他们就不得不用授予公民特权的方式来换取自己所需的资金。城市的力量不断扩大，甚至，有些逃跑的农奴也被他们收留了。在城墙后面居住若干年之后，他们重新获得了自由和地位。不但如此，城市周围的乡村里思想先进的人们也深受感染，将城堡的中心位置取代，他们十分高兴自己能够取得如此重要的地位。在古老的市场周围，也就是那个维持了几百年的进行物物交换的市场，一些新的教堂和公共建筑拔地而起，城市居民则常常在此聚会，以商讨、维护自己的权力。他们出钱请来了僧侣去教授他们子女知识，因为他们想要自己孩子获得更好的机会。他们在得知有个画师可以在木板上画出精美的图画，于是，他们不惜重金将其请来，让他们画上美轮美奂的圣经图画来装点教堂和市政厅。

此时此刻，老态龙钟的公爵大人神情凄凉地坐在自己潮湿、阴暗的城堡大厅中，

珠宝商的店铺

商人们将精美、稀有且具有一定价值的宝石、首饰、工艺品以及其他收藏品作为商品进行销售，不仅满足了部分资产持有人对高档生活的需求，更能作为财富储藏甚至作为交换媒介承担市场流通。图中一对中世纪夫妇正在自己经营的珠宝行中接待顾客。

自由与权力

　　为了保护自身的权益不被侵犯，居民们自发成立由其自己推选成立的联合组织，来管理城市或城镇的内部公共事务。居民们甚至通过各种方式要求、交换或赎买封建统治者授予的特许状，进而获得诸如法律许可、财政豁免等城镇特殊权力与授权。

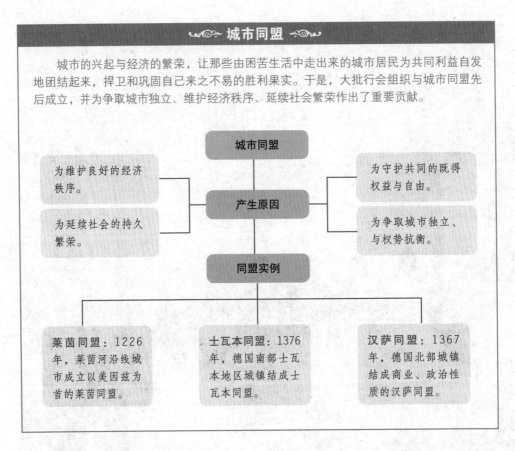

城市同盟

城市的兴起与经济的繁荣，让那些由困苦生活中走出来的城市居民为共同利益自发地团结起来，捍卫和巩固自己来之不易的胜利果实。于是，大批行会组织与城市同盟先后成立，并为争取城市独立、维护经济秩序、延续社会繁荣作出了重要贡献。

城市同盟

产生原因
- 为维护良好的经济秩序。
- 为延续社会的持久繁荣。
- 为守护共同的既得权益与自由。
- 为争取城市独立、与权势抗衡。

同盟实例
- 莱茵同盟：1226年，莱茵河沿线城市成立以美因兹为首的莱茵同盟。
- 士瓦本同盟：1376年，德国南部士瓦本地区城镇结成士瓦本同盟。
- 汉萨同盟：1367年，德国北部城镇结成商业、政治性质的汉萨同盟。

他看着外面那和自己无关的繁荣景象，心中十分懊悔。他脑海中浮现出他人生中最倒霉的一天，那天，他在一张特许状上签上了自己的名字，就是那个糊涂的签字，就是那个似乎没有大碍的特许，让他沦落到了今天的地步。这是为什么呢？虽然公爵现在懊悔不已，但他已经无力回天了。要知道，那些镇民们，已经得到了许多特许状和文件，几乎塞满了保险柜，他们现在压根不把公爵大人放在眼里，甚至还会对他指手画脚。现在，他们的身份已经成为了自由人，这可是他们艰苦奋斗了十几代人才获得的权力，现在是他们好好享受权力的时候了！

第 三十六 章

中世纪的自治

在本国的皇家议会中，城市的自由民是如何维护自己发言权的。

当人类的历史还位于游牧的阶段，人们为了生存到处迁移寻找牧场的时候，每个人都是平等存在的，人们享受到的社会福利和安全都是一样，每个人都有着一样的权利和义务。

但是，当人类开始定居生活的时候，就开始发生变化了，社会有了穷人和富人之分。当然，管理的权力也都落在了富人手中，因为当穷人在为生计奔波的时候，富人却有大量的空余时间研究政治。

前面的章节中，我讲述过发生在古埃及、古美索不达米亚、古希腊和古罗马中，关于富人掌管统治权的具体过程。当罗马帝国覆灭以后，欧洲逐渐恢复了元气，正常的生活秩序被重新建立起来的时候，在迁移到西欧居住的日尔曼部族中再次上演了此类事件。西欧世界中，最高的统治者就是皇帝，他是从日尔曼民族大罗马帝国中的7—8个最重要的国王中推举出来的，他拥有的权力可以说是无人比拟的，但是真实的情况却是皇帝的权力得不到落实，也就是说他仅有名义上的权力，而没有实权。少数几个身家堪忧的国王掌控着整个帝国，而成百上千个诸侯牢牢控制着城镇日常的政务管理，他们的属民就是那些自由农民或者农奴。当时，城市的数量是寥寥无几的，更不会有中产阶级的存在。在经过1000年的销声匿迹之后，在13世纪，中产阶级的商人再次回到了历史的舞台上。中产阶级的崛起，其实就和上一章所说的一样，这就意味着封建的统治正在走向衰败。

到现在为止，那些国家的统治者——国王们依旧对贵族和主教们的需求十分关心，但是，当随着十字军东侵而逐渐繁荣起来的贸易和商业已经不能让人忽视的时候，他们也只能被迫承认中产阶级的地位，要不然，等待他们的将是亏空的国库。话又说回来，这些国王（如果当初他们硬着头皮去做）即使向他们的猪和牛讨论财政问题，也不愿求助城市的自由民。但是，这些已经成为了既定事实，他们即使逃避也是没有用的，因此他们不得不吞下自种的苦果，它镀金的外表如此亮丽，但暗地里的争斗也是无法避免的。

在英格兰，当狮心王查理没有在国内的时候，他的兄弟约翰接手管理着国家的事

务。在作战方面，约翰确实要比查理差很多，但是，在治理国家的才能上，两个人倒不相上下，都是一样的无能。约翰刚刚开始管理国家不久，诺曼底和大部分的法国属地就被其他国家占领了，由此，他开始了他倒霉的政治生涯。然后，他又和教皇英诺森三世陷入无尽的争执中。这位教皇是霍亨施陶芬家族出了名的敌人，在和约翰的争斗中，他毫不留情地将后者赶出了教会，就像两百年前格利高里七世对付德意志国王亨利四世一样。

狮心王查理

以勇猛、刚毅闻名于世的狮心王查理是欧洲最著名的骑士国王之一，他对国内民众不屑一顾、横征暴敛，与他国关系僵化甚至敌视，一生雄心壮志、纵横驰骋，将毕生的精力倾注在十字军东侵与欧陆战场上，终归无功而返，却留给后世无尽的骑士精神与浓烈的传奇色彩。

约翰王与《大宪章》

查理一世时期的穷兵黩武、横征暴敛不仅削弱了王权，更让其弟约翰王在执政时期遭遇了空前的政治危机与经济困境，而后者对王权的肆意滥用更招致贵族们的反对，最终不得不在改革呼声与武力逼迫下签订了《大宪章》。

宪章确认了各等级的权利不容侵犯，迫使皇室放弃部分特权、尊重司法。

在大主教兰顿和舆论呼声下，贵族以武力迫使国王签订《大宪章》。

为募集军费前任国王出卖了大量特许状；地方自治团体以新生力量的身份登场。

约翰王在执政时期奉行高压政策，长期征战却接连失败，国内上下皆不得人心。

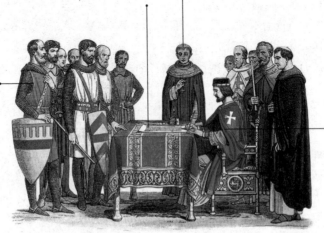

最后双方议和的方式也和两百年前雷同，1213年，约翰委曲求全，到教皇面前忏悔，从而达成了和解。

约翰几乎没有任何的政绩，反而屡遭失败，但是，他却没有一丝着急的迹象，反倒大肆滥用王权。这让他的那些大臣们十分愤怒，最后忍无可忍将其囚禁起来。然后，迫使他答应不再侵犯大臣们自古就存在的权力，好好治理这个国家。此事件发生在1215年，在泰晤士河靠近伦尼米德村的一个小岛上，约翰签署了一份被称为"大宪章"的协议。这个协议内容并没有什么突破，其中规定了国王本来就应该拥有的责任，还将大臣们应当享有的权利列举了出来。此外，该宪章中规定了一些属于新兴商人阶级的权利，

《约翰王大宪章》

为了平衡教皇、英王、贵族三方对于皇室特权的分歧，人们以宪法的形式对英国国王约翰绝对王权的范围、力度加以挟制与约束，宪章迫使皇室放弃或受限于部分特权，赋予贵族更多的政治权力与自由，划定了平民的某些权力与法律限制，成为处于空白状态的英国成文宪法的重要基石，也称《自由大宪章》。

至于农民的权利（如果存在的话）几乎没有涉及，尽管农民的人口占据着国家人口的绝大部分。这份宪章相对来说还是很重要的，它是第一次以明确的书面语言将国王的权力进行了严格的限制。但是，总体而言，它依旧摆脱不了中世纪文件的影子。这个宪章中对于老百姓的权利没有任何的规定，除非他们属于某个大臣的财产，他们才可能得到保护，而不受到他人的压迫，就好比男爵的森林和牛必然会受到加倍看管，皇家林务官不能过度插手一样。

但是，在几年后，人们却在陛下的议会上听到了截然不同的言论。

本性阴险、玩世不恭的约翰曾言之凿凿地向大臣们许诺，但就在大宪章刚刚签订不久，余音未消，他就将其中的每一个条款都打破了。不过让人欣慰的是，不久后他就离开了这个世界。他的儿子亨利三世继承王位，后者迫于压力重新认可了大宪章。此时，亨利的查理舅舅，那个忠诚的十字军战士早已将国家的大笔金钱投入到了战争中，甚至国家还欠着睿智的犹太人一笔不菲的钱财。为了能够还上欠款，他只能想办法去借钱筹款。但是，那些拥有大量土地的皇家顾问和权力无上的大主教们却不能拿出这笔救命钱，帮助亨利渡过难关。在这样的情况下，亨利迫不得已下令，准许城市代表前来参加他的大议会例会。

公元1265年，新兴阶级的代表初次走到了公众的面前，参与到了国家的政务中。但是，他们被限制在只能发表财政税收方面的建议，他们的身份被定位为财政专家，不能参加国家事务的一般性讨论。

但是，这些"平民"代表们的影响力并不能忽视，而且随着时间的推移，他们的影响力逐步扩大，很多事情都要征求他们的意见。最后，这个由贵族、主教和城市代表组成的会议发展成为了一个固定的国会，也就是法语说的"ou l'on parlait"，意为"人民说话的场所"，国家在作重大的决定之前，必须通过议会的讨论。

或许你会认为，这种拥有一定执行权力的议会形式是英国人发明的，其实，并不是这样的，这并不是英国人的专利。这类"国王加国会"的政府决策结构不仅出现于不列颠诸岛，甚至在欧洲已经遍地开花，几乎每个国家采取的都是这样的形式。例如法国，中世纪以后迅猛膨胀的王权已将国会的势力逼至了墙角，其影响力大大降低。1302年，

英国议会印章

贵族、主教与城市代表逐步走上了政治的前台，他们结成的国家议会左右着国家重大事务的取舍、安排，一跃成为国家的主人。社会第三等级及底层平民的声音终于有机会出现在决定国家未来方向的辩论中，图中是镂刻着英国议会进行场景的印章。

城市的代表已经被允许可以出席法国议会，但是，直到五个世纪以后，国会的权力才逐步强大起来，足以维护中产阶级，也就是"第三等级"的权力。接着，他们开始努力工作，将以往浪费的时间追回来。在法国大革命轰轰烈烈的进程中，国王、神职人员及贵族的特权被完全取消掉了，这片土地的真正统治者成为了普通的人民代表。例如西班牙，在12世纪的前半期就已经开放了"cortes"（即国王的议会），允许普通民众参与其中。例如德意志帝国，一些比较重要的城市跻身于"帝国城市"的行列，这让他们代表的意见在帝国议会必须得到尊重。

在瑞典，早在1359年的时候，民众代表就已经开始出席全国议会了，而且还是第一届。在丹麦，传统的全国大会在1314年重新恢复，即便是贵族阶层为掌控国家政权不惜牺牲国王和人民的利益，那些城市代表的权力也依然没有被完全剥夺。

而在那些斯堪的纳维亚半岛国家，那些关于议会制度的事情会更加有趣一些。例如冰岛，从9世纪开始，他们就开始召开大会，参与会议的成员由所有自由土地的拥有者组成，他们共同来处理国家事务，而且这个形式延续了1000多年。

在瑞士，各地的自由市民们一直为保卫自己的议会而不遗余力，确保其不会被封建主肆意践踏，最后也获得了成功。

最后，看一下低地国家的情况。在荷兰，13世纪的时候，很多公国和州郡的议会大门就已经为新兴阶级敞开。16世纪，一些小省份开始联合反抗国王的统治，他们通过一次"三级会议"协商后将国王正式罢黜，将神职人员赶出议会，由此，贵族特权被彻底消灭。然后，由七个地区共同组建的尼德兰联合省共和国独立掌管国家及行政事务。在两个世纪的时间中，城市议会的代表们管理着国家，这里没有国王、主教、贵族，有的只是纯朴的自由民，他们自己就是国家的主人，城市的地位被推上顶峰。

第 三十七 章

中世纪的世界

对于这个中世纪的人们所意外降生的世界，他们有何看法呢？

中世纪时人们的生活状态

与现代人善于从对现实世界的思考与质疑中改善、甚至改变命运不同，中世纪的人们则完全没有争取自由与权利的意识，他们将自己看作社会中万年不变的一分子，理所应当接受既有秩序的限制与规划，神学中的地狱与天堂如此真实且触手可及，安分守己、勤苦不懈地抵达天堂才是他们唯一最好的归宿。

对于我们现代人来说，日期无疑是一个非常重要且实用的发明，很难想象没有日期会怎么样，我们必然会感到很难适应，甚至做任何事情都无从说起。但是，在使用日期的时候我们也要注意，否则很有可能被日期玩弄。历史其实没有太多明显的时间限制，而日期却让历史过分精确。比如说，关于中世纪人们的思想和观念，并不就是说在公元476年12月31日的时候，所有的欧洲人忽然意识到这个重要时刻来临了，他们大声高呼："罗马帝国灭亡了，我们来到中世纪了，真是奇妙啊！"

在查理曼大帝的法兰克宫殿中，你可以发现有些人的生活习惯、行为举止，甚至思想和一个罗马人几乎没有差别。此外，随着你年龄的增长，你也会发现如今也有些人的思想还停留在远古时代。任何的时间和年代都是相互重叠在一起的，思想是一代接着一代发展，浑然一体、难分难

黑暗时代

约在公元476年至公元1453年间，即西罗马帝国灭亡后至15世纪地理大发现时代，欧洲经历了一段漫长的战乱频繁、经济停滞时期，封建制度占据着统治地位，人们终日生活在渺无希望的黑暗之中，这段时期就是中世纪，也被称作"黑暗时代"。

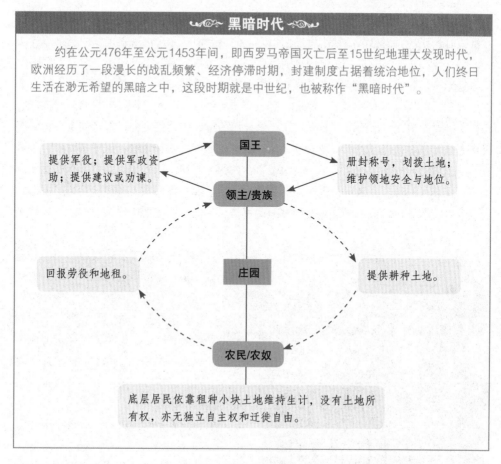

解。但是，让我们对中世纪许多代表人物的思想作一番研究，让我们了解他们的生活，了解他们对遇到的难题所最常持有的态度，这些都还是可以实现的。

前提是，你需要明白，在中世纪人们的思想中，天生自由的公民对于他们来说是不存在的，他们不懂得依凭自己的意志行事，不懂得依靠自己的才能或者经历或者运气是能够改变命运的。相反的，他们认为自己是整体的一部分，这里本就应该有皇帝和农奴、英雄和流氓、穷人和富人、乞丐和盗贼。和现代人本质的区别在于，他们从来不会怀疑这个看上去至高无上的秩序，只会坦然接受一切而已。而这些放在现代人面前，人们对于一切事情总想弄清楚原因，更会想方设法改善自己的政治和经济条件。

天堂是一个神奇且充满幸福美好的地方，地狱是一个恐怖且到处充斥着苦难、恶臭的场所，这些晦涩难懂、甚至有些离奇的神学言论，对于13世纪的善男信女们来说，都是无可辩驳的真实存在。在中世纪，不管是骑士还是自由民，今生的所作所为几乎都是在为来世作准备。而现代人的一生在经历过忙碌和享受之后，会以古罗马人和古希腊人特有的平静、安详来有尊严地死去。当死亡来临的时候，我们会在回忆自己六十年的工作和勤奋中，伴随着一切安好的心情悄然离开这个世界。

而在中世纪，阴森恐怖、面带微笑的死神总是会出现在人们生活的各个角落：人们在沉睡时，死神会用恐怖的琴声将他们惊醒；他也会悄然无声出现在温馨的餐桌边；当人们和女伴一起外出散步时，他会尾随其后，藏在树林或者灌木丛阴影中对着人们阴险诡异地微笑。假如，你的童年不是在安徒生和格林的美丽童话中成长，而是每天耳边都充斥着让人毛骨悚然的鬼故事，那么，恐怕你的人生也会陷入对世界末日和最后审判的畏惧中。要知道，中世纪的儿童就是这样，他们的世界中天使是稍纵即逝的东西，而世界里充满了妖魔鬼怪。恐惧有的时候让他们的灵魂变得虔诚和谦逊，但更多时候，恐惧会引导他们走入残酷、伤感的另一个极端。在占领一座城市后，他们会将所有妇女儿童杀掉，接着他们带着沾满可怜人鲜血的手前去圣地忏悔。他们在上帝面前祈祷、流泪，诉说着自己的罪行，请求仁慈上帝的宽恕。可是，转过头，他们的怜悯之心会消失得无影无踪。

不过，作为骑士，十字军所奉行的准则和普通人的行为标准是有差别的。但是，普通人在这一点和其主人是相同的。他们好比是一匹天生敏感的野马，即使一个影子、一张纸片也会让他们受到惊吓。他们可以毫无怨言地忠心为主人服务，并成绩斐然，但当其在迷乱的想象中与鬼怪对视，他们也会吓得四散奔逃，并做出一系列恐怖的事情来。

在对这些性情淳厚的人进行品评之前，我们最好先体谅一下他们糟糕的生活环境。他们不过是一些毫无知识涵养的粗鲁之人，只是非要装出一副温文尔雅的样子罢了。查理曼大帝和奥托皇帝从名义上来说都是"罗马皇帝"，但是，如果他们站在真正的罗马皇帝奥古斯都或马塞斯·奥瑞留斯面前，却有着天壤之别。这就和刚果皇帝旺巴·旺巴和受过高度教养的瑞典或丹麦统治者之间具有的差别是一样的。古老的文明在他们的祖父和父亲时期就已经销毁殆尽，他们根本没有机会接受文明的熏陶，他们现在仅是一群生活在罗马帝国辉煌古迹上的蛮族而已。他们一个个胸无点墨，甚至连现在12岁孩子所熟知的事实都毫不了解。而他们所有的知识

福音书首页

《圣经》共分66卷，其中旧约全书39卷，新约全书27卷，而后者包括福音书、史书、信仰者书信以及启示录。当古老的文明连同古迹一起被野蛮人埋葬，肩负着延续历史与文明的后来者唯有在《圣经》中找寻人类那些曾经美好的东西与残破的记忆。

《圣经》与圣哲罗姆

相传以博学和雄辩著称的圣哲罗姆在天使的协助下，聚精会神地研究神学，并将《圣经》翻译成拉丁文。

都来自于一本书，即《圣经》。《圣经》中可以将人向好方向指引的部分也不过是《新约全书》中教育人们爱心、仁慈和宽恕道理的几个章节而已。而《圣经》中那些关于天文学、动物学、植物学、几何学和其他所有学科的指引几乎全是不可信的。

12世纪，除了《圣经》以外，中世纪的文库中还有着一本比较重要的书籍，那就是公元前4世纪希腊哲学家亚里士多德亲自编著的汇集着各类实用知识的大百科全书。基督教会向来视希腊哲学家为妖言惑众的家伙，但是，作为亚历山大大帝老师的亚里士多德为何会受到他们如此高的待遇呢？究竟原因是什么，我确实也搞不清楚。但是，在除《圣经》以外，亚里士多德是唯一一个值得信赖的导师，信仰基督教的人们可以随意阅读其作品。

亚里士多德的著作是绕了一个大圈子才传到欧洲的。这位杰出的斯塔吉拉人（亚里士多德出生于马其顿的斯塔吉拉地区）的哲学思想，最先在科尔多瓦的摩尔人的大学中被认真讲授。然后，从比利牛斯山那边过来接受自由教育的基督教学生们又将亚里士多德的著作从阿拉伯文译成了拉丁文。最后这部有名的哲学名著几经周折，终于作为教材在欧洲西北部的学校中普及开来。到现在还不太清楚具体的过程，但是这样就更加有趣了。

依靠着《圣经》和亚里士多德的大百科全书，中世纪有着杰出思想与才能的人们开始对世间的万事万物进行分析、解释，并且还将它

上帝与几何

几经辗转，亚里士多德的《百科全书》与《圣经》携手成为中世纪杰出人士解释现实世界天地间的奥秘与精神世界神迹的权威参照。出于对权威的笃信与依赖，人们在既有的知识与解释中止步不前，失去独立思考、实践、创新的欲望，让人类对知识的积累与探求变得机械而毫无生气。

们与神的旨意之间的关联分析得头头是道。那些被称作学者或导师的人，不得不说确实才智非凡。但是，他们的知识全都是来自于书本，对现实的情况却没有一点点的考察。假如说，他们要对学生做一个关于鲟鱼或者毛毛虫的讲解，那么，他们将会事先看一下《圣经》或者亚里士多德的著作，找到关于这类知识的记载，然后自信满满地将其转述给学生。他们从来不会将书籍放在一边，到附近的河流中捉一条鲟鱼观察一下，他们也不会从图书馆走到后院去捉一条毛毛虫，观察一下这个小虫子是如何在巢穴中生存的。即使是一流学者，像艾伯塔斯·玛格纳斯或托马斯·阿奎之类的，他们也从来不会产生巴勒斯坦的鲟鱼和马其顿的毛毛虫，与欧洲的鲟鱼和毛毛虫有没有区别这样的疑问。

偶尔，也会有一些特别的人物出现，比如罗杰·培根那样的人物会突然出现在一个学者讨论会上。他拿着一个奇怪的放大镜，还有可笑的显微镜，更让人不可思议的是他竟然真的捉了几条鲟鱼和毛毛虫进行观察。他用自己的工具来观察这些生物，同时他兴高采烈地邀请其他人也来看一下，而且滔滔不绝地指出这些动物和《圣经》或亚里士多德著作中的描述在哪里有些不一样。学者们听到他的言论之后，都用怪异的眼光看着他，认为他胆子实在是太大了，是不是走火入魔了。倘若这时的培根竟敢提出，一个小时认真地观察比十年研究亚里士多德的著述更有意义；他还说，虽然希腊人的著作是很好的，但是还是不要翻译了。于是，学者们诚惶诚恐地找到警察，说："这个人正在威胁着国家的安全。他说让我们阅读亚里士多德的希腊文原著，他为何对我们的拉丁——阿拉伯译本百般侮辱呢？要知道，这个译本被我们这么多善良虔诚的追随者已经阅读了几百年，也没人提出异议。此外，他居然十分喜欢鱼和昆虫的内脏，他可能是一个阴险的巫师，他肯定想迷惑众人，搞乱世界的秩序。"维护和平安全的警察在听到这些人的话后，也感到了恐惧，因此，他们对培根下了禁令：十年内禁止再写一个字。此事对培根的打击很大，当他再次拥有了写书的权利后，就开始用古怪的密码来编写，这让同时代的人不知道他在写什么。在当时，密码字是非常流行的，这是在教会严控人们发表扰乱秩序言论的背景下，人们经常使用的一种手段。

不要认为这样愚民的做法有着险恶的用意，在那个时代中，促使这些教会人士揭发异端思想者的行为多是出于善良的目的。在他们的思想中，他们认为且毫无疑虑地坚信，现实中的生命与生活都不过是为来世所作的一种准备。他们认为如果一个人了解了

不和谐的声音

新思维与质疑声让中世纪的灵魂捍卫者们如履薄冰，他们一方面不断开拓、探寻着新的领域，另一方面又不得不以近乎残酷的手段禁锢人们蠢蠢欲动的思想。空洞而盲目的权威崇拜让社会中的多数人沉迷于此，但仍有少数笃信真理的先驱脱颖而出，即便是为此将面临残酷的打压与漫长的监禁。

太多的知识，只会让人更加不安，如果心中都是危险的念头，脑子中都是怀疑的想法，那么，那个人的结果很可能非常悲惨。如果中世纪的经院哲学家看到自己的学生远离了《圣经》和亚里士多德著作中的正统思想，独自观察、研究这个世界，他会变得惶恐不安，就仿佛一个伟大的母亲看到自己的孩子走向燃烧着的火炉。母亲知道，如果孩子一旦碰触到火炉就会被烫伤，所以，她会想方设法阻止他，如果实在危急，她不排除会使用强横的办法。她如此做，完全是因为出于对孩子的爱，假如他们能够很顺从自己，那么，她会竭尽全力为其付出。中世纪的灵魂保卫者们的感情和做法其实和这位母亲如出

一辙。他们一方面在有关信仰的所有事情上严格管束，另一方面他们也会竭尽全力、日夜不休地为他们的教友忠心效命。只要有人需要帮助，他们就会立刻出现。那时，数以千计的善男信女们为改善世人的命运而努力着，他们对社会的影响也是到处存在的。

农奴就是农奴，他们永远无法改变自己的命运和地位。但是，中世纪的上帝是善良的，虽然农奴一生辛苦劳作，可是却拥有一个永不磨灭的灵魂。他们的权利也是需要被保护的，以便让他们也可以和信仰基督教的人一样的生活和死去。当他们老得不能再从事劳动的时候，他服务了将近一辈子的封建领主必须照顾他。所以，虽然农奴的生活简

中世纪繁荣的街景

中世纪的政府、市场与个体通过各种方式消除人们的不安与压力，政府掌控着大批商品流通与定价权在安全、合理的范围内波动，致使精明的投机商人毫无空子可钻，市场与行会平衡、协调着每一个区域与个体的所得，即便是身份卑微的农奴也能找到栖身之所，不会陷入孤苦无依、缺衣少食的境地。

单、平凡、沉闷，但他至少不用操心未来。他们永远是"安全的"，工作永远都有，他们也永远都有依靠。他们的头上始终有着一片屋顶（即便有时也会漏雨，但毕竟比没有强）为其遮风避雨，他们不会缺乏吃的东西，至少不会饿死街头。

中世纪时期，每一个阶层都有着这样的"稳定"和"安全"思想。城市中，成立了保护商人和工匠的行会，行会成员中每一个都可以获得一份稳定的收入。对于那些有野心想要超越其他同行的人，行会是不喜欢的。相反，对于那些抱着"得过且过"思想的"懒汉"却十分宽容。行会在劳动阶层中普遍营造出一种适当满足与安稳无忧的氛围，在我们这个竞争时代是不可能有那样的感觉。如果某个富人将能买到的全部谷物、肥皂或腌鲱鱼控制了，然后人们不得不按商人制定的高价购买，这样的行为在现代人看来就是"囤积居奇"。在中世纪，人们会认为这样做很危险，所以政府会主动限制这样的行为，将商品价格规定好，商人则必须依照此价格交易。

竞争是中世纪最不喜欢的字眼。竞争能够带来什么呢？无非会让世界充斥着钩心斗角，培养出一堆雄心勃勃的投机分子罢了。既然末日审判就要来到了，那时，世界上的财富会变得没有任何意义，那些坏骑士将会受到地狱深处烈火的炙烤，淳朴的农奴则会进入金碧辉煌的天堂。既然如此，为什么要去竞争呢？

总之，中世纪的人们在思想和行动上无法享受充分的自由，否则他们将无法从极度贫瘠的身体与灵魂中找到些许安全感。

大部分人对这样的要求是没有意见的，可是也有一小撮不认同的人存在。中世纪的人对自己是这个世界的过客的思想深信不疑，他们之所以到这里来，是为了给更加幸福的来世作准备。为了不让自己的灵魂受到干扰，他们故意不去看世界上到处存在的丑恶、痛苦和邪恶。他们将百叶窗拉下，不让太阳耀眼的光芒干扰自己专心致志阅读《启示录》中的文章。从这些文字中，他们得知只有天堂的光亮可以照亮他们永久的幸福。他们将眼睛合上，不看、不想这些尘世的快乐，以免受到诱惑，只是等待来世即将到来的快乐。现世的生命对他们来说就是一种罪恶而已，死亡才是幸福生活的开始，为此他们甚至会大肆庆祝。

古希腊人和古罗马人从来不担心自己的未来，他们关心现在的生活，他们对待生活是努力的，他们将今生装扮得就像一个天堂一般美好、快乐。他们是成功的，也是快乐的，他们的生命就是一个享受愉悦的过程。当然，奴隶们除外，他们以外的自由人才能够享受到这样的快乐。到了中世纪，人们将思想发展到了另一个极端，他们的天堂在那高不可攀的云端之外，眼前的世界不过是一个暂时的避难所，不管你是高贵的、卑贱的、富裕的、贫穷的、聪明的、愚昧的，大家都一样。现在，历史的拐点即将出现，下一章我会将具体的情况告诉你们。

第三十八章

中世纪的贸易

地中海地区是如何在十字军东侵中再次变成了繁荣的贸易中心？意大利半岛上的每个城市又如何成为亚非贸易的聚集地？

中世纪的时候，意大利半岛的众多城市之所以可以兴旺起来，获得了独一无二的重要地位，主要有三个原因。首先，在很久以前，罗马帝国的中心地区就是意大利，因此，和欧洲其他地区相比，这里有着数量更多的公路、学校和城镇。

当野蛮人入侵欧洲的时候，他们同样没有放过意大利，这里也有过大肆的掠夺和焚烧。但是，罗马帝国时期在这里留下了太多的东西，野蛮人竟然没有那么多精力去破坏，所以意大利还是有幸留下了相对更多的历史古迹。其次，意大利是教皇陛下居住的地方。他们是一个巨大政治机构的统领者，所以他们拥有土地、农奴、城堡、森林、河流以及最高法庭的管理权。为表达对教皇崇高的敬意，人们要不时供奉金银，就如同支付威尼斯、热那亚的船主和商人一样，必须使用现金，这让教皇有着大量的金钱。欧洲北部和西部的人们如果想要向遥远的罗马教皇聊表心意，也必须要将他们的农产品、奶牛、鸡蛋、马匹兑换成更加实用的现金。由此，意大利就成为了欧洲拥有金银比较多的国家。在十字军东侵时期，意大利的城市是十字军战士输送至东方的中转站，期间运费的高昂与暴利的积累确实让人咋舌。

在十字军去东方参战时，他们又开始迷恋东方的商品了，所以，当东侵结束之后，意大利的城市就很自然地成为了东方向欧洲输送商品的集散地。

其中，水城威尼斯是比较著名的商品中转站之一。威尼斯是一个在泥泞河岸上建立起来的小城邦。在4世纪的时候，因为遭到了野蛮人的不断侵略，所以，他们的祖先为了躲避战乱而从半岛大陆逃到了这里安家落户。人们利用该地四周临海的优越地理位置，开始了大量生产食盐。要知道，中世纪的欧洲，食盐是一种很紧缺的商品，售价特别高，利润丰厚。几百年来，这种我们餐桌上必不可少的调味品（之所以这样说，是因为人的食物中如果缺乏食盐，那么就很容易生病）就一直被威尼斯人垄断着，威尼斯城的力量也因此得以不断强大起来。甚至，有些时候，他们对于教皇的权威也不屑一顾。当财富累积到一定程度的时候，他们就建造了自己的船只，开始了和东方的贸易来往。十字军东侵期间，他们又利用这些船只进行十字军战士的往返运输

崛起的城市与势力

　　繁荣的海上贸易使"水城"威尼斯成为东西方商品货物的集散与转运地，大量聚集的人口与财富让这座城市在十字军东侵后跃居为中世纪欧洲最大的城市。少数高贵、富有的家族掌控着这座城市，严密的组织体系维持着这里的持久稳定，而对城市构成威胁的人与声音都被毫无痕迹地抹去。

行当。当战士们无法用现金支付高额差旅费的时候，他们就会将获取的土地作为报酬支付给威尼斯人。如此下去，在爱琴海、小亚细亚、埃及等地，威尼斯人获得的土地越来越多，殖民扩张不断加大。

　　14世纪末，威尼斯成为中世纪欧洲最大的城市，人口总数高达20万。但是，这个城市的主要管理者为极少数的富人家族，贫民百姓根本无力染指城市政务。虽然，这里有公选的参议院和一位公爵，但是，他们也不过仅仅有一个好听的名称罢了，压根没有任何权力。著名的十人委员会才是这个城市真正的统治者，他们维持政权的手腕主要依靠一个组织极度严格的私人密探和职业刺客体系。这些特务和杀手们注意着城市居民的一举一动，如果出现一些不配合的人，如果有人对专权蛮横的公共安全委员会造成了威胁，那么，他就会被悄无声息地暗杀掉。

　　我们再看一下意大利的另一个城市——佛罗伦萨，然后你就会在这里看到一个和威尼斯完全不同的政府体制，他们则走向了另一个极端。这里虽然采取的是民主政治，可是，却到处充斥着不安和动荡。佛罗伦萨拥有很重要的地理位置，是欧洲北部通往罗马的交通要道，所以它也很幸运地获得了大量的金钱，然后开始发展自己的商品制造业。佛罗伦萨人在统治思想上面，想要学习雅典人的做法，他们予以全体城市人员权力，包括贵族、教士、行会成员等在内的人们全都可以参与到城市事务中来，他们可以随意热烈地讨论国家政务。结果，这却导致了国家出现了无尽的骚乱。在佛罗伦萨，人们分裂成几个不同的政治流派，政党之间的争斗相当激烈。如果某个党派取得了议会的胜利，他们就会立刻将自己曾经的竞争对手流放，然后将其财产没收。这样有组织的粗暴统治在进行了几个世纪以后，一个意料之中的情形发生了。佛罗伦萨出现了一个权倾朝野的家族，控制了该地区，而且他们按照古代雅典的"专制暴君"方式统治着这里。此家族就是美第奇家族，他们的祖辈原本是外科医生（在拉丁语中的"medicus"也就是医生的意思，美第奇家族因此得名），结果后来成了银行家。几乎所有的重要的商贸中心城市都有他们的银行和当铺，至今，你在美国当铺的招牌上面看到的三个金球，它们就出自庞大的美第奇家族族徽上的图案。他们不仅控制了佛罗伦萨，而且还积极和王室联姻，将他们的女儿嫁给了几个法国国王。他们华贵的陵墓，气势甚至足以和罗马恺撒大帝相比。

热那亚，这个城市一直是威尼斯的对手。这里的商人从事的一般都是和非洲突尼斯及黑海沿岸几个谷仓之间的交易。意大利半岛上除了这几个较著名的城市以外，还有200多个大大小小的城市分布其间，各个都有着设施完备的商业机构。它们之间有着彼此纠缠不清的仇恨与明争暗斗，时刻惦记着夺取对方的利益，取而代之。

东方与非洲的货物到达意大利之后，下一步就是要准备转运往欧洲西部和北部地区。

热那亚通常会经由海路将货物运到法国马赛，然后在此重新整装，运往罗纳河沿岸

圣罗马诺之战

头戴红色金纹头饰的佛罗伦萨军队首领尼克罗骑着矫健的白马，在战场中心指挥若定，这幅曾悬挂于意大利佛罗伦萨豪门美第奇家族建筑中的名画描绘了1432年圣罗马诺战役的场景，以纪念佛罗伦萨击败锡耶纳的历史性大捷。作为欧洲文艺复兴鼎盛时期最著名的赞助者，美第奇家族开创过无比荣耀的黄金时代。

鲱鱼通道

欧洲西北沿海的小镇上，人们用盐将鲱鱼加工、装桶，然后通过海路、陆路运往遥远的地区。长期、规模化的发展打通了连接各地的贸易通道，让各地的商品能够快速、有效地互通有无。

的城市。然后，这些城市也变为了法国北部和西部地区的零售中心。

威尼斯运往北欧的商品通常是采用陆路运输方式。这条古老的大道途经当年野蛮人入侵意大利的门户——阿尔卑斯山的布伦纳山口，然后再经过因斯布鲁克，接着会来到巴塞尔。在此，会改为水路，经由莱茵河，直抵北海地区和英格兰。另一条路是，把货物运到由富格尔家族控制的奥格斯堡（此家族不仅是银行家，也参与制造业，他们之所以暴富是因为克扣工人工资）。货物自此交由他们，转送至纽伦堡、莱比锡、波罗的海沿岸城市及哥特兰岛上的威斯比。威斯比则还需要满足波罗的海北部地区对商品

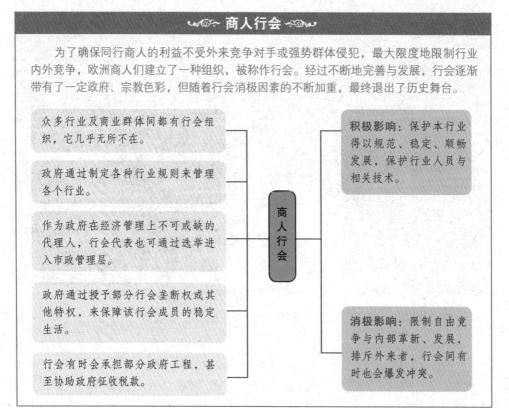

商人行会

为了确保同行商人的利益不受外来竞争对手或强势群体侵犯，最大限度地限制行业内外竞争，欧洲商人们建立了一种组织，被称作行会。经过不断地完善与发展，行会逐渐带有了一定政府、宗教色彩，但随着行会消极因素的不断加重，最终退出了历史舞台。

- 众多行业及商业群体间都有行会组织，它几乎无所不在。
- 政府通过制定各种行业规则来管理各个行业。
- 作为政府在经济管理上不可或缺的代理人，行会代表也可通过选举进入市政管理层。
- 政府通过授予部分行会垄断权或其他特权，来保障该行会成员的稳定生活。
- 行会有时会承担部分政府工程，甚至协助政府征收税款。

商人行会

积极影响：保护本行业得以规范、稳定、顺畅发展，保护行业人员与相关技术。

消极影响：限制自由竞争与内部革新、发展，排斥外来者，行会间有时也会爆发冲突。

鲱鱼

鲱鱼，也称青鱼，体长侧扁呈流线形，有着丰富的脂肪，营养价值高，是重要的北方出口鱼类之一。

的需求，同时，它还直接和俄国古老的商业中心诺夫哥罗德城市共和国进行贸易来往，而后者于16世纪中叶被伊凡雷帝消灭。

有意思的事情并不是仅发生在大城市，在欧洲西北沿海的小城市也同样存在着。在中世纪的时候，人们对鱼的需求量相当大。在众多的宗教斋戒日里，当遇到斋戒不能吃肉的时候，人们就会用鱼代替。如果人们居住的地方距离海岸和河流比较远，就只好吃鸡蛋，否则他们就没有吃的东西了。但是，13世纪初的时候，一位荷兰渔民发明出了一种加工鲱鱼的方法，由此使得距离海边很远的地方也可以在斋戒日吃到鲱鱼。此事也促进了北海地区鲱鱼捕捞业的蓬勃发展，商业地位也显著提高。但是，好机会稍纵即逝，在13世纪某个时期，这个价值可观的小鱼竟然从北海转移到了波罗的海（这是自然的原因），这样，内海地区的人又获得了一个发财机会。于是，波罗的海吸引来全欧洲的捕鱼船到此，大肆捕捞鲱鱼。因为这种鱼每年仅有短短几个月的捕捞期（其余时间它们会藏在深海，繁殖后代），在其他时间里，那些捕捞船就都无事可做了，除非它们有了别的新用途可做。于是，这些船在贩运俄国中部和北部出产的小麦至西欧及南欧时找到了用武之地。然后在回来的路上，它们再将威尼斯的香料、丝绸、地毯和东方挂毯贩运到布鲁日、汉堡和不来梅等地。

虽然看似简单的商品运转活动，但是，却在欧洲建立了一个极其重要的国际贸易体系，这个体系从制造业城市布鲁日、根特（因为这里强势的行会和法国国王、英格兰君主之间发生了激烈冲突，结果最后建立了劳工专制制度，导致了雇主和工人们纷纷破产），延伸至俄国北部的诺夫哥罗德共和国。该城市原本商业繁荣、势力强大，但是，伊凡沙皇因为仇视商人，所以他派兵攻打该城，仅一个月时间，城市中就有6万居民死于炮火之下，幸存者也全部沦为乞丐。

北方城市的商人们为了消除海盗、苛捐杂税和各种法律的骚扰，他们自己成立了具有保护性质的联盟，人们称其为"汉萨同盟"。同盟总部设在吕贝克，由自愿加入的100多个城市组成。汉萨同盟拥有独立的海军部队，他们经常在海上进行巡逻，以防止海盗的骚扰、侵袭。在英格兰和丹麦国王想要对其进行干涉的时候，他们立刻勇敢地站了出来，与之对抗，并且大获全胜。

我多么希望可以拥有更多的篇幅，将关于这个特殊的贸易旅程中发生的种种奇闻妙

恐怖伊凡

有着"恐怖伊凡"之称的沙皇伊凡生性多疑，时刻警惕着那些对他绝对权威有可能造成威胁的些许力量，为了应对诺夫哥罗德可能背叛沙皇的谣言，这座城市几乎被沙皇野蛮的军队摧毁。

事统统讲述给你们听。每进行一单贸易，他们都需要翻越崇山峻岭，漂洋过海，漫长的旅程中四处潜藏着危机，这让每次的旅程无异于一次充满刺激与荣耀的冒险。如果要将这些故事讲完，那么，恐怕需要写上几卷书。此外，希望我讲述的关于中世纪的内容能够给你们做一个很好的引导，将你们的好奇心发掘出来，促使你们去研读一些层次更深的著作。

中世纪是一个进程极其缓慢的时代，我已经不止一次说过了。那些高高在上的统治者们认为，"进步"是一件可怕、恐怖的事情，是别有用心的想法，自然应当受到严厉打击。而他们统治者的身份，也使他们要将自己的意识强加在那些善良的农奴与粗陋的骑士身上没有丝毫困难。偶尔，也会有一些勇敢的人以冒险的姿态想要进入科学的领域，但是，等待他们的结果几乎都很凄惨，能够生存下来或者免去20年的牢狱惩罚就已经十分走运了。

在12世纪、13世纪，整个西欧大陆到处都充斥着国际贸易的潮水，就好比是4000年前尼罗河水冲进了古埃及的山谷一样。它给人们留下了肥沃的土壤，然后，前所未有的繁荣和财富就在这片土地上纵情滋长。繁荣与财富意味着人们在忙碌过后拥有了更多的空闲时间，由此，那些男男女女们有了更多的时间和精力来阅读书籍和手稿，由此人们对文学、艺术、音乐的兴趣也不断膨胀。

接着，伟大的好奇心自此再次萌生于人类的世界。而在几万年前，人类就是依靠好奇心使得自己超越了同类远亲，获得了突飞猛进的发展。人类用好奇心创造了文明的时候，那些动物还依旧过着野蛮、麻木的生活。除此以外，城市的繁荣发展（前一章我已经将其成长和发展说得很详尽了），也为勇敢者们提供了优良的发展空间，那里将为那些敢于打破陈规、敢于乘风破浪的人提供庇护。

勇敢者们不再沉默了，他们开始了行动。他们对于在昏暗书房苦读的日子厌烦了，他们将书房的窗户打开，让那满是尘埃的房子接受着阳光的洗礼，太阳的光芒将那些在黑暗时代所结下的蛛网彻底照亮。

汉萨同盟

汉萨（Hanse）一词，德文意为"集团"或"商人工会"。汉萨同盟的中心设在北欧商贸重镇吕贝克城，垄断着波罗的海沿岸的商贸活动，鼎盛时期同盟的加盟城市高达160多个。

汉萨同盟			
文德商圈	**萨克森商圈**	**普鲁士及立窝尼亚商圈**	**莱茵河商圈**
包括波罗的海沿岸文德人的商贸活跃区及波美拉尼亚。	包括德国萨克森、下萨克森和图林根商贸活跃区。	包括普鲁士、波罗的海东岸、波兰及瑞典地区。	包括下莱茵河流域、尼德兰及威斯特伐利亚商贸活跃区。
吕贝克、汉堡、罗斯托克、哥本哈根等地。	不伦瑞克、柏林、勃兰登堡、不来梅等地。	但泽、柯尼斯堡、库尔姆、菲林等地。	科隆、多特蒙德、明斯特、杜伊斯堡等地。

备注：汉萨同盟在外埠设立的商站城市有伦敦、布鲁日、卑尔根、诺夫哥罗德、波士顿、爱丁堡、纽卡斯尔、安特卫普、斯德哥尔摩等地。

他们打扫了房间，然后又去修整了花园。

他们踏出房门，走过即将坍塌的城墙，走向宽广的原野。他们充满感慨地高呼："这个世界多么美好！我们生活在这个世界是多么地幸福！"

此时，中世纪已经接近尾声，一个全新的时代正悄然临近。

汉萨同盟版图

为了免遭海盗、法律、杂税等因素的困扰，德意志北部城镇在商业、政治领域达成彼此广泛协助、扶持的协议，成立了类似于现今欧盟特征的保护性联盟——汉萨同盟。汉萨同盟拥有着独立的金库与武装，财力与武力为其赢得了广泛的认可与尊重，鼎盛时期160个加盟城市共同控制着欧陆与海上的贸易干线。

第 三十九 章

文艺复兴

　　人们为他们依然活着而再度充满喜悦。他们努力去恢复古老
而和谐的古埃及、古希腊和古罗马的文明，并对自己的所作所为
充满了成就感，他们称之为文艺复兴或者文明再现。

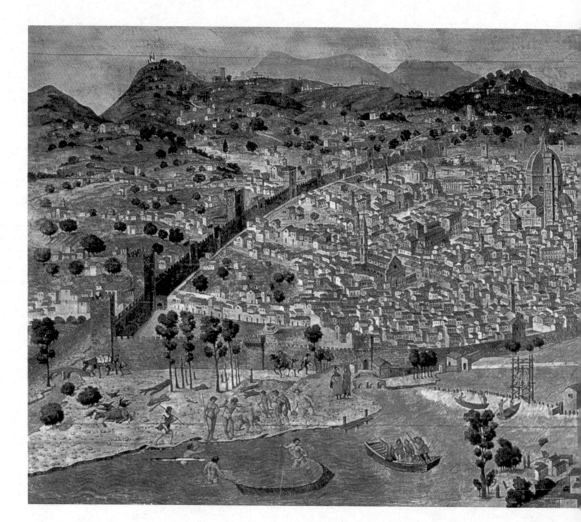

文艺复兴这场运动并不带有政治或者宗教色彩，说到底，它仅是一种精神状态。

虽然文艺复兴时期的人们仍顺从着教会母亲，仍对皇帝、国王和公爵的统治俯首帖耳，没有丝毫怨言，但是他们对待生活的态度已经发生了改变。他们开始喜欢穿色彩绚丽的衣服，说新奇有趣的话，或者在全新的房间里过着一种全新的生活。

他们不再向往上帝的天国，不再将"灵魂拯救"作为他们需要付出所有思想和精力的事业。他们开始喜欢现在生活的世界，并尝试在这个世界建立他们理想的天国。他们为之努力了，也取得了非凡的成就。

我常说，不要盲目崇拜历史日期的界限。如果只从表面上看历史日期，那么划分出来的中世纪必定会被人们认为是一个黑暗且无知的时代。时钟在滴滴答答中记录着历史，新时代的文艺复兴拉开了序幕。城市和宫殿笼罩在对知识无限向往与渴求的灿烂阳光之中。

不过实际上，要在中世纪和文艺复兴时期之间划出一条泾渭分明的界线绝不是一件

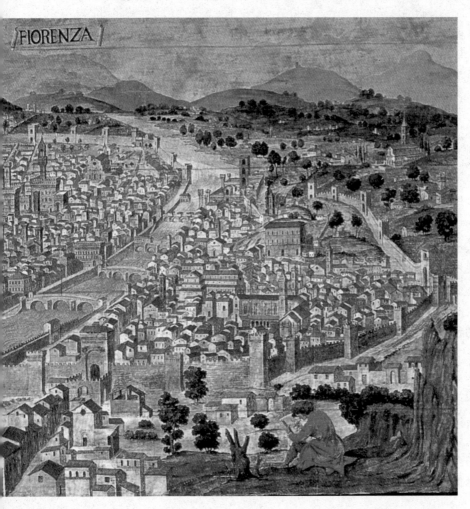

文艺复兴的摇篮——佛罗伦萨

闻名遐迩的世界艺术之都佛罗伦萨是欧洲文艺复兴的发源地。人们在城区鳞次栉比的红色屋顶下满怀喜悦地憧憬着美好的未来，在有着纤细塔尖的哥特式大教堂中虔诚地祈祷，在有着恢宏的圆形穹顶市政厅里为争得更多的权力喧闹不息，整个世界都充满着灿烂的色彩与无限的生机。

容易的事。13世纪属于中世纪，大概所有的历史学家都不会对此有什么疑问，然而你们是否就此认为，13世纪仅仅是一个黑暗无知的时代呢？答案是否定的！当时人们的热情高涨，积极参与国家建设中，许多商业中心由此形成并呈蓬勃发展之势。在市政厅和城堡塔楼旁边，新建的高高耸立的带着纤细塔尖的哥特式大教堂代表了那个时代最辉煌的成就。整个欧洲大陆风起云涌，一片生机勃勃。市政厅里坐满了身家显赫的绅士们，他们在活跃的商业浪潮中积累了大量的财富，从而使他们有机会步入政治舞台，因此他们表露出对权力的野心，并为此与市政厅的封建领主开展了一场殊死争斗。市政厅的传统会员自然感受到了新生势力的威胁，不过他们后来想明白了"少数服从多数"的道理，因此他们联合起来，以市政厅为主战场，与对面高傲的暴发户来一场成王败寇的博弈。高高在上的国王自然也不会坐视不管，然而他的私心更重，他带着亲信们趁着鹬蚌相争，坐收渔利，不仅两面获利，而且还当着那些或吃惊、或失望、或愤怒的封建领主和绅士们面前，将鹬蚌入锅熬煮，加上作料，胡吃海塞起来。

当夜幕落下时，昏暗的灯光惨照着疲乏的街道，辩论了一整天政治和经济问题的雄辩家也不觉倦意连连。在他们回家入睡后，世界便成了普罗旺斯抒情歌手和德国游吟诗人的舞台，他们是黑夜中活跃气氛、点缀夜景的主角。他们深情款款地诉说着自己的故事，用美妙的歌声来赞美浪漫爱情、冒险精神、英雄主义和对美丽佳人的爱慕。

在这个新思想暗涌的时代，充满理想的年轻人难以忍受慢吞吞的进步，他们成群结队地涌入大学，于是引发了另一段佳话。

在我看来，中世纪的人们具有着"国际精神"。也许这听起来令人难以置信，其实并不难理解。我们作为现代人，都有着一种根深蒂固的民族情结，我们将自己划归为美国人、法国人、意大利人或者英国人，我们说的也是英语、法语或者意大利语，我们就读的也是美国、法国、意大利或者英国的学校，只有当我们想研究一项外国才有的专门学科，才会去罗马、巴黎或者莫斯科上大学，学习另外一国的语言。不过在13世纪和14世纪，很少有人会特意说明自己是英国人、法国人或者意大利人，他们通常会说自己是谢菲尔德人、波尔多人或者热那亚人。由于他们有着同样的宗教信仰，因此他们彼此之间自然而然会形成一种亲密的情谊。还有，当时有修养、受教育程度较高的人都会说拉丁语，也就是说他们拥有共同的语言，这也消除了人们交流时语言上的硬性障碍。而在现代工业时代的欧洲，世界到处弥漫着民族主义的情绪，强势国家强势推广本国语言，这让处于弱势群体的民族处境尴尬，以致造成了普遍存在的语言交流障碍。

有一个很明显的例子——伊拉斯谟。他是一位提倡宽容和微笑的著名导师，生于荷兰的一个小村庄。他在16世纪着手著书撰文，他使用拉丁文写作，当时畅销欧洲大陆，欧洲人没有几个不读他的著作的。若是他生于我们这个时代，恐怕就只能用荷兰语写作了。如此一来，他的读者群体就仅限于五六百万荷兰人和通晓荷兰语的人。如果他想让其他欧洲国家的人和美国人阅读他的著作，那么出版商就要将他的书翻译成二十余种语言版本，这绝对是一笔不小的开支。倘若出版商担心风险太大收不回投资，很可能拒绝翻译他的著作。

但在600年以前，绝不会出现这种情况。当时大多数的欧洲人都目不识丁，因此那些少数能执笔写作的人都被划归入一个国际文坛。这个国际文坛涵盖整个欧洲大陆，没有国界和语言的限制，欧洲的大学则是这个国际文坛的坚实后盾。当时的大学是没有围墙的，不像现在的城堡或者庄园要在其周围筑以高大厚实的墙壁围起来。只要有一位老师和一群学生，他们到了哪儿，哪儿就是大学所在地。这就是中世纪和文艺复兴时期的学校与我们现代的学校最大的不同。现在若是想建立一所学校，必须无一例外地遵循这样的程序：先是某个特定的宗教团体出于使孩子们有一个良好的教学环境这样的善意考量，或者某个富人为回报社会想在他所居住的地区做点善事，再或者是国家当局出于对医生、律师、教士这一类专业人才的需求而决定建立一所大学，然后就专门筹措了一笔办学基金，这是大学建立的先决条件。接着，这笔基金被交付建筑公司，建筑公司便开

三个哲学家

在相同的教会信仰荫庇下，人与人之间兄弟般的情谊缔结成前所未有的大国际精神。不同肤色、不同国籍、不同语言都不可能对学术与技艺的交流产生任何不利影响，自由开放的学术氛围空前繁荣，画面中的三个哲学家或沉浸在思考当中，或彼此交流，同时也暗示着人类探索知识的老、中、青三个阶段的各异特征。

始动工修建教室、宿舍、实验室等教育和生活设施。最后，再面向社会发布公告，招聘职业教师，招收适龄学生，等一切准备就绪后，这所大学才算是正式开始运作了。

但在中世纪，大学的兴起与现代是完全相异的。一位富有智慧的人某天突然顿悟，惊叫道："天呐，我发现了一个伟大的真理，我必须将它告诉所有人！"于是每当他召集到听众，他便不辞劳苦地向人们宣传他的真理，其形其神就如一个站在肥皂箱上伶牙俐齿的街头演说家。倘若他真是一位才思敏捷、口若悬河的宣传家，听众们自然会愿意听他究竟在说些什么；若是他的演说味同嚼蜡，无比沉闷，听众们就只会稍停片刻，然后耸耸肩，各自散去。假如幸好他对于演讲还是比较在行，后来就有一批青年人每日都来听这位学者的精妙言辞，他们还带了笔和纸，若听到一些觉得重要的话，就赶紧记下来。然而风雨难测，有一次学者正讲得兴起，突然不巧雨从天降。学者和青年学生们又兴致正浓、不愿散去，于是他们便转移到一处空置的地下室或者这位学者的家中，继续演说和倾听。演说者坐在椅子上，倾听者席地而坐。这就是最初的大学。

在中世纪，"Unibersetas（大学）"一词本意就是指由老师和学生组合而成的一个团体。老师是这个团体的核心骨架，只要老师不变，不论在什么地方什么环境下教学，都不重要。

在这里我要说一件9世纪发生的事情。在那不勒斯的萨莱诺小城有很多医术高超的医生，他们在欧洲享有盛誉，因此有很多有志学医的人慕名前来拜师，于是历史中延续千年不衰的萨莱诺大学（直到1817年）就建立起来了。这所学校的主要课程就是希波克拉底留给后人的医学思想，这位杰出希腊医生曾是公元前5世纪希腊半岛上远近驰名的名医。

大学的出现

随着人们随时随地地共享、发表自己的崭新见解，无味、无趣的探讨多被人们丢弃在风中，而那些新颖、充满睿智的言辞则引发人们的兴致，认真聆听甚至随手做笔记，当聆听这位导师教诲成为固定的习惯且有了固定的时间和场所，大学就应运而生了。图为意大利波伦那大学的学生在认真听课。

还有出生于布列塔尼半岛的年轻神父阿贝拉德。早在12世纪初，他就已在巴黎教授逻辑学和神学，他的渊博学识吸引了几千名热情的年轻学生涌入巴黎这座历史悠久的法国首都来聆听受教。然后，就有一些与阿贝拉德思想相左的神父站出来阐述他们的观点。没过多久，巴黎城到处拥挤着成群结队熙攘吵闹的英国人、意大利人、瑞典人、匈牙利人以及本土的法国人。又过了不久，在塞纳河小岛的老教堂附近，著名的巴黎大学诞生了。

在意大利的博洛尼亚，一位叫格雷西恩的神父编纂了一本宗教教科书以帮助那些想了解宗教律法的人们，后来许多年轻教士和平民百姓自发从欧洲各地赶来，聆听格雷西恩阐述他的理论。为了不受博洛尼亚城的封建领主、旅社老板和酒店掌柜的盘剥，他们联合起来组成了一个团体，这就是博洛尼亚大学的前身。

后来，巴黎大学发生了内讧，具体原因我们不了解，只知道一些老师和学生义愤填膺地选择了出走。他们渡过海峡，来到了泰晤士河畔附近一个叫牛津的小镇，由于被这里人们的热情好客所吸引，所以在这里落脚了，从此著名的牛津大学也诞生了。同一年，博洛尼亚大学的内部也出现了分歧，同样有一些心存不满的老师带着他们的学生出走，最后在帕多瓦另立山头，于是这座意大利的小城镇也有了自己的大学。这类情况四处蔓延，从西班牙的巴利亚多里德到波兰的克拉科夫，从法国的普瓦捷到德国的罗斯托克，一座座崭新的大学如雨后春笋般相继而起。

当然，对于自幼学习牛顿力学和几何原理的现代人来说，那个时代的教授所讲的思想学说未免荒诞可笑。然而有一点需要指明，也是我前面所强调的，中世纪——尤其是13世纪——并不是一个停滞不前的时代。年轻的一代人骨子里散发着蓬勃的生机和热情，即便他们所处的时代存在着诸多局限和不合理，然而他们的内心却仍有着对知识和

中世纪的文化

随着中世纪的欧洲陷入一片蒙昧与混乱，人们满怀着饥渴与热情去重新看待自己的生活、看待这个世界。基督教文化的研究与探讨一度成为人们关注的核心区域，由此大量有关古典文化、文学诗歌、建筑艺术的成果得以不断涌现。

教会方面：人们将更多的精力集中在对《圣经》的繁琐考证上，拉丁教父圣·哲罗姆编定《通俗拉丁文本圣经》被重新修订。

哲学方面：中世纪西欧哲学与神学二位一体、互为表里的"经院哲学"大行其道，代表人物为托马斯·阿奎那，并形成了唯名论与实在论两大派别。

中世纪文化

文学方面：除了以教会修士领衔创作的拉丁诗歌以外，教师与学生也尝试着从事创作，以英雄史诗、骑士抒情诗、骑士传奇和寓言为题材的方言文学作品层出不穷。

建筑方面：哥特式教堂建筑成为中世纪欧洲艺术的集大成之作，充斥着大量雕刻、绘画精品的教堂成为神权统治、民众聚集的圣地。

真理的迫切渴望。正是在这种迫切的冲动中，文艺复兴哗然登场。

　　然而，就在中世纪的舞台即将谢幕时，又有一个身影孤独地从舞台上走过，他就是但丁。对于他，我们需要有足够充分的了解。但丁生于1265年，是颇有名望的阿里基尔家族的成员，他的父亲是佛罗伦萨的一位律师。但丁的童年是在佛罗伦萨度过的，在他童年时期，乔托正在将阿西西的圣方济各的生平事迹绘制在圣十字教堂的四壁上。然而，少年但丁在上学途中，经常会看到一摊摊使他惊恐的血迹。佛罗伦萨在当时分成了追随教皇的奎尔夫派和支持皇帝的吉伯林派两个派别，两派针锋相对、兵戈相向，最终导致了残酷的杀戮。而这些恐怖惨事留下来的血迹给少年但丁留下了噩梦般的记忆。

　　长大成人后的但丁追随他的父亲，加入了奎尔夫派，同他的父亲一样成为奎尔夫派的一员。就如同今天一个美国孩子因为他父亲是共和党或者民主党人，而最终选择成为共和党或者民主党人一样。只是多年后，但丁发现若处于分裂中的意大利再不推举出一个统一的强势领袖，那么意大利的所有城镇将会因为由妒生恨的互相争斗而走向灭亡。因此，有志于改变现状的但丁转身投入了支持皇帝的吉伯林派阵营。

　　但丁希望能得到阿尔卑斯山以北的力量的支持，希望能有一位强势的君主来整顿意大利混乱不堪的局面，建立和谐统一的新秩序。然而他的幻想终究还是破灭了，没有任何外来力量来干涉意大利。1302年，吉伯林派在佛罗伦萨的权力之争中落败，其成员皆被赶出了佛罗伦萨。从此，但丁成为了一名贫穷没落的流浪汉，只能依靠许多好心人接济的面包过活，直到1321年他在拉维纳城的古老废墟中咽下最后一口气。这些好心人本来对于历史是没有任何贡献的，然而他们因对一位落魄的伟大诗人所付出的微不足道的善心而被后

米兰大公之子的家庭教学

　　意大利的贵族们常邀请声誉上佳的导师单独辅导自己子女宗教、语法、修辞、写作、礼仪等方面的知识，以便于后代能踏上从政、经商的道路。这种奢侈的教学是普通人家不敢奢望的，更多的年轻人在各地大学充实自己，但所有的年轻人对于知识与未来所持有的巨大热情与迫切向往却如出一辙。

但丁和他的精神世界

　　但丁作为中世纪的最后一位诗人，也是拉开新时代序幕的第一位诗人，他在被流放期间历时十四年完成了他的长篇巨作《神曲》。这部可以同古希腊、古罗马经典之作相媲美的作品，由《地狱》《炼狱》《天堂》三部分组成，以幻游三界为主线，展现了人们对天堂与光明的向往。图为手持《神曲》的但丁。

人铭记。长期的流亡生涯，使但丁觉得有必要作为家乡的一名政治领袖而对过去发生的一切辩解一番。

　　当时吉伯林派还没有遭受沉重的灾难，但丁还可以在阿尔诺河的河堤上随心漫步，期待着有一天能再见到初恋情人贝阿特丽采。虽然她嫁为人妻并早已香消玉殒，然而当但丁抬起头来，仍能在迷离的晨雾中看到她那美丽的倩影。

　　但丁的政治抱负最终失败了。虽然他怀着赤诚之心想为生他养他的佛罗伦萨作些贡献，然而在那黑暗的法庭上，他被指控为窃取公款，被判以终身流放。若是他敢回到佛罗伦萨，就会被投入火炉中烧死。为了对自己的良心负责，为了给同时代的人洗冤，但丁爆发出了作为伟大诗人的惊人才华。他创造了一个虚幻的世界，通过对这个虚幻世界

但丁之舟

　　漆黑、阴冷的夜幕之下，冲天的地狱之火映红着天空与水面，深受折磨的灵魂扭曲着肢体聚拢在船舷边，惊恐的诗人但丁高举着手出于本能地向后退避，而淡定的维吉尔仅仅是轻轻扶住但丁，引导着这个忐忑不安的凡人驾船穿越通往地狱之城的湖泊。

的描绘详细，他讲述了导致他政治抱负失败的各种原因，并形象刻画了人们病入膏肓的自私、贪婪和嫉妒是怎样将他热爱的美丽家园变成了一个残暴、冷血的诸侯争权夺利的战场。

　　但丁讲述了这样一个故事：在1300年复活节前的星期四，他在一片阴沉可怖的森林里迷了路，来路已经找不到了，正当他向前探路时，突然不知哪里蹦出来一只豹子、一只狼和一头狮子，挡在他的面前。他由于惊恐而茫然失措，就在绝望之际，从丛林深处飘然走来一个白衣人，他就是古罗马哲学家、诗人维吉尔。但丁相信，一定是圣母玛利亚和他的初恋情人贝阿特丽采在天堂看到了他的厄境，所以派维吉尔来救他脱困。维吉尔驱散了野兽，引着但丁踏上了穿越地狱和炼狱的历程。他们所走的通向地心的道路越来越曲折，越来越深，最终他们到达了地狱的最深处，在这里，但丁看到了冻成永恒冰柱的魔鬼撒旦。撒旦身边还有无数冰柱，里面冷冻的有历史的罪人，有叛徒，有说谎者，还有欺世盗名之辈。实际上但丁在到达地狱最深层之前，也遇见过许多对佛罗伦萨的历史产生过重要影响的人物，有专横的皇帝和教皇，有骁勇善战的骑士，还有精于算计的高利贷商人，罪孽深重者要在地狱中接受惩罚，罪孽较轻者则要苦苦等待着离开地狱、升入天国的赦免日。

这个故事充满了神秘色彩，但丁将它写成一本手册，手册上对13世纪人们所有的言行、希望和畏惧都作了详细的描述，而贯穿手册始终的，就是那个佛罗伦萨流放者孤独而绝望的身影。

当这位忧郁的中世纪诗人慢慢地走下了历史舞台后，一个日后将成为文艺复兴先驱的呱呱哭泣的婴儿成为了新的主角。他就是著名学者弗朗西斯科·彼特拉克，意大利阿雷佐小镇上一位公证员的儿子。

彼特拉克的父亲和但丁一样，是吉伯林派的成员，在吉伯林派失败后他也遭到了流放，所以彼特拉克出生于意大利的边远小镇。彼特拉克十五岁那年被送到了法国的蒙彼利埃就读，他父亲为他选的专业是法律，希望儿子将来能成为一名律师。然而彼特拉克有自己的想法，他讨厌法律，压根就没想过当律师，他的理想是当一名诗人。他对诗人这一理想追求不懈，就和许多意志坚强的人们一样，他终于实现了夙愿。然后他开始了一次长途旅行，先后到达了弗兰德斯、莱茵河沿岸的修道院、巴黎、列日、罗马，并将那里保存的古人书稿抄录下来。后来他隐居在沃克鲁兹山区的一个僻静山谷里，在那里潜心于学问研究和著书立说。没过多久，当他写的诗歌和学术著作流传于世时，立即引起了人们的争相传阅，他的名字也传遍了整个欧洲。那不勒斯国王和巴黎大学都发函邀请，请他去给市民和学生讲授他的思想。彼特拉克欣然接受，罗马城成为了他赶赴新任的必经之路。而早在这以前，彼特拉克对古代罗马学者那些被人遗忘的书稿进行编辑记录时，他的名字在罗马就已经尽人皆知。因此罗马市民们留住了彼特拉克，决定授予他荣誉。人们在罗马城历史悠久的广场上将

弗朗西斯科·彼特拉克

有着"文艺复兴之父"之称的弗朗西斯科·彼特拉克以其极具抒情魅力的十四行诗闻名于世。其在古典文化的基础上，更加注重文艺、学术思想，引发了与旧有"神学"相对应的人文思想的萌生，历时四年创作的叙事史诗《阿非利加》在社会中引起强烈的反响，后也因此在罗马城加冕桂冠。

诗人的桂冠郑重戴到了彼特拉克的头上。

从那时起，彼特拉克的周围就少不了赞誉和掌声了。当时的人们已经厌倦了乏味的神学理论，他们渴望生活能丰富有趣，而彼特拉克所描绘的世界正是人们所希望得到的。但丁一厢情愿地在地狱和炼狱中穿行，由他去，没人愿意同行，人们更愿意听彼特拉克对爱、对大自然、对美丽新生活的歌颂。彼特拉克从不提那些阴暗的事物，认为它们不过是些毫无意义的陈词滥调。他每到一座城市，几乎全城的百姓都赶去欢迎他，就像是迎接一位凯旋而归的统帅。若是他和另一位大作家薄伽丘一起，那么欢迎的场面肯定会更热烈。这两人都是文艺复兴时期的杰出代表，他们充满热情，对任何新鲜事物都有兴趣，经常钻入那座处于人类记忆外的图书馆认真钻研，试图发现一些维吉尔、卢克修斯、奥维德或者其他古代诗人所留下的手稿。他们两人都是虔诚的信仰基督教的人，当然，其实所有人都是虔诚的信仰基督教的人。人们不需要出于对"人终有一死"说法的敬畏，而整日板着张脸，或者表现得过于忧郁阴沉，再或者穿着脏兮兮的破衣服上街示众。生命如此美妙，生活如此快乐，人生在世，就是为了追求幸福。这还需要证明吗？好吧，我们先拿一把铁锹，掘地三尺，会发现什么？精美的古代雕塑、优雅的古代花瓶，还有古代建筑的遗迹，所有这些美好的东西都是曾经统治整个世界的罗马帝国留给后人的。他们在长达1000年的时间里主宰着这个世界，他们勇武有力、慷慨富有、英俊潇洒，若是你看过奥古斯都大帝的半身像就知我所言非虚。不过他们不是信仰基督教的人，因此无法进入天国，他们也没有被禁锢在地狱深层受折磨，而是在刑罚较轻的炼狱中消磨时光。但丁曾在那里见过他们。

当然，没人关心他们在炼狱中的情形，更多人反倒对强盛罗马帝国时期人们的生活充满了憧憬。对他们来说，那个时期的罗马就是人间的天堂。不管怎

薄伽丘《论杰出的女人》

崭新的时代精神让人们对严谨、枯燥的神学失去了曾有的狂热与沉迷，战争的洗礼与生活的艰辛让人对生命与幸福有着更为深刻的理解。人们歌颂爱情、歌颂自然、歌颂生活、歌颂一切美好的事物，对知识与阅读如饥似渴，期待着拥有更多的幸福与快乐。图为薄伽丘的畅销书《论杰出的女人》。

么说，人的生命只有一次，既然我们回不到过去，那就从现实中寻求生命的乐趣，我们有充足的理由应使自己变得更幸福一些。

总而言之，在众多意大利小镇昏暗、狭窄的市井街头，到处洋溢着这种追求新生的时代精神。

何谓自行车狂？何谓汽车狂？当自行车被发明出来后，人类终于可以放弃几十万年来都一直使用的缓慢而费力的步行，因此所有人都高兴得发疯。人们骑着自行车，一踏脚蹬，便可以轻松地翻山越岭，快速而方便。再后来，世界上第一部汽车被一个绝顶聪明的机械师制造出来，它不仅不需要没完没了地踩脚蹬，而且速度相比自行车更快。人们只要舒舒服服地坐在车内，掌握好方向盘，汽油将替代人力，让你随心所欲去往任何一个想去的地方。因此，现代人都想拥有一辆汽车。人们对汽车充满了热情，张口闭口都是罗伊斯、福特、化油器、里程表、汽油等。探险队长途跋涉到危险的陌生地带，希望能找到新的石油开采地。苏门答腊和刚果的热带雨林能为人类提供橡胶资源。石油和橡胶突然变得如此珍贵，以致人类为了争夺它们不惜自相残杀，这原来是汽车的缘故。全人类为了汽车而疯狂不已，就连孩子在牙牙学语时，所学的第一个词汇也成了"汽车"，而不是"爸爸"、"妈妈"。

到14世纪，古罗马世界那些深埋于尘埃下的美丽被重新发掘出来，这让所有意大利人都陷入了疯狂之中，当时的情形与今天我们对汽车的疯狂崇拜一样，别无二致。没过多久，意大利对于古罗马文明的热情传播到欧洲其他国家。在那时，仅仅是一部古人手稿的发现，就足以值得人们狂欢庆祝了。若有人写了一本语法书，那他肯定会受到广泛的欢迎和赞美，这比现在发明了新火花塞的发明家还要荣耀许多。那些致力于研究人类和人性的人文主义者，他们受欢迎的程度，相比刚刚征服世界归来的战争英雄也绝不逊色。

文艺复兴时期发生了一件重要的事情，这对于研究古代哲学家和作家非常有利。土耳其帝国的军队再次入侵欧洲各国，并将古罗马帝国的最后遗迹——君士坦丁堡围困住了。1393年，东罗马帝国的皇帝曼纽尔·帕莱奥洛古斯派遣使者伊曼纽尔·克里索罗拉斯前往西欧各国，向那里的君主陈述东罗马帝国的处境，请求他们派兵支援，然而一无所获。

罗马的天主教信仰者并不喜欢希腊的天主教信仰者，因此当他们看到希腊天主教信仰者遭受迫害时，从来就漠然视之。但是，尽管西欧各国对东罗马帝国的厄运冷淡相待，他们对古希腊人却表现出极大的兴趣。要知道，古希腊人在特洛伊战争的500年后在博斯普鲁斯海峡边上建起了这座拜占廷城市。西欧人想要学习希腊语，以便于阅读亚里士多德、荷马和柏拉图的著作。他们有着迫切的学习愿望，只是没有希腊语教材，也没有老师教学。当佛罗伦萨人听说克里索罗拉斯到访的事，不禁欣喜若狂，立刻就发函邀请他。函件的内容是这样说的：市民们想学希腊语都想疯了，阁下是否愿意来做我们的老师？答案是肯定的，克里索罗拉斯成为了佛罗伦萨的第一位希腊语教师，他每天带领着数百个渴望求知的学生学习希腊字母，"阿尔法"、"贝塔"、"伽马"，一遍又一遍重

文艺复兴

随着文艺复兴的浪潮在意大利各个城市涌起，清新的人文风气一扫笼罩在整个欧洲上空的阴霾，人们通过研究古希腊、古罗马艺术文化，从事大量优秀的文艺创作，掀起了一场轰轰烈烈的思想文化变革。

文艺之巅	文学	意大利文学	但丁（1265—1321），代表作《新生》、《神曲》。 彼特拉克（1304—1374），人文主义之父，代表作《歌集》。 薄伽丘（1313—1375），意大利民族文学奠基人，代表作《十日谈》。
		法国文学	杜·贝莱（1522—1560），代表作《悔恨集》。 拉伯雷（1494—1553），人文主义作家，代表作《巨人传》。
		英国文学	托马斯·莫尔（1478—1535），空想社会主义奠基人，代表作《乌托邦》。 莎士比亚（1564—1616），天才戏剧家、作家，代表作《哈姆雷特》。
		西班牙文学	塞万提斯（1547—1616），现实主义作家，代表作《堂·吉诃德》。 维加（1562—1635），西班牙戏剧之父，代表作《羊泉村》。
		荷兰文学	伊拉斯谟（1466—1536），代表作《愚人颂》。
	绘画	意大利绘画	乔托（1266—1336），欧洲绘画之父，代表作《犹大之吻》。 马萨乔（1401—1428），首位引入透视法的绘画大师，代表作《失乐园》。 达·芬奇（1452—1519），博学多才的大师，代表作《蒙娜丽莎的微笑》。 米开朗基罗（1475—1564），代表作《大卫》。 拉斐尔（1483—1520），代表作《西斯廷的圣母》。

复着字母的读音。这些学生大部分都是热血青年，他们历经千辛万苦来到佛罗伦萨，情愿住在肮脏的马棚或者阴暗的旅社里，只为学习希腊语，以便能与索福克里斯、荷马站得更近一些。

与此同时，一些大学里的神学教授还在不厌其烦地讲授着他们所崇拜的古老神学和逻辑学。他们专注于阐述《圣经·旧约》中所隐藏的神秘思想，却也没有忘记对亚里士多德的希腊文、阿拉伯文、西班牙文、拉丁文著作中的古怪科学大肆批判。他们本来对事态的发展冷眼旁观，后来就有些惊慌了，继而恼羞成怒，大骂那些人离经叛道！然而，最终充满理想的年轻学生们还是接二连三地离开了正统大学的教室，跑去听一个极端的人文主义者讲所谓的"文明重现"的新理论。

于是他们将怨言发泄到政府那里，请求当权者裁决。然而，没有人能强迫一匹不渴的野马低头喝水，更没有人能强迫学生们对兴趣索然的说辞热情聆听。这些老学究们步步紧逼，却经常败北，即便他们偶尔小胜一次，也是与那些自己得不到幸福也不想让别人得到幸福的宗教极端分子联手。

佛罗伦萨是文艺复兴的中心，在这里旧秩序和新生活你争我夺，争斗十分惨烈。一个西班牙多明我会派教士对"美好的新生活"充满了憎恨，于是组织了一个维护旧秩序的阵营，并发动了一场波澜壮阔的战争。他每天都在费奥里玛利亚大厅内展现他那雷霆般的怒吼，向世人表示上帝的愤怒！他高声大喊："忏悔吧！忏悔你们忘了上帝！忏悔

君士坦丁堡的陷落

当古罗马曾被人们遗忘的美重现欧洲，处在遥远东方的君士坦丁堡却孤立地站在它命运的边缘。在重型火炮与重重围困之下，号称世界最坚不可摧的城防工事也无法阻挡又一次彻彻底底的洗劫。连日的战火让防守方给养匮乏、人心浮动、待援无望，惨烈的大战以城破人亡的陷落画上了最终的休止符。

你们追求幸福！你们的要求是不纯洁的，你们是有罪的，向上帝忏悔吧！"他宣称听到了上帝的声音，看到了那把烈焰之剑在天空中舞动。他对小孩子们循循善诱，希望能引导这些未被"玷污"的灵魂步入"正途"，避免他们重蹈父辈走向毁灭的覆辙。他将这些孩子们组成一支童子军，为仁慈的上帝歌功颂德，并将他奉为先知。在他这种狂热的感召下，佛罗伦萨的市民们竟然产生了恐慌，他们答应诚心忏悔对幸福和快乐的罪恶追求。他们将家中的书籍、油画和雕塑全部拿出来，堆放在市中心的广场上，唱着圣歌，跳着邪恶的舞蹈，狂热地欢庆一场"虚荣的狂欢节"。而萨佛纳罗拉则将那堆放着的无

数艺术珍品付之一炬。

当一切化为灰烬时，人们的头脑也清醒下来了。他们发现失去了什么，他们意识到自己被这个狂热极端的教士所蛊惑，亲手毁了刚刚懂得珍惜的新事物。于是他们立刻倒戈，将萨佛纳罗拉关进大牢。不过萨佛纳罗拉即使受到重刑折磨，他也拒不认错。他秉性忠诚，对于圣洁的生活忠贞不渝，因此他千方百计想毁灭那些与他信仰相左的事物。只要他发现了"罪恶"，就认为自己必须要消灭它。在他看来，不论是阅读异教的书还

欧洲文艺复兴的成果

在文艺复兴的影响下，自然科学逐步从中世纪的神学桎梏中解脱出来，天文学、医学、数学、物理学、哲学等方面所取得的理论与进展有力地推动了人类思想启蒙的延伸，人们终于开始学会用自己的双眼去全面、真实地看待这个世界。

文艺复兴成果	自然科学	天文学	哥白尼（1473—1543），提出了"日心"说，代表作《天体运行论》。 乔尔丹诺·布鲁诺（1548—1600），代表作《论无限性、宇宙和诸世界》。 伽利略（1564—1642），代表作《关于托勒密和哥白尼两大世界体系的对话》。 约翰·开普勒（1571—1630），代表作《新天文学和天体物理学》。
		医学	维萨留斯（1515—1564），代表作《人体结构图》。 塞尔维特（1511—1553），代表作《基督教会的复兴》。 哈维（1578—1657），代表作《心血管运动论》。
		数学	卡尔达诺（1501—1576），研究出解三次方程的公式。 韦达（1540—1603），代表作《数学公式和三角法及附录》。
		物理学	威廉·吉尔伯特（1544—1603），代表作《论磁石》。 伽利略（1564—1642），代表作《论两种科学》。
	新哲学	英国"经验论"哲学	弗朗西斯·培根（1561—1626），代表作《新工具》。 托马斯·霍布斯（1588—1679），代表作《利维坦》。
		大陆"唯理论"哲学	勒奈·笛卡尔（1596—1650），代表作《哲学原理》。 斯宾诺莎（1632—1677），代表作《伦理学》。

圣安东尼的诱惑

对于依旧沉浸在旧有传统与历史中的人们来说，幸福与快乐的诱惑如同邪恶的幽灵时刻潜伏在生活中的每个角落，它使人变得贪婪、丑恶，它是人们背离圣洁、堕入深渊的罪魁祸首。于是虔诚的神学者试图说服、改变人们对新生活的憧憬与追逐，新旧观念的冲突让人们付出高昂的代价，甚至失去生命。

是追求异教的天国，都是不可饶恕的罪恶。然而萨佛纳罗拉最后得不到任何人的支持，当中世纪正不可避免地走向没落，他却还在绝望中苦苦支撑着，就连罗马教皇也没有对他有过丝毫怜悯。相反，当萨佛纳罗拉被送上绞刑架时，当市民们为焚烧萨佛纳罗拉的尸体而欢呼时，教皇却默许了。

萨佛纳罗拉注定是一个悲剧性的人物，若是他生于11世纪，他会成就一番事业，可惜他错生在了一个完全不同的时代。在15世纪，他那"重整宗教河山"的鸿鹄之志是注定要失败的。当教皇也成为了人文主义的追随者时，当梵蒂冈也成为了收藏古希腊和罗马艺术品的博物馆时，中世纪真的已经结束了。

第 **四十** 章

表现的时代

人们的内心开始渴望着将生活的乐趣和幸福表达出来，于是，诗歌、雕塑、建筑、油画及书籍都成为他们宣示快乐的载体。

　　1471年，一位91岁高龄的虔诚老人离开了这个世界。古老的荷兰汉撒市兹沃勒小镇附近有一座名为圣阿格尼斯山的修道院，这里紧邻着风景秀丽的伊色尔河，看上去幽静且美好，显然这里是一个非常适合修行的地方。那位刚刚离世的老人就在这里度过了72年的人生时光。人们称这位老人为托马斯兄弟，也称他为坎彭的托马斯，坎彭村是他的出生之地。12岁时，托马斯被送到了德文特。在这里，他与著名的游历布道者——巴黎、科隆及布拉格大学的高材生格哈德·格鲁特创立了"共同生活兄弟会"。兄弟会的成员都是一些平凡普通的人，他们的愿望是可以一边从事自己的工作，例如木匠、油漆工、石匠等，一边还可以像早期基督十二使徒一样过着朴素简单的日子。他们为了让贫困农家的孩子可以接触到更多的基督教义和智慧，所以，就设立了一所著名的学校。小托马斯前来的就是这所学校。在这里，他学会如何书写拉丁动词的变位形式，怎样抄写古代的手稿。学有所成后，托马斯立下了誓言，然后将自己的一包书籍背在肩上，翻越崇山峻岭，来到了兹沃勒这座小镇。接着，他终于深感释然地长出一口气，关起房门，就此远离了那让他索然无味的喧嚣世界。

　　托马斯所生活的时代，到处都是瘟疫和死亡，而且社会动荡不断。在中欧的波西米亚，正是处于暴风雨来临时期，英国宗教改革者约翰·威克利夫的朋友以及其追随者约翰尼斯·胡斯的忠实追随者们，为了给自己的领袖报仇，正在紧锣密鼓地筹划一场战争。胡斯之所以被烧死在火刑柱上，是根据康斯坦茨会议的决定作出的。但是，在不久以前，这个会议还曾让他前往瑞士讲解他的教义，并且信誓旦旦说会保护他的人身安全。可是，当胡斯来到目的地，来到了齐聚一堂正在商讨教会改革的教皇、皇帝、23名红衣主教、33名大主教和主教、150名修道院院长以及100名以上的王公贵族的面前时，等待他的却是上述结果。

　　在西欧，法国人为了将占领自己土地的英国人赶走，已经坚持了大约100年的反抗斗争，若不是前不久圣女贞德的及时出现，此时的法国早已面临全线溃败的窘地。但是，百年战争刚刚尘埃落定，法兰西王国和勃艮第就为了抢夺西欧的统治权，彼此之间又开始了新一轮的残酷征讨。

在南方，看一下罗马的教皇，他正在对上天祈祷，祷告的内容却是请求将灾难降临到法国南方阿维尼翁的另一位教皇头上。而阿维尼翁的那位教皇则也在心中默默叨念，祈祷上天将同样的灾难降临在罗马教皇身上。在远东，君士坦丁堡被土耳其人占领，罗马帝国的最后堡垒彻底沦陷。俄国人则准备背水一战，做最后的远征讨伐，将统治他们的鞑靼人彻底打败。

尽管外面的世界热闹非凡、你争我夺，可是，托马斯兄弟却充耳不闻，只是待在自己简单、安静的隐修室中，他已经完全沉醉在古代手稿和沉思冥想中了。现在，他全部的注意力都集中在一本小册子中，那里深藏着他对上帝满腔的热情，这本小册子就是《效法基督》。这本书是除了《圣经》以外，被翻译的语种最多的书籍，它的阅读者丝毫不比《圣经》的阅读者少。这本书改变了成千上万人的世界观，影响着他们的生活习惯和思想，写作这本书的人，他最理想的生活方式就是"可以安静地坐在小房间的一角，捧着一本小书，安逸地度过一生的时光"。这是他人生最高、也是最淳朴的愿望。

好兄弟托马斯就是中世纪最纯净的理想的代表人物。当四面纷纷涌现起文艺复兴的浪潮，当人文主义者大声高呼新时代到来的时候，中世纪并不想退出舞台，而是暗中积蓄力量，做着最后的挣扎。修道院也进行了革新，追求财富与享乐的恶习被僧侣们

胡斯之死

布道者约翰尼斯·胡斯因以言论抨击腐朽的罗马教会与教权，在教会与权势统治者召集的康斯坦茨会议中被判处异端邪教罪，烧死在火刑柱上。在教会分裂与互争之中，神职人员逐渐偏离了朴素的信仰与操守，陷入拜金、专权的旋涡，而胡斯的反对之音则让其沦为当权者的牺牲品。

思想的独立

人们厌倦了长期以来宗教与权势彼此的口蜜腹剑、征讨倾轧，思想日渐独立的人们已不满足于在台下做个安分守己的听众，他们没有兴趣欣赏皇帝与教皇之间的拙劣演技，更没有人可以对他们指手画脚，他们迫切地期待着成为舞台上的表演者，成为书写自己历史的主人。

表现的时代

中世纪沉淀下来的陈规旧习逐渐消失殆尽，人们的思想不再受困于强权的束缚，也不再安守于自我的救赎，而是更多寻求理想与自我表达，通过自我价值的实现与他人认同来最大限度引导、改变自己的世界。

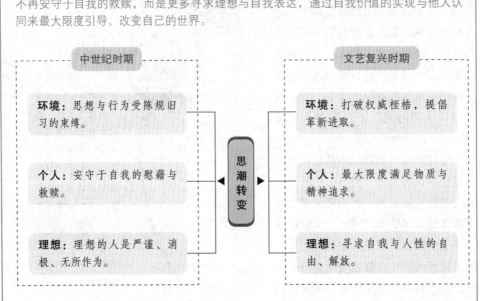

中世纪时期	思潮转变	文艺复兴时期
环境：思想与行为受陈规旧习的束缚。		**环境**：打破权威桎梏，提倡革新进取。
个人：安守于自我的慰藉与救赎。		**个人**：最大限度满足物质与精神追求。
理想：理想的人是严谨、消极、无所作为。		**理想**：寻求自我与人性的自由、解放。

抛弃。淳朴诚实的人们正在努力学习最完美的虔诚生活，他们想让人类重新回到正义的时代，重新归顺上帝的意志。可是，新时代以强大的动力，从这些淳朴的人们身边飞驰而过。不要想了，一切都是徒劳，那种静心冥想的时光永不存在，一个新的伟大的"表现"时代来临了。

我还需要在这里说明一下，很抱歉，我必须要用更多的"繁词冗句"来说明这一切。从内心讲，我很希望可以使用一个音节的单词，将这部历史全部呈现在大家面前，但是，显然这是不可能的事情。就好像你所著的一部关于几何的教科书，你必然会用到"弦"、"三角"和"平行六面体"等专有名词。如果你想学会几何，那么，你就必须要理解这些词。学习历史（包括生活的各方面），你必须要理解很多起源于拉丁文和希腊文的深奥字眼。假如这是一个必须的条件，从现在开始学习又何妨呢？

我说的文艺复兴时期为"表现的时代"，意思就是说：人们已经不甘于做一个旁观者的角色，他们不再满足于听从教皇或者皇帝的指示。现在，他们想要登上舞台表演，他们想要"表现"出自己的想法。

假如有一个人对政治抱有极大的兴趣，而他又像佛罗伦萨的尼科·马基雅维里一样喜欢"表现"，那么他就会写上一本书来表达自己对成功国家和有成就的统治者的看法。又假如，他如果喜欢画画，他可能就会在绘画创作中用线条和色彩来表达自己的看法。因此，这个时代就出现了像乔托、拉斐尔、安吉利科那样的杰出人物。

假如此人不仅对色彩和线条感兴趣，对于机械和水利也是兴趣盎然，那么，他就是列奥纳多·达·芬奇。他不仅会有精绝的画作《蒙娜丽莎》，还不时主持测试着热气球和飞行器的实验，甚至不停思考着如何才能将伦巴德平原沼泽的积水排完。从天下的所有事件中他们都可以感到无限的乐趣，然后这些都会在他的散文、绘画，甚至是奇特的

蒙娜丽莎

空间的错觉、充满魔力的眼神与神秘的微笑让这幅惊世之作成为世界上知名度最高的作品。这幅享有盛誉的人物肖像画名作让无数世人为之倾倒，各种传说与猜测层出不穷。列奥纳多·达·芬奇试图将优美的风景与端庄的人物融合在一起，进而展现出人物复杂的内心世界。

持花女子的半身雕像 大理石雕像 约1480年 高60cm 现存于意大利佛罗伦萨巴吉罗国家博物馆

精致的头饰、柔美的线条，这座神采奕奕的女性雕像出自大雕刻家韦罗基奥之手。作为艺术大师列奥纳多·达·芬奇的师傅，韦罗基奥同样有着多才多艺的一面，不仅精于雕刻，更擅长绘画与金饰的加工制作，更是文艺复兴时期闻名遐迩的绘图员。

发动机中——"表现"出来。如果有一个如米开朗基罗那般强壮的人，那些画笔和调色板无法让他感到满足，那么，他就会用大理石块堆砌、雕凿出建筑或雕像，还可以绘制出圣彼得大教堂的蓝图。这是让这座大教堂获得无尽赞誉与殊荣的最基本"表现"。

如此这样，连续不断地"表现"下去，很快，整个意大利（很快蔓延到全部欧洲）就出现了很多勇于"表现"的男女。他们将自己薄弱的力量投入到工作中，为的是不断积累人类的知识、美与智慧。在德国的梅因茨城，约翰·古滕堡发明了一种简单的出版书籍的方法。他在古代的木刻法的基础上，完善现有的方法，然后使用单独的字母制成软铅，可以排列出单词及整篇的文字。不幸的是，不久后，他就在一个关于印刷术发明权问题的官司中倾家荡产、潦倒终生。但是，印刷术却流传了下来，成为了一个非常重要的发明。

不久后，威尼斯的埃尔达斯、巴黎的埃提安、安特卫普的普拉丁、巴塞尔的伏罗本，他们均使用印刷术将精美的古典著作印刷出版，有的使用哥特字母印刷，有的用意大利体，有的用希腊字母，还有的用希伯来字母，让整个世界为之倾倒。

此时，整个世界的人们都成为了那些想要讲话的人的忠实听众。那个少数特权阶层垄断知识的时代一去不返。昂贵的书价已经不能作为无知和愚昧的最终理由了，哈勒姆的厄尔泽维大量印刷的廉价通俗读物开始给人们带来了无尽的知识。如今，你只需花费几个小钱就可以换来亚里士多德、柏拉图、维吉尔、贺拉斯及普利尼这些伟大的古代作家、哲学家的作品。在印刷文字的普及下，人文主义使每个人都处于一个自由平等的位置上。

第四十一章

伟大的发现

人们既然已经打破了中世纪的束缚，就必然需要更广阔的空间去驰骋。狭小的欧洲明显无法承载他们的雄心壮志，伟大的航海大发现时代终于要到来了。

十字军东侵，对欧洲人来说就像是讲授旅行基础知识和技巧的一门课程。不过在那时，对于那条从威尼斯到雅法尽人皆知的古老路线，人们还是从不敢稍有偏差。威尼斯商人波罗兄弟曾在13世纪，经过长途跋涉穿越了辽阔的蒙古大沙漠，翻过那高耸的山岭，来到了正在统治着中国领土的蒙古大汗的皇宫。波罗兄弟当中有一个人的儿子叫作马可·波罗，他写了一本游记，详细地描述了他们在东方长达20年的漫游和冒险旅程。这本书在欧洲引起了极大的反响。马可·波罗在游记中有一段对奇特岛国"吉潘古"（日本的意大利念法）金塔的描述很是迷人，在读到这一段描述时，全世界的人都惊呆了。有很多人都想到东方来寻找这片富饶的土地，期望能一夜暴富。但最终因为路途过于艰辛、遥远，人们顶多只能在家中幻想一下。

当然，他们可以走海路去东方，不过航海在中世纪还没有普及，人们也很少去关注它。其实之所以出现这种情况也是有原因的。首先是因为当时的船只都很小。麦哲伦在进行那场持续好几年的环球航行时，他所使用的船只很小，远没有现代的一只普通渡船大。而且当时船舱狭窄，只能承载20—50个人，舱顶很低，人们都无

马可·波罗

13世纪的意大利著名旅行家、商人马可·波罗，跟随父亲与叔叔从威尼斯出发，途经中东，历时4年最终抵达中国。游历多年让他到访过中国众多的古都、名城，返回家乡后根据他的讲述而汇成的《马可·波罗游记》将中国看作是富饶、美丽、神奇的东方古国，激发了欧洲人浓烈的兴趣。

瓷器

　　净白光润的瓷器被欧洲人看作是中国伟大的奇迹之一，典雅的花卉图案让人爱不释手。意大利旅行家马可·波罗曾细致描述了瓷器的制作以及市场中的低廉价格、精雅品质。这些瓷器被商人通过海陆运输贩卖到欧洲，成为王室贵族们挚爱的奢侈品，也诱发欧洲人尝试着揭开东方瓷器的制作之谜。

星盘

　　15世纪用于航海的星盘仪器，这种由阿拉伯人惯用的星盘改进而成的科学工具能够根据星体位置确定日期与时间，通常能协助人们测算时间、勘测纬度、观测星座、绘制星图，从而在茫茫大海上为舵手提供相对准确的位置与导航数据。

法站直身体。其次是船只所能提供的饮食条件不好，厨房设施极尽简陋，天气稍有变化水手们就无法生火，而不得不以冷硬的食物果腹。尽管中世纪的人们掌握了腌制鳕鱼和鱼干的技术，但还没有出现罐头食品，食物的保鲜问题仍是远洋航行的掣肘之处。而当时的淡水也是用木桶来装的，存放时间不长。时间一长它就会变质，滋生很多细菌，饮用起来有一种烂木头加铁锈的味道。而当时的人们对细菌并不了解（13世纪，罗杰·培根这位颇有学识的僧侣对细菌的存在进行了检测，不过他很明智地选择了守住这个秘密，并没有对外界宣布），所以他们会经常饮用那些不干净的淡水，导致全体船员患急症而死。由于以上这些客观条件的存在，早期航海出行会有很高的死亡率。例如，1519年，麦哲伦从塞维利亚出发开始他著名的环球航行，当时他带了200名船员，可是航行结束后，活着回到欧洲的只有18个人。就算17世纪时西欧和印度间的海上交易已经很活跃了，可要完成从阿姆斯特丹到巴达维亚的一次来回航行，还经常会有40%的死亡率。这些人多是因为缺乏新鲜的蔬菜而死于坏血症，这种疾病通常会对患者的牙龈产生影响，使血液中的毒素浓度增加，最终导致他们因精力衰竭而亡。

　　通过对上面这些恶劣环境的描述，现在你可以很容易理解为什么当时欧洲那些优秀的人们对航海没有兴趣。而麦哲伦、哥伦布、达·伽马等伟大探险者，他们的艰难航程所带领的人，通常都是那些刑满释放人员、无业的小偷、未来的杀人犯等。

　　这些航海者是一群勇敢的人，我们

应当敬佩他们。因为当他们面对重重困难，毅然决然地开始了好像没有任何希望的冒险航行，而那些困难是我们这些习惯了现代舒适生活的人所无法想象的。他们所依靠的船只装备极差，船舱常有漏水现象，索具又十分的沉重，操作起来十分不便。虽然自13世纪中期起，他们就有了一种和罗盘相似的仪器（从中国经阿拉伯人和十字军之手带到了欧洲），可以协助在海上分辨方向，但是他们的航海地图却糟糕得一塌糊涂，他们更多时候仅能依靠运气和猜测来选择航行路线。如果运气好，他们会在一两年后风尘仆仆、两手空空地回到欧洲；如果运气不好，他们就会死在某个荒凉的海滩上，无人知晓。不过，他们都是真正的开拓者和冒险家，敢于直面命运，将生命看作是一场冒险历程，充满了光辉色彩。当他们看到了一处新海岸线的轮廓，或者是船只驶进了一处人类从未涉足的新水域时，他们就会把以前所遭受的一切苦难、病痛与饥渴统统忘得一干二净。

此时我真希望可以把这本书写到1000页那么多，因为早期地理大发现这一话题，要讲的东西实在是太多、太吸引人了。遗憾的是，我们描写历史就是要把过去那些时代的真实概况展现在你们面前。它所采取的手法应该和伦伯朗的蚀刻画创作手法相类似，将浓丽的色彩与光线聚集在最重要的事件、最伟大的人物、最有意义的时刻，而那些相对次要的部分，用阴影或几根线条一笔带过就可以了。所以在这个章节中，我只能给你们罗列一个关于最重要航海发现的简略清单。

中世纪的海图

14世纪阿拉伯旅行家伊本·白图泰游历时绘制的海图，从中人们可以分辨出地中海、北非的轮廓以及河流，人们甚至可以找出通往中国的贸易路线。

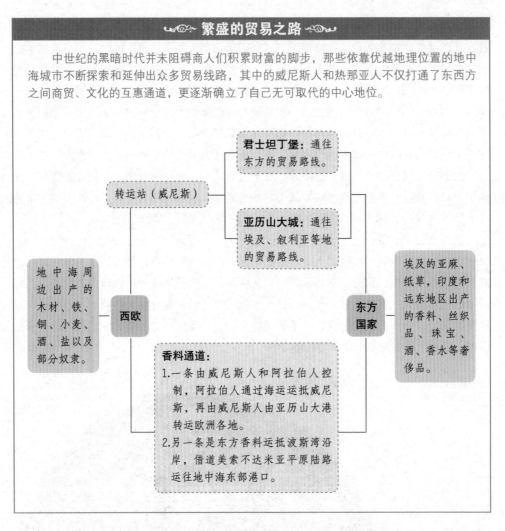

繁盛的贸易之路

中世纪的黑暗时代并未阻碍商人们积累财富的脚步，那些依靠优越地理位置的地中海城市不断探索和延伸出众多贸易线路，其中的威尼斯人和热那亚人不仅打通了东西方之间商贸、文化的互惠通道，更逐渐确立了自己无可取代的中心地位。

君士坦丁堡： 通往东方的贸易路线。

转运站（威尼斯）

亚历山大城： 通往埃及、叙利亚等地的贸易路线。

地中海周边出产的木材、铁、铜、小麦、酒、盐以及部分奴隶。

西欧

东方国家

埃及的亚麻、纸草，印度和远东地区出产的香料、丝织品、珠宝、酒、香水等奢侈品。

香料通道：
1. 一条由威尼斯人和阿拉伯人控制，阿拉伯人通过海运运抵威尼斯，再由威尼斯人由亚历山大港转运欧洲各地。
2. 另一条是东方香料运抵波斯湾沿岸，借道美索不达米亚平原陆路运往地中海东部港口。

在14世纪和15世纪，所有的航海家脑中只有一个想法，那就是尽快找到一条舒适而又安全的航线，然后向他们梦想中的中国、吉潘古海岛和那些盛产香料的神秘东方群岛进发。其实，自十字军东侵之日起，欧洲人就开始喜欢使用香料了，而香料也因此成为了一种不可缺少的商品。因为当欧洲人还没有开始大规模地使用冷藏以前，他们都是必须在容易变质的肉类和鱼上撒一把胡椒或豆蔻后再食用的。

威尼斯人和热那亚人虽然是地中海的伟大航行者，但是在后来获得探索大西洋海岸荣誉的却是葡萄牙人。这得从一场战争说起。常年来，西班牙人和葡萄牙人都在不断地与摩尔人侵者进行斗争，在这场长久的斗争中，他们产生了强烈的爱国情怀。这种情怀一旦存在，就很容易在其他新的领域生根发芽。于是在13世纪，葡萄牙国王阿尔方索三世就攻占了位于西班牙半岛西南角的阿尔加维王国，然后把它纳入自己的领土。在此后的一百年间，葡萄牙人逐渐占得上风。他们横渡直布罗陀海峡，拿下了阿拉伯人的城市泰里夫（阿拉伯语意为"库存品"，后通过西班牙人的传递，成为我们口中的"tariff"，即"关税"）对面的休达和丹吉尔两地，而丹吉尔则成为了阿尔加维王国在非洲的重要战略据点。

自此，葡萄牙人就作好了充分的准备，展开了他们的探险事业。

葡萄牙的约翰一世与冈特的约翰的女儿菲利巴结婚，后来生下了亨利王子。在1415年，素有"航海家亨利"之称的亨利王子开始了周密的准备工作，打算对非洲西北部地区进行大规模的探索。在亨利对非洲西北部地区展开探索之前，腓尼基人和古代北欧人就曾到过这片炙热、多沙的海岸。他们描述说这里时常有长毛"野人"出没，不过我们现在已经知道，这所谓的"野人"其实就是非洲大猩猩。葡萄牙人也展开了对这里的探险，而且工作进展得十分顺利，亨利王子和船长们首先发现的是加那利群岛，然后，亨

沙漠之舟

位于非洲北部的撒哈拉沙漠人迹罕至，是地球上最不适合生物生存的地区之一。借助有着"沙漠之舟"之称的骆驼组成的大批驼队，人们才能有机会躲避风沙、寻找水源甚至穿越撒哈拉沙漠。而航海家亨利王子的探险之旅不仅仅限于凶险辽阔的海洋，他还带领着远征队深入过撒哈拉沙漠的腹地。

利他们又再次找到了马德拉岛。之所以说是再次找到，是因为在一个世纪前，热那亚商船曾在这里做过短暂的停留，此外这些热那亚商人还登上了亚速尔群岛，并绘有详细的地图。而在他们之前，西班牙人和葡萄牙人对亚速尔群岛只有一个模糊的认知，只是大致地看了一眼非洲西海岸的塞内加尔河河口，就把它看作了尼罗河的对外入海口。在15世纪中期，他们还发现了佛得角（也叫绿角）和佛得角群岛，事实上这些地点已经深入到巴西通往非洲路途将近一半的位置上。

但亨利的探险活动并不是只局限于海洋。他还是基督骑士团的领袖，这个骑士团是1312年教皇克莱门特五世裁撤圣殿骑士团后，葡萄牙人自己保留的十字军骑士团。法国国王菲利普四世呼吁裁撤掉圣殿骑士团并获得批准，在采取取缔行动时，美男子菲利普把圣殿骑士全都烧死在火刑柱上，然后掠夺了骑士们的财产和领土。酷爱冒险的亨利王子，利用他的骑士团所属领地的收入，组建了几支远征队，开始对几内亚海岸的撒哈拉沙漠进行探索。

总的来讲，亨利的思想仍旧属于中世纪，他耗费大量的时间和金钱来探寻神秘人物普勒斯特·约翰。而关于这个约翰的故事，最先盛行于12世纪的欧洲。相传，约翰是一名教士，他建立了一个大帝国，自己做了国王。对于这个神秘国度的具体所在地，人们并不知晓，只知道是位于东方的某个地方。300年来，人们一直在尝试着寻找普勒斯特·约翰和他的后裔，亨利王子也位列其中，但最终都是一无所获。直到亨利死后的30年，人们才揭开这个谜底。

1486年，探险家瑟洛缪·迪亚兹想出海路出发，去寻找普勒斯特·约翰所建立的那个大帝国，为此，他到达了非洲的最南端。迪亚兹因这片海域上的强风阻碍了他的航行，于是就把此处命名为风暴角。而他的手下，里斯本海员要比他有远见得多，他们知道此地的发现，对于他们继续向东航行，寻找前往印度的航线极为关键，于是就把它命名为"好望角"。

一年后，佩德罗·德·科维汉姆也开始了寻找普勒斯特·约翰的神秘国度的行程。他拿着热那亚美第奇家族的委托书，从陆路出发开始寻找。他渡过地中海，穿越了埃及国土后，向南方行进。不久，他就到达了亚丁港，并由此处改陆路为海路穿过波斯湾。自从1800年前亚历山大大帝的势力曾扩张至此以来，欧洲人已经极少涉足这里。接着，科维汉姆就来到了印度沿岸的果阿及卡利卡特，并在当地收集到很多关于月亮岛（马达加斯加）的传说，据说该岛位于印度和非洲的中间。后来，科维汉姆就离开了印度，重新回到了波斯湾，他还偷偷地到访过麦加和麦地那。接着，他又一次渡过红海，终于在1490年发现了传说中普勒斯特·约翰所建立的神秘国度。而这个国度其实就是黑人国王尼格斯所统治的阿比尼西亚（埃塞俄比亚），早在公元4世纪，他们的祖先就皈依了基督教，比基督教教士到达斯堪的那维亚还要早上700年的时间。

通过这些航行，葡萄牙的地理学家和地图绘制者们认为，虽然向东航行可以抵达印度，但是实际执行起来却很困难。于是，这就引发了一场争论。一部分人认为应该从好

葡萄牙人的诺斯船

葡萄牙人的诺斯船是14世纪至15世纪葡萄牙人远航探险的主力用船，这种巨型的武装商船有着坚固的甲板和船头，足以抵御大洋中常见的风浪，单独粗壮的桅杆可以撑起巨大的帆，不仅坚固耐用、易于控制，也可以为船只带来足够的推动力。

望角出发继续向东探索，去寻找那条通往印度的航线；另外一部分人却说："那只是在浪费时间，我们要向西航行越过大西洋，这样才能找到中国。"

在此我想说明一点，当时最富学识的人并不是把地球看作扁平的烙饼，他们始终深信地球是圆的。在公元2世纪，著名的埃及地理学家克劳丢斯·托勒密发明并论述了一个关于宇宙构成的托勒密体系，因这一观点可以满足中世纪人们的简单需求，于是它就被人们广泛的接受。但在文艺复兴时期，科学家们抛弃了托勒密体系，转而接受了波兰数学家哥白尼的日心说。尼古拉斯·哥白尼经过研究发现，有一系列的圆形的行星在围绕太阳转动，而地球就是这些行星中的一个。不过，当时有宗教法庭的存在。它最初建立于13世纪，是为了防止法国阿尔比教派和意大利华尔德教派的异端者对罗马教皇的绝对

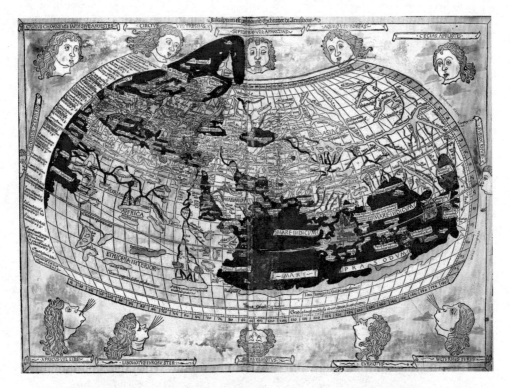

托勒密的世界

　　古希腊地理学家、天文学家、数学家克劳丢斯·托勒密研究多年，提出了著名的"地心说"与《地理学指南》，向人们展示了一幅他眼中的"真实"世界。在他的观念中地球是方的，他对经度范围的计算误差使欧亚大陆看起来大很多，从而误导了哥伦布得出选取西行航线前往中国最近的错误判断。

权威产生威胁而建立。其实这些异端者性情温和、信仰虔诚，宁愿像基督那样过着贫困的生活，也不相信私有财产。哥白尼因害怕受到宗教法庭的迫害，就把这一伟大发现隐藏了36年，直到1534年他去世，才公开发表了这一观点。而不管当时的宗教法庭有多大的权力，那些航海家们都相信地球是圆的，不管是向东还是向西，最终都能到达印度和中国，他们所争论的只不过是从哪个方向航行会更好，更加容易。

　　在那些主张向西航行的人们中，有一个热那亚水手，名叫克里斯托弗·哥伦布。哥伦布的父亲是一位羊毛商人，哥伦布曾在帕维亚大学读过一段时间的书，主要攻读数学和几何学。后来，他子承父业，但接手父亲的生意不久，他就开始在东地中海的希俄斯岛上做商务旅行。接着，他又从此地乘船去了英格兰，而他到底是以羊毛商的身份开始了此次航行，还是以商船船长的身份展开航行，我们就不得而知了。1477年2月，哥伦布说他到达了冰岛，可实际情况可能是他只到达了法罗群岛。因为在每年的2月份，这里就会变成冰天雪地，人们很容易把它误认为是冰岛。在这里，哥伦布见到了那些勇猛强悍的北欧人的后代，他们自10世纪起就在格陵兰岛定居了。直到11世纪，他们才第一次见到美洲。事实上，当时利夫船长的船只被狂风刮到了美洲的瓦恩兰岛，即现在的拉布拉多沿岸。

没有人知道那些远在西陲的殖民地后来是如何发展的。利夫船长的兄弟托尔斯坦因的遗孀嫁给了托尔芬·卡尔斯夫内，而后者在1003年建立了一个美洲殖民地，并用自己的名字命名。但这个殖民地在爱斯基摩人的敌意和反抗中只维持了3年。至于格陵兰岛，自1440年起就再也没有收到当地居民的任何消息，那些定居在格陵兰的北欧人很可能全部死于黑死病，那时欧洲黑死病的梦魇夺去了挪威的半数人口。不管真实的情况是怎样的，关于"远西地区的大片土地"这一传言，一直在法罗群岛和冰岛的居民中流传，而哥伦布也必定在他们口中获得了不少这样的消息。然后，哥伦布进一步从北苏格兰群岛的渔民那些收集了更多的相关信息。接着，他就到了葡萄牙，并在当地娶了一位姑娘，这个姑娘是曾为亨利王子工作的船长的女儿。

自1478年起，哥伦布就把全部的精力都放在寻找前往印度的西面航线上。他分别向葡萄牙皇室和西班牙皇室呈递了自己的探索航行计划。但当时葡萄牙人十分有信心能够垄断向东的航线，对哥伦布的计划根本不感兴趣，而西班牙皇室也无力资助哥伦布的冒险计划。自从1469年阿拉贡的斐迪南大公和卡斯蒂尔的伊莎贝拉结婚后，阿拉贡和卡斯蒂拉因联姻而合并为一个统一的西班牙王国。他们将全部注意力集中在攻打摩尔人在西班牙半岛建立的最后一个城堡格拉纳塔上，维持战争的大笔资金花费已让他们囊中羞涩，因此在考虑哥伦布的宏伟计划时不得不反复权衡。

很少有人能够像哥伦布那么勇敢，他为了实现自己的理想而不懈努力，虽多次陷入

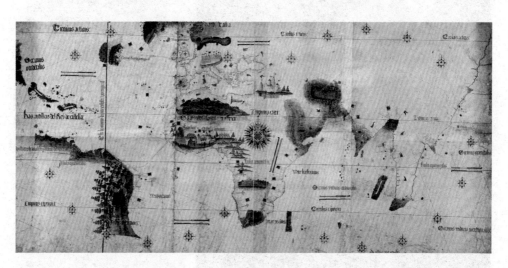

葡萄牙探险者的绝密版图

　　航海家哥伦布对于美洲大陆的新发现开辟了大航海时代的开端，促使欧洲窥视财富的人们将海上贸易由地中海转移到大西洋沿岸，进而改变了旧有大陆的文明与格局。这幅藏于葡萄牙里斯本的绝密版图不仅详细记录了葡萄牙人的探索发现，更将非洲、巴西海岸、西印度群岛精确地标注了出来。

绝境却从不放弃。其实，相信大家对于哥伦布的故事已经知道得很详细了，我也就不再多说了。1492年1月2日，被围困于格拉纳达的摩尔人投降。4月，哥伦布和西班牙国王和王后签署了协议。在8月3日星期五这天，哥伦布就率领三只小船从帕洛斯起航，开始了他向西寻找印度和中国的伟大航行。当时随行的船员共有88人，大多是为了获取免刑而选择参加远征队的在押犯人。10月12日，星期五的凌晨两点钟，哥伦布终于看到了陆地。1493年1月4日，哥伦布让44名船员留守在拉·纳维戴德要塞（后来没有人能证实留守者中有人幸存下来），与他们告别后，他就踏上了返航欧洲之路。2月中旬他抵达了亚速尔群岛，但那里的葡萄牙人却扬言要把他送进监狱。3月15日，哥伦布重回航行的始发点——帕洛斯岛，然后他就即刻带着他的印第安人（哥伦布相信自己发现的那些岛屿是从印度群岛延伸出来的，并把他带回来的那些土著居民称为红色印第安人）前往巴塞罗那。他要把自己这次航行所获得的巨大成功呈报给宽宏的国王和王后，告诉他们，那条通往金银之国——中国和吉潘古的航线已经找到，他们随时都可以任意地使用。

　　但是，哥伦布一生都没有发现事情的真相。直到他步入暮年，他开始了第四次航

航海家哥伦布

　　航海家哥伦布为达成他儿时航海冒险的梦想，托着他探寻通往东亚的海上航线计划四处寻求资助，最终在西班牙统治者费迪南及其妻子伊莎贝拉的资助下，踏上足以载入史册的航程。然而，历尽苦难的哥伦布错将大洋另一头巴哈马群岛的土著人当成东方人，也许直到离开人世他仍没发觉那是一片全新的大陆。小图是西班牙皇室为表彰哥伦布的事迹而赐予他的徽记。

行，当他踏上南美大陆的瞬间，也许对自己曾经的发现有过一点点的怀疑。但是他始终坚定地认为，欧洲和亚洲之间并不存在另一块大陆，他已经发现了通往中国的航路。

此时，葡萄牙人也在为他们的东方航线而努力，不过他们要比西班牙人幸运得多。达·伽马在1498年成功地抵达了达马拉巴尔海岸，同时还带着一船香料平安地返回了里斯本，这在全欧洲产生了极大的轰动。1502年，达·伽马再次前往那里时已经十分熟悉这一航线了。但相比之下，西航线的探索工作却不尽如人意。约翰·卡波特和塞巴斯蒂安·卡波特这两兄弟分别于1497年和1498年，试图找到通往日本的航路，可是他们满眼看到的只有纽芬兰岛上冰天雪地的海岸与山岩。事实上，这块地域早在5个世纪以前，斯堪的纳维亚人就已经发现了。后来，西班牙委派佛罗伦萨人阿美利哥·维斯普奇担任首席领航员，我们身处的美洲大陆就是以他的名字命名的。他找遍了整个巴西海岸，却根本找不到印度群岛。

直到1513年，也就是哥伦布去世7年后，欧洲的地理学家们才终于发现了新大陆的真相。华斯哥·努涅茨·德·巴尔波沃穿越了巴拿马海峡，登顶了著名的达里安山峰，临高而望，眼前烟波浩渺、无边无际的大海让他惊呆了。因为事实告诉他面前还有另外一个大洋。

达·伽马

哥伦布率领西班牙船队发现新大陆的消息传来，让意图称霸海上的葡萄牙人加紧了对东方航路的探索，葡萄牙航海家达·伽马授命从里斯本出发，绕道好望角，打通了欧洲通往印度的海上航线。然而，出身贵族的达·伽马骄横跋扈，新航路的开通同时也意味着血腥掠夺的大幕被拉开了。

1519年，葡萄牙航海家斐迪南德·麦哲伦带领一支由5只西班牙船只组成的船队，开始向西寻找香料群岛（向东的航路已成葡萄牙人的囊中之物，由于不允许竞争，他们只能向西）。在穿过非洲和巴西之间的大西洋后，麦哲伦带领着船队继续向南航行，驶入一块位于巴塔戈尼亚的最南端和"火岛"之间的狭窄海域。巴塔戈尼亚意思是"大脚人的领地"，"火岛"因水手们在夜里发现岛上有土著人燃起的火光而得名。而整整5个星期的狂风和暴风雪袭击，让麦哲伦的船队深陷覆灭的危机，水手们出现了叛变。最终麦哲伦以铁腕平复了这场叛乱，并留两名船员在荒凉的海岸上，忏悔自己的罪行。

最后，风暴渐歇，海峡也变得宽阔了。麦哲伦就带领船队驶进了一个新的大洋，那里风平浪静，麦哲伦把它命名为平稳、安宁的海洋，即太平洋。然后他们继续向西航行，这期间整整有98天的时间，他们连陆地的影子都没有见到，大多数船员因为饥饿和干渴而死去。后来他们开始吃船里的老鼠，老鼠吃没了，他们就开始吃船帆，以解腹中饥饿之苦。

1521年3月，他们终于重见期待已久的陆地。因为这片陆地上的土著居民遇到什么就偷什么，麦哲伦就把它命名为"盗匪之地"。然后，他们继续向西航行，距离他们梦想的香料群岛越来越近。

后来，他们又发现了一片陆地，这片陆地是由一群孤岛组合而成的群岛。麦哲伦就把它命名为菲律宾群岛，这也是其主人查理五世之子菲利普二世的名字。不过，历史上关于菲利普二世的记录都是些不光彩的记录，他就是致使西班牙"无敌舰队"全军覆

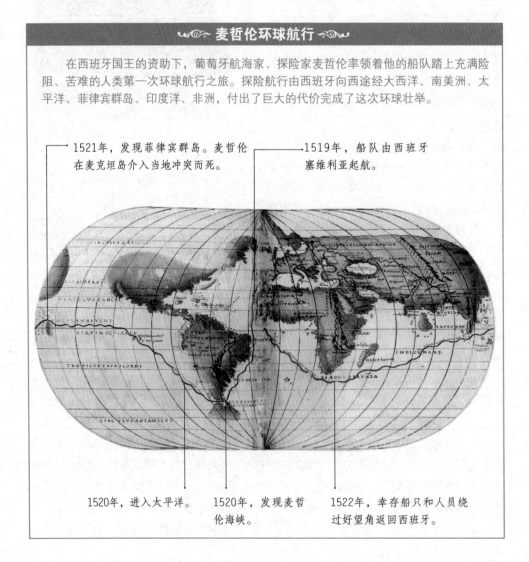

麦哲伦环球航行

在西班牙国王的资助下，葡萄牙航海家、探险家麦哲伦率领着他的船队踏上充满险阻、苦难的人类第一次环球航行之旅。探险航行由西班牙向西途经大西洋、南美洲、太平洋、菲律宾群岛、印度洋、非洲，付出了巨大的代价完成了这次环球壮举。

1521年，发现菲律宾群岛。麦哲伦在麦克坦岛介入当地冲突而死。

1519年，船队由西班牙塞维利亚起航。

1520年，进入太平洋。

1520年，发现麦哲伦海峡。

1522年，幸存船只和人员绕过好望角返回西班牙。

恐怖的航线

　　伟大的探险航行不仅需要卓越的航海技术与经验，也耗费了欧洲大量的财力、物力与人力。探险者挑战着自然与人类的极限，更要随时直面毒虫猛兽以及土著人的威胁与攻击，恐惧、饥渴、死亡成为家常便饭，故参与者多为亡命之徒，巨大的代价换来的高昂回报也是促使他们对航海探险趋之若鹜的原因之一。

没的罪魁祸首。在菲律宾，那些当地居民一开始还热情地接待麦哲伦，但是在他准备动用武力强迫当地居民信奉基督教时，人们就展开了猛烈的反击，他们杀死了麦哲伦和众多船长、水手。那些幸存的海员们就把剩余三只船中的一只给烧毁了，然后接着向西航行。他们最终发现了著名的香料群岛——摩鹿加群岛。此外，他们还发现了婆罗洲（现在的印尼加里曼丹岛），登上了蒂多雷岛。在那里，仅剩的两只船中因为一只船严重漏水，所以只好把船和船员一起留在当地。在船长塞巴斯蒂安·德尔·卡诺的带领下，依然完好的"维多利亚"号独自横穿印度洋，他们没能发现澳大利亚北部海岸（直到17世纪初期，这片荒无人迹的平原地带才被荷兰东印度公司的探险船队无意发现）。最后，他们历尽艰辛，终于回到了西班牙。

麦哲伦的这次环球航行是以往所有的航行中最受人瞩目的一次。这次航行历时3年，耗费了难以估量的人力和财力，最终勉强取得了成功。它充分证明了地球是圆的这一真理，同时还证明了哥伦布所发现的新土地并非是印度的一部分，而是一块独立的新大陆。自此，西班牙和葡萄牙人就开始把全部的精力放在对印度和美洲的贸易开发上。而教皇亚历山大六世为了防止这两个国家用武力来解决竞争冲突，被迫以格林威治以西的50度经线为分界线，把世界等分为两个部分，这就是1494年的托尔德西亚条约。在这条经线以东的地区，葡萄牙人独享着建立殖民地的权力，而在这条经线以西的地区，建立殖民地的特权则归属于西班牙。这也就能解释为什么在17和18世纪英国和荷兰殖民者

崭新的时代

波澜壮阔的大航海时代带给人们更广阔、更真切的世界，各国彼此之间的纷争蜂拥聚集到对海洋、对航线、对新大陆的争夺上来。人们兴高采烈地制造更坚固、更庞大的战舰，卸下由其他大陆源源不断掠夺而来的财富与物产，装上更多、更具破坏力的火炮，又开始了新一轮的掠夺。

（他们极度藐视教皇的旨意）将葡萄牙人、西班牙人从殖民地赶走之前，西班牙人占据着除去巴西以外的整个南美大陆，而葡萄牙人占据着东西印度群岛的全部和非洲大陆的绝大多数土地。

作为中世纪的"华尔街"，威尼斯的利奥尔托岛开始出现哥伦布发现中国和印度的消息时，恐慌一度四处蔓延。

股票和债券一度下挫了40%至50%。直到有确凿消息表明，哥伦布并没有发现通往中国的正确航线，威尼斯的那些商人才从慌乱中恢复过来。可是紧接着，达·伽马和麦哲伦的航行又证明了可以通过海路向东航行到印度群岛。这时，威尼斯和热那亚的统治者们开始后悔自己没能听取哥伦布的建议，但是为时已晚。威尼斯和热那亚曾是中世纪和文艺复兴时期的两大商业中心，可那片能够让他们发财、让他们感到骄傲的地中海如今已经变成了内海，而从那里通往中国和印度的陆路也因海路的发现而变得不再重要。意大利往日的光辉就此褪尽，商贸与文明中心的新王冠转嫁到了大西洋的头上，并且至今仍然经久不衰。

回顾历史进程，你会发现自人类文明出现开始，它就以十分奇异的方式在前进！5000年前，尼罗河谷的居民用文字记录历史，开始出现文明。后来，文明从尼罗河流域，向幼发拉底河和底格里斯河之间的美索不达米亚转移。然后，克里特岛、希腊和罗马开始接过接力棒。作为内陆海洋，地中海成为了世界的贸易中心，沿岸城市促生了艺术、科学、哲学和其他学术的蓬勃发展。而转到16世纪，文明再次西迁，大西洋沿岸的国家开始主宰这个世界。

不过也有人说，世界大战和欧洲各主要国家之间的自相残杀已经使大西洋的重要地位大大降低。他们希望文明能够穿越美洲大陆，在太平洋上找到新的落脚点。我对此暂时持有怀疑的态度。

随着向西航线的不断开发，船只越来越大，航海家们的知识和视野也越发的开阔。腓尼基人、爱琴海人、希腊人、迦太基人和罗马人用老式帆船，取代了尼罗河和幼发拉底河的平底船。而随后，葡萄牙人和西班牙人又用横帆帆船取代了那些老式帆船。当英国人和荷兰人在太平洋上驾驶满帆帆船时，他们又把葡萄牙人和西班牙人的横帆帆船给取代了。

现在，文明的进展已经不再只是依靠船只了。飞机已经开始取代并将逐步淘汰掉帆船和蒸汽轮船。不久将来的文明中心将依赖航空和水力的发展。人们将不再打扰海洋，让它成为小鱼们安静的家园，就像当初这些鱼儿和人类最早的祖先共同在深海生活的情况一样。

第 四十二 章

佛陀与孔子

关于佛陀与孔子。

自从有了葡萄牙人和西班牙人的地理发现之后，西欧那些信仰基督教的人就和印度人、中国人之间就有了进一步的交流机会。世界上并不只有基督教一个宗教，这是欧洲人早就知道的了。此外，在印度和中国，基督教征服者们发现印度人和中国人竟然从来没有听说过耶稣的故事，也从来没有想过要皈依基督教，因为这些人认为自己传承数千年的宗教远比西方基督教好了不知多少倍。他们有点不相信，世界上竟然还有这样的人，而且数量还不少。这本书讲述的是关于人类的故事，所以，我们不该片面地在欧洲人和西半球人的故事中坐井观天。这里，我认为有两个人的故事——佛陀与孔子，你们也是很有必要知道的。迄今为止，世界上绝大多数繁衍生息、思考创造的人类仍然深受其影响。

在印度，佛陀是人们心目中顶礼膜拜的宗教导师。关于他的生平有着很多有趣的故事。公元前6世纪，佛伦出生于距离喜马拉雅山不远的地方，在那里出门便可以看见冰天雪地、气势磅礴的山脉。在400年前，雅利安民族（即印欧语系的一个东方分支自称）第一位杰出领袖查拉斯图特拉（琐罗亚斯德）就曾在那里宣讲、解惑，他认为生命就是凶神阿里曼与善神奥尔穆兹德之间的一场无休无止的战争。佛陀出生于一个地位颇高的家庭，其父萨多达那是萨基亚斯部落著名的首领，其母玛哈玛亚则是附近王国的公主。他的母亲在还是少女的时候就嫁给了他父亲。但是，春去秋来，很多年过去了，玛哈玛亚依旧没有为丈夫生下一个儿子，王位的继承人还没有出现。终于，在玛哈玛亚50岁时，她怀孕了，她终于可以扬眉吐气了，于是，她带着身孕返回家乡，她想要在自己的族人旁边生下这个孩子。

想要回到童年生活过的地方柯利扬，玛哈玛亚需要徒步走上一段相当漫长的路。一天晚上，当她在蓝毗尼一个花园的树荫下休息时，一个男孩降生了。人们叫他悉达多，不过他更大名鼎鼎的称呼叫作佛陀，意思为"大彻大悟的人"。

悉达多不断长大，变成了高大英俊的王子。19岁时，他将自己的表妹雅苏达拉娶了过来。接下来的10年时间里，他就和妻子一直居住在豪华、安全的皇宫之中，对于人世间的痛苦他丝毫没有感知，按照事情的发展，在某一天他会继承父亲的王位，成为萨基

佛陀出世

　　佛陀简称之为"佛"，意为"觉者"，这块佛塔上的雕刻左上部分是佛陀的父亲净饭王，右上部分是佛陀的母亲玛哈玛亚，而下面则分别镌刻着佛陀出世及人们庆祝时的情景。相传，古印度迦毗罗卫国王子悉达多在菩提树下修成有着无上智慧的彻悟者，告诫人们即便是凡人通过修行也可达成无上的佛果。

亚斯国王。

但是，世事难料，当悉达多30岁的时候，有一次他乘车出游，看见一位风烛残年的老人，老人看上去那么虚弱，似乎已经支撑不了自己的身体了。悉达多以前从来没有看见过这样的人，于是，他问自己的车夫查纳，为什么这个人会这么穷困。查纳说，这个世界上穷人多得是，不必去想太多。年轻的王子感到十分悲伤，但是他没有表现出来，回到皇宫，他尽力让自己快乐地和家人生活。不久后，他再次离开皇宫，这次他看到一个被疾病折磨得痛苦不堪的人。他再次问车夫，这个人为什么会这样的痛苦。车夫说，这个世界上病人多得是，人们对此也无能为力，不要太在意。悉达多这次更加伤心了，但是，他依旧回到了家人身边，装作若无其事的样子。

几周的时间悄然而过，有一天傍晚，悉达多让马车夫带他去河边沐浴。在去河边的途中，他的马因看到一具尸体而受惊。那是一具四肢摊开，横卧在路边水渠中的腐烂尸体。少不经事的王子在父母的小心呵护下从来没有见过如此恐怖、悲惨的情景，他感到十分骇然。车夫查纳安慰他说，这个世界上随时随地都有人死去，不必感伤。万物有始必有终，生老病死是生命的规律。没有什么东西可以永恒，每个人生命的终点都是坟墓，没有人可以逃脱。

晚上回到家，悉达多听到了一阵阵动听的音乐，原来，当他出去的时候，他的妻子给他生下了一个男婴。很多人为了庆祝这件喜事而击鼓狂欢，为这个未来王位继承者的到来感到欢欣鼓舞。但是，孩子的父亲——悉达多却无法高兴起来，最近，他看到了很多生命的真相，他知道了人生存在着那么多的痛苦和凄凉。他的脑海中到处都是死亡和苦楚，反反复复，无法摆脱。

在一个月朗星稀的夜晚，悉达多从睡梦中醒来，开始思考关于人生的事情。他现在根本无法感受到快乐，他认为他必须要找到一个方法来破解人生的困境。于是，他作了一个大胆的决定，他离开了自己的亲人，决定外出寻找答案。他悄无声息地来到妻子的卧房，看了看美梦中的妻子和儿子。然后，

佛的醒悟

善良的悉达多王子隔绝在人世的苦难之外，欣然、恬静地等待着成为王国继承者的那一刻。然而数次出行目睹人世间的穷困、悲苦与死亡，改变了悉达多对人世与命运的看法。为解开心中的谜团，解救世人于水火，悉达多踏上了成佛之路，雕刻中展现的即是悉达多王子出行时的情景。

他便和忠实的仆人查纳一起离开了。

于是，这两个人一同走入无边无际的黑夜之中，一个是要寻找救赎灵魂的方法，另一个是为了忠心侍奉自己的主人。

从此，悉达多就开始了在民间的流浪生涯，而且持续了许多年。当时，印度社会正处于一个剧烈的动荡时期。在多年以前，印度人的祖先，即印度土著居民就被争强好胜的雅利安人（我们的远亲）很轻松地征服了。此后，这些温顺、瘦弱的棕色肌肤的人们就被雅利安人统治着、奴役着。雅利安人将人口区分为不同的等级，而且逐步在土著居民身上强制实行了残酷而又僵化的"种姓"制度，并以此来巩固自己的统治地位。雅利安征服者的后代是最高的"种姓"，即武士和贵族阶级。接下来是祭司，然后是农民和商贾。最底下的阶级则是属于"贱民"的土著居民，这些人永远不可能进入高一层的阶级，他们只能做任人践踏的奴隶。

不仅如此，这种"种姓"甚至与人们信仰的宗教挂钩。几千年的浪迹天涯让这些古老的印欧人有着丰富的冒险经历，他们将自己的经历编纂成名为《吠陀》的书籍。这本书用梵文写成，这种梵文与畅行于欧洲大陆的各类语言，如希腊语、拉丁语、俄语、德语及其他几十种语言之间有着紧密关联。这部神圣的典籍只有三个高等的种姓有资格阅读，贱民阶级是不被获准了解它的内容的，假如某个贵族或是僧侣将此书的内容传授给了贱民，那么，他也会受到十分严厉的惩罚。

那个时期，大部分的印度人所过的生活都是异常凄惨的。他们生活在这个世界上，从中获得的快乐实在是屈指可数，所以，他们必然要从他处寻求解脱的方式。他们总是试图从冥想来世的快乐与幸福来寻求些许慰藉。

婆罗西摩是印度人的神话中一切生命的创造者、最高统治者，掌管着生和死。印度人对其十分崇拜，认为他是至高的理想典范。所以婆罗西摩就成为了人们的榜样和效仿对象，人们以摒弃世间一切财产、权力的欲望作为人生的最高意义。他们认为拥有圣洁的思想远比拥有圣洁的行为重要许多，所以，很多人放弃现有生活，远涉荒漠，食树叶为生，以冥想婆罗西摩的智慧、善良、光芒、仁慈来供养自己的灵魂。

悉达多对这些凄苦的流浪者进行观察之后，决定要以他们为楷模，到没有城市和乡村干扰的地方找寻真理。他将身上穿戴的珠宝脱下，然后写了一封诀别信，让跟随他多年的忠实仆人查纳交给自己的家人。随后，王子就孑然一身前往沙漠进行冥想了。

没过多长时间，山区的人们就将悉达多高尚的行为传播开了。因此，有五个年轻人来到他面前，要求他给予教导。他答应了他们的请求，收他们为学生，但是要求他们必须依照他为榜样来做。年轻人答应后，悉达多将他们带到了自己修行的群山之间。用了6年时间，悉达多在温迪亚山脉耸立的山峰上将自己的智慧传授给学生。就在快要结束的时候，悉达多认为自己和完美的境界还有相当大的差距，因为他的思想依旧不坚定，他还在受着遥远世界的诱惑。于是，他命令学生们离开此地，他一个人坐在一棵菩提树的树根上整整49个昼夜滴水未进，进行冥思。终于，在第50天的黄昏时刻，他的精

佛陀说法

大彻大悟、悲天悯人的佛陀盘腿而坐，为座下的侍从、凡人讲经传道。

诚打动了婆罗西摩，向他显灵了。从此，悉达多就被人尊称为"佛陀"，他就是"大彻大悟者"，他来到人间，为的是将人们从受苦受难的人生中解救出来。

佛陀人生的最后45年，他一直行走于恒河流域的群山秀水之间，向人们传播自己谦恭、温顺的教义。公元前488年，佛陀的生命走到了终点，他圆满的一生结束了。成道涅槃的他有着上百万的追随者，他的教义也已经渗入到了印度的每个角落。佛陀的教义针对的是所有的人，他并不是为了某个阶级而服务的，就连最下层的贱民也可以自由成为佛陀的追随者。

不过，贵族、祭司和商人们对这样的教义当然是深恶痛绝的，这个教义中宣传的是人人平等思想，这个教义给了人们一个更加幸福的来世（即投胎转世），无疑是在挑战他们，所以，他们想尽办法来诋毁此教义。只要在合适的时机，他们就会劝说印度人重新回去信仰古老的婆罗门教教义，坚持禁食或者惩罚自己罪孽深重的肉

孔子

作为儒家学说的创始人，孔子一生精于研习学问，奔走于民间私塾、社稷庙堂之间，曾修订国学经典《诗》《书》《礼》《乐》，序《周易》，作《春秋》，致力于传道、授业、解惑，被中国人尊称为"至圣先师，万世师表"。

孔子生平速览		
年龄	时间	事件
1岁	公元前551年	生于"礼乐之邦"鲁国，自幼聪慧好学。
15岁	公元前537年	有志于研习做人与谋生之术。
27岁	公元前525年	致力从政，后开办私人学校，广招弟子。
30岁	公元前522年	声名远播，深受世人敬仰。
48岁	公元前504年	修订《诗》《书》《礼》《乐》。
55岁	公元前497年	携诸多弟子周游列国十四年。
73岁	公元前479年	患病不愈，死于鲁国。

涅槃

苦修冥想的"彻悟者"悉达多将朴素、谦恭的教诲传达至人们的心中，甚至传入中国、日本地区，他让最低等的贱民也看到了遁入幸福的希望——经过修习以获得幸福的来世。图中涅槃的佛陀侧卧在娑罗双树旁呈入灭状，众多前来吊唁的佛门弟子、道家神仙、志怪鬼异及凡界男女簇拥在他身旁。

体。但是，佛教不仅没有消失，而且流传得更加广泛了。"大彻大悟者"的追随者逐渐翻越了喜马拉雅山，将其传播到了中国。他们漂洋过海来到日本，坚持不懈宣传佛陀的思想。他们严格遵守神圣导师的教义，从来不会使用暴力。

相对来说，中国的古老智者孔子的故事要简单很多。孔子生于公元前550年，那个时期虽然社会动荡得十分厉害，可是，他的一生却过得宁静、淡泊、受人尊敬。那时，中国社会还没有一个拥有强权的中央政府，人们的生活很悲惨，随意让盗贼和封建主践踏欺凌。他们不断迁徙，从这个城市到那个城市，到处充满着劫掠、偷盗、谋杀，原本富裕的北方平原和中部地区几乎成了荒原，饿殍遍地。

孔子是一个具有仁人之心的人，他想要将处于水火之中的人民解救出来。他是一个崇尚仁爱的人，他反对暴力治国，同时也不喜欢用一些法律条文来约束人民。他明白，拯救人们的方法在于对人心的改变。这件事情看起来没有一点希望，但是，孔子依旧开始行动了，他想要努力改变居住在东亚平原上数百万同胞的本性。对于宗教，中国人并不热衷，和很多原始人一样，他们信奉一些鬼怪神灵。中国人也没有先知，他们不相信"天启真理"的说法。孔子是世界上所有著名道德领袖中，唯一没有说自己是神的使者的人，他从来不会说自己是遵从了上天的旨意前来的，他也没有像其他人一样总能看见"幻象"。

孔子不过是一个普通人，但是他具有良好的品德，他通情达理、关爱他人，他从来不要求其他人必须承认他，他也没有要求人们追随他或者崇拜他，他可以一个人独自流浪，用笛子吹出悠扬的乐声。这样的做法显然让我想到了古希腊的智者，尤其是斯多葛学派的哲学家。他们也是这样的，他们对灵魂的平静和良心的安宁有着莫大的追求，他们过着正直而不要求回报的生活。

孔子还是一个心胸宽广的人，他曾经主动前去拜访另一个著名道德领袖老子。老子是中国"道教"哲学思想的创始人，道教所奉行的哲学更像是早期中文版的"金律"。

孔子不会仇恨任何人，他教育人们要拥有温文尔雅的高尚品德。根据孔子的学说，一个真正值得人们景仰的圣者不应被任何怨气与愤怒而打乱自身的平和，进而接受命运的安排，并坦然面对。任何一个智慧的圣贤都知道，世间的任何事情都只会以某种方式变得于人有利。

刚开始，孔子的学生寥寥无几，但随着时间的推移，跟随他学习的人变得越来越多。甚至在孔子离世的公元前478年，还有不少王公贵族公开承认自己是孔子的追随者。当基督还是伯利恒一个马槽中刚刚降生的婴儿时，孔子的哲学就已经成为了多数中国人精神生活的一部分，时至今日虽然它最初的面目不再，但仍影响着中国人生活的方方面面。宗教永远都是随着时代的更替而不断变化着的，基督最初教导人们要谦卑、宽厚，不被世俗中的功名利禄所烦扰，但是当耶稣被钉死在十字架的日子过去了15个世纪，基督教会的领袖却极其奢靡地修建了一座豪华的宫殿，这与最初伯利恒破落的马槽有着云泥之别！

　　老子使用类似于"金律"的思想来教化世人。但是，还不到三百年，他就被那些愚昧的大众形容为一个非常恐怖的上帝，他那充满智慧的思想只能被掩埋在迷信的废纸堆里，进而使普通中国人的生活长期处于惶恐不安之中。

　　孔子曾经教育他的学生要具有孝顺父母的高尚情操，但是，不久后，这样的思想被人们过度曲解，他们对逝去先辈的凭吊大大超越了他们对膝下子孙的关心。他们故意无视未来，而将目光投到无尽黑暗的过去。对祖先的祭祀转而成为正统的宗教仪式。他们的祖先通常会被埋葬在阳光充足、土地肥沃、背山面水的地方，然后，他们就只能将庄稼种植在土地贫瘠的背阴处，他们认为惊扰祖先的坟墓是大不敬的行为，所以，他们宁愿饿着肚子。

　　同时，越来越多的东亚人民对孔子的各种名言警句有着发自内心的尊崇。儒家思想中的深刻格言和精辟观察，让每一个中国人的心灵都深受哲学思想的影响，这些思想使人终生受益良多，无论他是在地下室昏暗烟雾中劳动的平凡洗衣工，还是在高墙内院里掌管辽阔疆土的统治者。

　　16世纪的时候，西方世界那些疯狂但却没有足够文明的基督教信仰者第一次见识了东方的古老教义。起初，那些西班牙人和葡萄牙人在看见祥和平静的佛陀塑像和仁慈高尚的孔子画像时，他们并不知道如何敬仰这些圣贤，只有茫然一笑置之。如此怠慢也是因为他们觉得这些奇怪的神明可能是鬼怪的化身，是偶像崇拜和异教的歪理邪说，压根不值得基督真正信奉者的尊重。而当这些圣贤的思想对西方的香料与丝绸贸易造成了困扰，甚至成为障碍时，他们就毫不犹豫地拿起长枪短炮，对抗这些"万恶的势力"。这样的后果必然是造成东西方文化之间出现裂痕，它留给双方彼此厌恶、罪恶的最初印象，这对于未来是百害而无一利的。

中国的"圣人"孔子

　　孔子是儒家学说的创始人，相传其座下弟子三千，贤者七十有余，其"中庸"、"礼治"的思想对后世影响颇深。孔子开创的儒家学说影响了中国两千多年，称为封建社会的官方学说，也构成了传统国学的主体，因此后世尊孔子为"圣人"。

第四十三章

宗教改革

人类是不断进步的，而这个进步就如同一个钟摆，在不停地前后摆动。文艺复兴时期，人们狂热地迷恋着文学与艺术，却忽视了宗教；在接下来的宗教变革中，人们又对宗教表现出了极大的狂热，而又忽视了文学与艺术。

圣巴瑟洛缪之夜

在法国狂欢节的前夜，即将到来的盛大庆典与彻夜狂欢丝毫没有觉察到空气中夹杂的火药味。这一夜法国国王查理九世展开了一场历史上对新教徒充满血腥与恐怖的屠杀，由此扩展至全国的混乱让法国政局陷入分崩离析的边缘。画中武装后的天主教贵族以白色臂章为标识，神情冷峻、决绝，手中冰冷的长剑下藤蔓与鲜花如同即将逝去的生命般，如此柔弱不堪。

对于宗教改革，想必大家都不陌生，这个名词肯定能让大家想到那些人数虽少，却勇敢坚毅的清教徒形象。为了追求信仰自由这一目标，他们越过大海，在一块崭新的陆地上开辟了一片全新的天地。伴随着时光的流逝，尤其是在那些信仰基督教的国度中，宗教改革慢慢地成了"获取宗教信仰自由"的代名词，马丁·路德也成了这次改革的领军人物。然而，历史并不是为了阿谀、赞美那些先祖而书写的。正如德国历史家朗克说的，我们要努力追寻的是历史中"到底发生了什么"。若我们以这种眼光来看待以前那些曾理所当然的历史定论的话，似乎多数历史会有很大的不同。

漫长的历史长河中，极少有一些肯定好或肯定坏的事件，世界也不是非此即彼。对于一个忠诚的历史编写者来说，他的责任就是客观地评价每次历史事件，无论优劣。不过，任何一个人都有他的个人喜好与厌恶，因而真正实施起来就困难重重。但是，我们至少要竭尽全力，尽可能理智、公允地评判事件，让自己的判断不被自己的偏好所左右。

现在就以我的亲身经历为例说明这一点。我成长在一个充满新教氛围的新教国家中的新教中心，我11岁之前根本就不知道天主教信奉者长的什么模样。因此，在我见到他们的时候，与他们交往的时候，我感到特别紧张。严格地讲，我有些害怕。我十分清楚那些无数个被西班牙宗教法庭处以绞刑、火烧乃至分尸的刑罚。当时，阿尔巴公爵为了处置那些荷兰异端分子（信奉路德和加尔文等人的教义）才实施了这种异常残酷的手段。这些可怕的事件是那么清晰地存在于我的脑海中，好像是昨天刚刚发生过一样，而且随时都有再次发生的可能！想着记忆中法国天主教徒大肆残杀新教徒的圣巴瑟洛缪之夜的同时，我也想象着在另一可怕而类似的夜晚，精瘦的我身上披着睡衣被杀死，与崇高的柯利尼将军境遇相似，我的尸体也被抛到窗户外面。

许多年之后，我在一个信奉天主教的国家待了许久。在我看来，那里的民众十分亲切，都有一颗包容的心，他们的智慧并不比我先前的那些新教同乡们差。最让我不可思议的是，我认为天主教信仰者在宗教改革中的表现也是有理有据的，且这理由与新教的理由可谓旗鼓相当。

但生活在16、17世纪的那些友善平民们，的的确确是处于动荡的宗教运动中，并不能像我一样这么理智地分析事件。他们永远都认为自己没错，而始终认为敌人是恶魔。不是你绞死敌人，就是敌人绞死你。显然谁都想绞死敌人，对此，他们并不认为这是泯灭人性的事，他们心中自然也不会觉得自己罪孽深重。

现在，我们来看一下1500年的世界是什么样子，这个日期相对来说比较容易记住。这一年，查理五世出生了！此时，中世纪正在逐渐变化着，几个高度中央集权的王国正在慢慢取代封建割据的混乱局面。查理大帝是其中最有势力的君王，那时，他还不过是一个摇篮中的小婴儿。查理是西班牙的斐迪南与伊莎贝拉的外孙，同时，他的祖母还是哈布斯

查理五世

依仗着身后哈布斯堡王朝复杂联姻的背景，查理五世年轻时便继承了大片的领地与巨额的财富，并以此为依托成功当上了神圣罗马帝国的皇帝。纷乱的利益关系与冲突让查理五世忙于各处协调、征战，作为忠诚而狂热的天主教信仰者，他不能容忍任何"异端邪说"破坏社会秩序，动摇他的国家政权。

少年时的查理五世

查理五世生于根特，在低地国家长大，他的母语是法语，但他的血管中却流淌着奥地利哈布斯堡王朝与西班牙王室的血液。

堡王朝最后一位中世纪骑士马克西米安的妻子，亦是勇敢者查理的女儿。勇敢者查理也就是勃艮第大公，他是一个非常有野心的人，在顺利击败法国后，他被获得自由的瑞士农民杀死了。由此，小小年纪的查理未来将继承着世界版图上的辽阔土地。这些土地来自于拥有德国、奥地利、荷兰、比利时、意大利及西班牙的父母、祖父母、外祖父母、叔叔、堂兄、姑妈们的遗产，同时，还包括他们在亚洲、非洲、美洲的所有殖民地。查理出生在根特的弗兰得斯城堡，那里是不久前德国在入侵比利时当作监狱的地方。所以，虽然查理是德意志和西班牙的皇帝，但是，他却接受着弗兰芒人的教育。这或许就是命运弄人的结果吧！

小查理从小是在姑妈玛格丽特的严厉教育下长大的，因为他的父亲早就去世了（有传言说他是被人毒死的，但并没有确凿的证据），他的母亲疯掉了（她携带着装有丈夫尸体的棺材，在领土上到处游走）。查理长大后就成为了一个标准的弗兰芒人，但是他却不得不统治着德国、意大利、西班牙以及100多个大大小小的古怪的其他民族。他对宗教的不宽容非常厌恶，虽然他是天主教会虔诚的儿子。查理是一个非常懒惰懈怠的人，从小到大都是这样，可是，他的命运却偏偏和他对着干，他统治的世界到处充满着宗教的狂热和骚乱。他根本得不到片刻的宁静，他几乎每天都在来回奔波，从马德里前往因斯布鲁克，再从布鲁日赶往维也纳。他是一个热衷和平与安宁的人，但是，他的一生几乎没有停止过参与战争。在他55岁的时候，他终于忍无可忍，用厌恶的方式将人类抛弃了。三年后，他独自死去，满怀着落寞和绝望离开了人世。

查理皇帝的故事我们就到此为止，我们来看一下当时世界上第二大势力——教会的情况如何。中世纪早期，教会喜欢到处说服人们，告诉他们信仰基督的好处，告诉他们要过虔诚而正直的生活。此刻，教会已开始逐渐转变。首先，教会聚集了大量的财富，富可敌国。教皇已不是当初看守那些穷苦卑微的基督教信仰者的牧羊人了，他住在富丽堂皇的宫殿之中，有一群艺术家、音乐家和著名文人在身边为其服务。他的教堂中，无论大教堂还是小教堂，都挂满了崭新的圣像，似乎和过去希腊的神明没有任何区别。他用了大约10%的时间来处理教廷事务，剩余90%的时间则全都用在欣赏古罗马雕塑或者刚出土的古希腊花瓶、设计新的夏日别墅、出席某个新剧的首演等，显然国事和玩乐的时间分配是非常不均匀的。教皇成为了大主教和红衣主教们的学习榜样，而主教们则又尽力向大主教学习、靠拢。此时，仅剩下那些乡村地区的教士对自己的职责严格恪守，他们远离世间的邪恶和享乐的生活，谨小慎微地不去接近已经腐败的修道院。那里的僧侣们也忘记了曾经的古老誓言，将淳朴和贫苦的东西彻底甩开，只要不至于成为公众丑闻中的主角，他们就大胆追求声色的享受。

最后要提及的是普通老百姓，他们的生活和过去相比要好得太多了。他们不再拮据，富裕了起来，房子也比从前舒适宽敞多了，他们的孩子可以接受到更好的教育，他们居住的城市摆脱了肮脏，他们不再畏惧强盗诸侯，因为他们的手中也有了火枪，他们有了力量去反抗他们，不必再给他们缴纳沉重的赋税。

关于宗教改革主角们的介绍，到此为止。

为什么在学术与文艺的复兴浪潮之后，宗教又掀起了新的高潮呢？现在，我给你们说一下文艺复兴对欧洲所造成的具体影响，你们自然就会明白了。意大利是文艺复兴的最初发源地，后来文艺复兴又蔓延至法国。但是，当它扩展到西班牙的时候，却遭到了前所未有的漠视。这是因为那里的人经历了500年抗击摩尔人的战争，所以他们变得不仅狭隘自私，而且对宗教有着偏执的狂热。文艺复兴虽然波及面很广，但是，当它来到阿尔卑斯山另一面的时候，它的情形却发生了某种变化。

北部欧洲和南部欧洲的生活方式以及生活态度大相径庭，不同的气候条件造就了那里人截然相反的性格与价值取向。意大利人喜爱大自然，他们喜欢自然界灿烂的阳光和宽广的天空，他们对生活热情，喜欢享受生活的美好与乐趣，他们会放声高歌、纵情大笑和开怀饮酒。但是德国人、荷兰人、英国人、瑞典人却截然相反，他们喜欢安静地待在室内，然后聆听着雨水拍打他们安逸小屋紧闭的窗棂。他们认真严肃，对待生活中的事情总是谨小慎微。他们不苟言笑，喜欢思考永存的灵魂，他们永远不会拿他们认为是圣洁和神圣的事情开玩笑。对于文艺复兴中的"人文主义"，他们仅对

羔羊的礼赞 祭坛画 扬·凡·爱克1432年 135cm×235cm 现存于荷兰根特的圣巴夫大教堂

画中充满生机与希望的田野上，生命之泉喷涌不息，教皇与众多主教、追随者、朝圣者、骑士神情庄重地围观着羔羊的祭拜，表达着心中的虔诚与礼赞。

书籍、关于古代作者的研究、语法、教材等内容感兴趣，至于那些重回古希腊与古罗马的异教文明，也就是文艺复兴运动在意大利的主要成果之一，却让他们感到深深的畏惧和恐慌。

但是，教皇和红衣主教团的成员几乎都是意大利人，所以教会看上去似乎更像是一个快乐的俱乐部，他们在这里很少谈及有关信仰的东西，而是滔滔不绝地讨论着艺术、音乐和戏剧。严肃沉闷的北方与较为文明却虚荣贪乐、腐朽麻木的南方之间逐渐出现了裂痕，并且有日益加剧的趋势，然而，这道裂痕在教会内部埋下的巨大隐患却

宗教改革的爆发

随着德国经济的显著发展，国内长期分裂割据的局面成为经济发展的关键阻力，残酷的剥削与压制也让德国国内阶级矛盾尖锐、民怨沸腾，从而让罗马教会与德意志民族的宿怨成为了各种社会矛盾的集中爆发点。

宗教改革爆发因素

- 北欧人严肃沉闷，南欧人贪图享乐，性情上的鲜明差别让德意志民族与罗马人宿怨已久。

- 罗马教会贪婪腐败，德国各地割据势力与民怨四起让羸弱的王权无力强行控制和改变。

- 印刷术的出现与推广也为改革者的思想传播及舆论声势推波助澜。

没有人发觉。

为何宗教改革运动会发生在德国，而不是在荷兰或者英国呢？或许会是下面的原因。一直以来，德国人与罗马教会之间就有很大的宿仇。日尔曼皇帝和教皇之间无尽的争吵和战争，对双方来说都造成了极大的损害。欧洲的其他国家，都有一个强大的国王，他们可以将政权握在手中，不至于让自己的臣民遭到腐败教士的欺凌。但是，德国却没有，名义上的皇帝自身难保，手下还有一大批跃跃欲试的封建领主，由此，受到最大伤害的就是那些淳朴的自由民，他们只能默默忍受主教和教士们的肆意欺压。文艺复兴时期，教皇们有一个共同的嗜好，就是他们都喜欢华丽雄伟的大教堂。下面的僧侣们为了讨好巴结教皇，就会千方百计搜刮人民的财产，而德国则是他们最佳的敛财对象。德国人总是遭到他们的欺负，心中自然会产生不满。

不安的灵魂

北欧寒冷的空气几乎将欧洲文艺复兴的热浪冻结在阿尔卑斯山北麓的山坡上，常年的战争让那里的人们朴素而内敛，他们一丝不苟地打理着他们平凡的生活且热衷于此，任何有悖于传统或时代"倒退"对于他们来说都难以接受。热闹的港湾集市中，北欧人对于任何陌生的东西都有着一种发自内心的警惕与不安。

此外，其实还有一个鲜为人知的原因，那就是德国是印刷术的发源地[①]。在北欧，图书的价格非常低廉，《圣经》也被大肆印刷出品。《圣经》不再被教士们垄断和解释，它的神秘面纱被普通人揭开。几乎每个普通家庭都会拿起阅读它，父亲和孩子都能明白这本拉丁文的读物。原本，《圣经》是不允许普通人阅读的，这是违反教会法律的行为，但是如今几乎每个人都在读它。当他们读过之后，他们就发现了一个问题，他们发现教士们告诉他们的和《圣经》中的原文有着诸多的差别，因此大家的心中产生了质疑。问题就一个接着一个出现了，如果存在的问题不能得到一个满意、合理的答案，那么，麻烦自然会接踵而来。

北方的人文主义者开始了袭击行动，他们第一个攻击的对象就是僧侣。他们之所以这么做是因为在其内心中，教皇依旧是最神圣的人，还是存在着一定的威仪的，所以他们还不敢将攻击直接对准他们。僧侣呢？他们不仅懒惰，而且无知，就像寄生虫一般生活在富得流油的修道院中，此时，没有比他们更好的靶子了。

注①：印刷术是由中国人发明的，德国是中国印刷术由阿拉伯人传至欧洲后的第二故乡。

　　不过让人吃惊的是，这场斗争的领导者——杰拉德·杰拉德佐，也被人们常称为"伊拉斯谟"，竟然会是基督教会的忠实追随者。他生于荷兰的罗特丹姆，出身穷苦人家。然后在德文特的一家拉丁语学校接受的教育，他的好兄弟托马斯也来自于这所学校。后来，伊拉斯谟成了一名教士，在一家修道院中修行过。他到欧洲各地旅行，然后将自己的所见所闻写成了书籍出版。再然后，伊拉斯谟开始了畅销小手册作家（假如在今天，或许会被称为社论作家）的生活。他出版的一本名为《一个无名小辈的来

空前的信任危机

　　印刷业的兴起与繁荣让大量低廉的图书涌入北欧家庭，曾被追随者们奉为至宝的《圣经》手抄本已普及为家庭常见读物，参照书籍原文阅读让民众对教士不尽一致的解释产生质疑，从而导致民众与宗教产生了空前的信任危机。图中北欧繁忙的印刷作坊里，工人们正在不停地排字、运纸、印刷。

信》受到了全世界人的欢迎，书中有着一系列诙谐幽默的匿名书信，带给了大家无尽的欢乐。书信采用打油诗形式写成，在德语中混入了拉丁语，和现代的五行打油诗有点相似，内容揭露的是中世纪晚期僧侣中间普遍存在的愚蠢和自大。伊拉斯谟精通拉丁语和希腊语，本身是一位知识渊博而且态度认真的学者。他先是对《圣经·新约》的希腊原文进行了修订，然后，将其翻译成拉丁文，由此我们第一本可靠的拉丁文才得以诞生。和古罗马诗人贺拉斯相同，他深信任何事情都不能阻止我们"面带笑容地解说真理"。

1500年，伊拉斯谟前往英国拜访托马斯·摩尔爵士。在英国滞留的几周中，他写出一本名为《愚人的赞美》的幽默小册子，结果成为了16世纪的畅销书。这本书中他极尽幽默手法书写，将僧侣和他们愚昧的追随者抨击得体无完肤。此书当时受到了社会人士极大的追捧，几乎每个国家都将其翻译成为了自己的语言并出版。这本书的成功，让伊拉斯谟的其他关于宣传宗教改革的著作也受到了大家的关注。他要求教会禁止滥用职权，号召其他人文主义者参与到其中，完成复兴基督信仰的神圣使命。

但是，这些仅仅是一个美好的筹划而已，并没有能开花结果。伊拉斯谟的这种方式过于理性和宽厚，那些想要急于惩治教会的人们对此根本不欣赏。他们需要的是一位勇敢、强悍、果断的新领袖。

这个人出现了，他就是马丁·路德！

路德来自北日尔曼的一个农民家庭，他具有聪明睿智的头脑以及过人的勇敢和强悍。他曾经是奥古斯丁宗教团的成员，后来，发展成为萨克森地区奥古斯丁宗教团的重要人物。再然后，他来到了维滕堡神学院，担任讲解《圣经》道理的大学教授，他的学生大多是一些漫不经心的农民子弟。教授的工作很轻松，路德获得了大量的空余之间，因此，他开始潜心钻研《圣经·旧约》和《圣经·新约》的原文。很快，他就发现了重大问题，教皇和主教们所讲的东西和基督本人的训示有着不小的偏差。

1511年，路德因为公事而有幸来到了罗马。当时，曾经为子女而大量敛财的教皇——波吉亚家族的亚历山大六世已经去世了。继任的教皇是朱利叶斯二世。他拥有良好的道德品质，但是，

伊拉斯谟的发难

对旧有体制心存不满且有一定革新思想的人文主义者率先站了出来，人们以充满讽刺意味的文字化作幽默与调侃去揭露中世纪晚期教士们的愚蠢与自负。荷兰人伊拉斯谟成为其中最具影响力的一员，他以讥讽、幽默的文字抨击藏污纳垢的政府、教会中的腐败与荒淫，为宗教改革的爆发埋下了火种。

却有着极端不好的嗜好，那就是发动战争和大肆修建教堂与宫殿。这让认真严谨的日尔曼神学家路德对朱利叶斯二世没有丝毫的好感。路德失望而归，可是，没想到的是后面的事情更加糟糕。

朱利叶斯教皇在临终的时候，将修建气势雄伟的圣彼得大教堂的宏愿交给了他的继任者亚历山大六世，不幸的是，这个伟大的建筑没有开工多久就需要重新维修。但是，亚历山大六世在1513年上任的时候，教廷的财政几乎处于赤字状态。无奈之下，为了筹得金钱，他将一个非常古老的做法再次推出，那就是出售"赎罪券"。所谓"赎罪券"，其实就是一张羊皮纸，购买的人需要用一定的现金换取，由此购买者可以缩短他在炼狱中赎罪的时间。这样的做法，按照中世纪晚期的教义来说，并没有哪里是不合理或者不合法的。既然罪人们临死前通过真心忏悔，教会就可以赦免其罪行，那么，教会自然可以用替人祈祷的方式，将他们在炼狱中赎罪的时间缩短。

不过，遗憾的是，人们只能用现金来购买赎罪券。如此可以轻松增加教会的财政收入的好事，教士们当然乐意执行。进一步说，如果是生活实在太贫穷的人，也可以免费领取到赎罪券。

1517年，一个名叫约翰·特兹尔的僧侣取得了萨克森地区赎罪券全权的销售权力。强买强卖是约翰的拿手好戏，其实不过是敛财心理在作祟罢了。如此的做法，让日尔曼小公国的虔诚追随者们极其愤怒。路德是一个十分忠厚的人，一怒之下他做了一件很冲动的事情。1517年10月31日，路德将自己写好的95条宣言（或论点）贴在了萨克森宫廷教堂的大门之上，说出了自己对销售赎罪券的不满和看法。路德的宣言是以拉丁文写的，对于普通的老百姓来说是看不明白的，因为路德也不想引起事端，让世俗百姓对教会产生偏见。他只是想让他的神职同事们知道他对赎罪券的看法，表明自己对此事的反对意见，也就是说，这些也不过是神职人员与教授阶层的内部事务。

但是，要知道那是一个对宗教事务特别敏感的时期，几乎全世界对它们都产生了浓厚的兴趣。如果你不愿意引起过多的思想骚动，而是愿意平心静气地讨论宗教问题，这显然在那个时期似乎是一个奢侈的想法。萨克森僧侣的95条宣言，在不到两个月的时间里，就已经成为了整个欧洲到处讨论的话题。每一个人都要表明自己立场，支持或者反对路德，即使是一名最底层的神学人员也要对此发表自己的意见。对此事颇为震惊的教廷赶紧下达命令让路德前往罗马，对他的言论和行动作出一个合理的解释。路德很清楚

马丁·路德

出身优越的改革者马丁·路德对罗马教会的贪污腐化与销售赎罪券的做法提出了强烈的质疑与抨击，并将其付诸拉丁文字写成"九十五条论纲"贴在萨克森宫廷教堂的大门上。路德原本无意在教会与不懂拉丁文的平民之间挑起事端，但这些文字却被译成其他语言传遍了欧洲，激起了民众强烈的反响。

赎罪券的兜售

　　囊中羞涩的教会以售卖"赎罪券"的方式由民间筹募资金，在民众以现金购买的羊皮纸上印着教会赦免或减轻人罪孽的许诺，让对地狱心存恐惧的追随者们如获至宝。愈演愈烈的搜刮让教会大捞一笔，少数被利益蒙蔽的教士不惜变本加厉，这种有悖于信仰初衷的做法让不少虔诚的追随者心生反感。

　　自己前往的后果难测，或许就和胡斯一样被处以火刑，所以他拒绝前往。罗马教会盛怒之下，将其赶出教会。路德则是当着一群支持和崇拜自己的人的面，将教皇的敕令焚烧掉了。从此，路德和教皇就形同敌人，他们永远不可能和平共处。

　　尽管这不是路德的本意，但是，他却阴差阳错地成为了那些反对罗马教会的基督教信仰者的领头人。很多像乌利奇·冯·胡顿一样的德意志爱国者纷纷前去保护路德的安全。维滕堡、厄尔福特、莱比锡大学的学生们也纷纷发表声明，如果政府想要试图抓捕路德，那么，他们一定会誓死保护他。萨克森领导人适时出现，在群情激奋的学生们面前反复表态，只要路德在萨克森的地域内，就一定不会有任何危险。

　　此事发生在1520年，那时，查理五世已经20岁了，他统治着半个世界，所以和教皇保持着良好的关系是必然的。他下令，在莱茵河畔的沃尔姆斯召开宗教大会，路德必须出席解释自己独具一格的行为和言论。这个时候，路德毫无畏惧，坦然赴会，因为他已经成为了日尔曼的民族英雄。大会中，路德不同意收回自己所说过或写过的任何言论，没有任何商量的余地。他说他依照自己的良心做事，只有上帝的旨意才能支配他的良心，不管活着或死去都是如此。

路德支持者的回应

　　洗礼是天主教中喻示洗净罪恶、接受救主以获得崭新生命的重大仪式，只有教士持有为他人洗礼的权力。图中路德的支持者正在代替教士为一个孩子洗礼，微微的笑意充满着挑战权威的意味，这不仅明示了改革派的态度，更让教会中的主教们坐立不安。

❧ 德国宗教改革 ❧

　　德国宗教改革在国内外大环境的促使下激发了民众的热情，并在资产阶级改革思潮的带动下引发了短暂的暴力冲突，孕育了新教派的产生，在一定程度上限制了天主教的权力与影响力。

德国宗教改革过程	
时间	事件
1517年	罗马教廷肆意兜售的赎罪券成为导火线，马丁·路德的"九十五条论纲"激发了民众的争论与声讨。
1520年	马丁·路德在萨克森诸侯的庇护下公开发起了声势浩大的宗教改革。
1524—1525年	德国爆发了大规模的农民战争，但最终被镇压。
1555年	神圣罗马帝国查理五世与德意志新教诸侯签订《奥格斯堡和约》，宣布路德新教的合法化，但也促使德国封建割据越发严重。

宗教改革者的庇护人

　　宗教改革的声讨最终沦为一场浩劫，这些心怀悲悯、坚毅果敢的宗教改革者们簇拥在萨克森选帝侯约翰·弗雷德里克的身后，混乱、动荡的年代中，正是后者为他们提供了可以依赖的庇护，包括最左面的马丁·路德以及最右面的菲利普·梅兰克森都在他的羽翼之下，为整个宗教改革推波助澜。

　　在经过慎重的讨论后，沃尔姆斯会议宣布路德是上帝和人民的罪人，任何德国人都不可以收留他，不能给他提供任何食物，所有人禁止阅读任何关于这个异端人物所写的书籍，即使是一个字也不可以。沃尔姆斯敕令在大部分德国北方的人民眼中，不过是一个极其不公正、让人气愤的文件而已，是应当遭到鄙视的。所以，路德并没有受到太大的影响，他暂时安身在维滕堡的萨克森选帝侯的一座城堡中。在这里，路德依旧坚持己见，挑战着教廷的权威，为了让更多的人可以亲自阅读和理解圣书，他将《圣经·旧约》和《圣经·新约》译成了德文。

　　发展到这个程度，宗教改革就不仅仅是一个简单的关于信仰和宗教的问题了。很多人开始利用这个动荡不安的时期，最大可能地谋取自己的利益。那些因为不理解大教堂的美丽从而心生厌恶的人们，开始破坏那些教堂建筑。一贫如洗的骑士们将原本属于修道院的土地据为己有，并以此作为对自己过去损失的补偿。当皇帝不在的时候，那些野心昭昭的王公贵族们就会乘机将自己的势力进一步扩大。贫困交加的农民们经不住那些煽动家热情的鼓舞，开始攻击领主的城堡，他们烧杀抢夺，犹如旧时疯狂的十字军一般。

帝国的大地上，上演了一场犹如洪水般猛烈的骚乱。甚至有一些王公都开始信仰新教，成为了新教徒（新教徒其实就是跟从路德的"抗议者"），然后，本辖区中的天主教属民就遭到了残忍的迫害。还有一些王公没有叛变，坚守着自己的天主教信仰，于是，那里的新教徒就遭到了大肆捕杀。1526年，斯贝雅会议召开，为了解决宗教的归顺问题，宣布了一个新法令：领主信奉哪个教派，其属下臣民也必须跟从。此命令一出，德国大地上出现了数以千计信仰不同的小公国、小侯国，德国被分得七零八落，这些小国之间还相互仇视，互相展开攻击，由此，德国政治的发展延缓了数百年之久。

1546年2月，路德去世。他的遗体安葬在萨克森宫廷教堂，也就是29年前他张贴宣言的那间教堂。仅仅不到30年的时间，文艺复兴时期对宗教淡漠的态度，与人们对美好世界的不懈

《圣经·旧约》插图　马丁·路德译

　　穿着巨大红色长袍的上帝俯瞰着人类最初的伊甸园，这是一幅马丁·路德1534年翻译出版的德文版《圣经·旧约》的卷首插图。书中通俗而力求准确的文字让更多的人看到了《圣经》的真面目，尽管这与罗马教会认定、宣扬的圣杰罗姆翻译的拉丁文版《圣经》有着巨大的出入。

追求彻底消失不见，取而代之的是一个宗教改革时期四处弥漫着讨论、争吵、辱骂、争执的狂热世界。西欧再次成为一个充斥着刀光剑影的大战场，长久以来由教皇们掌控着精神世界的帝国瞬间坍塌。你无法想象，天主教信仰者和新教徒之间进行的异常血腥的大征战，而他们只是为了让自己支持的神学教义发扬光大而已。从我们现代人的角度来看，那些晦涩难懂的神学教义，和伊特拉斯坎人留下的神秘碑文如出一辙。

第 四十四 章

宗教战争

在那个宗教信仰激烈冲突的年代，天主教追随者和新教徒们
展开了长达两个世纪的敌对纷争。

亨利八世

出于个人因素与国家政治的考虑，亨利八世先后
拥有过六位妻子，为了解除婚约、另娶新后，亨利八
世不惜脱离罗马天主教会，在英国推行宗教改革，建
立由国家意志掌控、以国王为最高统治者的英国国教
会，他收回原有教会的大量土地、财产，并以各种铁
腕强权让英国皇室的权力达到空前的巅峰。

宗教纷争频繁是16世纪和17世纪的
重要特色。

现在，仔细观察一下，我们就会发
现差不多所有人都热衷于讨论生意，比
如薪水的多少、工时的长短以及罢工等
话题。究其原因，主要是这些话题和我
们的生活有着十分紧密的关系，而且它
们也是当今社会的焦点问题。

不过，生活在1600年或1650年的少
年就没有这么幸运了。他们极少能听到
我们今天所享受的各种知识以及乐趣，
他们听到的除了宗教之外，别无其他。
他们稚嫩的头脑中塞满了"宿命说"、
"自由意志力"、"化体说"及其他类
似的几百个生僻字词，口中谈论着他们
全然不懂的那些所谓的"真正信仰"的
理念（不管是天主教，还是新教的）。
为了遵从大人们的意志，他们纷纷成为
了天主教、再洗礼派、加尔文派、路德
派、茨温利派等派系的信仰者。随后，
他们就要被迫学习那些所谓的象征着
"真正信仰"的论著，或学习路德编写
的《奥古斯堡教理问答》，或识记加尔
文编著的《基督教规》，或默念英国出

两个特使 橡木板油画 小汉斯·荷尔拜因 1533年 207cm×210cm 英国伦敦国家美术馆

在被派往觐见英王的前夕，两位年轻的法国特使在绿色的帷幕前面色凝重，他们肩负着确保本国利益不被损害以及竭尽所能阻止英国从罗马教会脱离出去的艰难使命。天文、航海、科学的不断发现改变了基督教牢不可破的知识体系，政治、文化的双重危机注定了罗马教会的这次使命终将无功而返。

版的《公众祈祷书》中的那些"信仰三十九条"。

对于结过数次婚的英格兰君王亨利八世的人生事迹，他们是了如指掌的。亨利八世占有了所有本应属于教会的财产，自称英国教会的最高统治者，并掌控了原属于教皇的对主教和教士任免的权力。那时，只要提及令人恐怖的宗教式法庭，尤其是那可怕的监狱以及各种骇人听闻的刑具，人们都会在噩梦中重见这些景象。而且，那些耸人听闻的事件也非常多。如一帮发疯的荷兰新教信仰者合力抓住十多个毫无还手之力的老教士之类的故事，仅仅因为杀死这些信仰不同的老教士是他们最开心的事，他们就要吊死这些人。不幸的是，敌对的天主教的情形也差不多如此，否则双方的敌对很快就会因为其中一方的彻底胜利而宣告结束。双方的无尽争斗耗费了将近八代人的生命和精力，持续了近两百年。由于这场冲突的详情太过繁复，且每一本关于宗教变革的书都会有详细的阐述，因此这里我只是讲述其中的重点内容。

紧随着新教声势浩大的宗教变革之后，天主教也开始了如火如荼的变革。于是，那些曾经涉足于文艺复兴以及希腊罗马古董事业的教皇们渐渐退出了历史舞台，而同时每天都耗尽20个小时，废寝忘食地解决手头上神圣职责的严厉教皇们却粉墨登场了。

受此影响，曾经欢乐无比的修道院也结束了充满趣味的生活。所有的教士和修女都需要很早就爬起来默念早课，细心钻研天主教的规定，呵护病人，慰藉将死的人。而宗教法庭也瞪大双眼，日日夜夜地监察周围的一切，谨防违背教义的书籍出现。说到这儿，我们就会想到令人同情的伽利略。他有些大意了，竟然可笑到企图用那小小的望远镜来阐释宇宙，而且还说出与教会理念相悖谬的行星运行规律。因此，他必然要坐牢的。但本着对教皇、主教和宗教法庭的公平原则，这里还要说明一点，新教徒也是极力抵制科学及医学的。新教徒所表现出的荒谬、仇视态度必然也不逊于天主教信仰者，他们同样认为那些自由地研究事物的人是人类最危险的敌人。

那时法国著名的宗教改革家加尔文，也从政治上和精神上完全控制了日内瓦地区。当时西班牙有名的迈克尔·塞维图斯因为曾是杰出的解剖学家贝塞留斯的助手而闻名，他也是有名的神学家和外科医生，结果不小心触怒了教会，被法国教会下令绞死。而且，加尔文也极力支持教会。在塞维图斯逃出法国监牢来到日内瓦暂避以后，加尔文马上派人逮捕了塞维图斯。在一番旷日持久的逼问之后，加尔文竟然强加了个邪妄异端的

异己者的扼杀

宗教之争如同席卷欧洲大陆的巨浪，将一切异己者连同人们的良知与宽容无情吞没。深陷天主教与新教的重重矛盾之中，漫长的斗争让所有人的精神变得极度脆弱起来，他们以充满怀疑与焦虑的目光看着异己者，甚至是自己的同僚，在他们中间众多诚实善良的普通人沦为狂热信仰的牺牲品。

罪名，下令烧死塞维图斯，根本不管他是不是有名的外科医生。

就这样，宗教争斗越来越激烈。尽管我们不知道与此相关的事实和数据资料，而大致地讲，与天主教信仰者相比，新教徒较早地厌烦了这场无意义的斗争。究其原因，或许是因为那些被烧死、杀头、吊死的人们，都是诚实的平凡人，仅仅因为持不同信仰就悲惨地成了精力充沛而教规严酷的罗马教会的牺牲品。

要知道，宽容这一品质此时还未出现，你们以后一定要牢牢记住宽容。即便是所谓的现代人，很多人也只是在面对与自己关系不大的事物时才会表现宽容。然而，如果他们觉察到周围有邻居本属共和党并赞成征收巨额保护性质的关税，如今居然成了美国社会党（成立于1901年）人并支持取消与关税有关的一切法律法规时，他们就不再宽容了。17世纪的时候，慈悲的新教徒（或天主教信仰者）在发现自己的好友堕落为邪妄异端的一员时，他就会用善良的口吻痛责这位好友。而现在，与那些信仰者一样，他们也会用相似的口吻教训这位邻居。

就在前不久，邪妄异端还被人们看作一种可怕的现象。现在，如果我们周围有人极其不注重个人和居室卫生，而导致自身以及孩子面临感染伤寒或者其他具有可预防性的疾病威胁的话，我们就会将这情况反映给卫生部门。这样，卫生部门连同警察一起，就会以妨碍小区安全的罪名带走这个人。而在16—17世纪之间，一个异端分子（不分男女），也就是公开质疑自己所信仰的、新教徒或天主教信仰者奉为神明的教义的人，常常会被认为是比伤风感冒更让人恐怖的敌人。在信仰者们看来，伤寒虽极有可能摧垮人的身体，而邪妄异端摧毁的却是人们认为能长存不朽的灵魂。这样，暗示警务人员去监督那些扰乱既有秩序的异端者，就成为每一个慈悲而又理智的人们的职责所在。若一个现代人知道自己的租客感染了天花或霍乱之类的疾病，却没有及时告知附近的医生，那这个人就犯罪了。同样，那时一个置邪妄异端于不顾，未尽早向执政者反映情况的人也是有罪的。

等你们成年后，你们就会知道那些与预防性药物有关的知识。而预防性药物，则是指医生在人们真正发病之前用于治疗的用品。医生们主要研究人们没有疾病时的身体状况和人们赖以生存的环境，如教人们及时清理垃圾，哪些东西能吃，哪些不能吃，哪些习惯应改掉，怎样保持个人卫生等，这样就可能避免诱发疾病的各种情况。不仅如此，医生们还会到学校中，教孩子们如何正确刷牙以及如何预防感冒等知识。

本书一直努力阐述的一点内容是，对于16世纪的人来说，对危及灵魂的疾病显然要比身体上的疾病更加严重。为此，一套严格、细密的预防灵魂疾病的体系就这样形成了。在孩子们到了可以念书认字的年龄之后，孩子们就要被迫接受所谓的真正而且是唯一真正的各种原则。不过，历史表明，这一举措也是有益的，它起到了间接促进欧洲进步的作用。就这样，大小不一的学校纷纷在欧洲国家兴起了。尽管这类学校让孩子们花费大量的时间阐释教义、教理，但也让孩子们学到了神学之外的东西。此外，学校也提倡人们多读书，这还带动了印刷业的发展。

众多的分歧

　　为了改变现有的混乱局面，神圣罗马帝国皇帝查理五世正努力寻求解决新旧教之间分歧的途径。图中左下角的查理五世正同萨克森选侯就新教呈递的文书进行认真磋商，这些新旧教互不相同的各类圣礼仪式是两者达成一致的最大障碍，包括洗礼、圣餐礼、婚礼、忏悔等。

　　当然，天主教也并不甘居于新教之后，因而也在教育事业上耗费了很多的时间、精力。同时，天主教还联合了当时很有影响力的耶稣会作为朋友和同盟。此时的耶稣会成立没有多久，其创立者是一个西班牙士兵。在历经了种种罪恶、放任的生活以后，这位西班牙士兵信仰了天主教，他要为教会贡献自己的力量。不少以前曾犯过罪而现在受到救世军感召的人，觉悟到自己罪孽深重，因而决定奉献余生来救助与抚慰那些比自己还要悲惨的人们。

　　这位西班牙士兵名叫伊格纳提斯·德·洛约拉，生于1491年（美洲大陆被发现的前一年），他因在战争中受伤而导致腿部终身残废。在医院接受治疗的时候，他见到了显灵的圣母与圣子，后者嘱咐他要忘记以前的罪孽生涯，要重新做人。就这样，洛约拉决定到圣地履行十字军的使命。然而，他的这次耶路撒冷之行证明他现在根本没有能力完成这项使命。因此，他返回欧洲，加入到反对路德派的阵营中。1534年，洛约拉进入巴黎大学中的索邦神学院学习。在这里，他和另外七个学生共同组建了一个兄弟会。他们约定，要一直保持生活的圣洁，绝不爱慕虚荣，以追求正义为目标，立志要为教会奉献自己的肉体和灵魂。若干年以后，这个小小的兄弟会逐渐发展成了一个很有体系的组织，还被教皇保罗三世正式封为"耶稣会"。

　　洛约拉曾经是一名军人，他坚信绝对服从上级和纪律是非常重要的，结果证明这两点也是耶稣会之所以能成功的重要原因。耶稣会的特长就是教育，而且学校的老师如果想与学生进行单独交谈，就必须先接受严格的训练。老师不仅和学生一起吃、一起睡，还一起活动，精心呵护着学生们的思想与灵魂。这种教育方式非常奏效，耶稣会培养出了对天主教虔敬不二的忠实追随者，而这些追随者们也和中世纪早期的追随者一样谨慎地履行着自己的使命。

然而，聪明的耶稣会并非把全部的精力都耗费在教育穷人上，他们也更多地涉足达官贵人的社会，教授那些在将来能成为皇帝以及国王的人。如果我向你们讲述三十年战争的话，你们就能懂得耶稣会为何要这么做了。可是，在这场恐怖的宗教动荡爆发以前，又出现了一些更为有意义的事需要我们关注。

查理五世逝世以后，他的兄弟费迪南德掌控了德国与奥地利，而他的儿子菲利普则统治着他的西班牙、荷兰、美洲和印度群岛等属地。菲利普是查理五世与一位葡萄牙公主所生，他的母亲是查理五世的亲表妹。通常，近亲结合后生出的孩子极易出现怪异行为且精神异常。而菲利普之子唐·卡洛斯就不幸成为了一个疯疯傻傻的人，不久被菲利普授意赐死。但菲利普自身却很正常，只是对于教会有着一种近乎狂热的感情，始终坚信自己是上帝派来挽救人类的救星。所以，只要有人持不同政见，不认同国王对上帝的绝对狂热之情，这个人就会被视为人类的公敌。为了不让这个人的恶行腐蚀到其他忠诚的追随者，菲利普就会将这个人处死。

洛约拉

军旅出身的伊格纳提斯·德·洛约拉，经历过战火与伤痛的洗礼，对过去罪恶的厌恶让他最终踏上追寻圣光之路。他四处给人讲授教义与神学，将志同道合的小型兄弟会逐步发展壮大为组织严密的耶稣会，耶稣会在教育方面的巨大影响力使他们获得了教皇的认可，并最终与罗马教会结成同盟。

的确，西班牙那时非常富裕，卡斯蒂尔和阿拉贡的金库中收纳着由于发现新世界而获得的所有金银。然而，西班牙却在不停自残本国国力的怪圈中病入膏肓。农民们辛勤地劳作着，而妇女们则更加勤劳地劳动着。不过，西班牙的上流社会却向来都瞧不起所有的劳动，并且只想为陆海军或政府部门工作。而那些始终勤勤恳恳地工作着的摩尔手工劳动者，却在很久之前就被驱赶出西班牙了。这一经济病产生了非常严重的后果，西班牙人要耗费几乎全部的金钱同海外交换小麦和其他生活必需品（本国人们所不屑于生

黄金壁雕

　　自从哥伦布发现美洲新大陆之后，鼎盛时期的塞维利亚是西班牙海外贸易的重地，由新世界掠夺而来的金银矿从这里源源不断地流入西班牙。从这面塞维利亚大教堂的祭坛后壁的黄金雕刻即可见当时的富庶程度。然而，一夜暴富让西班牙人对劳动无比轻蔑，大量金币用以交换他国的社会基础资源，高昂的盘剥反而让这个金库之国异常贫穷。

产的），这就使得被称为世界金库的西班牙实际上却特别穷困。

作为16世纪最强盛的国家的统治者，菲利普的收入大部分来源于商业发达的荷兰所上缴的税额。而这些盲目自大的荷兰人和弗兰芒人却是路德派和加尔文派最虔诚的信仰者。他们废除了当地教堂中的一切神像和画像，并告诉教皇，他们不会再把他看作是自己的守护神。从此，他们只会依照刚刚翻译的《圣经》以及自己的良知来处事。

这件事让菲利普左右为难。他既不能纵容荷兰子民的异端举动，又不想失去荷兰这个财源。而假如他同意荷兰人自主地信奉新教，且不做出任何应对之举来救赎他们的灵魂，那么这就是对上帝的失职。而假如他派遣宗教法庭去荷兰审问并烧死那些竟敢有异端行为的臣民，这样又会损失大量的财富。

莱顿之围

西班牙人将起义军重重围困在围海造田的莱顿城，那里周边尽是肥沃的草原，而占尽优势的西班牙人无意攻城，只图困死这股反叛力量。与意志、饥饿、瘟疫的漫长较量让城中的人苦不堪言，直到威廉决海潦地，带着"海上乞丐"击退不擅水战的西班牙人，濒临崩溃的绝望之城才迎来了生的希望。

尼德兰革命

"尼德兰"一词意为"低地"，泛指莱茵河、斯海尔德河下游以及北海沿岸地势低洼的地区。西班牙的残暴统治、经济遏制、宗教迫害让在那里生活的人们背负着无尽的苦难，直到一场漫长的革命战争之火将西班牙人驱逐出他们的家园。

尼德兰革命

时间	事件
1566年	弗兰德尔市爆发针对天主教会的"破坏圣像运动"，终因贵族背叛而陷入低潮。
1568年	西班牙国王派遣军队血腥镇压，奥兰治亲王威廉组织雇佣军以及尼德兰北方"森林乞丐"、"海上乞丐"游击组织进行有限抵抗。
1572年	哈勒姆保卫战，全城居民奋起自卫，坚守8个月，终因弹尽粮绝而陷落。
1573年	阿尔克马尔保卫战，西班牙人死伤惨重；莱顿保卫战，全城居民困守数月、拒不投降，直至"海上乞丐"决海漉地，西班牙人望风而逃。
1581年	北方成立共和国。
1609年	西班牙与共和国签订12年休战协定，承认共和国的独立。

菲利普向来善变，遇事犹豫不决，这次在处理荷兰人的问题上，就十分犹豫。菲利普有时慈悲有时严酷，有许诺也有恐吓，总之试尽了种种方法。而荷兰人依旧我行我素，仍然吟诵着诗篇，专心致志地恭听路德派与加尔文派的教义。菲利普恼羞成怒，就派手下有着"钢铁大将"之称且手段残忍的阿尔巴公爵前往荷兰，企图使那些冥顽不化的罪民们弃暗投明。于是，一些不够精明的宗教领袖没有在阿尔巴到来之前逃走，就被阿尔巴砍了头。后来在1572年，阿尔巴侵袭了荷兰的多座城市，杀死了城中所有民众，以起到杀一儆百的作用。也是在这一年，巴瑟洛缪发生了一幕惨剧，法国的新教领袖在这里全部被杀死。第二年，阿尔巴随即带兵包围了莱顿城——荷兰的制造业中心。

就在这时，乌德勒支联盟成立了，这个联盟集合了北尼德兰7个小省的力量，组成了一个防御西班牙人的同盟。奥兰治的威廉将军（也是德国王子）被推举为这个同盟的军事领导者以及海盗水手总司令，他曾作为贴身秘书跟随查理五世多年。这帮鱼龙混杂的人曾经以"海上乞丐"之名著称。在决定拯救莱顿城后，有着"沉默者"之称的威廉下令把防海大堤挖开，以便让海水倒流进城中，这样莱顿的四周就被一个浅浅的内海包围了。接着，威廉带领一支奇特海军（由敞口驳船和平底货船组成），一边划，一边连推带拉地越过了沼泽，直逼莱顿城下。但是，这种奇异的方法竟然让西班牙军队望风而逃。

乞丐党的标志

政府偏袒多数贵族利益的态度让底层贵族们大失所望，遂以"乞丐"自称，以木制的要饭碗为标志。图为那一时期贵族们使用的镶银木碗。

这次失败是西班牙国王手下的无敌军团史无前例的奇耻大辱，让全世界为之震惊。这种令人吃惊的程度，绝不亚于我们这代人听闻日俄之战中日本人夺得沈阳的消息后的瞠目结舌。经过了这次获胜，莱顿城中的新教徒更加坚定了反抗西班牙陛下的信心。无奈之下，菲利普只能秘密地用阴谋来镇压叛乱的子民。于是，他派了一个疯子式的宗教狂徒刺杀了威廉。然而，这非但没有让北尼德兰的七省臣民服从，却激发了民众们更为强烈的愤怒。1581年，这七省代表们在海牙召开了议会，郑重宣告废除恶魔般的陛下菲利普，还说要自己掌控自古以来只能由上帝指派的国王的权力。

这次事件堪称开创了历史上人们争取政治自由权的先河，这较之前英国贵族率领的宫廷起义，后以签订《大宪章》为终结的史实更向前迈出了一大步。这些自由民天真地说，国王和臣民之间应保持一种契约的关系，都必须履行一定的职责和义务。一旦一方背弃了这个契约，另一方同样有权力不再履行这份契约。在1776年，北美民众（当时在英国乔治三世统治之下）也制定了相似的协议，不过他们与乔治三世之间终究相隔着3000英里浩瀚的大西洋。而这七省同盟作出这个慎重决议，却是在能够听见西班牙军队的枪声以及一直以来对西班牙无敌军团的恐惧中作出的，因为他们一旦失败就将只有面临死亡，因此这让我们不得不对他们的勇气表示钦佩与赞赏。

很早之前，民间就传说将有一支西班牙舰队要征伐英国和荷兰。后来，新教徒女王伊丽莎白接管了天主教追随者"血腥玛丽"的权杖，并执掌了英国。此时，这个传说早已尘封许久。码头的水手们每年都在充满畏惧地议论着这件事，猜测着大厦将倾的日子。进入16世纪80年代后，曾经的传说被证实所言非虚。凡是到过里斯本的水手都宣称，他们见到西班牙和葡萄牙的全部船坞都在大量地建造用于战争的船只。而且在尼德兰南部（今属比利时），帕尔马公爵正在召集一支浩浩荡荡的征伐队伍，只要西班牙舰队来了，他就会从奥斯坦德直接杀向阿姆斯特丹和伦敦城。

1586年，目空一切的西班牙无敌舰队决定出海，渐渐地直逼北方。而此时荷兰舰队正固守着弗兰芒海岸的各个港口，英国不列颠舰队也派重兵把守着英吉利海峡。况且西班牙军队一直以来都是在南方平静的海上征战，实在不懂怎样在充满暴风的北方海港中战斗。当然，对于无敌舰队先是怎样被敌舰袭击，而后又遭遇暴风重创的事实，相信大家都很清楚。总之，这场海战之后，只有几艘西班牙战船绕过爱尔兰惊魂未定地逃回西班牙，其他大多数船只都沉寂于北海暗流涌动的海底。

这次海战扭转了整个战局，荷兰与英国的新教徒要将战火烧到西班牙了。16世纪末期，通过一个曾服役于葡萄牙船坞的荷兰人林斯柯顿所著的一本书，霍特曼最终找到了去印度以及印度群岛的海上航线。也正因如此，荷兰东印度公司才得以建立。同时，葡萄牙和西班牙之间一场声势浩大的争夺亚非殖民地的战争终于爆发。

在最初争夺海外附属殖民地时，荷兰法庭接到了一桩颇为有趣的诉讼案件。17世纪之初，一名荷兰籍船长范·希姆斯克尔克在马六甲海峡截获了葡萄牙所属的一艘船。

无敌舰队的覆灭

英国与西班牙的海上摩擦迭起，这让老谋深算的西班牙着手斥巨资组建海军以确保其海上利益。但这支拥有100多艘战舰、数千门火炮、数万之众的庞大舰队却在英吉利海峡遭遇实力悬殊的英国舰队毁灭性的打击，拱手让出了海上霸主的地位。图中西班牙"无敌舰队"被乘风而来的英国无人火船打乱了阵脚，伺机而上的英国舰队则获得了压倒性的优势。

这位船长曾经带领一支冒险队，企图寻找出前往印度群岛的东北方向的航线。然而，这个计划最终因船队整个冬天都被困在新泽波拉岛附近冰封已久的海面上而宣告失败，但船长却因此声名鹊起。不过，最近他惹上了官司。大家都知道，整个世界被教皇一分为二，一半归西班牙，另一半归葡萄牙。因此，葡萄牙人就很自然地认为，围绕在他们所属的印度群岛附近的海域也是属于他们的领地。而那时葡萄牙也没有与七省同盟作战，所以他们控诉范·希姆斯克尔克仅仅是一名私家贸易公司的船长，不能未经允许就驶入

航海权的争执

随着新航道的开辟，各国对海外殖民地的争夺逐步升级到对专属航道的争夺。直到年轻律师格鲁西斯提出越出陆地火炮射程之外的海域皆可作为任何国家或个人自由出入、航行的公海，这一论调引发了航海界的一致反对，掠夺与贪婪让这条铺满黄金与血泪的航线充满着挤压与争执。

《威斯特伐利亚和约》

　　随着神圣罗马帝国与西班牙的衰落，法国、瑞典、荷兰以及勃兰登堡迅速崛起。由执掌西班牙、神圣罗马帝国、奥地利帝国的哈布斯堡王室，法国、瑞典以及神圣罗马帝国内的勃兰登堡、萨克森、巴伐利亚等诸侯邦国一同签订的《威斯特伐利亚和约》，意味着三十年战争的偃旗息鼓，也暗示着欧洲新霸主的诞生。

项目	《威斯特伐利亚和约》内容
1	重申1555年的《奥格斯堡宗教和约》和1635年的《布拉格和约》依然有效。
2	哈布斯堡皇室承认新教在神圣罗马帝国内的合法地位，神圣罗马帝国内各诸侯邦国可自订官方宗教。
3	神圣罗马帝国内各诸侯邦国拥有外交自主权，但不得对皇室宣战。
4	联省共和国（荷兰）和瑞士的独立国家地位被正式认可。
5	哈布斯堡皇室被迫割让出部分外奥地利领地。
6	神圣罗马帝国皇帝在任时不得进行继任者选举。
7	法国和瑞典拥有神圣罗马帝国议会的代表权。

　　葡萄牙的领海，窃取他们的船，并认为这是赤裸裸的犯罪行为。就这样，葡萄牙人向荷兰法庭递交了诉状。而同时，荷兰东印度公司也聘任了一名优秀的年轻律师德·格西斯（也称格鲁特）为这位船长申辩。在申辩时，格鲁西斯坦陈了一套任何人都有权毫无阻碍地进出海洋之说。他说，只要远洋位置超出了陆地大炮的射程，这片海洋就成为了一个任由每一个国家的每一艘船只自由进出的公共海域。法庭上第一次出现了这种惊世骇俗的言论，当然也就不可避免地遭到了每个航海人士的大力斥责。而当时英国的约翰·塞尔登还专门写了一篇比较有名的与"领海"以及"密闭海洋"相关的文章，以此来抨击格鲁西斯的公海论或海洋开放论。塞尔登宣称，围绕在某个国家四周的海域毫无疑问地应归这个国家管辖，而且应被看作该国家领土和主权中不可分割的一部分。本书在这儿谈及这段争论，主要是由于其中涉及的争论点仍没有得到圆满解决，而且这一点也在前一次的世界大战中引发了各种纷杂的问题。

　　接下来，我们把视线收回到英国、荷兰与西班牙的争斗上来。西班牙所属的绝大多数殖民地，包括印度群岛、好望角、中国沿海一些岛屿、锡兰，甚至日本都成了新教徒的领地，而这些仅仅发生在20年不到的时间内。1621年，西印度公司开张运营，并很快占领了巴西。而这个公司在北美哈德逊河口处还修筑起一个要塞（1609年，亨利·哈德逊首次发现该地），并取名为新阿姆斯特丹（今属纽约市）。

　　1618年爆发了一场持续30年的战争，并最终以1648年闻名遐迩的《威斯特伐利亚条约》的签订而宣告终结。由于长达一个世纪的宗教仇怨的存在，这场战争也就在所难免了。前面我就说过，这是一次异常可怕而又沾满血腥的战争，每个人都被殃及其中，他们拼命地厮杀着，直至所有的人都毫无力气作战才算结束。

　　仅在30多年的时间中，这场战争就使中欧的很多地方沦为了尸横遍地的荒芜之地。为了夺取一具马的尸体来填饱肚子，饿极了的农民只能与更多的饿狼相搏。战前，德国人口为1800万，而战后则锐减至400万。同时，西德地区的帕拉丁奈特则不幸地连续被洗劫了28次还多，德国境内差不多所有的城镇、村落都在这场战争中毁于一旦。

　　这场战争的仇怨，起于原为哈布斯堡王朝的斐迪南德二世登顶德意志皇帝的宝座。斐迪南德曾受过耶稣会的严谨教育，是一个最忠诚也最驯服的天主教信仰者。在青年时期，他就立誓一定要肃清本国中的每一名异端分子以及每个异端教会。执掌政权以后，斐迪南德穷尽了自己的所能来兑现这个承诺。在距离他称帝还有两天时，他最主要的劲敌弗雷德里克（英王詹姆斯一世和帕拉丁奈特的新教徒选帝侯的女婿）当上了波西米亚国国王，这是斐迪南德最不愿意看到的事。

　　不久之后，波西米亚就遭到了哈布斯堡王国的入侵。眼见敌人的强大，年纪轻轻的弗雷德里克不得不求救于荷兰与英国。荷兰共和国有意拔刀相助，但荷兰那时也正陷入与西班牙的另一支哈布斯堡王族军队的征战中，尚无法脱身，因而难以施以援手。而英国的斯图亚特王朝除了对壮大本身的绝对强权感兴趣外，并不想劳师以远在波西米亚的这场毫无胜算的战争中浪费一兵一卒。硬生生地坚持了数月后，弗雷德里克被赶出了自

Ifrael ex. Cum Priuil. Reg.

人间地狱

　　三十年战争是由神圣罗马帝国内战演变成为席卷全欧洲的混战，欧洲各国为宗教纠纷或各自利益皆卷入其中。大片的城镇与农田沦为废墟，大量的平民沦为难民或乞丐，现实逼迫善良的人们只有放下锄头、拿起武器加入这场充斥着仇视、杀戮、血腥的掠夺，才能让他们获得些许的安全感。

己的国家，他的领土尽数落入信奉天主教的巴伐利亚王族之手。不过，这也只是三十年征战的开端而已。

随后，蒂利与沃伦斯坦将军带领哈布斯堡军队，大肆侵占德国新教徒的居住地，长驱直入，直至波罗的海边缘。而和一个异常强盛的天主教国家做邻居，让信奉新教的丹麦国王也意识到了潜在的致命危险。因此，克里斯廷二世企图在邻居站稳脚跟之前，率先发难。丹麦军队冲入了德国，却不幸地战败了。德国的沃伦斯坦趁机追赶丹麦军，丹麦被迫请求议和。最终，波罗的海地区内仅存施特拉尔松城，仍然属于新教徒管辖。

1630年夏初，瑞典王瓦萨王国的古斯塔夫·阿道尔丰斯登陆了新教徒的唯一堡垒施特拉尔松。这位国王曾经带领民众打败了前来入侵的俄军，并因此名声大噪。他是一个征服欲极强的新教信仰者，始终幻想着有朝一日能把瑞典变为强大的北部王国核心。他受到了欧洲新教徒中王族们的热烈欢迎，被看作是路德事业的救星。不久，古斯塔夫首战告捷，打败之前曾残杀马格德堡新教教众的蒂利。随后，他率军横穿德国腹地，试图攻打哈布斯堡王国的意大利领地。在前后夹击的情况下，古斯塔夫立马转过阵脚，将哈布斯堡的核心力量消灭在吕茨恩战役中。此外，不幸的古斯塔夫却因在乱战中与麾下部队走散而死于阵前，就此哈布斯堡的实力也遭受了重创。

而斐迪南德是一个喜欢猜忌的人，每当战争失利，他就会想自己的部下是否用尽全力。由于他的怀疑和私下授意，部队司令沃伦斯坦被人刺杀了。事情传出后，向来与哈布斯王国不和的法国波旁王国尽管信仰天主教，却与信仰新教的瑞典结盟了。于是，路易十三率军攻打德国东部地区，而瑞典将领巴纳和威尔玛的部队、法国的图伦和康带将军的部队，这几支部队联合起来，竞相疯狂杀掠及焚烧哈布斯堡王国的财产。趁机大发横财的瑞典人声名鹊起，这让瑞典的邻居丹麦艳羡不已，于是同为新教信仰者的丹麦人也宣称对瑞典作战。当时，法国新教徒胡格诺刚刚被法国政治领军人物红衣主教黎塞留剥夺了曾于1598年南特敕令中允予的公开做礼拜的权利，而瑞典却与信仰天主教的法国结盟，这就是丹麦出兵的理由。

战火四起，直到参战各方在1648年签订了《威斯特伐利亚和约》才宣告战争结束，但不幸的是加入战团的各方仍两手空空。信仰新教的国家依然只是信奉路德、加尔文、茨温利等人，而信仰天主教的国家依旧只是忠诚于天主教。欧洲其他国家认可了瑞士与荷兰等新教共和国的独立性，而法国仍掌控着梅茨、图尔、凡尔登等城市和阿尔萨斯城的一部分地区。尽管神圣罗马帝国依旧被认为是一个统一的国家，但已经名不副实了，不但人财匮乏，连最后一丝期望与信心也消失殆尽。

这场持续30年的战争仅有的一个积极意义就是，欧洲各国都接受了一个深刻的教训，天主教与新教根本不想再挑起任何争端了。若谁也吞并不了谁，那么大家只好握手言和，各扫门前雪了。不过，这个世界中所潜在的宗教迷狂以及信仰不同的派别之间的纷争并未从此间断。新教与天主教之间的纷争刚刚告一段落，新教内部不同派系之间的争斗就开始了。"宿命论"的真正内涵向来都属于含糊不清的神学问题，而在你们曾祖

Israel excud. cum Priuil. Reg.

升级的战争

　　火枪与大炮成为了战场上的主角，炮兵轰击、骑兵突破、步兵清扫的梯次进攻顺序成为后来战争的标准战法。大量的战争消耗与人员伤亡让各国都元气大伤，这场没有真正胜利者的战争最终在制衡各方的《威斯特伐利亚和约》落笔签字后画上了句号，而饱经战乱的人们只能在废墟中重建他们的家园。

辈时，这个问题却需要议论得明明白白。当时，对于宿命论，荷兰国内的人们分为截然不同的两派。双方的争斗愈演愈烈，最终导致奥登巴维尔特的约翰被砍头。在荷兰刚刚独立的前20年内，著名政治家约翰为共和国的成就贡献了很大力量，而且也为推动东印度公司的扩张展现了优秀的管理才能。而在英国，新教内部的争论逐渐发展成了内战。

　　这场冲突直接导致了欧洲史上君主首次被通过法律程序而处决，不过在讲述这场冲突以前，我们有必要了解一下有关英国的历史概况。本书主要讲述的是，历史中那些对我们认识当今世界概况有帮助的事件。对于本书未曾详细介绍的国家，如挪威、中国、瑞士或者塞尔维亚等，这也不是由于我个人喜好。我也特别想为大家讲述这些国家的精彩故事，但是这些国家并没有对16世纪和17世纪的欧洲进展产生过重要影响，因而我只能对这些国家表示敬意，并且跳过这些国家。但是，英国却与这些国家有着极大的不同。在过去的半个世纪的时间里，这个国家的民众的所作所为极大地影响着整个世界历史的走向，这一影响甚至蔓延至世界的每一个角落。如果不清楚英国的历史概况，那么我们也无法明白当今报刊上记载的重大事项。有一点大家需要特别注意的是，在欧洲其他国家仍实行君主专制的时候，为什么唯独英国偏偏能走上议会制的道路呢？

第 四十五 章

英国革命

在君权神授的王权和更合情理的议会权力的相峙中，王权以
失败而告终。

公元前55年，恺撒率领着罗马的军队横渡英吉利海峡，将还未开化的英国变成了他的属地，被称为西北欧最早的发现者。之后的400年间，英国一直仅作为一个罗马的海外行省而存在，后来日耳曼人开始进攻罗马，驻守在英国的罗马士兵才被调遣回国，守卫本土。这样，英国就成为了一座无人统辖、毫无防御能力的孤岛。

贫穷的撒克逊人得知这个消息之后，马上漂洋过海来到了英国定居。对于经常忍受饥饿的撒克逊人来说，英国气候温暖、土壤肥沃，简直是一个人间天堂。最早来到英国落户的不仅仅只有撒克逊部落，还有盎格鲁人，所以他们建立了一系列独立的盎格鲁·撒克逊王国。这些部族之间的实力相当，纷争不断，没有一个实力雄厚的国王来结束他们之间的争执，进而来统一整个英国。他们的防御能力空虚，所以在5个世纪的时间内，默西亚、诺森伯里亚、威塞克斯、苏塞克斯、肯特、东英吉利以及任何一个默默无闻的小地方都频繁遭到斯堪的纳维亚海盗的光顾。到了中世纪，挪威、北日耳曼和英国都被丹麦吞并，沦为了一个彻底的殖民地，没有一点自主权。

斗转星移，丹麦在英国的统治终于被推翻了，但是还没等英国人充分享受自由的空气，他们的祖国就再一次成为了诺曼底公国的殖民地。诺曼底公国是斯堪的纳维亚人于公元10世纪在法国建立的政权。政权建立之初，诺曼底公国的统治者威廉就盯上了和他们隔海相望的英国，在他贪婪的眼中那是一块肥沃而富饶的土地。他于1066年10月率兵横渡英吉利海峡进攻英国，并于10月14日在黑斯廷战役中，将英国的最后一支羸弱之师——盎格鲁·撒克逊国王威塞克斯的哈洛德麾下的军队打败，最终自封为英格兰之王，在英国建立了自己的安如王朝，也就是金雀花王朝。但是王朝历代的统治者们并未将英国视为自己真正的家园。他们认为，这个曾驻扎着野蛮落后民族的岛国只是他们大陆上财产的衍生品。所以在统治的过程中，他们逐渐将原来诺曼底公国的语言和文明强行植入到英国本土。但是让统治者没有预料到的是，这个野蛮的殖民地在发展的过程中后来者居上，甚至远远超越了他们在法国统治的诺曼底公国。当威廉在英国建立自己的殖民地时，法国的统治者认为诺曼底公国只是一个不听话的奴隶，因而正全力计划着将

最初的不列颠

最初气候温和、土地肥沃的不列颠诸岛仅仅作为野蛮殖民地而荫庇在帝国的羽翼之下，被无情剥夺着独立的主权与财富，缺乏强有力的统辖与防御让这片土地内斗不息、外扰不断。直到斯堪的那维亚海盗的后裔率领近700条船运载着至少7000名诺曼底士兵及大量辎重在英格兰东南沿海登陆，一举成为英格兰的主人。

凤凰珠宝

玫瑰战争也称作蔷薇战争，为了争夺英格兰的王位，有着"金雀花王朝"血脉的两个皇族分支兰开斯特家族和约克家族彼此征战不休，前者的家徽是红玫瑰，后者的家徽是白玫瑰。贵族之间厮杀导致的双输局面让都铎王朝轻易地掌控了全局。图中是红白玫瑰环绕下，烈焰中重生的凤凰正飞向王冠的珠宝吊坠。

诺曼底及其殖民地英国，永远地驱逐出法国版图。经过了近100年残酷的斗争，法国出现了一个名叫贞德的年轻姑娘，她率领着法国人民将这些"外国人"彻底地赶出了法国。但圣女贞德本人却于1430年在贡比涅战役中不幸被俘，俘获她的勃艮第人将其转卖给英国军队，而后者将其当作女巫烧死。到了15世纪末期，亨利七世统治下的英国已经变成了一个高度中央集权的国家，称为都铎王朝。统治者们之所以能够将王权牢牢地掌握在自己手中，得益于两方面的原因。一是他们在欧洲的大本营被摧毁之后，只能全心地经营这个岛国。二是这个岛国上有很多爱慕虚荣的封建贵族，他们长期因为各种各样的家族恩怨纠缠不休，这类情况就如同中世纪的麻疹和天花一样常见，很多英国本地的贵族就在这些所谓的"玫瑰战争"中撒手归天。这让坐收渔翁之利的威廉和他的继承者们少了很多麻烦与压力，轻易地扫清了王权独揽的众多障碍。在亨利七世建立都铎王朝之后，设立了举世闻名的"星法院"，很多企图恢复本土统治的老贵族都被其以残酷的手段镇压、扼杀了，这让很多英国人事后想起来仍心有余悸。

1509年，英国迎来了亨利八世的统治。这是英国发展史上一个非常特殊的重要时期，英国在他的统治下逐渐从一个古老的岛国发展成为了现代的国度。

亨利八世的婚姻生活并不幸福，经历了几段失败的婚姻，他的多次离婚致使他与教皇彼此之间心存芥蒂，他本人对宗教也兴趣索然。1534年，亨利再次离婚，趁此机会他宣布英国不再受到罗马教廷的统治，让英国教会成为了第一个当之无愧的"国教"，而他也成为了第一个集政治统治和宗教统治大权于一身的国王。这一次的宗教变革获得了长期受到路德新教派狂热者攻讦的英国教士的鼎力支持。亨利更通过这次改革，将之前修道院的财产全部充公，进一步巩固了王室的财力与实权。同时，他的这一举动也受到了广大商人和手工业者的拥护，可谓一举多得。英格兰岛与欧洲大陆隔海相望，宽阔幽深的英吉利海峡为岛上居民提供了一个使他们隔绝世外的天然屏障，再加上富足的生活，让他们产生了一种优越感。这种优越感让他们排斥所有的外来品，更不愿意让一位意大利的主教来统治他们的忠诚、崇高的灵魂。

1547年，统治英国38年的亨利八世去世，由他年仅10岁的儿子继承王位。小国王执政期间，他的监护人对路德教义推崇备至，全力支持新教的发展，但是这位小国王在位不到六年就去世了。在他去世后，他的姐姐，也就是西班牙国王菲利普二世的妻子——

玛丽登上了英国的王位。她上台之后的第一件事情就是将弟弟在位期间所有新国教的教主全部烧死。玛丽是一个忠实的天主教信仰者，而且行事风格也非常像她的西班牙丈夫，因此有人将她称之为"血腥玛丽"。

1558年，"血腥玛丽"去世，著名的伊丽莎白女王登上王位。伊丽莎白是亨利八世和他的第二任妻子安娜所生的女儿，安娜后来因为失宠而被斩首。伊丽莎白曾经被玛丽多次关进监狱，因为罗马皇帝的亲自请求才被释放出来。所以后来在她当政期间，她仇视属于天主教和西班牙的一切。伊丽莎白和她的父亲很像，对宗教缺少兴趣，但同时却具有惊人的观察力和判断力。在她执政期间，英国的王权得到不断地巩固，政府的财政收入大大增加，整体实力逐步提高。虽然有一部分得益于她本身的能力，但是和那些倾慕她的男性的辅佐也密不可分。这些男人不遗余力地辅佐也使得伊丽莎白的统治时代成为了英国历史上的关键时期。

两代女王

华丽高贵的官殿中，英国国王亨利八世端坐在中央的王座上，右手扶着爱子兼王位继承人爱德华，他右侧着坐着的爱德华之母珍妮·西摩事实上只是一个影像（因其在生下王子时就过世了），大厅的左边站着玛丽，右边站着伊丽莎白，都铎王朝未来的两代女王对面而立暗示着两个人宗教态度的截然不同。

然而，就在伊丽莎白女王不断取得重大成就的同时，她也时刻感受到王位所面临的威胁。她有着一个竞争者，一个实力强大且相当危险的竞争者。这个极具挑战性的竞争者就是斯图亚特王朝的玛丽。玛丽出身高贵，父亲是苏格兰贵族，母亲是法兰西王国的公爵夫人。在嫁给法兰西国王法郎西斯二世后她不幸沦为寡妇，而那个意大利佛罗伦萨美第奇家族中阴险策划圣巴瑟洛缪之夜大屠杀的凯瑟琳就是她的公婆。玛丽的儿子就是后来斯图亚特王朝的第一位国王。和伊丽莎白不同的是，玛丽是一个狂热的天主教信仰者，只要是反对伊丽莎白的势力，她都愿意和他们成为朋友。但是她缺少政治头脑，做事风格极端暴力，她对苏格兰加尔文教信仰者的叛乱采取了残酷的镇压方式，由此引发了苏格兰人民的暴动，致使她被迫到英国避难。从她逃到英国到她被砍头，总共18年。在这段时间之内，她一直都在处心积虑地想推翻伊丽莎白的统治，但是却从未考虑过正是伊丽莎白为其提供了一片安身之地。最终迫于无奈，伊丽莎白听从了她的心腹大臣的忠告，"将那个苏格兰女王处以死刑"。

于是在1587年，玛丽最终被推上了断头台，并由此引发了西班牙和英国之间的战争。英国和荷兰携手，打败了西班牙的"无敌舰队"，这场海上战争原本是西班牙为了摧毁两国的新教运动而发动的，但是现在却成为了英国和荷兰大有油水可捞的冒险。

经过了几年的踌躇，英荷两国开始大举掠夺印度和美洲的西属殖民地，这是他们力所能及的事情，并以此作为对迫害新教同胞的西班牙人所展

苏格兰女王之死

失去了苏格兰人的拥护让苏格兰女王玛丽如惊弓之鸟般逃回英格兰境内寻求避难，伊丽莎白女王慷慨地赋予这个同宗同族女人以应有的皇室奢华与荣耀，但关于英格兰王位继承权的问题却成为两个女人之间难以逾越的鸿沟。玛丽对王位的执着终于让伊丽莎白选择走上以《联合契约》之名将前者处死的险路。

开的报复。一名来自威尼斯的领航员乔万尼·卡波特帮助英国人追随哥伦布的足迹，于1496年第一次发现了美洲大陆。尽管达布拉多和纽芬兰没有足够的吸引力留住英国人的殖民脚步，但纽芬兰沿岸海域丰富的渔产却让英国捕鱼者如获至宝。一年之后，卡波特又踏上了佛罗里达的海岸。

发现美洲大陆之后，正值亨利七世和亨利八世王位不稳的时期，尽管他们非常想尽早开展海外探索，但是国内还有很多问题没有解决，空虚的国库难以支撑这项庞大的殖民事业。到了伊丽莎白统治时期，英国逐渐富强，意图不轨的斯图亚特玛丽也身陷囹圄，稳定的国家政权为英国的海上探险活动提供了一个坚实的后盾。在伊丽莎白的幼年时代，一个名叫威洛比的人就已经在海上绕过了北角。之后他手下一名叫作查德·钱塞勒的水手为了找到

苏格兰女王玛丽

作为王室幸运的继承人，年幼便登顶王座的苏格兰女王玛丽一世注定了一生的悲情色彩。充斥在身边的各方矛盾与压力让这个强势女人见证了家族的衰落、荣耀的暗淡与世俗的残酷。

一条更便捷的通道到达印度群岛，就继续向东，到达了俄国的阿尔汉格尔港口，于是英国又开始和俄国开始了外交和商务来往。伊丽莎白当政之初，有很多人开始顺着这条新航线进行海上活动。很多投机者在"联合投资公司"努力工作，正因为如此，该公司在几百年之后成长为拥有大量海外殖民地的贸易公司。这些极具冒险精神的水手们，既是外交家又是海盗，他们甘愿铤而走险将一切希望寄托于一次也许会鸿运临头的航行上；走私者则尽量将所有的东西都装在船上，以此获取巨额的利润；投机商则在贩卖商品的时候一起贩卖人口，不关心任何除了利益之外的事情；这些人带着英国的国旗，将女王的威名传遍世界。而在英格兰本土，英国著名的戏剧家莎士比亚正在不断创作新作以讨女王陛下的欢心；全英国最优秀、最智慧的智囊团为他们的女王出谋划策，亨利八世留下的烂摊子正在女王的手中逐步由一个封建国家转变为现代国家。

威名远扬的伊丽莎白女王于1603年去世，享年70岁。女王死后，由亨利八世的孙子、伊丽莎白的侄子，也就是玛丽的儿子詹姆士继承王位，成为了英格兰的新国王。当时欧洲大陆正在不断混战，因为英国特殊的地理位置，让他忽然发现自己幸运地成为全欧洲唯一一个隔岸观火的国家的统治者。天主教信仰者和新教徒们彼此攻伐，都妄图推翻对方的势力，以将自己的教义推上独揽天下的王座。而此刻的英格兰却并未重蹈路德或洛约拉的旧路，它用一种和平的手段开始了宗教改革，避免了天主教和新教的冲突。也正是因为这种和平的方式，让英国率先抢到了殖民地之争的先机。同时，这场改革运

詹姆士一世金质奖章

詹姆士一世奉行的和平、忍让策略让对立的英伦三岛维持在一种微妙的平衡之下，对欧陆之战的旁观态度也让在这片土地上生息的人们远离战争之苦。上图为刻有詹姆士一世头像的金质奖章。

动也让英国获得了国际事务的领导权，至今仍不容小窥，这种历史发展的必然趋势是斯图亚特王朝灾难性的冒险活动也无法改变的。

这位来自斯图亚特王朝的王位继承人似乎忘记了自己对于英国人民来说是一个纯粹的"外来者"。对于英国人来说，都铎王室的后代可以在光天化日之下随便偷走一匹马，但是斯图亚特王朝的成员就连看一眼马上的缰绳也会招致众怒。尽管伊丽莎白女王对英国的统治也很严格，但是

却依然受到人们的尊敬和爱戴。这是因为女王实行的是鼓励各种商人获利的财政政策，所以获得利益的英国人就会全心全意地支持女王。因为他们从女王强硬的对外政策中，获取了最大的利益。所以即使有时女王也会剥夺一些国会的权力，人们也并不会在意这些不合法规的行为。

尽管表面看来詹姆士和伊丽莎白实行的是相同的政策，但是他身上缺乏女王身上那种非凡的热情。在他统治期间，依然鼓励进行海上贸易，天主教信仰者也没有因此获得任何特殊的权利。但是当西班牙露出谄媚的笑容，希望和英国重修旧好的时候，詹姆士

短暂的繁荣

　　平缓依旧的泰晤士河两岸，穿插着大量拥挤的市井街道，雄伟的教堂、巍峨的城堡以及下方河岸边独立供人表演或娱乐的剧院与熊园，熙熙攘攘的商贸船只与鳞次栉比的屋顶将欧洲北部最大的城市——伦敦装点得格外温馨、热闹。而相对安定、祥和的环境则让这座城市吸引了大批的新居民涌入。

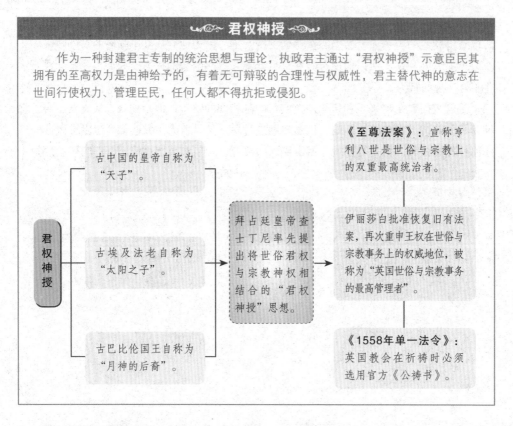

君权神授

作为一种封建君主专制的统治思想与理论，执政君主通过"君权神授"示意臣民其拥有的至高权力是由神给予的，有着无可辩驳的合理性与权威性，君主替代神的意志在世间行使权力、管理臣民，任何人都不得抗拒或侵犯。

古中国的皇帝自称为"天子"。

古埃及法老自称为"太阳之子"。

古巴比伦国王自称为"月神的后裔"。

君权神授

拜占廷皇帝查士丁尼率先提出将世俗君权与宗教神权相结合的"君权神授"思想。

《至尊法案》：宣称亨利八世是世俗与宗教上的双重最高统治者。

伊丽莎白批准恢复旧有法案，再次重申王权在世俗与宗教事务上的权威地位，被称为"英国世俗与宗教事务的最高管理者"。

《1558年单一法令》：英国教会在祈祷时必须选用官方《公祷书》。

欣然接受了。而这是很多英国人所无法接受的，但是詹姆士毕竟是他们的统治者，所以他们还是选择保持缄默。

没过多久，统治者和他的人民之间又发生了新的冲突。1625年，查理一世继承了父亲詹姆士的王位，他和他的前任一样，都相信自己神圣的王权来自上帝的特许，为此他们可以随心所欲地统治国家而不需要听取民众的意愿。其实这种"君权神授"的观念很早就有。在某些方面，教皇被当成罗马帝国的继承人，甚至是世界范围内任何处于罗马帝国思想统治之下的土地的继承人。他们就非常乐意将自己视为"上帝的代言人"，并且这种看法已经深入人心，没有人会怀疑上帝是否有权按照自己的想法和手段来统治整个世界。因此，教皇就有充足的理由要求信仰者们对他表示绝对的顺从，因为他就是上帝在人间统治的直接代表，他只对上帝负责。

随着新教改革的逐步深入，这些只有教皇才拥有的特权已经转移到了接受新教的统治者身上了。他们作为国教的教主，坚信自己就是上帝在这一块领土上的代言人，由此统治者们的权力范围已经有了很大的延伸，但是人们对此没有丝毫怀疑。就像现在的人认为议会制度是最合理的政府结构一样，当时的人们也只是默默地接受了这种权力。就此推论，路德教派或加尔文教派对"君权神授"观点表示出的义愤填膺是不合情理的。善良诚信的英国人一定是因为其他的原因才开始怀疑"神圣君权"的真伪的。

　　历史上人们第一次质疑"君权神授"这一观点的声音源自荷兰海牙。他们在1581年利用由北尼德兰等七省联盟组成的国民议会废除了他们的国王，也就是玛丽的丈夫——西班牙的菲利普二世。他们对外宣称，国王违背了自己的协议，所以就像其他对主人不忠的奴隶下场一样，国王被解雇了。从这时开始，北海沿岸的国家和人民都开始盛行着这样一种观点：国王应该对人民承担特殊的责任。因为当地的人民非常富有，所以他们的处境很有利。但是中欧地区长期处于贫困状态的人民要受到严密的监视，就不会斗胆讨

君权神授

　　为了维护其统治的合法性与至高无上性，统治者们都不遗余力地对"君权神授"大肆渲染。通过宗教改革，统治者化身为"国教领袖"，成为拥有"神的意志"的王，这种由国家政事延伸至精神世界的强力支配与崇拜让所辖人民没有丝毫疑虑，图为三女神在女王伊丽莎白的帝王之仪下也黯然失色。

论这种会将他们送进监狱的话题。对于荷兰和英国的有钱人来说，他们完全不必为此担心。因为他们手中拥有的雄厚资本足以维持着国家海陆两军的开销，并能运用银行信用这种强大的武器，所以他们愿意用自己的资本控制权来对抗哈布斯堡王朝、波旁王朝、斯图亚特王朝，甚至任何一个王朝所谓的"君权神授"；他们深深知道自己手中的荷兰盾或英国先令，在羸弱无能的封建军队面前所具有的压倒性优势，而后者是国王们寄予厚望的最后底牌。当其他的人在遇到君权神授的问题时只有两种选择，一种是默默地忍受，另一种就是冒着杀头的风险去反抗。但对于富有行动力的英国人和荷兰人来说，这两种情形都不会出现。

于是，当斯图亚特王朝的统治者开始宣称他们有权力按照自己的意愿来行使权力，没有必要为人民承担任何责任的时候，英国的人民彻底被激怒了。英国的中产阶级开始利用国会来对抗统治者职权的滥用。但是统治者并没有因此让步，反而解散了

纳斯比之战

纳斯比战役是英国资产阶级革命中具有决定性意义的一战，英国国王查理一世率领王党军与奥利佛·克伦威尔率领的国会军在诺桑普顿郡的纳斯比村附近展开激战，前者误入对方诱敌深入的困境，并逐步丧失手中的绝对优势，最终失去了战争的主动权。图为纳斯比战役敌对双方的军事部署。

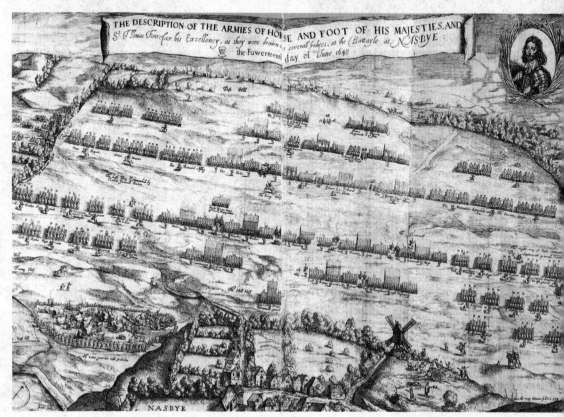

国会。之后查理开始了长达11年的独裁统治，尽管绝大多数人认为这没有法律依据，但他仍强制征收各种自己随意想征收的税种。他将国家当成自己的私人庄园那样随意地打理。让人敬佩的是，在坚持这样荒谬的信念上，他和他聪明的助手都表现出了极大的勇敢和执着。

奥利佛·克伦威尔

出身新贵的奥利佛·克伦威尔是英国资产阶级革命时期杰出的政治家、军事家，提倡保护资产阶级和新贵族的利益，他率领的军队纪律严明、作战勇猛，在纳斯比一战成名，素有"铁军"之称。图为刻有奥利佛·克伦威尔头像及王冠图案的硬币。

查理很不幸，这一次他并没有取得苏格兰人民对他一如既往地支持，反而和苏格兰的老教会派的元老展开了激烈的争吵。所以，为了筹措战争的经费，查理被迫于1640年4月重新召开国会。这次会议中，各个议员争先发表抨击性的言论，以此来宣泄11年的不满情绪，最后使国会再一次陷入混乱。几个星期之后，国会不仅没能为查理筹得一分钱的战争经费，反而不停地批评查理的所作所为，所以查理在一气之下再次解散了国会。

同年11月，查理组成了一个新的国会，但是新国会比旧国会更具抨击性，更不听话。议员们明白，英国究竟是实行"君权神授"的统治还是坚持"国会政府"是必须要解决的问题。他们利用所有的机会来攻击国王的主要顾问，并借机处死了其中的6人。之后他们强制宣布了一项规定，如果没有经过议员的同意，国王无权解散国会，并于1641年12月，向国王提交了一份记载了独裁统治下人民痛苦生活的抗议书。

为了寻找自己的支持者，查理于1642年1月离开伦敦去了各个乡村。与此同时，国会也在积极筹备。双方都召集了军队，一场为了争夺君主和国会之间绝对权力的大战一触即发。在这场战争中，英国国教中竭尽所能纯净自己信仰与教义的清教徒们脱颖而出，他们势力庞大，组成了一支由著名领袖奥列弗·克伦威尔指挥的军队，被称作"虔诚兵团"。因为这支军队有钢铁一般的纪律和对目标最虔诚的信仰，很快就成为国会这一派军队的榜样。查理的军队两次和克伦威尔指挥的军队交锋，都惨败而归。最后一次是1645年在纳斯比，查理再次败北逃亡苏格兰，但是很快就被苏格兰人民出卖了。

之后，尔虞我诈的内乱徒生。苏格兰长老会与英格兰清教徒不和，从而引发前者叛乱。1648年，克伦威尔率领军队在普雷斯顿盆地和苏格兰军队大战三天三夜之后获胜，之后攻占了苏格兰的首都爱丁堡，第二次内战才终于偃旗息鼓。与此同时，克伦威尔的士兵们再也无法忍受国会旷日持久的谈判与唾沫横飞的宗教派别之争，他们决定用自己的力量改变这一切。士兵们冲进了国会，将所有不支持清教徒的议员们全部赶了出去。剩下的议员们组成了一个名叫"尾闾"的议会，正式指控国王所犯下的种种罪行，其中包括叛国罪。但是上议院拒绝执行审判，所以克伦威尔和他的士兵们任命了一个特别审判团，宣布判处查理一世死刑。

对于英国和整个欧洲大陆来说，1649年1月30日是一个非常特殊的日子，就在这一天，查理一世神色平静地跨过白厅的一扇窗户，走上断头台。这一天，作为一个君主国的臣民，英国人民第一次通过自己选出的代表，将一个不能正确执行自己职权的统治者推向了断头台。

查理死后，英国开始了克伦威尔的统治时代。作为一位并不合法的英格兰统治者，克伦威尔直到1653年才被正式推选成为护国公。在他执政的五年中，他继续推行伊丽莎白女王时代的政策。此时，英国再次将西班牙视为重要仇敌，随时准备向它开战已经成

查理一世之死

数度敌对开战让英国国王查理一世失去了军队与民众的支持，苏格兰人的出卖更让他沦为议会军的阶下囚，后终被议会以叛国罪判处死刑，成为英国历史上唯一一位被公开处死的国王。在画面中查理一世王官白厅外搭建的断头台上，刽子手正举起查理一世的头颅示众，一片唏嘘中曾经的王者走完了末路。

为英国全民性的神圣话题。

虽然克伦威尔依然实行扩张财政的政策，这使英格兰的商业和商人利益得到了优先维护，严苛的新教教义也得到了最彻底的贯彻与推行。不可否认，克伦威尔是一个成功的军事家和战略家，很好地维护了英国在国际上的地位，但却是一个非常失败的社会改革家。这个世界上形形色色的人很多，很少有两个想法和行为一模一样的人出现。虽然思想的统一从长远上来看是一个非常明智的决定。但是如果一个政府只能为社会中的部分成员谋取利益，并且只由其中的部分成员掌管国家政权，这样的政府是不可能长期存在的。在反对君权时，清教徒可以作为一支进步的力量，但是作为英国的统治者，他们严苛的思想和行事作风很难让人接受。

直到1658年克伦威尔去世，斯图亚特王朝轻而易举地复辟了旧王朝。讽刺的是，最初是人民自己的代表将王室的成员赶出了英国，而当他们再次回到英国的时候却受到

了前所未有的礼遇，他们就像是英国人的救世主一样大受欢迎。因为英国人终于发现，清教徒的宗教信仰和暴政一样，都让人无法忍受，只要斯图亚特王朝的继承人能吸取父辈的教训，放弃"君权神授"，并承认议会统治国家的绝对权力，英国人仍愿做回忠诚守信的好子民。

为了达成他们的这种心愿，英国的两代人已经进行了艰苦的探索。但是复辟之后的斯图亚特王朝似乎并没有吸取父辈的教训，依然热衷于自身权力的扩张。1660年，查理二世继承了王位，他的性格温和、生性懒散、畏惧困难、处事随便，在统治上毫无建树，但是他有着一样特殊的本领，那就是可以对所有人说谎。正是因为这一特长，他才能暂时避免和公民发生正面冲突。1662年，他利用"统一法案"，沉重地打击了清教徒的势力，将各个教区中不信奉国教的神职人员统统扫地出门。两年之后，他为了阻止所有不信奉国教的人参加秘密的宗教集会，就以"秘密集会法案"中流放西印度群岛的条例相威胁。他的这些做法逐渐透露出恢复"君权神授"的迹象，所以人民也开始流露出

复辟舞会中的查理二世

克伦威尔的死让英国人迫切地欲从思想枷锁中摆脱出来，让放弃"君权神授"的传统王室执掌英伦未尝不是避免英国内乱的良策。于是，在公众的拥护与召唤下，查理二世重返英格兰的王座，而慵懒、好色的查理二世虽善于用谎言维系各方面关系的平衡，但仍在其父的老路上一意孤行、渐行渐远。

之前的那种不耐烦的情绪，他也难以再从国会上获取财政支持了。

查理二世深知无法再从一个对自己不满的国会获得财政支持，所以他就从他的表兄——法国的路易国王那里每年借贷20万英镑，将他的新教徒盟友弃之不顾，还背地里嘲笑国会的议员都是一群傻瓜。

因为获得了经济上的独立，所以查理二世自身极度膨胀的信心似乎瞬间爆棚。在他的流亡记忆中，他在信奉天主教的亲戚家里度过了一段漫长的时光，这使他对天主教有着莫名的好感。或许他可以让迷途的英国回到罗马教会的身边，为此他颁布了"免罪宣言"，将所有压制天主教会和不相信国教的旧法律全都废除了。与此同时，英国人正在传言查理的弟弟詹姆士已经成为了一名天主教信仰者。这两件事发生在同一时间，让所有的英国人都开始怀疑，并且密切注视着事态的发展状况。

　　英国人开始害怕这个查理又要策划一次恐怖的阴谋，心中充满了骚动和不安。但是有很多人并不希望发生内战，他们宁愿接受一个信奉天主教国王的统治，甚至愿意接受"君权神授"的复辟，也不愿意看到同胞之间互相残杀。但是也有人认为，虽然他们经常受到不信奉国教者的压迫，但是对自己的信仰却坚定不移。于是几个杰出的贵族开始领导这些人和王权展开斗争，他们拒绝回到"君权神授"的岁月。

　　在接下来的10年中，这两种观念针锋相对，形成了各自的阵营。其中的一方被称为"辉格党"，"辉格"在英国俚语中就是马车夫的意思，如此滑稽的名字源自苏格兰长老会的教士在1640年带领着大批马车夫反抗国王、进攻爱丁堡。辉格党的成员以中产阶级为主。其中的另一方被称为"托利党"，这一名称沿用了爱尔兰保皇党追随者的称号，而现在他们则站在了国王的一方。虽然这两派相互斗争，各不相让，但是却都不愿意主动造成冲突。也正因为如此，查理二世才能安详地去世，而他信奉天主教的弟弟詹姆士二世才能在1685年继任执掌英伦。詹姆士即位之后设立了一支由一个信奉天主教的法国人来指挥的常备军队，将国家放在了一个容易被外国干涉的危险境地之下。在1688年，他继他哥哥之后，又颁布了一个"免罪宣言"，并强制在所有的国教教堂宣读。他这样滥用权力已经超过了合理的界限。这种界限只有像伊丽莎白女王这样受人爱戴的统治者在非常特殊的情况下才能允许偶尔逾越，显然詹姆士不是，而英国的情势也并不紧急。所以人们开始公然表示对他的不满，有七个主教因为拒绝宣读宣言，而被詹姆士冠以"煽动诽谤罪"，然后交给法庭审判。但是当审判员宣告他们都无罪释放的时候，法院就被公众的喝彩声和鼓掌声淹没了。

　　正当这个时候，詹姆士的第二任妻子玛丽生了一个儿子，按例这个男孩将优先于他信仰新教的姐姐玛丽和安妮继承王位。但由于詹姆士信奉天主教，而她的妻子也是天主教追随者，这就意味着将来继承詹姆士王位的是一个天主教的孩子，这一点无疑让人们心里更加不安。况且出生于摩德纳伊斯特家族的玛丽看起来年纪已经很大了，不像是一个还能生孩子的女人，这就让人们觉得这里隐藏着一个巨大的阴谋。一定是信奉天主教的人将这个身世不明的孩子带进了皇宫，让英国将来由一个天主教国王来管理。这种流言到处都是，而且越传越荒谬。这时候斗争已久的辉格党和托利党反而联合起来，他们其中7个非常有名望的人联合给荷兰国的国王威廉三世写了一封信，邀请他来英国，取代詹姆士二世的位置成为他们的新国王。威廉三

无头骑士

　　优雅的战马、华丽的盔甲、象征王权的权杖被永远地镌刻在铜板上，而空余出来的头像部分则可根据情况安置不同的人物适用于印刷。频繁的政权更替与社会混乱让英格兰人厌倦不已，英格兰人一面保存着来之不易的斗争果实，一面厌倦了猜忌与残杀，只要能维持安定富足的生活，并不在意谁成为他们的王。

世就是詹姆士的长女玛丽的丈夫。

威廉欣然接受了邀请，并于1688年11月15日在托贝登陆。他不希望自己的岳父成为第二个王权的殉难者，所以暗地帮助詹姆士毫发无损地逃到了法国。威廉在1689年1月22日召集议会。同年2月23日，他和自己的妻子一起成为了英国国王，新教徒仍是英国的主人。

这时候的国会性质已不仅仅是辅助国王的咨询机构，借着新国王继承王位的机会，它获得了更大的权力，具体表现在三个方面。第一点，国会将1628年制定的旧《权利请愿书》从档案室的尘土堆中翻了出来，以此来制约国王的权力；第二点，国会又制定了严格的《权利法案》，要求英国的国王必须要信奉国教。第三点，国王没有任何权力取消法律，也无权特许某一部分人凌驾于法律之上。这个法案还规定：没有获得国会的批准，国王不能擅自增加税收，也不能随意地组建军队。这样一来，英国就在1689年获得了其他欧洲国家前所未有的充分自由。

但是威廉的统治并不是因为这种自由开放的政策才被英国人感怀铭记。他也用毕生的时间创建了一种"责任"内阁制度。众所周知，即便是能力再出众的国王也不可能独自管理整个国家，也需要一些值得信任的助手。都铎王朝就握有杰出的顾问团，里面的成员全都是贵族和神职人员。但是很快这个团体就变得非常臃肿，之后就逐步被小型的枢密院取代了。时光荏苒，因为这些枢密院的大臣需要经常去国

威廉三世陶制半身雕像

信奉天主教的詹姆士二世最终无法获得英格兰人的信任，在国会的要求下，他的女婿威廉三世、女儿玛丽夫妻两个接替失败者詹姆士二世执掌英国的王权。平稳、安全过渡之后，严格执行的《权利法案》让新国王失去了曾拥有的种种特权，使英格兰一跃成为远胜欧洲大陆其他国家的"自由国度"。

王的内室去觐见国王，共商国事，所以人们就称他们为内阁成员。之后不久，"内阁"的说法就尽人皆知了。

和很多其他的国王一样，威廉也会从各个党派中挑选出自己的顾问和助手。但是国会的势力日益强大，当辉格党的成员占到议会的大多数时，他想要在托利党的支持下推行自己的政策是不可能实现的。因而只能将托利党议员尽快清除出去，重组全部由辉格党人组成的新内阁。等到辉格党在议会失势的时候，国王为了推行新政，就会向占据优势的托利党人寻求帮助。威廉从成为英国国王开始，直到1702年去世，一直都在忙于和

法国的战争，很少处理国内的政务，基本所有的国内事务都由内阁处理。而威廉死后，他妻子的妹妹安娜继位也是如此。因为安娜的七个子女都早已先她离世，所以1714年安娜死后，只能由詹姆士一世的外孙女莎菲的儿子——乔治来继承英国王位，他就是汉诺威王朝的乔治一世。

乔治从来没有学过英语，所以这些复杂的政治制度和结构让他不知所措，于是，他也把所有的事情都交给了内阁。他听不懂英语，所以内阁会议对他来说就是一种折磨，为了避免这种折磨，他从来不去参加内阁会议。这样英国内阁就养成了一种勿打扰国王，自己处理问题的习惯，以至于大权独揽。乔治也乐不思蜀地将更多时间放在欧洲大陆上来轻松快活。

在乔治一世及二世执政期间，内阁由一批优秀的辉格党人组成，其中的罗伯特·沃波尔爵士甚至主持政局长达21年。因此在公众的眼中，辉格党人的领袖不仅是责任内阁的唯一领袖，也左右着议会里多数党派的态度倾向。乔治三世继承王位之后，曾经试图从内阁手中夺回处理政府实际事务的权力，但是这种做法造成了灾难性的后果，并使得他后来的继任者都不得不对此投鼠忌器。于是，从18世纪开始，英国就逐步巩固成一个所有国家事务皆由内阁处理的代议制政府。

但是事实上，这样的政府难以兼顾社会所有阶层权益的实现。在英国，仅有不到总人口1/12的人享有选举权。但是这种政府体制为现代英国的议会制奠定了基础。他们循序渐进地剥夺了国王的权力，将它交到了一个受到民众欢迎，并且人数正在不断增长的民众代表团手中。这样的方式虽然说不上给英国带来了一个太平盛世，但是却能保证英国免受战争的摧残，从而在平稳的环境中成长。在18世纪至19世纪的欧洲，革命是一把双刃剑，它虽然给大多数国家带来新生，却也同时附送给他们流血与灾难。

内阁的争端

为了获得更多、更强有力的支持，英国国王常在议会中的辉格党或托利党之间寻求强势的一方作为班底组建内阁，以致两党人在排挤、争执中轮番控制国会，从而控制着内阁更多的话语权以左右国家政局。随着王位的更迭，弱势的王权逐步淡出，内阁成员终于由幕后走上了执掌英国大局的前台。

第四十六章

权力均衡

法国在路易十四时期王权高度集中，国王的野心无限膨胀，直到出现"权力制衡"的法则才有所收敛。

结合上一章英国的革命，让我告诉你们在英国人为了自由而战的岁月里，法国究竟发生了哪些事情。在历史的长河中，很难找出一个正确的国家，在正确的时间出现一个正确的统治者这一系列的完美组合。唯有法国的路易十四将这个几乎完美的理想变成了现实。但对于欧洲其他国家的人来说，他的出现就是一个梦魇。如果没有他，人们的生活会比现在更加美好。

法国是当时欧洲国力最强盛、人口最多的国家。在路易十四继承王位之时，古老的法兰西王国刚成为17世纪强有力的中央集权的国家，这一切都要归功于马札兰和黎塞留这两位著名的红衣主教。当然，路易十四本人也颇具才干。直至今日，不管我们是否承认，我们依然生活在这位著名的太阳王光辉时代的记忆包围之中。路易十四时代宫廷中所独创的高贵礼仪与优雅谈吐仍是我们现在社交生活的标杆。在外交领域内，法语也是国际会议的官方语言，持久保持着它的活力。早在200年前，法语的措辞优美、表达精细，就已经达到极致。路易十四时代放映的戏剧仍让我们现代艺术家们自叹不如。在路易十四统治时期，由黎塞留首创的法兰西学院开始成为国际学术界中首屈一指的圣殿，其重要地位无人可及，后来其他国家为了表示敬意，纷纷效仿。如果篇幅允许，我们还可以列举出很多的例子来证明太阳王时代的辉煌。就连我们现代的"菜单"一词仍沿袭法语，这绝非巧合。为了满足路易十四的胃口，就有了精湛、高雅的法国烹调艺术，现在这种复杂的艺术形式已经成为了人类文明的最高表现形式之一。用一句话来总结路易十四的统治时代，可以说，这是人类历史上最绚丽豪华、最温文尔雅的时代，让我们至今还能从中受益。

但是令人惋惜的是，任何光彩照人的图画也都隐藏着不为人知的阴暗面。一般国际舞台上的辉煌都是以国内的悲惨为代价换来的，法国也毫无例外。从1634年路易继承王位开始，到1715年去世，他的独裁统治延续了72年，时间刚好跨越了两代人。

充分理解"大权独揽"字面后的意义对于我们来说是十分必要的。历史上有很多国家都被我们称为"开明的专制统治"，而在这些国家的众多君主中，开创这种高效的独裁统治先河的就是路易十四。他并不为身负国家君主的虚名而得意忘形，也不会将国家政事视同儿戏。历史告诉我们，每一个开明时代的统治者都要比他们的臣民更加的勤勉、刻苦。他们终日孜孜不倦、起早贪黑，在他们看来，行使高高在上的"神圣君权"与他们肩上担负的"神圣职责"都不容丝毫懈怠。

当然，再勤奋的国王也不可能每一件事情都亲历亲为，单凭自己的力量来解决所有的问题。为了能够分担肩上的重任，他必须选择一些值得信任的助手和顾问来帮助自己。这就必须要有几个具备军事才能的将军、几个善于辞令的外交家，以及一些精打细算的财政顾问和经济学家等来辅佐自己。这些助手和顾问只能向国王提供自己的意见，最后还需要由国王来决定，也就是说他们没有自己独立的意志，只能按照国王的旨意行事。对于广大民众而言，他们的国王代表的是整个国家和政府，国家的荣耀也就是某一个王朝的荣耀，这一点和美国的民主观念恰好是背道而驰。这样，法兰西就无异于一个处处烙印着波旁王朝印迹的代名词。

"太阳王"加冕

奢华的宫殿内，"太阳王"路易十四身披着华丽的加冕袍，气宇轩昂地注视着前方。作为法国波旁王朝的著名国王，路易十四是世界上执政时间最长的君主之一，长达72年，他精通政事、崇尚奢华，将法兰西缔造为全欧洲最强大的国家和文化中心，但生活、战争的庞大开支与重税也让法国人苦不堪言。

　　这种高度集中的君主专制带来的消极影响也是很明显的。国王成为了国家的象征，致使这个国家除了国王以外的所有闲杂人等都成为了微不足道的过客。那些德高望重的老牌贵族逐渐被迫放弃了他们曾拥有过的各省统辖权。于是，一个王室直属的小官吏坐在遥远的巴黎政府大楼的绿色窗棂之后，辛勤地履行着一个世纪以前由封建主承担的职责。而那些没了工作的封建主们则搬到位于巴黎的宫廷中居住，他们在那里整日沉迷享乐、碌碌无为。时间长了之后，他们在外地的庄园就会患上一种称为"不在地主所有制"的严重经济病，地主所有制岌岌可危。那些曾经勤勉刻苦的封建官员在不到一代人的时间中，就被堕化为凡尔赛宫中举止优雅、闲得发慌的无能之辈。

　　路易十四十岁时正值签订《威斯特伐利亚和约》，这个条约结束了一场长达30年的战争，同时也让哈布斯堡王朝丧失了在欧洲大陆上的统治权。显而易见，一个志存高远的青年必然不会放过这次良机，振兴自己的王朝，重现哈布斯堡王朝的荣耀，进而称霸欧洲。路易十四在1660年娶了西班牙国王的女儿——玛丽亚·泰里莎为妻，当时哈布斯堡王室西班牙分支的菲利普四世就是他的岳父。在他的岳父死后，他要求西属的荷兰部分，也就是现在的比利时作为他妻子的嫁妆，归属于法国。这样的过分要求关系到新教国家的安危，自然会给整个欧洲的和平埋下隐患。在荷兰七省联盟的外交部长扬·德维特的带领之下，荷兰和英国、瑞典在1664年共同组成了一个三国同盟，但是这个同盟很快就宣告土崩瓦解。因路易十四贿赂了英国国王和瑞典议会，让他们坐视不管。就这样，被盟友背叛的荷兰只能孤军奋战。1672年，路易十四第一次入侵荷兰，法国军队以破竹之势向荷兰的腹地开进。荷兰是一个低地国家，路易十四再次决堤开坝，结果他和当年的西班牙一样，深陷在重重沼泽中。于是双方在1678年签订了尼姆威根合约，但是这个合约并没有起到任何作用，反而引发了另外一场战争。

　　在1689年至1697年期间，路易十四第二次侵略荷兰，并以瑞斯维克和约草草收场。但经历过这些，路易十四梦寐以求的欧洲霸主地位在他眼中，仍旧是难以企及的。虽然之后他的死敌扬·德维特被荷兰乱民打死，但是接任的威廉三世（后来的英国国王）成为荷兰国王之后，路易十四想成为欧洲霸主的各种努力也都以失败告终。

　　西班牙哈布斯堡王室的最后一个国王查理二世在1701年去世，之后就开始了一场关于争夺西班牙王位的战争。这场战争虽以1713年签订的乌得勒支和约宣告结束，但未得到妥善处理的问题仍有很多，而路易十四却由此濒临破产的境地。尽管路易十四在陆地上高奏凯歌，但英荷两国缔结的海上联军却将他赢得全胜的美梦击得粉碎。

狩猎归来的凡尔赛宫

　　用于法国王室贵族休养、狩猎、享乐的行宫——凡尔赛宫，逐步演变为国家行政管理的重地。路易十四至高无上的"神圣君权"使法兰西成为高效、独裁的国家，波旁王朝强盛的背后是勤勉的政事与无数辅助者、执行者的努力。但被剥夺权力的封建主在悠闲、欢愉、奢靡中远离了底层的困苦，这让国家意志与民众之间的关系越来越难以维系。

西班牙王位继承之战

为了争夺西班牙王位而进行的王位继承战争前后历时13年，占据上风的英荷海上联军让法国人铩羽而归。在开战初期便遭到这种迎头棒喝挫败了法军的士气，尽管路易十四竭尽所能试图控制、称霸欧洲，但倾全国之力与近乎整个欧洲对抗也让其因巨额的战争消耗而面临进退两难的困境。

但是通过长期的战争，一个新的国际政治准则诞生了：从现在开始，不管是什么时候，任何一个国家都不能在欧洲大陆称霸，更不能单独统治欧洲和整个世界，之前的时代已经一去不复返了。

这就是所谓的权力制衡的原则，它并不是一条具体的法律条文，但是在之后的300年内，各个国家都在很自然地遵守这一原则。提出这一观点的人认为，在其他民族国家发展的过程中，只有当整个欧洲大陆的各种矛盾和冲突都处于一种绝对的平衡中，欧洲才能生存下去，任何一个单独的国家或者势力都不允许打破这种平衡，去主宰其他欧洲国家的命运。哈布斯堡王朝就曾在三十年战争期间沦为这一法则的牺牲品。但他们只是一不小心成为了替罪羊。各种关于宗教的争吵已经掩盖了战争的本来含义，所以这场战争的实质让人难以揣摸，无法确定。但是从那时开始，各国对经济利益的左右权衡与精确计算就成为了国际事务中的决定性因素。由此催生了一批精明能干，且具有经济头脑的的政治家，扬·德维特就是这种新型政治家的创始人和导师，而威廉三世就是一个优秀的学生。虽然路易十四拥有很高的声望和辉煌的业绩，但却是这种模式的首个自告奋勇的牺牲品，而且在他之后，仍有很多人在重蹈他的覆辙。

第 四十七 章

俄国的兴起

　　　　这是一个关于迷雾重重的莫斯科帝国在欧洲政治舞台上崛起的传奇故事。

　　众所周知，哥伦布是在1492年发现的美洲大陆，然而一个名叫舒纳普斯的人曾在这一年更早的时候率领过一支科学远征队前往遥远的东方考察。这次航行受命于提沃尔地区的大主教，为了方便他的航行，他们写了很多高度赞美舒纳普斯的介绍信。本来他们想要去神秘的莫斯科城，但是没能成功。因为当时莫斯科帝国不允许外国人入境，所以他们历经千辛万苦到达了俄国的边境时，还是吃了闭门羹，这次活动也以失败而告终。之后舒纳普斯只能无奈地返航，他转往土耳其的君士坦丁堡随意考察了一番，以便回去之后呈献给主教的探险报告才不至于毫无内容。

　　1553年，继舒纳普斯航海之后的第61年，英国的理查德·钱塞勒开始寻找通往印度的新航道，在航行的过程中，船队被一阵狂风吹到了北海，进入到了德维内河的入海口。在入海口附近，他发现了一个距离汉格尔城只有几小时路程的小村落。这一次，这些外来者没有被拒绝，反而被邀请到了莫斯科城，拜见了莫斯科城的大公。在理查德·钱塞勒返回英国时，还带回了一份俄国和他们签订的通商协议书，这也是俄国和西方世界的第一份合约。然后其他国家纷至沓来，于是这块神秘的土地也逐渐地揭开了神秘的面纱。

　　从地理位置上来说，俄国是一片宽广的平原，虽有乌拉尔山脉横贯其中，但是因为山脉很低平，无法形成天然的防御屏障。这片平原上的河道宽阔而平稳，是游牧民族最理想的天堂。

　　当罗马帝国经历盛衰变化的同时，早已离开故土的斯拉夫人正在德涅斯特河与第聂伯河之间的寻找理想的放牧场所。在此期间，希腊人和2、3世纪的旅行者都曾经偶遇过他们，否则他们的形迹就要像内华达的印第安人一样，将永远成为一个不为人们所知的谜。

　　对于这群过着安静生活的原始居民来说，一条横贯这个国家的畅通商道不幸搅乱了他们原本的安逸生活。这条商业大道沿着波罗的海一直到涅瓦河口，然后越过拉多加湖，循沃尔霍夫河、伊尔门湖、拉瓦特河以及一条暂短的陆路线路汇入第聂伯河，并由此贯通黑海，这条道路是连接君士坦丁堡和北欧的重要通道。

斯拉夫商人

当俄国人的祖先跨入那片日后他们赖以生息的广袤平原与原始森林，开阔的疆土与富饶的物产让那里成为周边掠夺者的天堂。直到斯拉夫商人从牧场、森林获取充足的资源，通过波罗的海与黑海周边的商贸水道运往其他市场，换取必要的物资与奢侈品，才逐步建立起他们强盛的国家。

这条线路的最早发现者是斯堪的纳维亚人。如同其他北欧人为法国和德国的独立奠定基础一样，他们在9世纪开始在俄国北部定居。但是在公元862年的时候，有3个北欧兄弟穿过了波罗的海，在俄国建立了3个小国家。在这三兄弟里面，名叫鲁里克的在位时间最长，逐渐将两位兄弟的国土收归己有，整个历程经过了20年的时间，一个以基辅为首都的完整的斯拉夫王国在北欧人的手中逐渐成形。

因为基辅距离黑海很近，所以消息很快传至君士坦丁堡，几乎人人都知道出现了一个斯拉夫王

基辅罗斯公国

随着8、9世纪东欧平原上活跃的东斯拉夫人势力崛起，几番混战之后他们建立起了以基辅为中心的基辅罗斯公国。他们不断扩张领土，甚至一度威胁到拜占廷帝国，直至10世纪后国土陷入割据混战，基辅罗斯最终瓦解。

基辅罗斯兴衰之路	兴起时期	发展时期	衰亡时期
	6世纪，东斯拉夫人逐渐迁徙与定居。9世纪，东斯拉夫人各部落征战不断。862年，诺曼人留里克平定内乱，建起罗斯王国；继任者奥列格迁都基辅，称基辅罗斯。	10世纪，基辅罗斯公国征服了周边部落，并多次挥兵进攻拜占廷帝国。10世纪末，弗拉基米尔一世执掌王权，奠定东欧霸主地位，奉基督教为国教。	11世纪中期，雅罗斯拉夫统治时期国内阶级危机加重，陷入混乱。1054年，雅罗斯拉夫离世，国土为后嗣子孙瓜分，纷争不断，基辅罗斯瓦解。

国。这就表示那些热衷于传教的基督教信仰者们又有了一个传播福音的新地域，所以拜占廷的僧侣们马上积极行动起来，沿着第聂伯河逆流而上，很快就到达了俄国的中心地带。到了俄国他们才发现，这里的居民还在崇拜着一些居住在山川河流中众多千奇百怪的神明。因此，这些僧侣们开始将耶稣的故事讲给他们听，规劝他们皈依基督教。对于拜占廷的传教士而言，俄国确实是一个传教的好地方。因为此时罗马的传教士正在教化野蛮的条顿人，无暇东顾，所以他们轻而易举地让斯拉夫人接受了拜占廷的一切，包括信仰、文字、艺术和建筑等基础知识。随着当时这个在东罗马帝国基础上建起的拜占廷帝国愈发具有东方特质，它已经逐渐丧失了原有的欧洲特色，这也让俄国后来具有很多东方的特质。

从政治上来看，这个在平原上发展起来的新兴国家其发展历程有着无尽的磨难。按照北欧人的习惯，父亲遗留下的财产需要由所有的儿子来平分，所以一个本来国土面积就不大的国家就会立刻变成好几份，等到他们的儿子去世之后，儿子的儿子又会继续平分，这样国土面积就会越来越小。而且这些小国家之间总是互相争战，严重的内耗让这个国家的政局变得一片混乱。当浓烈的战火烧红东方的天际，他们才恍然惊觉外来的亚

基辅艺术特质

　　基辅带有浓郁拜占廷风格的镀金、上釉天使长迈克尔银像。

蒙古骑兵

　　作为人类历史上最强大的帝国之一，蒙古帝国在其可汗铁木真的领导下，统一了蒙古部落，凭借其强大的骑兵在欧亚大陆上纵横驰骋，征服了众多国家。蒙古骑兵精于骑射、纪律严明、机动灵活、智勇兼备，这让一盘散沙的俄国平原各处始终无法组织起有效的防御或反击。

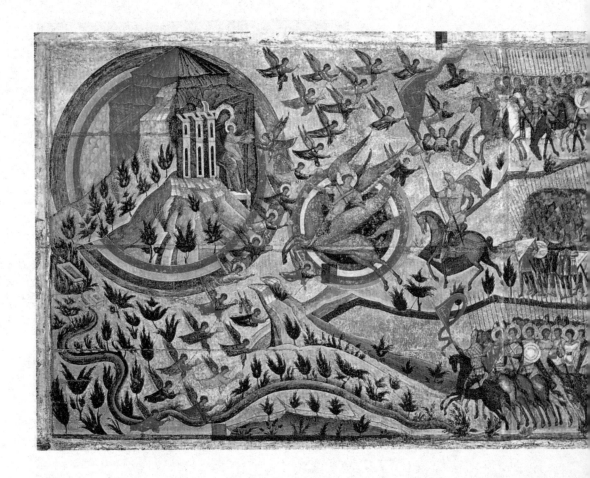

洲蛮族已杀至家园，这些小国实力微弱，以至于在面对强敌入侵时，一盘散沙的他们无法组织起强大的防御和反击，只能任人宰割。

　　一代天骄成吉思汗率领部族在征服中国、布哈拉、塔什干以及土耳其斯坦之后，终于调转马头于1224年第一次发动了对俄国的入侵，鞑靼人的铁蹄踏在了西方的土地上。面对势如破竹的蒙古骑兵，斯拉夫的军队不堪一击，将自己国家的命运拱手交到了蒙古人手上。但是令人奇怪的是，蒙古人很快就像　阵风　样地消失了，就像他们的突如其来一样。他们消失了13年，并于1237年卷土重来。他们利用不到5年的时间，征服了这片土地上的每一寸土地，成为了这片土地的主人。俄国人在他们的控制下一直挨到1380年，一位名叫德米特里·顿斯科夫的莫斯科大公率领军队在库利科夫平原打败了蒙古军队，才让俄国得以重新成为一块自由的乐土。

战胜蒙古

　　喧闹的场景由右向左绵延，位于中心的沙皇伊凡手持着十字架，在大天使的引领下正缓步进入天国的圣域，而在其身后远处的罪恶之城——喀山正陷入熊熊烈火之中。沙皇伊凡率领着他的军队以武力征服了驻扎着蒙古残余势力的都城喀山，抹去了几个世纪萦绕在俄国人头上蒙古人的噩梦，凯旋回到莫斯科。

从1237年到1380年，俄国人用了将近200年的时间才让自己重获自由，可想而知，蒙古人给他们戴上的枷锁有多么地沉重。这些无情的枷锁将他们变成了低贱的奴隶，想要生存下去，只能卑贱地匍匐在蒙古人的脚下，等待他们给自己施舍一点残羹冷炙。这些蒙古人端坐在他们位于南俄草原的帐篷中，无情地虐待着他们的奴隶，践踏着他们的尊严。这些无情的枷锁让俄国人残存的民族自豪感荡然无存，受尽身心折磨，不管他曾经是贵族还是农民，现在都和丧家之犬没有任何区别，经常被皮鞭抽打得濒于崩溃，惶惶不可终日，在得到主人的允许之前，甚至没有胆量摇尾祈怜。

这种情形下，逃跑是一个不太现实的想法，他们只能默默地忍受。俄国是一片一望无垠的大草原，没有任何可以藏身的地方，如果逃跑，还没跑多远，就会听到蒙古铁骑追赶的声音越来越近，被抓到之后就没有了活下来的可能。这时欧洲其他的国家应该对这群可怜的斯拉夫人施以援手，但是当时他们自顾不暇，国王和教皇之间正在不停地争吵，镇压各种各样的反动浪潮，根本就不会考虑到命运悲惨的斯拉夫人。所以斯拉夫人只能靠自己的力量来改变自己的命运。

最终改变俄国悲惨命运的是当初北欧人建立的众多小国中的一个。这个小国位于俄国平原的心脏地带，它的首都是位于莫斯科河畔旁边陡峭山岩上面的莫斯科，他们在必要的时候会讨好蒙古人来获取生存的机会，还会在蒙古人能忍受的限度之内进行反抗，所以才能在14世纪中期奠定自己民族领袖的地位。

这里要清楚一点，蒙古人在国家建设上的政治才能极度匮乏，却是擅长破坏的好手。他们不断地攻城掠地就是为了得到更多的岁贡。为了得到更多的税收，蒙古人被迫

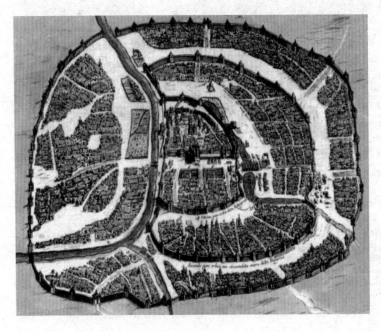

莫斯科城区地图

呈放射状向外延展的莫斯科城市布局完全依附于克里姆林宫，莫斯科河及其支流由城中穿流而过，那里是俄罗斯不可替代的政治、文化中心。图为17世纪莫斯科城区地图。

允许很多旧的政治组织发挥余热。这让很多比较小的国家苟且残喘，在大可汗的恩典之下成为蒙古的征税人，其目的就是充实蒙古的国库，便于掠夺邻近的地区。

莫斯科公国以牺牲邻居的利益为代价换来了自己的发展壮大，直到它累积了足够的力量去公开反抗蒙古人。无疑，它是非常成功的，作为俄国独立斗争的著名领袖，它获得了很高的威望，那些依然还在忍受蒙古人蹂躏的斯拉夫人将它视为重获新生的希望。他们心中对这座城市无比向往，甚至将莫斯科当作俄国的圣城和中心。1453年，君士坦丁堡重回土耳其人之手。时隔10年之后，伊凡三世统治下的莫斯科向世界宣布，已没落的拜占廷帝国以及君士坦丁堡两者残存的罗马帝国传统与精神，将延续到斯拉夫民族的血液中。到了下一代君主伊凡雷帝统治时期，莫斯科帝国的实力已羽翼渐丰，足以称霸一方，它的君主自封为沙皇，并要求所有西方国家都承认这一称号。

费奥特尔在1598年去世，随着他的死去，北欧人鲁里克的继承人所统治的古老的莫斯科王国也寿终正寝了。接下来的7年时间，由蒙古和斯拉夫的混血儿鲍里斯·哥特诺夫担任新的沙皇，他开始统治俄国。而这一刻决定了俄国人民的将来。俄国的领土面积很大，土壤也非常的肥沃，但是整个国家的经济实力却十分堪忧。如果按照欧洲的标准去评价它为数不多的城市，那就是既无商贸、亦无工厂，最多只能称作脏乱差的小村镇。放眼这个高度中央集权的国家，到处皆是数量众多的文化程度不高的农民。在斯拉夫、斯堪的纳维亚、拜占廷和蒙古的影响下，形成了一个政治混合体。这个奇怪的政治"混血儿"只重视国家利益，其余的一概不管。为了保护这样一个国家，政府迫切地需要建立一支属于自己的军队。军队建立之后，需要有粮饷来保证士兵的生活，进而就需要一大批国家公务员。公务员也是需要养家的，为了支付他们的薪水，国家就需要很多的土地。在俄国的东部和西部，土地就是最廉价的商品。但是如果没有人来耕种这些土地、饲养牲畜，所有的一切都将变得毫无意义。正因为如此，所以昔日的游牧民族在逐渐被剥夺很多权利之后，在17世纪初，正式地成为了土地的奴隶。这就标志着俄国的农民不再享有自由，而成为了深受压迫的农奴。这种情形一直持续到了1861年，他们深重的民怨已经到了让人无法忍受的地步，大批劳动力相继死去。当农奴制面临严重的危机时，国家的统治者才开始重新思考他们的将来。

到了17世纪，俄国处于不断的领土扩张之中，很快就向东发展到了西伯利亚。随着俄国的实力增长，任何一个欧洲国家都不敢小视它的力量了。鲍里斯·哥特诺夫在1613年去世之后，俄国的贵族从自己人中推选出来了新沙皇——费奥特尔之子——米哈伊尔，作为莫斯科罗曼诺夫家族的一员，他一直住在克里姆林宫外一处简陋的房子里。

1672年，米哈伊尔的曾孙，名留青史的彼得大帝出生。在他10岁生日的时候，由他同父异母的姐姐索菲亚继承了王位，所以彼得就被允许在莫斯科郊区的外国人居住区生活。从此他开始接触各种各样外国人，例如苏格兰的酒吧老板、荷兰的商人、瑞典的医生、意大利的理发师、法国的舞蹈老师和德国的教育家等，这些生活经历给了他非常深刻的印象，让他感觉到这些人曾生活在一个和俄国完全不同的世界，那里遥远而充满神

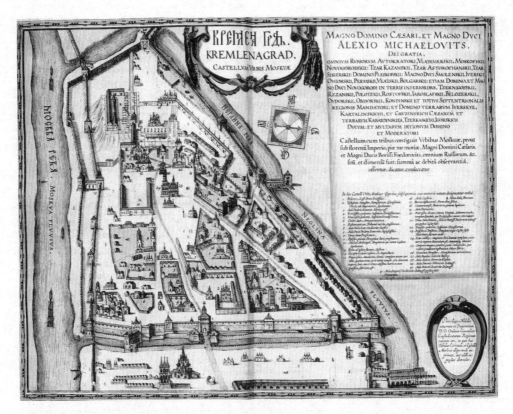

克里姆林宫鸟瞰图

克里姆林宫，意为"堡垒"，位于俄罗斯首都莫斯科的心脏地带，呈不等边三角形，是历代沙皇的皇宫，有着"世界第八奇景"之誉。

秘，那个地方被他们称作欧洲。

彼得在他17岁的时候发动起义，将自己的姐姐赶下了王位，自己当上了沙皇。但是他并未满足，他决定要改变俄国半野蛮、半东方的现状，将这个帝国变成一个文明、强大的国家。但是要将这个具有拜占廷和蒙古混合血统的帝国，一夜间变成一个强大的欧洲帝国并不是一件简单的事情，这需要铁血的手腕与精明的头脑，而彼得大帝正是兼具这两点的不二人选。1698年，彼得大帝开始变革，大力地推行欧洲文明。在这场由上至下全盘移植现代化欧洲的手术中，老朽的俄国存活了下来，但此后5年里沙皇时代的最终崩塌还是证明了俄国并未从伤筋动骨的变革中完全康复。

第四十八章

俄国与瑞典之战

对东北欧霸主宝座的窥视，让俄国与瑞典连年征伐。

　　1689年，彼得开始前往欧洲踏上他的第一次西欧之旅，这次出行安排经过柏林之后直取当时欧洲工商业昌盛之地——荷兰和英格兰。在彼得幼年时期，他曾在父亲的池塘中用自制的小船玩耍，差点被淹死。这种对水的酷爱伴随了彼得的一生，他始终坚持让内陆国家俄国打通一条通往海洋的振兴之路，也许这与他对水的热爱不无关系。

　　因为彼得大帝的严厉，使得他口碑不佳，当他出行考察这段时间，国内的一些守旧派聚集在莫斯科，准备破坏他的改革。被唆使的皇家卫队斯特莱尔茨骑兵团发动叛乱，这迫使彼得大帝不得不马上回国。回国之后他亲自担任最高指挥官，很快就镇压了叛乱，将斯特莱尔茨处以绞杀，骑兵团所属成员也全部被处死。而作为叛乱的元凶，他的姐姐索菲亚则被关进了修道院独自反省。彼得大帝凭借着自己的铁腕巩固了自己的统治。1716年，彼得再一次前往西欧考察，相同的事情再次发生。这次叛乱是由他半疯半傻的儿子阿利克西斯发动的，彼得不得不再一次匆忙回国。叛乱镇压之后，阿利克西斯在牢房中被活活打死，其余拜占廷的余党被流

彼得大帝

　　作为沙俄最杰出的皇帝之一，彼得大帝有着卓越的远见卓识，他看清了科技对于一个国家腾飞的重要性，坚定主张将封闭保守的俄国引向西方化、现代化的道路，对落后腐朽的政治、经济、军事、文化、教育等方面进行大刀阔斧的改革，并以铁腕引导俄国最终走上真正意义上的强盛帝国之路。

彼得大帝改革

彼得大帝数次前往欧洲深入学习，以铁腕对国内政治、经济、军事、教育、文化等方面进行强制性"欧化"改革，尽管改革的推行遭遇重重阻力，付出了巨大代价，但却促使俄国成功转型、跻身强国之列。

彼得大帝改革	
政治方面	强化中央集权，削弱贵族势力。
经济方面	大兴土木兴修道路、城镇，扶持工业发展。
军事方面	发展军工，开办军事院校，兴建海军，扩大军力。
文化教育	兴办学术院校，吸引外来人才，推行教育改革。
民风习俗	提倡欧式装束与礼仪，剪掉胡子，倡导文明交际。

放到千里之外的西伯利亚，在一座铅矿中终了此生。这一次叛乱之后，直到他去世都没有再度爆发叛乱，使得他能够大刀阔斧地进行改革。

彼得大帝的改革雷厉风行、坚毅果断，而且没有任何章法可循，这让我们按照年代来罗列一张他推行过的改革措施明细表极难实现。他的法令颁布速度非常快，甚至朝令夕改，让人难以准确记录。他认为，在他之前俄国所有的一切都是错误的，所以他必须用最短的时间将整个俄国彻底改变。毫无疑问，他的改革取得了明显的成效，他死后留下了一支20万训练有素的陆军和拥有50艘战舰的海军部队。俄国之前奉行的旧制度仿佛在一夜之间就被彻底清除了；称作"杜马"的老贵族议会被参议院所取代，参议员是由

平定叛乱

为了赢得同盟，并掌握西方先进的技术致用于战争，彼得大帝率领他特殊的"外交使团"数度前往西欧乔装考察、实践。期间国内军团与至亲也先后密谋叛乱，企图抵制改革与高额税负，但都被彼得大帝以武力无情地镇压，不仅表达了他引领国家走向强盛的决心，也让俄国在铁腕统治下得以成功转型。

沙皇身边的官员所组成的，这个顾问团只对沙皇本人负责。

　　当时的俄国被划分为八大行政管理机构，也称行省。全国上下都在热火朝天地修筑公路、建设城镇。沙皇全凭一时兴起在各处兴建工厂，完全不考虑厂址与所需原材料产地的远近。在东部山区，运河的开挖与矿山的开采都迅速被提上日程。文化教育方面，在蒙昧的俄国大地上开始普遍兴建起中小学、高等学术机构，大学、医院和各种职业培训学校也层出不穷。这种对文化科技的迫切渴求，吸引来荷兰造船工程师以及来自世界各地的商人和工匠云集俄国。除此之外，还设立了很多的印刷厂，用来出版书籍，但是所有的书籍都要在印刷之前交给皇家的官员审查。在法律上，俄国出版了一部新的法典，对社会各阶级的权利和义务做了详细的规定。同时也建立了相关的民法和刑法体系，并将这些法律法规印刷成册。在生活习惯上，古老的俄国服装被西式服装代替，在每一个乡村的路口都有拿着剪刀的警察，将所有蓬头垢面、胡子拉碴的农民变成一个面容整洁的文明西方人。

蓄须缴税

为了彻底摆脱旧有的传统观念，彼得大帝颁布法令要求除教士、农民以外的任何臣民都要剪去胡须，后在教会的强烈反对下做出让步，那些以蓄须表露对教会忠诚或追求男性气概的执意蓄须者可通过缴税保留胡须，而缴税与否须通过获得特制铜质徽章来证明。图为刻有胡须和"税金已付"字样的徽章。

　　在宗教问题上，彼得拥有绝对的专制权，曾在欧洲出现过的国王和教皇鼎立的情形是不可能在俄国出现的。1721年他任命自己为教会的领袖，莫斯科大主教的职权被正式废止。由此，"神圣宗教会议"一跃成为俄国所有宗教事务的最高权力机关。

　　尽管如此，俄国传统的旧势力依然在莫斯科城内拥有着顽强的生命力，只有解决了这个问题，彼得的改革才能取得彻底的效果，于是他决定迁都。新首都的地址选在了位于波罗的海沿岸无益于人体健康的沼泽地带。彼得于1703年开始拓荒、规整土地，为了使这座新的都城有一个良好的地基，4万农民付出了几年的艰辛劳动。为了摧毁这座还未成形的都城，瑞典发动了对俄国的攻击，再加上恶劣的生活环境，疾病肆虐，无数的人在此死去，但是这项工程依然倔强地兴建不停。不知道经过了多少年，一个完全由个人意志和人工打造的都城——圣彼得堡出现了，这座城市在1712年正式成为俄国的都城。经过了十几年的发展，它已经拥有了7.5万居民。虽然这座城市每年都会受到两次洪水的侵袭，但是彼得凭借着顽强的意志，再一次战胜了大自然，城外修建了堤坝和运河，使洪水远离了这座城市。当彼得在1725年去世时，他已经成为北欧最大城市的拥有者。

　　俄国的突然崛起让它的近邻们都感到非常不安，同时彼得也在长期关注着瑞典国王的动向。在1654年，三十年战争的功臣——瑞典国王古斯塔夫·阿道尔弗斯的独生

圣彼得堡

　　位于俄国西北部、波罗的海沿岸沼泽地带的圣彼得堡是彼得大帝执意兴建起的全盘西化的新都，它以涅瓦河口的查亚茨岛上的要塞而得名，耗费了大量的人力、物力和财力，纵横交错的水道让那里享有"北方威尼斯"之誉，彼得大帝更在圣彼得堡建立起俄国首个波罗的海海军基地。

女——克里斯蒂娜宣布放弃继承王位，一心去罗马侍奉天主。由古斯塔夫一个清教徒的侄子查理十世继承了王位，在他和查理十一世的治理下，瑞典走向了一个繁荣富强的大国之路。但是查理十一世1697年猝然离世之后，只能由他才15岁的儿子查理十二世来继承王位。

　　此时是北欧各国期待已久的良机。在17世纪的宗教战争中，瑞典凭借牺牲近邻的利益而坐享其成，现在就是它偿还旧债的时候了。很快讨伐瑞典的战争就爆发了，以俄国、波兰、丹麦、萨克森组成的盟军为一方，而另一方孤军作战的就只有瑞典。在1700年11月著名的纳尔瓦战役中，查理的军队让俄国未经训练的新军遭受到了巨大的打击。查理是那个时期最具军事才能的统帅之一，在打败了彼得之后，他迅速地调转矛头去攻打其他敌人。在9年的时间之内，他所向披靡，一路烧杀掠夺，摧毁了波兰、萨克森、丹麦以及波罗的海各省无数村镇。但是此时的彼得却在俄国韬光养晦，加紧训练军队。

　　最终在1709年，厚积薄发的彼得在波尔塔瓦战役中迅速地击败了疲于作战的瑞典军队。但是查理仍是那个时代无可争议的王者，他还是那个充满浪漫与传奇色彩的英雄人物。只是他已没有了复仇的机会，他的国家也就此断送在他自己的手中。他在1718年因意外或谋杀而死，真相已无从得知。直到1721年尼斯特兹城和约正式签订生效，瑞典失去了芬兰以外波罗的海的全部领土。这样彼得苦心经营的俄国帝国终于成为了北欧的霸主，但是与此同时，他的另外一个新对手——普鲁士也正在悄悄崛起。

第 四十九 章

普鲁士的崛起

＊＊＊

一个叫作普鲁士的弹丸小国，在日耳曼北部的阴暗角落悄然崛起。

欧洲疆域的变更史是和普鲁士的历史紧紧联系在一起的。公元9世纪，查理曼大帝就已决定将欧洲文明的中心从地中海向欧洲东北部转移，凭借着他麾下法兰克军队步伐的推进，欧洲的边境也跟着向东方推进。他们占领了斯拉夫和立陶宛的大片领土，但是这些土地有很大一部分位于波罗的海和喀尔巴阡山脉之间的平原地带，法兰克人无暇管理这片边远的土地，就像美国在建国前对中西部土地的管理一样松懈。

为了防止野蛮的撒克逊部落攻击他东部的领土，查理曼在边境上设立了勃兰登堡省。文德人，也就是斯拉夫的分支居住在这里，法兰克人在10世纪占领了这里。而此前他们在勃兰纳博的集市就演变成了以此命名的勃兰登堡省的中心。

从11世纪至14世纪，这个边境省份都是由名门望族指派的帝国总督来管理的。到了15世纪，一个名叫霍亨索伦的家族悄然崛起，并成为了这个省份的最高统治者。在他们的悉心经营之下，这个荒凉的边陲之地逐渐成为了世界上最强悍、效率最高的国家之一。

德国在第一次世界大战中战败后，德意志的统治者霍亨索伦家族被欧洲列强和美国合力赶下了历史舞台。这个家族原本是德国南部一个形单势微的家族，但是在12世纪他们家族中的弗雷德里克通过一桩婚姻成为了勃兰登堡的主人，从而使他们的家族命运发生了改变。他的后代们只要一有机会就会不断提升自己的实力，经过了几百年的苦心经营，他们终于成为了勃兰登堡的选帝侯。这也就意味着他们已跻身于有资格当选日耳曼帝国皇帝的王公贵族之列。在宗教改革时期，他们隶属于清教徒，到了17世纪，他们已经成为了当时最具实权、最具影响力的一个家族了。

在三十年战争期间，不管是新教徒还是天主教信仰者，都曾经疯狂地入侵勃兰登堡和普鲁士领地。但是在弗雷德里克·威廉的精心治理下，普鲁士很快就走出了战争的阴影，并借助他的智慧让国内所有的力量都集中起来，共同建立起一个人才济济、物产丰富的国家。

现在的普鲁士已经成为一个将个人利益或愿望，与国家利益完全相融合的国家，这

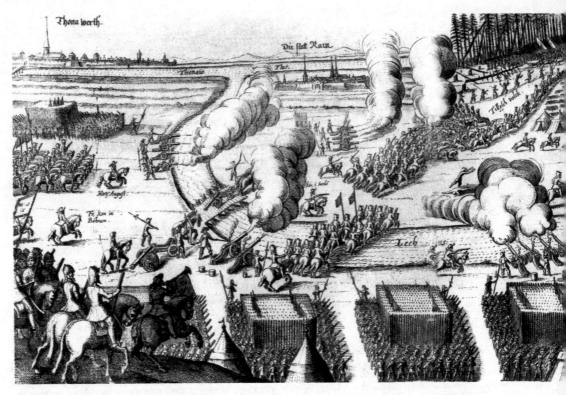

战争的洗礼

有着悠久历史的霍亨索伦家族经过数代努力获得了普鲁士公国的继承权，直到三十年战争期间，宗教的狂热让勃兰登堡和普鲁士化为焦土。而在这片土地上发迹的霍亨索伦家族却奇迹般地复苏并聚集起强大的力量。图为三十年战争时期德国境内瑞典骑兵在炮火的支援下渡过莱锡河，后者一度占领了勃兰登堡。

都要归功于弗雷德里克大帝的父亲——弗雷德里克·威廉一世。威廉一世克己奉公、勤俭实干，热心于酒吧中的奇闻异事与刺鼻的荷兰烟草，普鲁士的军人性格让他对忸怩之态和来自法国的奇装异服嗤之以鼻。在他的心中只有一件事，就是做好自己的本分。不管是他作为一个将军还是士兵，对自己的要求都极为严格，同时也不允许下属表现出丝毫的软弱和畏惧。作为一个父亲，他的粗犷个性与儿子的细腻情感是极不协调的，虽然算不上势同水火，但也极不和谐。他的儿子喜欢礼仪、音乐、哲学、文学，但是他却认为这些东西都太娘娘腔，无法体现出一个男人的气概，因此他对儿子常严加训斥。最后这两种天壤之别的性格终于发生了剧烈的冲突，弗雷德里克想要逃往英国，被抓回来之后受到了军事法庭的审判。令他感到万分痛苦的是，帮助他逃亡的好友就在他面前被处决，之后他就被送往外省某地的一座小城堡，在那里好好学习应该如何成为一个真正的国王。正是因为这件事情，所以在他1740年继承王位之后，他已经能够很好地治理国家了，从一个平民孩子简单的出生证明到国家财政繁复的年度预算，他都驾轻就熟。

　　弗雷德里克除了是一个国王之外，还是一个作家，他曾写过一本名为《反马基雅维里》的书，书中对古佛罗伦萨历史学者所尊奉的政治观点进行了批驳。马基雅维里曾告诫那些王侯子弟，为了维护国家的利益，在必要的时候可以使用欺诈的方法。但是弗雷德里克却认为，君主应该对人民尽忠。而路易十四统治时开明的君主专制就是他的榜样。他是一个非常勤奋的君主，每天工作20小时，但是他身边却没有一个顾问和助手，他的大臣就是一群高级的书记员。在他看来，普鲁士是他的个人财产，要完全由他自己的意志来进行管理，不允许任何事情来阻碍国家的利益。

　　1740年，奥地利的老国王查理六世安然去世。他在去世之前曾在一张羊皮纸上确立过一个条款，想要维护他的独生女玛利亚·泰利莎的合法地位。但是他刚刚葬入祖坟没多久，弗雷德里克就大军压境，占领了西里西亚地区。普鲁士人宣称，他们有权占有西里西亚甚至整个欧洲中部地区，这是在履行一种年代久远的认领权力，但是这显然是无法令人信服的。在经过长期的战争之后，西里西亚被普鲁士完全占领，虽然有很多次弗雷德里克濒临失败的边缘，但是他却最终在自己新征服的土地上凭借顽强站稳了脚跟，击退了奥地利的反扑。

　　这时候，整个欧洲的国家都在密切关注着这个新兴的普鲁士的强势崛起。在18世纪，日耳曼在宗教战争中几乎毁灭，已经引不起任何一个民族的重视，但是弗雷德里克却凭借着和彼得大帝一样的意志和精神，让普鲁士重新站在世人面前，它的强大让所有人心怀惊恐。在他的统治下，普鲁士所有的一切都秩序井然，国内的人对生活没有一点儿抱怨。之前一直亏空的国库也正慢慢充实起来，那些残酷的刑罚也被废除了，新的司法体系也正在逐步完善。这里还有宽阔的街道、优秀的学校、无数的工厂，并辅以悉心、敬业的管理，让所有的人觉得为这样一个国家付出所有都是值得的。他们的钱没有浪费，都被用在了关键的地方，他们得到了最大的回报。

　　德国在几百年之间，始终作为法国、奥地利、瑞典、丹麦、波兰等欧洲强国争夺霸权的征战之地，而此刻终于在普鲁士的率领下重拾

普鲁士的未来

　　为了延续普鲁士的强盛，专制而严厉的老国王弗雷德里克·威廉一世将性情温文尔雅的爱子当作一名战士来培养，从小灌输责任、残酷、力量与强权，系统学习国家运作与战争艺术，试图将其塑造为理想的帝国继任者。而后者确实不负所望，成为德国国父级的人物，图为弗雷德里克二世儿时的宫廷肖像画。

西里西亚之战

奥地利皇帝查理六世去世前曾以书面的形式试图维护其女玛利亚·泰利莎的继承权，但却被普鲁士等国看作一纸空文，于是反对国与支持国之间爆发了一场关于奥地利王位继承权的战争。双方对于西里西亚主权的反复争夺成为了战争标志性的分界线，而普鲁士也最终如愿成为胜利的一方。

自信。这一切都应该归功于那个长着很有特点的鹰钩鼻、陈旧的制服上满是浓烈烟味儿的名叫弗雷德里克的小老头，他总是喋喋不休地对着自己的邻国冷嘲热讽。他在18世纪主持外交的时候，极尽诽谤、陷害之能，不择手段地导演了一系列损人利己的把戏，只要有利可图就完全不顾事实，这与他在《反马基雅维里》所写的批驳简直是表里不一。1786年，在他临死前陪着他的只有一个仆人和几条狗，他没有子女，也没有朋友，孤老一生的他充满悲凉地死去。和人类相比，他更爱这些忠诚的狗，用他自己的话来说就是，狗对朋友会永远忠诚，但是人却不一定。

第 五十 章

重商主义

欧洲新兴国家或王朝的发财致富之路；什么是重商主义。

在前面我们已经讲述了16世纪和17世纪，那些现代国家是如何一步步建立起来的。它们的发展起因各有不同，有的是因为统治者的励精图治，有的就是因为偶然的因素，还有的是因为有利的地理位置决定的。但是不管是什么原因发展起来的，它们一旦建立之后都会加强对内部组织的管理，并在此基础上最大程度地增强自己的国际影响力。这些事情都需要花费大量的金钱。对于中世纪的国家来说，它们还没有实现高度的中央集权，这样它们的生存就不会依赖于一个充盈的国库，皇室的开销都出自国王自家领地上收缴的税赋，而所需的劳役开销则只能他们自己买单。这样的情况在现在的中央集权国家中就要复杂得多，不计酬劳的高尚的骑士精神已经消失，现在更多的是国家雇佣的政府官员。想要维持所有的军队和管理体系的开支，所需金钱得以百万为单位来计算，但是究竟怎样才能筹到这么多钱呢？

在中世纪，黄金和白银都是非常罕见的，一个普通老百姓可能一辈子都不知道金币究竟是什么样子的，就连住在大城市里面的居民也只能看见银币而已。随着美洲大陆的发现和秘鲁银矿的发现，这一切全都发生了变化。在这之后，欧洲的贸易中心开始从地中海沿岸转移到大西洋沿岸。意大利等地中海沿岸的老牌城市已失去了经济上的重要地位，一批新兴的商业国家开始取而代之，而黄金和白银也不再是普通人难得一见的东西了。

通过西班牙、葡萄牙、荷兰和英国等大西洋沿岸国家的商贸往来，贵金属开始源源不断地涌入欧洲。16世纪的一些作家在政治经济学领域研究、著书、立论，提出了一种似乎无懈可击的国家理论，并对他们所处的国家产生了深远的影响。他们认为，黄金和白银就是财富的象征，所以只有国库中拥有最多金银和现金的国家才可称作最富有的国家，这些国家可以斥巨资扩充军队、升级装备，进而无可辩驳地成为最强大的国家来统治世界上其他弱小的民族。

现在的我们将他们这种理论体系称之为"重商主义"。就像天主教信仰者相信奇迹的出现和美国人相信关税的力量一样，所有的欧洲国家都彻头彻尾地接受了这种理论。按照重商主义的观点，为了能够最大程度地得到金银等财富储备，只能通过对外贸易的

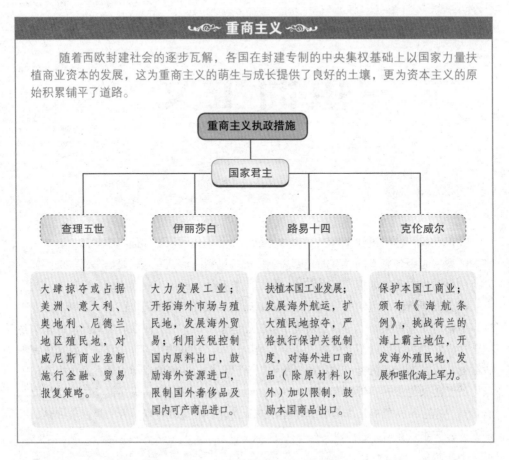

盈利来换取。如果我对你的出口量超过了你对我的出口量，那么你就会欠我的钱，就必须用黄金来抵偿债务，所以我就会获得利益。

正是基于这种理论，所以在17世纪，几乎每一个欧洲国家都在奉行着这样的经济策略：

1. 尽可能地充实国库的贵金属储备。

2. 偏重鼓励发展对外贸易，轻视国内贸易。

3. 能将原材料加工成出口产品换取外汇的工业受到政府的大力扶持。

4. 为了提供工业发展所需的农业社会无法满足的大量闲适劳动力，政府鼓励多生育。

5. 上述所有举措的执行都处于国家的监控下，如果有必要将随时进行干涉。

在17—18世纪的人们眼中，国际贸易并非如同严守不悖的自然法则一样，有着人力无法干涉的强大自然力量。人们经常试图借助政府的强制力来加以约束，如颁布相关条例、皇室律法或资本输入等。

查理五世在16世纪接受了这种全新的"重商主义"的理论，并且开始在自己统治的疆域范围内实行，伊丽莎白女王也对此青睐有加，并以身效法。路易十四以及其他波旁王朝的统治者对这一理论的拥护甚至发展到狂热的程度。路易十四的财政大臣柯尔伯特就是重商主义的大师，整个欧洲都竖起耳朵倾听他的声音。

克伦威尔执政时期的对外政策就是重商主义最完整的体现，这是针对国库充足的荷兰而量身定制的。因为很多承担欧洲日常生活用品运输的荷兰船主大多数得益于自由贸易，所以英国人要用各种方法节制他们的对手。

不难想象，这样的理论会对隶属于各国的殖民地带来怎样毁灭性的灾难。在重商主义思想的影响下，殖民地蕴藏或出产的黄金、白银、香料等资源，源源不断地流入到了宗主国手中，亚、美、非三洲的财富和原料的出产国都已经被欧洲国家垄断了。任何外人不允许涉足这里，而这里的人也不允许和其他国家的商人进行交易。

重商主义

作为西欧资本原始积累时期的深受推崇的经济哲学，重商主义更看重国家对贵金属——黄金、白银的拥有量，并将其奉为衡量国家富庶程度及国力强盛程度的唯一标准。这种说法最初源于苏格兰经济学家亚当·斯密所著的经济学专著《国富论》。图中波西米亚人日夜不停地开采银矿。

重商主义的隐忧

重商主义给边缘国家带去了新的技术与发展前景，却让殖民地居民沦为无尽开发、残酷压榨的对象；也让专注于贸易与海外殖民地瓜分的国家无暇发展本国经济，而将宗主国的实体经济投入逐渐萧条的深渊；尖锐的国际利益分割更让国与国、人与人之间变得冷漠、功利。图为殖民地的劳工正在将烟草装船。

对于一些没有制造业的国家来说，重商主义刺激了它们的工业发展。为了进行对外贸易，这些国家开始修建道路，开凿运河，创造便利的交通条件。也是因为这一理论，工人们被迫必须掌握更娴熟的技术，贸易商人的社会地位陡升，而拥有土地的贵族的地位却一落千丈。

但是重商主义在带来巨大利益的同时也带来了严重的不利影响。在宗主国残酷、灭绝人性的疯狂剥削之下，殖民地的平民成为了最无辜的牺牲品，而宗主国普通平民的生存环境也变得更加恶劣。也正是在这一理论的影响下，欧洲成了一个充满火药味的战场，整个世界被切割成无数块属地，每一寸土地都充斥着暴力与掠夺，每一个国家都谨小慎微地盯着自己分得的利益，并想尽各种方法去摧毁其他国家的势力，以便获取他们的财富。对于他们来说，没有什么事情比拥有财富更重要，富有变成了每一个普通百姓不断追求的唯一目标。国家奉行的经济制度如同外科手术或女人们的时装一般因时而动。直到19世纪，重商主义才慢慢冷却，一种自由开放、提倡竞争的经济体系取而代之并在世界范围内广泛推广开来。至少据我所知，后来的情形就是这样。

第 五十一 章

美国革命

相信 18 世纪末期发生在北美苍凉大地上的种种奇闻轶事，对于欧洲人来说并不陌生，那些曾经对国王查理的"君权神授"无比反感的被流放者后裔，不屈不挠，为争取自由而在不朽传奇中又书写上了崭新的一页。

为了便于这一章的叙述，我们有必要回顾几百年前欧洲各国之间为夺取海外殖民地而展开激烈斗争的历史。

三十年战争给欧洲带来了深重的影响，战后很多欧洲国家开始重新建立以民族或王朝利益为基础的国家框架。由于这些新兴国家的背景皆是建立在商人与贸易公司的资本

海外殖民扩张

随着西欧海上探险活动的展开与新航线的发现，西方国家对亚洲、非洲、美洲的殖民掠夺也拉开了帷幕。葡萄牙和西班牙借助早期航海事业的优势率先登上了殖民侵略舞台，直到他们的海上霸主地位被后来赶上的荷兰和英国所取代。

对比项目	葡萄牙	西班牙
活动区域	亚洲和非洲	美洲
殖民特点	占据军事要地，垄断欧洲至亚、非之间的贸易通道，从事欺诈性贸易。	强占全境，开采金银矿藏，建立大型种植园，从事奴隶贸易。
殖民过程	15世纪初，在非洲西海岸建立殖民据点，掠夺黄金、贩卖奴隶。 1496年，划定"教皇子午线"。 1506—1508年，控制印度航线。 1511年，占领马六甲。 1517—1557年，从事同中国、日本的贸易，强占澳门为殖民据点。	1519年，西班牙人建立巴拿马城。 1521年，征服墨西哥阿兹特克帝国。 1533年，征服印加帝国。 1534—1535年，探索到现今加利福尼亚，开始逐步深入北美内陆。

孟加拉的荷兰东印度公司

　　大航海时代给欧洲各国带来了大片殖民地可供掠夺和开发，而印度洋和太平洋地区更成为各国竞相争夺的重中之重。相对于早期航海探险家、殖民者的穷凶极恶，晚到一步的英国人和荷兰人反倒被看作救世主，即便是掠夺者的嘴脸相差无几，但他们仍以"合理"的方式在世界上最富饶的土地上夺走了原属于他国的"蛋糕"。

运作基础上，出于对幕后主人的利益考虑，这些国家机器必然为其在亚洲、非洲以及美洲掠夺更多土地而不惜发动更多的战争。

最早开始在印度洋和太平洋地区扩张殖民地的是西班牙和葡萄牙，直到一个世纪之后，英国和荷兰才开始加入这场一本万利的扩张运动。历史证明，这对后来者反而更为有利。因为早期殖民地的开创工作非常艰难，而且会消耗巨大的财富，但是现在基本框架已经由别人完成了。而且最开始的海外冒险家经常使用暴力，在亚、美、非三洲臭名远扬，并不受欢迎。等到英国人和荷兰人出现在他们的视线之内的时候，当地的人甚至像欢迎故友和救世主一样的欢迎他们的到来。虽然我不能肯定，他们会做得比之前的人更好，但是因为他们是商人，至少不会让传教这一因素影响他们的正常生意。虽然欧洲人在和其他弱小的国家打交道的时候，都非常野蛮。但是英国人和荷兰人却高明得多，至少他们懂得适度而止。只要能源源不断地收获财富，殖民地的土著居民采用何种方式舒适地生活并不在他们的考虑之内。

因此他们轻而易举地就在世界上资源最丰富的地区站稳了脚跟，但是之后不久，他们彼此就为了争夺更多的殖民地而开战。这里有一点很奇怪，只要是争夺殖民地的战争都会在海上发生，而不会在两国的殖民地上进行，殖民地最后的归属往往就凭借两国海军的实力而定。这就是战争中的著名规律，即持有海洋话语权的国家最后也将获得陆地上的话语权，这也是历史上很少到现在也能成立的规律之一，它至今仍然适用。可能现代飞行器的出现会改变这一现状，但是在18世纪，这些国家都还没有飞机，所以最终英国在美洲、印度以及非洲的广袤海外殖民地成为了不列颠强大海军最完美的战利品。

我们对于英国和荷兰在17世纪的一系列战争并没有多大兴趣，也不愿意进行详细的描述，因为它就像所有实力悬殊的遭遇战一样，无一例外都是以强者的胜利画上句号。但是英国和它另外一个对手——法国之间的战争对于我们理解这一段历史倒是极为关键。在英国实力雄厚、稳占上风的海军将法国舰队打败之前，它们已经在北美多次交锋了。在北美大陆上，它们同时宣称这块土地上所有已被发现和未被发现的东西都属于自己。1497年，英国的卡波特在美洲北部登陆，时隔27年，法国的乔万尼·韦拉扎诺也在同一海岸登陆，这两人各自代表自己的国家，在美洲领土上插上了本国的国旗，所以英法均声称自己对这块土地拥有绝对的掌控权。

17世纪，殖民者在缅因州与卡罗林纳之间建立起10个规模较小的英属殖民地。这时的殖民者都是一些不信奉英国国教的教派难民，其中有1620年迁徙到新英格兰的新教徒和1681年在宾西法尼亚定居的贵格会教徒。他们在海岸地带建立了一些规模较小的拓荒者社区。那些受到教会迫害的人在这里定居，建立属于自己的家园。在这块远离王权和迫害的土地上，他们呼吸着自由的空气，生活比以前更加幸福美满了。

与此同时，法国的殖民地却一直受到国王严密的控制。法国人要求，非国教信仰者不允许进入他们的殖民地，以免这些外来者向当地的印第安人传播有害的新教义或者妨碍耶稣会神圣的传教工作。因此和法国的殖民地相比，他们的近邻兼竞争对手——英国殖民地的基础更健康、更稳固。英国的殖民地闪现着国内中产阶段带来的商业曙光，而法国的殖民地却弥漫着被放逐的国王臣仆们远涉重洋、凄苦难耐的悲情，他们翘首企盼着有朝一日能重归法国的舒适生活。

但如果从政治角度来看，英国的殖民地却并不能让人完全放心。法国人在16世纪就

勘测密西西比河

对于北美殖民地的归属问题，英法两国各不相让，各自派遣新移民在临近海岸的地带登陆并建立起小型的殖民社区。领先一步的法国人不仅发现了圣劳伦斯河口，更由法国探险家雅克·马库特从魁北克向西进入并勘测了密西西比河上游、绘制地形图，图为马库特在印第安土著的协助下乘船勘测密西西比河沿岸。

已找到了圣劳伦斯河口，他们从大湖地区经过长途跋涉，到达了密西西比地区，并沿着墨西哥海湾建立了若干个防御要塞。经过100年的经营，法国人利用60个要塞组成的海岸防线，将大西洋沿岸的英国殖民地和北美内陆阻隔开来。

这样一来，英国给各殖民公司发放的横跨北美大陆的土地转让文书很可能成为无法兑现的一纸空文。虽然文件中允诺持有者将拥有北美从东岸到西岸的所有土地，但是现实中他们的权力只能延伸到法国的要塞前面。虽然突破这道防线并不难，但是这需要投入大量的人力和财力，引发战争。但是后来战争真的发生之后，英法两国都借助当地的印第安部落来残杀自己的竞争对手。

如果英国一直维持着斯图亚特王朝的统治，就可以避免英法之间的战争，因为斯图亚特王朝要想巩固自己的君主专制，就必须要借助法国的力量。但是1689年，最后一位斯图亚特王室的君主不再执政英格兰，那里的国王反而变成了路易十四最顽强的对手——荷兰的国王威廉。这样，一直到1763年《巴黎条约》的签订，英法双方都没有停止过争夺印度和北美殖民地所有权的战争。

前面已经提到过，英国海军总是能在大大小小的海战中打败法国海军，而法属殖民地和法国失去联系之后，就被英国人一一接管了。待到签订巴黎合约的时候，整个北美都成为了英国人的殖民地，之前卡蒂埃、尚普兰、拉萨尔、马奎特等法国探险家们的艰辛努力也就都打了水漂。

在英属北美殖民地这么辽阔的土地上，只有很少一部分人能在这里定居。从美国东海岸的北边一直向南延伸，形成了一个狭长的居住带。在北边的马萨诸塞生活的是1620年到达这里的清教徒，他们的信仰非常坚定。不管是英国国教还是加尔文教的教义都不能改变自己的信仰，也不会让他们感觉生活会更幸福。从马萨诸塞再往南一点就是卡罗林纳和弗吉尼亚，那里是以种植烟草而牟利的天堂。然而，生活在这块土地上的拓荒者和国内人的性格存在着很大的差异。在这片人迹罕至的地方，孤独无助的他们逐渐学会了独立生活，也养成了特立独行的性格。一批精力旺盛、勤劳刻苦的先驱者来到了这里，他们就是令这批先驱者无比骄傲的子孙，血液里流动的是坚忍不拔的求生本能。因为在那个时候，一群懒汉和缺乏斗志的人是不会选择冒险飘洋过海的。之前，他们在国内会受到各种各样的压制和迫害，让他们备感压抑，呼吸不到新鲜自由的空气，生活由此变得一成不变，毫无乐趣。现在，他们决定要成为自己的主人，按照自己喜欢的方式去做事情。这让英国的皇室贵族们难以理解，政府当局让这些殖民者非常不满，此外这些殖民者仍然会感受到来自官方的种种挟制，进而对英国政府由怨生恨。

怨恨，会让矛盾激化，带来更多冲突。有的人会感叹，如果当时英国的统治者不是这个愚蠢的乔治三世，而是一位更加聪明的君主，或者是乔治三世对他懒散冷漠的首相诺思勋爵稍加管束，不是一味的放任不管，那么这个局面还可以挽救。但是我们没有必要在这里感叹，也没有必要详细地叙述冲突发生的过程。很简单，就是北美的殖民者察觉到和平解决问题已经是不可能的了，所以他们决定拿起武器。他们不愿意成为逆来顺

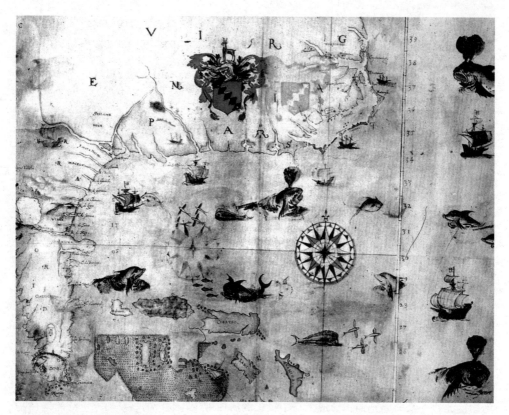

早期弗吉尼亚地图

　　英国人在北美东海岸由北至南的狭长地带建立起众多永久定居点，而作为首个永久定居点——弗吉尼亚的开阔地域与良好气候赋予了拓荒者们豁达、坚韧的性格。图中由英国画家约翰·怀特绘制的早期弗吉尼亚东海岸地图，不仅标明了陆地、河流、海洋、岛屿，甚至标明了海域生息的鱼类与来往舰船航线。

受的臣民，所以就只能做争取自由的叛乱分子。当时有一个很有趣的习俗，条顿的王宫经常会将整个团的士兵标价，谁出的价钱最高就租给谁，军团会帮助雇主完成任务，这些人就是乔治三世请来的德国雇佣兵。如果他们被这些雇佣兵抓到了就只有死路一条。所以他们当时作出这样的选择需要非常大的勇气。

　　这场战争一直持续了7年，很多时候，这些反叛者完全看不到胜利的希望。有很多来自城市的殖民者选择妥协，忠诚让他们选择依然服从于国王的统治，他们认为双方的和解才能带来和平。但是正因为有了华盛顿这样意志坚强的领袖，他们的独立事业才得以坚持下来。

　　华盛顿的军队装备非常落后，但是意志力非常顽强，在少部分勇敢者的有力支持之下，国王的势力被不断地削弱。很多次，华盛顿的军队都几乎铁定了败北，但是他的智谋总是能在关键时刻力挽狂澜，使他们化险为夷。他的军队没有足够的给养，经常饿着肚子。寒冷的冬天，他们也没有足以御寒的大衣和鞋子，只能蜷缩在冰冷的壕沟里，不断地发抖。即使在这样恶劣的条件下，他们依然对他们的领袖坚信不疑，并一直坚持到最后胜利来临的一刻。

华盛顿在战场上取得了一系列的胜利，来自阿姆斯特丹一个名叫本杰明·富兰克林的银行家在法国政府的游说也取得了外交上的成功。但和这两件令人欣慰的事情相比，在战争初期发生了一个更有意思的事情。那是独立战争发生的第一年，来自不同殖民地的代表们在费城集合，一起商讨起事大计。当时有很多战略物资整船整船的从英国运过来，而北美沿海地带的大部分城市还在英国人的控制之下。在这样危急的情况下，只有真正志同道合的人才有勇气走在一起，一起去迎接1776年6月和7月作出的足以改变历史的决定。

1776年6月，弗吉尼亚的理查德·亨利·李向大陆议会提出一项提议，所有联合起来

独立宣言

北美13个英属殖民地在费城召集的第二次大陆会议中，联合签署文件并宣告脱离大不列颠王国而独立，后来这一天被定为美国独立日。画面中起草《独立宣言》委员会的成员们站在主席约翰·汉考克面前，由左至右他们分别是：马萨诸塞的约翰·亚当斯、康涅狄格的罗杰·谢尔曼、纽约的罗伯特·利文斯通、弗吉尼亚的托马斯·杰斐逊和宾夕法尼亚的本杰明·富兰克林。

的殖民地是自由而独立的州，并且他们有权力去维护这种独立和自由。他们曾经对英国王室的效忠与职责应被赦免，而自此他们和英国之间再也不存在任何政治瓜葛。

这个提议获得了来自马萨诸塞的约翰·亚当斯的首肯，并在同年的7月2日开始正式实施。两天之后，也就是1776年7月4日，大陆会议正式宣布了《独立宣言》。这份独立宣言由托马斯·杰斐逊拟稿，为人严谨认真的他在政治、行政管理方面极富才能，这让他成为了后来美国历史上最杰出的总统之一。

欧洲很快就知道了北美殖民地发表的这份《独立宣言》，紧接着他们又听到了殖民地人民取得胜利的消息，还知道了他们在1787年通过了历史上著名的美国第一部宪法。这一连串的事情让欧洲人大为震惊，所有的目光都开始关注这块土地。17世纪，欧洲国家在宗教战争之后建立起来的高度集中的王权在这时候已经达到了鼎盛时期。虽然国王的宫殿越来越大，也越来越豪华，但是很多城市的贫民窟也越来越多。生活在贫民窟中的人们终日与贫困、绝望为伴，逐渐显现出发动暴动的迹象。此时，社会的上流阶层、贵族与专业人士也逐渐萌生了对现阶段国家经济和政治形势的忧虑。这时候北美殖民者的胜利向他们证明了，在从前看似完全不可能的事情，其实都可能实现，这给他们平添了信心。

有一位诗人曾经说过，莱克星顿独立的枪声已经响遍全世界。这种说法显然有夸张的成分，因为很多如中国、日本、俄国等国家并未听见，更何况遥远的澳大利亚与夏威夷（刚刚被库克船长再度发现的他们，又将这位不安分守己的船长杀死）。但是这枪声却响彻了整个大西洋，并点燃了欧洲这个早已怨声鼎沸的火药桶，在法国引起了一轮惊天动地的大爆炸。从彼得堡到马德里的整块欧洲大陆都在它的轰鸣中颤动不已，由此震落下来的若干吨民主砖石将陈旧、腐朽的国家体系与外交策略，统统掩埋在一片废墟之下。

第 五十二 章

法国大革命

经过了惊天动地的法国大革命，自由、平等、博爱的观念已经深入人心。

在我们说到"革命"时，有必要先解释一下这个词的意义。一位著名的俄国作家曾经说过（俄国人深谙其中之道），革命就是利用很短的时间，迅速地将几百年来早已固化成形的旧制度推翻。尽管那些制度曾经是那么的天经地义和难以撼动，连最激进的改革家也不会诉诸文字对它发动攻击。但是只是一次革命，那些曾经构成一个国家的社会、宗教、政治和经济的所有基础，都会顷刻间化为一片废墟。

到了18世纪，欧洲古老的文明已经开始逐渐腐朽，在法国就发生了一场惊天动地的革命。法国在经过路易十四长达72年的统治之后，国王就代表着国家的一切。以前曾经为国家服务的贵族阶级没有了工作，也没有了职责，整天赋闲在家，最后也只能成为凡尔赛宫奢华生活中的一个装饰品。

但是这个时候的法国还要靠着巨额的财富来维持支出，这笔钱的最终来源就是税收。法国国王的权力还没有强大到要让贵族和神职人员也缴税，所以，沉重的税收负担就完全落在了农业人口身上。当时法国农民家徒四壁，生活非常困难。现在他们和之前的农场主一点关系都没有，成为了土地所有者欺凌的对象，生存下去越来越困难。即便是有了好收成，也意味着要缴更多的赋税，对自己一点好处都没有。他们不想用辛勤的劳动徒耗自己仅存的一点劳力，所以他们就逐渐开始荒废土地，不再辛苦地耕种。

于是在我们的脑海中就浮现了这样一个画面，在一个金碧辉煌的宫殿中，有一个宽阔的接待大厅，国王踱过这个大厅的时候，身后跟着一群趋炎附势、想法设法巴结差事的贵族。这些人奢华生活的来源都压在了骨瘦如柴的农民身上。这是一幅令人不快的画面，但是却没有丝毫的夸张。但是所有的王朝旧制之下都会有不可避免的阴暗面，这一点我们必须要明白。

在法国，一个富有的银行家的女儿会嫁给一个穷伯爵的儿子，这是他们惯用的联姻方法，将贵族和富裕的中产阶级联系起来，再加上所有法兰西王国中有魅力的人物都住在宫廷中，他们一起将这种优雅精致的生活艺术推向了顶峰，良好的仪态和精巧的谈吐已经成为当时上流社会的一种时尚。他们中有很多充满智慧的人，但是他们没有办法在

牡蛎大餐

　　路易十四的奢华之风给法国社会烙下了深深的印迹，奢靡、腐败的贵族与神职人员毫不怜惜社会底层民众深受税负盘剥的苦痛。金碧辉煌的大厅内，皇室贵族们正在餐桌前大快朵颐，盛宴让酒食正酣的人早已忘记了应有的节制与礼仪，反倒凸显出身穿蓝衫的仆人端着一大盘牡蛎时的满脸无奈。

政治经济问题上一展所长，所以只能安逸地过日子，把所有的时间都浪费在了毫无意义的空谈上面，这是对资源的一种巨大的浪费。

因为思想方式和个人行为上的流行容易像时装一样向两个极端发展，所以那个时候所谓的社会精英们对他们头脑中的简单生活产生了很大的兴趣。于是法国及法属殖民地的绝对统治者——国王和王后，和一大群喜欢阿谀奉承的朝臣们一起穿上工人的衣服，住在几间乡村小屋里，就像健康淳朴的古希腊人一样生活，来体验简单生活的乐趣。这是多么可笑的一幅画面，在尊贵的国王和王后身边，有朝中小人的谄媚和幽默，还有乐师演奏轻快活泼的舞曲，还有理发师精心设计过的发型，这些都是出于无聊生活的烦躁。这些整天泡在凡尔赛宫中的人们不停地讨论着那些与生活不搭边际的话题，就像一个挨饿的人一心只想着食物，没有的东西才能更让他提起兴趣。

伏尔泰是一个非常有勇气的哲学家、剧作家、历史家、小说家，是所有宗教和政治暴君的敌人，他在《风俗论》这本书中将现在法兰西王国中所有的东西都进行了猛烈地批判，赢得了所有法国人的支持。因为太受欢迎，观众太多，伏尔泰的戏剧只能在那些卖站票的戏院上演。和伏尔泰一样受欢迎的是让·雅克·卢梭，他为法国人绘制了一幅原始纯真和快乐生活的美好画面，他将内心对自然的无限热爱融入那感伤的油彩中，他的作品让所有人都感到无比的震撼。尽管他并不了解原始人的生活究竟是怎样的，但是他却被公认为自然和儿童教育的权威人士。正因为如此，在国王就是一切的法国，人们如饥似渴地读着卢梭的《社会契约论》，当他发出人民掌握主权，国王只是人民的奴仆这样的倡议之后，他们都忍不住流下了感动而又悲愤的泪水。

就在这个时候，孟德斯鸠的《波斯人札记》也出现在了法国人面前。在这本书中，主角是两

万宝路冰桶

法国宫廷中以纯金打造的盛冰容器，用以冷却饮品，并以此凸显出主人的高贵风范，一时成为时尚。

伏尔泰

作为18世纪法国资产阶级思想启蒙运动的旗手，伏尔泰以他的笔引导和鼓舞着法国人民，提倡民主、自由与平等，他一生创作了大量的诗歌、戏剧、小说、哲学等文字作品，擅长以戏谑的文字来抨击、影射腐朽的宗教与政治，被誉为"法兰西思想之王"。

卢梭

　　屡经人生坎坷的卢梭家境贫寒，向往大自然与自由、平等的国度，主张重视、依循儿童天性的教育改革。他所撰写的《社会契约论》提倡国家、社会与所属成员的契约关系，且真正的权力属于人民，在平等的基础上各自履行应尽的职责与义务才能维系社会的安定繁荣，这种民主思想引发了巨大的反响。

个观察力非常敏锐，也非常聪明的波斯旅行者，作者利用他们的视角揭示了当时法国社会中是非不分的现状，然后尽情地嘲笑了国王和他的600个糕点师傅的所作所为。这本书很快就开始流行起来，在很短的时间内就已经出了四版，这样就为他的下一本书《论法的精神》奠定了坚实的读者基础。在《论法的精神》这本书中，他虚构了一个男爵，这个男爵将英国优秀的政治制度和法国的现状进行了对比，大力宣传行政、立法、司法三权分立，倡导用这样先进的政治制度取代法国的君主专制制度。一个名叫布雷东的出版商宣布，他将邀请狄德罗、德朗贝尔、蒂尔戈等几百位作家，共同去编写一部包含了所有新思想、新科学的大百科全书时，公众的反应非常热烈。经过了22年的精心编撰，这套总计28卷的《大百科全书》的最后一卷也即将发行，这时候警察的干预为时已晚，他们根本无法镇压公众对这本书的热情。因为这本书中对法国社会时局的各种危险的批评言论，早已经广泛地传播开了。

在这里有必要提醒一下，以此淡化我们在阅读某一本描写法国大革命的小说，或者是观看相关的戏剧和电影时留下的印象，人们很容易认为法国大革命完全都是那些从贫民窟中出来的乌合之众发起的，但是事情的真相并不是这样的。虽然在革命中少不了这些暴乱民众，但是他们都是在中产阶级自由职业者的煽动与组织下去冲锋陷阵的。中产阶级希望利用他们的无知与盲目，充当他们与国王或贵族对抗的盟友。但是要知道，革命的基本思想都是由少数几个具有天才头脑的人提出来的。这少数几个人被推荐去了旧贵族的奢华的客厅中，向那些已经穷极无聊的女士和先生展示自己的思想，这已经成为比较新鲜的娱乐项目。这种看似新鲜的事情其实隐藏着巨大的危险性，他们开始踊跃发表对社会时弊的批评言论，激进的思想火花从老旧腐朽的地板缝隙间落入地下室乱七八

暗藏的危机

面对蠢蠢欲动的社会与各种不安的声音，法国政府派遣大量警力定期查禁对宗教信仰或政权稳定有害的印刷品，甚至将异端人士逮捕入狱，但焚毁的书籍背后却暗藏着更大的危机，越来越多的质疑声与愤怒的民众被拉进这场巨大的混乱当中。

《百科全书》

为了迎合人们对新知识、新思想的渴求，巴黎出版商布雷东邀请狄德罗编辑一部囊括人类史上所有知识与新科学、新思想的《百科全书》。这项浩大的工程先后借助200多位科学家、学者，将其各自擅长领域的知识编撰成册，涉及人类知识的众多方面，致使新思潮席卷了整个法国。图为《百科全书》中机械卷中的插图。

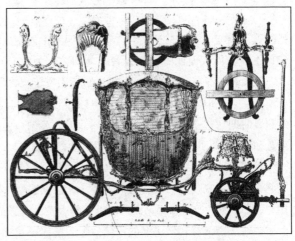

星星之火

　　新思潮的涌起让少数拥有杰出智慧的人脱颖而出，人们津津乐道地倾听和谈论着这些人看似"安全"的调侃与见解，直到它潜移默化中形成肆无忌惮的风暴。不满、愤恨且寻求改变的社会底层在中产阶级智慧的火花中爆发出难以企及的力量，并终将焚毁腐朽的世界。图为人们在文艺沙龙中倾听朗诵伏尔泰的剧本。

糟的陈年杂物中。这时有人惊呼救火，但不幸的是这个老屋的主人对一切都兴致盎然，偏偏不懂如何管理他的家产，对眼前即将燎原的星星之火束手无策。火势迅速蔓延开来，整幢老屋都被熊熊烈火所包围。最后引发了轰轰烈烈的法国大革命。

　　为了表述的方便，法国大革命可以被分成两个阶段。第一个阶段是从1789年到1791年这段时间，这一阶段法国人还试图为引入英国君主立宪制度而努力。但是因为国王的愚蠢和谎言，也因为人力已经无法控制事态的发展，这种尝试最后以失败告终。

　　第二阶段是从1792年到1799年这段时间，在此期间，共和国的成立让人们尝试着建立起第一个民主政权。虽然法国大革命无法摆脱暴力革命的头衔，但多年不满情绪的累积和诚心实意的改革却每每无功而返才是引发最终暴乱的罪魁祸首。

　　当时法国面对40亿法郎的巨额债务，国库一贫如洗，濒临倒闭，而且也没有新的税收来增加收入。就连那位好国王路易也朦朦胧胧觉得应该进行补救了。所以他马上召见了蒂尔戈，让他担任首席财政大臣。蒂尔戈就是人们常说的德·奥尔纳男爵。这时候他刚刚60多岁，是那些即将从历史舞台谢幕的贵族阶层的代表人物，同时他也是一个很出色、很成功的外省总督，一个出类拔萃的业余政治经济学家。他倾尽所能来挽救当时的窘困局面，但却无功而返。一贫如洗、骨瘦如柴的农民身上已经搜刮不到任何油脂油膏了，所以为了征收到新的税收，蒂尔戈开始让从未交税的贵族和神职人员也开始缴税，这使他成为凡尔赛宫上上下下最受人唾骂的人物。此外，蒂尔戈还不得不面对皇后玛丽·安东奈特充满敌意的目光。皇后生活习惯奢华，凡在她的耳边提及"节俭"字眼的人都被她划归敌人的范畴。这样蒂尔戈被人们看成了不切实际的空想家，是一个不折不扣的理论教授，他的乌纱帽也即将不保。在1776年，他迫于无奈，辞掉了财政大臣的职务。

继任财政大臣的是一个非常实际的生意人，名叫内克尔，他来自瑞士。他在工作上非常勤奋，也很踏实能干，现实中通过粮食的投机生意大发横财，然后和合伙人一起创

财政大臣的悲哀

巨额债务危机的加剧终于迫使法国皇帝试图作出改变，但先后任命的几位财政大臣要么有心无力、要么力不能及。面对着囊中羞涩的国库、穷困潦倒的民众与一毛不拔的贵族，财政大臣们陷入进退两难的境地，实际上的毫无作为也最终让其被恼怒的王室贵族理所当然地扫地出门。

玛丽·安东奈特

作为奥地利帝国的公主，玛丽·安东奈特身受万千宠爱，年幼时出于政治考虑嫁与法国王储路易十六，而在后者即位之时成为母仪法兰西的皇后。娇蛮任性的玛丽·安东奈特热衷于消遣、娱乐和时尚，在法国贵族圈子中远近闻名，但因挥霍无度致使法国国库空虚、债台高筑，有"赤字夫人"之称。

办了一家国际银行。他的妻子野心很大，将他逼上了这个他力所不及的政府高位，这样他们的女儿就能平步青云。最后这位寄予厚望的小姐果然嫁给了瑞士驻巴黎的大使德·斯特尔男爵，成为了在19世纪文化界中呼风唤雨的人物。

和他的前任蒂尔戈一样，内克尔对财政工作孜孜不倦，并于1781年向国王呈交了一份详细的财政状况报告。但是这份财政报告却让国王彻头彻尾看不懂。此时，路易刚派了一支军队赶去北美同殖民者们一起对抗英国。但是这次远征的巨大花费却远超出了所有人的意料，内克尔接到指派要求迅速筹集到足够的资金，然而他不仅没有带来急需的资金，反是呈交了一份填满数字的枯燥无比的财政报告。更令人气愤的是，他也和蒂尔戈一样开始提倡必要的节俭。这些都表明，他这个财政大臣的官位坐不稳了，很快他就因为工作不称职而被国王扫地出门。

在理论教授蒂尔戈和实际的生意人内克尔被解除职务之后，下一个财政大臣是一个非常能讨人欢心、让他人感到愉快的人。他信心满满地表示，只要相信他严谨周密的财政计划，他会在每个月给他们100%的回报。这个如此胸有成竹的人就是查理·亚历山大·德·卡洛纳，他最在意的事情就是能让自己飞黄腾达。在他的政治道路上，他依靠自己的工厂和满口的谎言，一直顺风顺水。他是一个非常聪明的人，明明知道国家已经欠下了巨额的债务，但却不愿意得罪任何一个人。所以他用了一个治标不治本，但至少看似效果立竿见影的"聪明"办法：拆东墙补西墙，利用新的债务来偿还旧的债务。这种做法虽然很常见，但是却给法国带来了更严重的灾难。在不到三年的时间里，原来的债务不仅没有减少，反而又增加了8亿法郎欠债。但是这位很讨人喜欢的财政大臣仿佛不知道什么是担心，依然在国王和王后的每一项开支上都笑容满面地签上自己的名字，因为他深知，这位从小在维也纳就养成大手大脚花钱习惯的王后，是不可能养成节俭的习惯的。

一直对国王忠心耿耿的巴黎议会不能坐视这样的形势继续发展下去，决定采取措

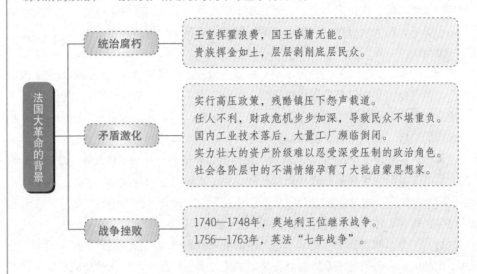

革命的前兆

　　法国封建王权的腐朽堕落、昏庸无能以及其奉行的高压政策，让整个法国面临全面的危机。而国家内部升腾的启蒙思想与国家外部遭遇的战争挫败，让法国民众看清了专制政府的没落，一场由资产阶级领导的革命正孕育而出。

法国大革命的背景

- **统治腐朽**
  - 王室挥霍浪费，国王昏庸无能。
  - 贵族挥金如土，层层剥削底层民众。

- **矛盾激化**
  - 实行高压政策，残酷镇压下怨声载道。
  - 任人不利，财政危机步步加深，导致民众不堪重负。
  - 国内工业技术落后，大量工厂濒临倒闭。
  - 实力壮大的资产阶级难以忍受深受压制的政治角色。
  - 社会各阶层中的不满情绪孕育了大批启蒙思想家。

- **战争挫败**
  - 1740—1748年，奥地利王位继承战争。
  - 1756—1763年，英法"七年战争"。

雪上加霜

　　用人不当让投机者在财政大臣的关键位置上藏奸取巧，尽管看似风生水起，实则雪上加霜，不断加重的债务危机让法兰西危机重重。遭遇粮食歉收的年景，伴随饥饿与惨淡四处蔓延的还有人群暗流涌动的不满，尖锐的社会关系让法庭与监狱不堪重负，图为位于巴黎中心的警察总部。

307

施来挽救，但是此时卡洛纳还想着再借8000万法郎的外债。那个时候灾荒不断，粮食歉收，法国农夫在饥饿和贫穷中生活得非常悲惨，如果这时候不采取有效措施，法国将面临大厦将倾的境地。但是这位昏庸的国王沉醉在自己的生活中，对外面的局势熟视无睹。其实如果他不知道怎么做，完全可以征求人民的意见。但法国的三级会议自从在1614年被取消之后，就再未开启过。而且这个国王不仅愚蠢，还优柔寡断，因此在如此严重的态势下，在大众群体对三级会议的呼唤中，路易十六依然顾虑重重，不愿意重新召开三级会议。

直到1787年，为了缓和公众的不满，路易十六才被迫同意召开一个由知名人士组成的集会。但是这次集会只是全国的贵族聚在一起，在不触犯贵族和神职人员利益的前提下，商讨采取什么样的措施来平息公众的怒火。但是，想要让这些贵族阶级为了另一些命运悲惨的阶级，割让出自己利益而成就他人，就好比要他们自杀一样，这显然是不可能的。果然，参加这次会议的127名社会名流拒绝放弃他们任何一项特权和利益。于是聚集在大街上悲苦的平民强烈要求他们信任的内克尔重新担任财政大臣，但是这一要求被大臣们断然拒绝了。结果，群众为了宣泄心中的不满和愤怒，纷纷砸碎了玻璃，在混乱的场面中，那些著名人士逃跑了，卡洛纳也被迫解除了职务。

之后，一个名叫洛梅尼·德·布里昂纳的红衣教主成为了新的财政大臣，这是一个非常平庸的人。在饥饿的民众即将演发暴动的压力下，路易十六终于被迫同意尽快召开三级会议，但是这样模糊的承诺显然无法让任何一个人满意。

这一年，法国遭遇了百年一遇的寒冬。庄稼不是被洪水冲毁，就是全部被冻死，颗粒无收，普罗旺斯所有的橄榄树几乎灭绝。虽然有少数私人慈善救济在尽可能地帮助大家渡过难关，但是面对1800万饥民，这点救济仍显得过于寒酸。在这样的情况下，大量哄抢粮食与食物的骚乱在全国范围内轮番上演。如果事情发生在二三十年前，那么这些骚乱大可以通过军队强行遏制、镇压。但是现在新的哲学思想已经深入人心，人们已经意识到，光靠武力来对付这些饥民，显然是完全没有效果的，反而会激化矛盾。而且，这些士兵也是从普通群众中来，他们对国王的忠诚可能并不完全值得依靠。在这样紧急的关头，国王必须做出一个明智的决定来挽回民心，但是路易再一次犹豫了。

很多相信新思想的人开始在外省建立一批独立自主的共和国。以25年前北美的殖民者为榜样，所有中产阶级也开始纷纷发出"没有代表权就拒不交税"的呼声。此时，整个法国已经处于大混乱的边缘，处理不慎，就会引发全国性的暴乱。为了缓和民众愤怒、不满的情绪，提升王室在民间的声望，他们破天荒地取消了严苛的出版审查制度。一时之间，如潮水般的印刷品涌入法国全境。不论社会地位高低，每一个人都在批评别人或者被别人批评。市面上已经有了超过2000种的小册子竞相出版。新的财政大臣洛梅尼·德·布里昂纳在民众的责骂声中灰溜溜地下台了，内克尔被重新任命为财政大臣，尽最大的可能来安抚民众的不满情绪。这个消息让整个国家极为振奋，巴黎的股市在一夜之间暴涨了30%。在全民乐观的情绪下，对王室的终极审判被推迟了。到了1789年5

三级会议

　　为了试图度过日益恶化的财政危机，挽回民众对国王的信心，路易十六在民众的迫切呼声下召集了由僧侣、贵族与平民代表共同出席、参议的全民代表会议。人们持着乐观的态度聚集在凡尔赛宫，相对于第一、第二级僧侣与贵族的没落，第三级的平民在崛起的资产阶级支持下声势浩大，不可调和的分歧也导致了法国大革命的爆发。

　　月，三级会议召开在即，法国所有具有杰出智慧的人齐聚一堂，所有的问题必将迎刃而解，从而让法国重新成为一个生机勃勃、幸福欢乐的国度。

　　人们普遍认为，集体的智慧可以解决所有的问题。事实上这种看法并不确切，反而会带来严重的后果，尤其是在这样特殊的社会环境之下，集体的智慧让所有的个人能力都无法发挥出来。因此，内克尔不仅没能牢牢地控制住政府实权，反而任一切顺其自然地发展。之后，人们就如何来改造国王的权力引发了一场激烈的争论。当时警察的权力已经大不如前了，在一些善于言论煽动的人鼓动之下，住在巴黎郊区的居民开始意识到自己的力量。在严峻的局势和动荡的社会环境下，当革命领袖无法通过合法途径达到目的时，常用的过激策略就被付诸执行，那就是普通民众在走投无路的情况下才选择的险路——血腥与暴力。

　　为了赢得农民与中产阶级的支持，内克尔赋予了他们在三级会议上拥有双重代表权。对于这个问题，一个名叫西厄耶的神甫特别写了一本著名的《何为第三等级》。在这本书中他得出一个结论：第三等级，也就是中产阶级，他们代表着社会中的一切人群；在过去，他们不名一文，现在应该给予他们应有的社会地位。这一结论反映了当时大多数关心国家利益的人的普遍心愿。

　　选举的过程有着让人难以想象的混乱，最终的结果为：神职人员代表共308名、贵族代表285名、第三等级代表621名。他们即将收拾行囊、前往凡尔赛参加三级会议。此外，第三等级代表们还带了一篇称为《纪要》的长篇报告同行，选民们的各种抱怨和冤情都包含在那厚厚的一摞报告中。这次大会可以说是挽救法国局势的最后一次努力了，

网球场宣誓

　　国民会议有效投票的规则是按等级还是按人数出现了巨大分歧，前者让第三等级在两个特权等级压制下看不到希望，后者却赋予第三等级压倒性的优势。版画中实力壮大的第三等级代表聚集在凡尔赛宫的室内网球场，在天神的庇护下宣誓不制定出有效的国家宪法绝不解散，奏响了法国大革命的序曲。

在这个华丽的舞台上，这出大戏即将开演。

三级会议于1789年5月5日在凡尔赛宫正式召开。会议中，国王非常生气，经常想发脾气，神职人员和贵族的代表也公开表示，他们不会放弃任何一项特权。国王让三个等级在不同的房间内开会来申诉各自的冤屈，但是第三等级拒绝执行这项命令。1789年6月20号，第三等级在一个匆忙布置、拥挤不堪的临时会场——一个网球场中庄严地宣誓，坚决要求三个等级的所有代表成员都应该在一个地方开会。他们将这一决定告诉了国王，国王被迫妥协。

当三级会议作为国民会议，开始讨论法国的国家局势问题时，国王大发脾气，但是很快又开始犹豫。一开始他坚决表示，宁愿死也不愿意放弃自己的绝对君权，然后他就索性外出打猎，将所有烦心的国家大事和不愉快的事情都抛在脑后。等到他满载而归时，他又开始让步了。他经常在一个错误的时间，用一个非常错误的方法来作一个正确的决定。当所有的人都在争论，并提出一项要求时，他会将他们严厉地训斥一顿，绝不会答应他们的要求。但是之后当愤怒的群众威胁到自己的统治时，他又开始让步，答应他们先前提出的要求，但这个时候人们往往已经在原有的要求基础上加上了另一个新要求。于是，国王会再一次拒绝，上面的闹剧又会再一次上演。正当国王被逼无奈准备在他忠诚的臣民提出的第一个和第二个要求上签上自己的大名时，平民们又在条款的最后插入了第三个要求，并威胁如果国王不签署这些条款，那么他全家的性命就将不保。条款的清单越列越长，直到国王被稀里糊涂地送上了断头台。

国王的这个习惯让他的行动总是比局势的发展慢半拍，但是很不幸，他从来没有清楚地意识到这一点。甚至到了他将自己的头颅放在断头台上，内心仍充满了委屈，认为自己饱受他人的虐待。他用自己有限的能力来最大限度地关爱他的臣民，但让他无法理解的是，这些人却掉过头来给予他最不公正的对待。

我经常告诫你们，对历史所有的假设都是没有任何意义的。我们或许可以轻易地说，如果路易十六是一个精力旺盛、心狠手辣的人，法国的君主专制或许会继续存在。但是他并非独自一人，即使他像拿破仑那样冷酷无情、拥有横扫千军万马的力量，但是在当年疾风骤雨的形势之下，他妻子的行为也会断送他的政治生涯，将他送上断头台。要知道，他的皇后是奥地利皇太后玛利亚·特利莎的女儿——玛丽·安东奈特。这位皇后从小在中世纪最专制的皇宫中长大，这使她兼具从皇宫走出来的年轻女孩所可能具备的一切美德与陋习。

在丈夫受到三级会议的威胁时，皇后玛丽·安东奈特决定率先发难，并秘密谋划了一个反革命阴谋。财政大臣内克尔被突然解除职务，各地的军队也接到国王的密令，开始向巴黎集结。当人民知道这个消息之后，他们变得更加愤怒了，于是人们开始进攻巴士底狱。1789年6月14日，这座曾经让人们恐惧害怕的政治犯监狱被攻破了。那里曾是君主独裁专制的象征，但早已不再关押政治犯，而是作为城市拘留所关押小偷和轻微的刑事犯。听到巴士底狱被攻破的消息之后，贵族们感到形势不妙，开始逃往国外。但是国

路易十六

奢华宫殿中的法兰西国王路易十六穿着加冕典礼服神情高贵、骄傲地站在人们面前。作为法兰西波旁王朝复辟前的最后一任帝王，路易十六任内朝野荒败、国库空虚、民怨沸腾，尽管看到了笼罩在法兰西上空的重重危机，但这个无力驾驭国家机器的国王直到被推上断头台也没有醒悟，是优柔寡断葬送了他的一切。

王却一点也没有意识到危机，还是和平常一样。就在巴士底狱被攻破的那一天，他还悠闲地外出打猎，最后还收获了好几头猎物，得意扬扬地回到了凡尔赛宫。

国民会议在8月4日正式开始运转，并在巴黎人民此起彼伏的呼声中，废除了王室、贵族和神职人员的所有特权。8月27日，著名的《人权宣言》问世，这也是法国第一部宪法的序言部分。直到此刻，局面依然在能够控制的范围之内，但是显然王室并没有从上一次的事件中汲取教训。于是人民开始怀疑王室会秘密谋划第二次反革命，妄图干涉这次改革。于是巴黎在10月5日第二次暴动了。这场暴动的范围甚至已经波及了凡尔赛，直到国王被带回到巴黎的王宫，这场骚乱才逐渐平息下来。待在凡尔赛的国王让老百姓寝食难安，所以他们要求能够随时监视他的行踪，并进一步控制他与维也纳、马德里以及其他王室亲戚的书信往来。

就在这个时候，米波拉开始领导国民议会整顿全国混乱的局势。他出身贵族，后来成为国民议会中第三等级的领袖。但是他的王座还没有坐热，就在1791年4月2日撒手人寰。正是因为他的去世，才让路易十六开始真正考虑自己性命的安危，于是他在6月21日傍晚悄悄地逃离了王宫。很不幸的是，国民自卫军从一枚硬币的头像上认出了他，在瓦雷内村附近他被抓住了，之后又狼狈地被遣送回巴黎。

1791年9月，法国通过了第一部宪法，于是国民会议的历史使命便完成了，议员们开始收拾行装打道回府。1791年10月1日，开始召开立法会议，它将完成国民会议没有完成的工作。在立法会议的代表中，有很多激进派的革命党人，其中雅各宾派是胆子最大，声名也最盛的一个，他们因为经常在古老的雅各宾修道院举行集会而得名。这些多数出身自由职业者的年轻人善于用铿锵有力的演说调动起听讲者的澎湃激情。他们的这些激进演说被刊发在报纸上，而当柏林、维也纳、普鲁士、奥地利的国王看到这些报纸的时候，国王们决定开始行动，将他们的好兄弟姐妹从苦难中救出来。当时欧洲国家都在忙于瓜分波兰，因为当时波兰不同的政治派别正在互相厮杀，自相残杀让这个国家陷入了一场覆灭的危机，反成为了任何国家都可以瓜分的一块肥肉。尽管如此，在争夺波兰的同时，这些欧洲国家还是派出了一支军队前往法国，想要将路易十六救出来。

在这种形势之下，整个法国都陷入了一片恐慌之中，他们因为长期的饥饿和痛苦而累积起来的仇恨已经升至最高峰。巴黎的人们开始对国王居住的杜伊勒里宫发动了猛烈的进攻，那些誓死效命王室的瑞士军队拼命反抗，以保护他们的主人。当遇阻的巴黎暴民正要退出王宫的时候，优柔寡断的国王又下令军队"停止进攻"。杀得兴起的暴民在嘶喊声与廉价酒精的作用下再一次冲进了王宫，将所有束手待毙的瑞士卫兵统统杀死，然后又在议会大厅中抓住了逃命的路易十六。很快，人们就剥夺了他的王位，将他关进了丹普尔城堡。那个曾经高高在上的国王沦为了阶下囚。

这时候奥地利和普鲁士的军队仍然在向法国逼近，这样法国人民的恐慌就变成了疯狂，这让善良的法国人都变成了最凶狠、最残忍的野兽。1792年9月的第一个星期，这些疯狂的人就冲进监狱，杀死了里面所有的囚犯。此时的法国政府对他们的这些行为采取听之任之、放任不管的态度。由丹东领导的雅各宾派心里非常清楚，这场危机的结果关系到整个革命的最终成败。只有这种最极端、最暴力的一招险棋才能拯救他们自己。于是在1792

攻陷巴士底狱

国王暗地集结军队对第三等级势力准备突施镇压，这一行动让巴黎市民群情激奋，人们在响彻不息的警钟声中涌上街头、夺取武器，攻陷了巴黎东郊俯视整个城区的军事堡垒与政治监狱——巴士底狱。面对着这座长期压制在心头的高墙壁垒，人们从屋顶、窗户、街头用简陋的火炮与枪弹宣泄着自己的怒火。

《人权宣言》

以美国《独立宣言》为蓝本，以天赋人权、自由平等为原则的法国《人权宣言》将旧有的封建等级与君主专制彻底扔进了历史的垃圾堆，系统阐明了人权、民主、自由的立场以及行政、立法、司法三权分立的宪政要求，宣告了资产阶级领导下西方国家人权观念的诞生与深入人心。

年9月，立法会议结束，一个新的国民公会成立，其中多数成员都是激进的革命党人。路易十六被指控犯有最高的叛国罪，接受国民公会的审判。审判的最后结果是他的罪名成立，并以361∶360的票数被判处死刑。更讽刺的是，这关系到路易性命的最后一票是由他担任奥尔良公爵的表兄投下的。1793年1月21日，路易平静地走上了断头台，但是直到这时候，他也不明白为什么会有这些流血的暴力事件，但他仍是那么地高高在上，高傲地不屑于向其他人请教这个问题的原因。

路易死后，雅各宾派的人开始向性情比较温和的吉伦特派发难。吉伦特派因为他们的多数成员都是来自南部的吉伦特地区而得名。在这场政治斗争中，雅各宾派组建了一个特殊的革命法庭，21名吉伦特派的首领被判处死刑，其他的成员相继自杀。其实他们都是善良诚实、能力超群的人，只是他们太逆来顺受，也太谦顺温和，很难在乱世中苟活

于世。

1793年10月，雅各宾派宣布在恢复和平的局势之前，要暂时停止执行宪法，一切权力都暂时归于以丹东和罗伯斯庇尔领导的小型公安委员会掌管。他们废除了基督信仰和旧的历法，这样一个带着革命恐怖的理性时代就开始统治法国。这个时代在美国革命期间被托马斯·潘恩大力赞扬过，但正是这样一个时代，在不到一年的时间之内，不管是善良的，还是邪恶的，还是中立的，每天死在革命恐怖中的人数高达七八十人。

国王的独裁统治虽然被彻底地毁弃，但是它又被少数人的暴政所取代了。他们对民主怀有很炽烈的热情，所以不得不杀死那些和他们意见不相同的人。法国就在他们的手上变成了一个屠宰场和杀人工厂。在革命恐怖的气氛中，人们互相猜忌，人人如履薄冰。有几个国民议会的老议员出于恐惧，自认为将成为下一个被屠杀的对象，他们联合

崩溃的边缘

　　周边国家的入侵压力与复辟谣言将惶恐不安的法国人推入内忧外患的境地，脆弱的灵魂在饥饿与恐慌的双重压抑下几近崩溃，直到无法抑制。人们冲进王宫和贵族的宅邸，焚毁和杀光他们所见到的一切，以无以抗拒的疯狂力量试图摧毁整个世界来重建他们的理想家园。

路易十六之死

　　众叛亲离的路易十六企图勾结外敌、镇压革命的密函为他敲响了丧钟，在民众此起彼伏的声讨下，路易十六被激进的革命者控以最高叛国罪，并以堪堪超过半数的戏剧性表决结果最终被判处罪名成立、执行死刑。乱世环境将这个皇帝的软弱个性无限放大，没有人对他悲情的结局抱有一丝怜悯。

法国大革命

　　随着巴黎人民攻陷巴士底狱的枪炮声，法国第三等级与权贵特权阶级间酝酿已久的矛盾最终爆发。君主立宪派、吉伦特派、雅各宾派轮番登场，这场混乱、残酷的法国大革命让国家与民众都蒙受苦难。

法国大革命
君主立宪派 1789年，巴黎人民攻占巴士底狱，农村也开展群众运动。 资产阶级夺取巴黎市政府的政权。 1789年，通过"八月法令"。 1789年8月，通过《人权宣言》。 1789年10月，巴黎爆发群众运动。 1791年，路易十六出逃失败。 1792年，反法联军攻入法国，巴黎人民再次掀起共和运动的高潮。
吉伦特派 1792年8月，吉伦特派取得政权。 1792年，爆发"九月屠杀"。 1792年，法国在瓦尔密战役中获胜。 1792年，法兰西第一共和国成立。 1793年1月，处死路易十六。
雅各宾派 1793年6月，雅各宾派建立专政。 雅各宾派平定叛乱颁布土地法令。 雅各宾派改组救国委员会。 雅各宾派将吉伦特派及其支持者斩首。 1794年，雅各宾内部纷争迭起。
结束 1794年10月，热月党人成立督政府。 1799年，拿破仑发动雾月政变。

À MARAT
DAVID

马拉之死

　　作为法国大革命最热情的领导者之一，雅各宾派的马拉主张建立革命专政，以武装暴力换取自由，但却成为党派相争的牺牲品，他在浴盆中办公时被保王党人夏洛特·科黛蓄意刺杀。他手中攥着写满反革命活跃分子名字的染血纸条，让他意外的是在他挥舞着屠刀准备冲向别人之前，他自己就已经魂归西天。

起来反抗处死自己大量同伴的罗伯斯庇尔并占得上风。罗伯斯庇尔这个号称为唯一的民主战士自杀未遂。人们将他的伤口进行了简单的包扎之后就将他推上了断头台。1794年6月27日，雅各宾派的恐怖统治宣告结束，所有的法国人终于如释重负地开始了狂欢。根据他们创办的新历法，这一天正好是热月的9日。

　　但是当时法国所面临的危险形势决定了政权必须掌握在少数几个铁腕领袖的手中，一直到其他反革命的势力被彻底地赶出法国领土后为止。当装备落后、粮饷不足的革命军队在莱茵、意大利、比利时、埃及等各地浴血奋战，逐个打败每一个敌人的时候，法国成立了一个由5人领导的督政府。这个督政府成立四年之后，一个名叫拿破仑·波拿巴的天才将领取得了政府的控制权，并于1799年开始担任法国的第一执政官。在之后的15年中，悠久的欧洲大陆转变成为一系列从未出现过的政治实验室。

第五十三章

拿破仑

拿破仑。

拿破仑出生在1769年，是卡洛·玛利亚·波拿巴的第三个儿子。他的父亲卡洛当时是科西嘉岛阿佳肖克市的一个公证员，为人诚实善良。他的母亲也是一个非常善良的人，叫作莱蒂西亚·拉莫莉诺。其实拿破仑来自意大利，而并非是法国人。他的出生地科西嘉岛曾经是希腊、迦太基及古罗马帝国的殖民地，这里的人为了取得独立进行了顽强的斗争。最初，他们想要脱离热那亚人的统治，法国曾经帮助他们反抗过热那亚，但是为了自己的利益又将这个岛标上了法国的标签。所以到了18世纪中后期，科西嘉人又开始和法国作斗争。

在他20岁之前，年轻气盛的拿破仑一直是科西嘉的职业爱国者"辛·费纳"民族运动组织里面的一员，他时刻热切盼望着能将自己的祖国从法国的奴役中解救出来。然而，没想到法国大革命满足了科西嘉人的独立呼声，于是他在布里纳军事学院接受良好的军事调教之后，拿破仑就全心全意投效了这个接纳他的国家。虽然他的法语说得并不流畅，甚至还不能正确地书写，说话的时候还有着浓浓的意大利腔调，但是这并不妨碍他成为一个法国人。多年以后，他甚至成为了集法国所有优秀品德于一身的最高楷模。他深刻地影响着法国人，直到现在，他依旧被看成是法国

缔造奇迹的拿破仑

有着"奇迹创造者"之称的拿破仑，是法国近代史上杰出的军事家、政治家，极具野心的他在如火如荼的法国大革命中青云直上，并通过雾月政变成为法兰西的独裁者。他屡次通过侵略征服和占领欧洲的大片领土，凭一己之力为动荡中的法兰西赢得了喘息的机会，并使之逐步成为欧洲的霸主。

天才的代名词。

　　拿破仑可以划归为平步青云的典型。他从一个默默无闻的凡人到志得意满的伟人，总共时间也不会超过20年。但就是在这不到20年的短暂时间里，他所指挥的战争之多、取得的胜利之大、行军走过的路程之远、侵占的土地之广、造成的死亡人数之巨都远远超过了历史上的任何一个人，他推行的改革让欧洲大陆不得安宁，深远的影响无人能望其项背，即便是著名的亚历山大和一代天骄成吉思汗都不能和他相提并论。

　　他的身材非常矮小，在小时候身体素质并不好，经常生病，而且长得也很普通，如果只见一次，想要给人留下深刻的印象几乎是不可能的。即便是到了他政治、军事生涯的最高峰，在每次出席一些重大的社交场合时，他的行动看上去仍然显得很笨拙。在别人眼里，他没有显赫的背景、良好的教养，家里也没有充实的财富可以供他爬上高位。他完全是靠着自己的双手，白手起家。在他青涩的少年时代，家境贫寒的他经常会挨饿

花园中的拿破仑与约瑟芬

　　约瑟芬的前任丈夫因叛国罪死在了革命党人的断头台上，天生的美丽与心机却让她逃过一劫，而后又借此优势以及出色的交际能力成为巴黎社会的风云人物。她的美丽、高贵与温柔同样吸引着拿破仑的注意，两个具有同样野心的人走到了一起，但个性的放任与未能留下子嗣让他们终究各奔东西。

受冻，甚至有时候还会为了几个小钱而费尽心机。

他在文学方面的天赋也并不突出，有一次他参加军事学院举办的有奖作文竞赛时，他排名倒数第2，在总计16人参加的作文竞赛中他的论文仅列第15名。尽管如此，他还是凭借着对自己命运和辉煌前途的坚定信念，克服了自己的出身、相貌、家境以及天赋上的一切不足。在他向上攀登人生顶峰的过程中，最大的动力就来自于他内心中勃勃的野心。他有着最充足的自信，他习惯在签署文件时署名"N"，这个字母在他的宫殿中可以经常看

玛丽·路易莎

作为约瑟芬的继任者，年轻貌美的奥地利皇帝之女玛丽·路易莎为拿破仑生下了渴望已久的帝国继承人。已过不惑之际的拿破仑尽显父亲的慈爱，当即册封爱子为国王，坐拥帝国的未来、温柔的妻子、牢固的法奥同盟让久经征战的拿破仑终于流露出充满人情味的一面。

到，他对这个字母有着非凡的崇拜之心。他立志要让拿破仑这个名字成为世界上仅次于上帝的最重要的名字，所有这一切强烈的欲望融合在一起，促使他登上了历史上前所未有的荣誉巅峰。

当年轻的拿破仑还是个领取一半军饷的陆军中尉时，就非常喜欢看古希腊历史学家普卢塔克的《名人传》，但是他却并不打算将这些备受人们崇拜的古代英雄作为自己品德行为的标杆。看起来他好像完全不具备人类与动物相区别的那种谨慎思考和细腻情感。我们很难判断出他一生中除了自己以外还是否爱过其他的任何人。虽然他对自己的母亲很有礼貌，这是因为他的母亲莱蒂西亚具有与生俱来高贵女性的做派和气度。和所有意大利的母亲一样，她清楚地知道怎样去管教自己的孩子，并赢得他们的尊重。有一段时间，拿破仑曾经对他美丽的克里奥耳妻子约瑟芬无比痴迷。约瑟芬是马提尼克岛上一位法国军官的千金，她的第一任丈夫原本是德·博阿尔纳斯子爵，后者因在对阵普鲁士军队中败北而被罗伯斯庇尔处死，年轻丧夫的约瑟芬后来改嫁给了拿破仑。但是因为约瑟芬不能给拿破仑生育后代，所以拿破仑毅然地和她离婚了，并与奥地利皇帝年轻貌美的女儿缔结了婚约，尽管这更像是一个看似不错的政治联姻。

在著名的土伦战役中，年轻的拿破仑仅是一个炮兵连的指挥官，但就是在这次战役

英雄与追随者

　　野心、坚忍、冷酷以及极具煽动性的演说让拿破仑成为人们心目中的英雄，敌人痛恨他、忌惮他，法国人崇拜他、欢迎他，人们愿意抛弃一切，甚至不惜生命去追随这个许诺他们自由、平等，许诺他们所期冀的美好世界的人。英雄改变了历史，追随者创造着历史，但历史因谁而变却无人能给出答案。

　　之后他声名远播。在战争的闲暇时间，他还专心地研究了马基雅维里的言论。从他今后的政治做法来看，他很显然听从了这位佛罗伦萨政治家的建议。但在他统治期间，只要毁约会使他得到利益，他就会义无反顾地违背承诺。在他的人生字典里面从来就不会出现"感恩"这个词，但是他也从不要求别人对他感恩戴德。他似乎完全不关心别人的痛苦。在1798年对埃及的战役后，他对战俘原已允诺饶其不死，但随后就食言了。在对叙利亚一役，当他发现他的船无法承载大量伤员时，就毫不迟疑地命人将伤员尽数杀死。他还指使一个有失偏颇的军事法庭将昂西恩公爵判处死刑，尽管这没有任何法律依据，只是为了杀一儆百，警告波旁王朝。对于那些为了祖国独立而战的被俘德国军官，他毫不怜惜他们反抗的高尚动机，下令将他们就地处决。当安德列斯·霍费尔奋勇抵抗法军最终战败被俘时，这位蒂罗尔英雄竟然被他以一个普通叛国者的身份处死了。

　　当我们真正开始研究拿破仑的个性时，我们才会明白为什么当时英国的母亲在哄小孩入睡不耐烦时会对他们说，如果再不听话，拿破仑就会将调皮的孩子作为早餐抓走。人们对于拿破仑暴躁、可憎的一面可以没完没了地说下去。拿破仑可以事无巨细地监管着军队的所有部门，却唯独对医疗服务视而不见；在他无法忍受士兵身上发出的汗臭时，会不停地往自己身上洒科隆香水，以至于自己的制服也被烧坏了等。诸如此类的坏事可以说很多，但平心而论，我们的内心对这种说法依然持有怀疑与排斥。

我写到这里的时候，正舒服地坐在一张堆满书本的写字台前面，一只眼睛瞄着打字机，另一只眼睛看着我心爱的那只爱玩复写纸的猫——利科丽丝，同时给你讲述拿破仑是怎样一个卑鄙可耻的人物。如果我恰巧瞥了一眼窗户外第七大道的景致，此刻大街上车水马龙的繁闹瞬间冷却、停滞在那里，清脆的鼓点声传入我的耳朵，一个小个子穿着破旧的绿军装，骑着一匹神骏的白马映入我的眼帘。那么，相信我也会情不自禁地抛开我的书本、我的小猫、我的生活、我生命中的一切，追随他到世界的任何地方，而我自己都说不清其中的原由。我的爷爷也是这样做的。所有人都清楚，他并不是一个天生的英雄，但仍有成千上万个和我爷爷一样的人跟着这个小个子走了。他们不会因此得到任何回报，而他们也不奢求能够得到回报。他们死心塌地地为这个科西嘉人效命，甚至不惜搭上自己的性命。小个子带着他们背井离乡，南征北战，让他们在俄国人、英国人、西班牙人、意大利人、奥地利人漫天的炮火中冲锋陷阵，即便是他们挣扎在死亡的边缘，痛不欲生，仍能从容不迫地凝望着天空。

拿破仑在伊伦战场

硝烟弥漫的伊伦战场，拿破仑以法国蒙受巨大损失为代价，换取了最终战役的胜利。深受将士们拥戴的拿破仑骑着战马蹚过战败者充斥着愤懑与死亡气息的前沿阵地。面对种种困境，不择手段的拿破仑从不计较任何得失，他以冷峻、坚毅掌控着世界，这种王者之气支撑着他走向世界之巅。

　　我没有办法来解释这种行为和现象，只能全凭臆想揣测其中的一个原因。那就是拿破仑是一个非常出色的演员，整个欧洲大陆就是他表演的舞台。不管在什么时候、什么情形之下，他都能够准确地以最恰当的姿态去迎合观众，他懂得最能取悦人心的演说。在埃及的沙漠中，站在狮身人面像和金字塔面前的胜利演说，或是站在被露水打湿的意大利草原上对忐忑不安的士兵战前动员，他总是那么坚毅果敢、泰然自若。即便是身陷四面楚歌的境地，成为大西洋中某个荒凉空旷小岛上的流放者，成为一个昏聩无能、低俗卑劣的英国总督手掌中任意驱遣的病人，他依旧占据着整个舞台的中心。

　　在他遭遇滑铁卢的失败之后，除了少数几个非常值得信赖的朋友之外，再也没有人见过这个曾经的王者。所有的欧洲人都知道他正流放在圣赫勒拿岛上，也知道有一支英国的警卫队不分昼夜地看守着他，还知道有一支英国舰队也同时密切监视着驻扎在朗伍德农场奉命守护拿破仑的警卫队。但是此时，不管是他的朋友还是敌人，他的形象都深刻地烙印在每个人的记忆中。即便是疾病与绝望最终让他的生命迹象渐渐消逝，他深邃的双眼依然时刻凝视着这个世界。直到今天，他依然像一个世纪之前一样高大、威严地

加冕

　　为了进一步巩固在法兰西至高无上的神圣专权，获得更多法国人乃至欧洲人的认可，拿破仑借用教皇在宗教信仰方面无与伦比的公信力、号召力，在巴黎圣母院举行了隆重的国王加冕仪式。傲慢的拿破仑不仅没有对罗马教皇庇护七世表现出丝毫的尊重，反而拒绝跪拜加冕，自行将皇冠戴在头上。

矗立在法国人的幻想中。有时，人们只要催促睄一眼这个面色蜡黄的小个子，即会因过度兴奋或过度害怕而昏厥当场。这位传奇的皇帝在克里姆林宫里喂过他的马，即便是教皇和最有权势的人在他看来也不过是随兴差遣的仆人罢了。

拿破仑的一生都充满了传奇色彩，哪怕只是对他的一生列出简单的提纲，都需要写上好几卷书。如果想要将他对法国进行的政治改革、日后被很多欧洲国家效仿的拿破仑法典以及他在公众场合不胜枚举的举止言行讲清楚，恐怕写上几千页都嫌不够。但是相对于他前半生的辉煌成功，最后10年却一落千丈的原因，我却可以用几句话来解释清楚。从1789年到1804年，身为法国革命的杰出领袖，拿破仑纵横驰骋，让奥地利、意大利、英国、俄国等国的军队望风而逃，是因为那时候他和他的士兵都是"自由、博爱、平等"信条的死忠，他们都是王朝皇室的敌人，是平凡百姓的朋友。

但是在1804年，他自封为法国世代沿袭的皇帝，甚至邀请教皇庇护七世亲自为他册封加冕。同样的情形也曾出现在公元800年，法兰克的查理大帝邀请利奥三世为其主持加冕。他澎湃的自信与对权势的渴望，让他非常期待能一手缔造属于自己的辉煌时代。

在他当上皇帝之后，就从原来的革命领袖变成了哈布斯堡王朝无能的效仿者。他已经将自己的精神之母雅各宾政治俱乐部统统抛至脑后。他不再是被压迫人民的守护神，反而成了所有压迫者的代言人，他的刀随时准备杀害那些敢于违反皇帝意志的人。在1806年，他亲手将罗马帝国可悲的残迹扔进历史的垃圾堆，当古罗马帝国的辉煌被一个意大利农民的后代肆意破坏、奄奄一息时，竟没有人流露出丝毫的同情。但是当他的军队进入西班牙，强迫西班牙人违心承认他就是他们的新国王，并大量地捕杀仍忠于旧主的马德里人时，人们就开始异口同声地声讨那个过去曾在马伦戈、奥斯特利茨以及上百次战役中获得荣誉的革命英雄。这时候，拿破仑已经从一个革命的英雄变成了一个旧体制的邪恶化身，英国就趁此机会迅速地将这种仇恨蔓延开来，让所有正直善良的人都变成法国皇帝拿破仑的敌人。

当英国的报纸开始大肆报道法国大革命期间各种令人恐怖的细节时，他们就对他深恶痛绝了。这种类似的"光荣革命"，在100年前他们就曾在查理一世的统治下体验过。但是和法国惊天动地的大骚乱相比，英国的革命就显得太过小儿科了。英国普通的老百姓都认为，雅各宾派是万恶之源的魔鬼，拿破仑就是这群魔鬼的首领，每一个人都应该将他们碎尸万段。从1789年伊始，法国的港口就被英国的舰队围了个密不透风，熄灭了拿破仑借道埃及入侵印度的梦想。尽管他的军队在尼罗河沿岸连奏凯歌，却不得不接受屈辱的撤退。等到1805年，一个百年不遇的战胜对手的机会摆在了英国人的面前。

拿破仑的舰队在西班牙西南海岸一个靠近特拉法尔角的地方被内尔森一举击溃，从此法国的海军全军覆没，拿破仑的势力就被束缚在了陆地上。在这样的情形之下，如果他能审时度势，暂时接受欧洲列强所提出的不伤和气的和平条约，欧洲霸主的地位依然可以稳稳攥在他的手中。但是这时候的拿破仑已经被自己所取得的荣耀蒙蔽了双眼，他独掌欧洲的地位不允许任何人与他分享。所以他很快就将仇恨的目光转向了那个有着广

血洗马德里

　　如漆的夜幕下，死静的城市正发生着惨绝人寰的一幕，拿破仑的军队攻占了西班牙之后，马德里奋起反抗的民众遭遇了法军疯狂的屠杀，数以千计的反抗者与平民难脱死亡的厄运。尖锐的对立与冰冷的枪口诉说着人性的泯灭与战争的残酷，而无辜的殉难者伸向天空的双手更是对世间不平最痛彻的申诉。

袤原野、无尽炮灰的神秘国度——俄国。

　　如果俄国一直被凯瑟琳女皇半傻半疯的儿子保罗统治着，拿破仑就该知道对付俄国的策略。但是因为保罗的脾气越来越暴躁和难以琢磨，彻底被激怒的大臣们一起合谋杀死了他，以免自己被流放到西伯利亚的铅矿受尽折磨。保罗死后，他的儿子，亚历山大沙皇即位。亚历山大可不像他的父亲那样对拿破仑这种篡位者心存仁念，而是将他看成破坏和平的人类公敌。亚历山大是一个非常虔诚的人，他相信自己是上帝挑选的解放者，肩负着将世界从科西嘉的邪恶统治下解救出来的重任。所以他毅然决定加入由普鲁士、英国、奥地利组成的反法同盟，但是却经常失败。他进行了五次尝试，但是都以失败收场。在1812年，他再次对拿破仑出言不逊，彻底激怒了这位法国皇帝，后者决定要一直打到莫斯科让他跪地求饶。于是，从西班牙、德国、荷兰、意大利等欧洲各个角落，四面临时集结的军队无可奈何地陆续开往北方，仅仅是为他们高贵的皇帝那受辱的自尊心讨回公道。

　　接下来的故事是人所周知的。经过了两个月的艰苦跋涉，拿破仑终于攻占了俄国的首都，并在克里姆林宫里面建立了自己的司令部。但是他占领的也只是一座空城而已。1812年9月15日深夜，莫斯科突然燃烧起了熊熊大火，一直持续了4天4夜，到了第5天的晚上，拿破仑无奈地下令撤军休整。在两个星期之后，俄国开始下雪，大雪掩埋了森林和草原，法国军队在积雪和泥泞中行军异常缓慢，直到11月26日才走到别列齐纳河畔。这时候，俄国的军队四面掩杀而至，哥萨克的骑兵将四散溃逃的拿破仑军队团团围困。直到12月中旬，才有一批逃出生天的法军幸存者出现在德国东部的小镇。

随后，法国即将发生叛乱的流言四散开来。于是整个欧洲的人们都觉得看到了曙光，在法国桎梏中饱受折磨的他们终于等到了自救的时刻。于是他们将一支支在法国间谍严密监视下藏起的旧枪支翻了出来。但是还没等到他们弄清楚怎么回事时，拿破仑已经带着一支休整完毕的军队返回了法国。原来，拿破仑挥别了自己元气大伤的部下，独自驾着雪橇提前回到了巴黎。这时他发出了最后的征集令，征召更多的法国士兵同他一起并肩作战，以保卫神圣的法国疆土免遭外敌的践踏。

莫斯科冲天大火

顺利攻占俄国首都莫斯科让拿破仑无比乐观，然而当夜城郊腾起的火浪传达了俄国人誓死抵抗的决心。大火不仅使空寂的莫斯科城区3/4化为灰烬，也使整个城市陷入混乱。

阴云密布的征程

为了拯救法兰西皇帝脆弱的尊严与傲慢，各地征调的复仇军队在风雪、泥泞的结伴下开赴遥远的西伯利亚。苦不堪言的征程压抑着皇帝的熊熊怒火，却不曾想等待着他们的不仅仅是俄国人留下的一座空城，更是俄国首都上空燃烧了整整四个昼夜的冲天大火。

这样，一大批年仅十六七岁的孩子跟着他赶赴东线抵抗反法联军的进攻。1813年10月16、17、18日，无比惨烈的莱比锡战役打响了。在这三天的时间里，两帮穿着绿色或蓝色军服的男孩混在一处捉对厮杀、血流遍野，染红了埃尔斯特河水。到了10月17日下午，俄国集结待发的后备部队最终突破了法军的防线，于是拿破仑望风而逃。

他很快回到巴黎，宣布让自己的幼子即位，但是反法联军坚持让已故的路易十六的弟弟，即路易十八来执掌法兰西。于是，目光呆滞的波旁王子在哥萨克骑兵和普鲁士军队的簇拥下，趾高气昂地入主巴黎。

至于拿破仑，则被流放到地中海一个叫作厄尔巴的小岛上，成了那里的国王。他将手下的马夫们编成一支微型部队，在棋盘上演练战役厮杀。

当拿破仑离开法国之后，法国人才恍然大悟到他们失去了多么宝贵的东西。在过去的20年，虽然拿破仑让他们付出了高昂的代价，但那却是一个充满梦想和荣耀的时代。那时候的巴黎是世界的首都，是最辉煌的城市。但是在他们失去拿破仑之后，一切都变了。那个胖得流油的新国王在拿破仑被流放期间终日游手好闲、安于现状，过于慵懒已经到了让人无比厌恶的地步了。

1815年3月1日，正当反法同盟的代表们着手重新理清被拿破仑打乱的欧洲版图时，

灾难性的溃退

俄国人坚韧顽强的信念夹杂在厚厚的积雪与凛冽的寒风中，让法国人无比诅咒这个提前而至的冬天，孤军深入、损失惨重的法军等不到俄国人投降就不得不先行撤退。不断袭来的饥寒、恐慌让身后掩杀而至的俄军如索命的魔鬼，将皇帝引以为傲的军队冲得溃不成军、元气大伤。

大厦将倾后的退位

　　经过莱比锡惨烈的殊死一战，曾经不可一世的拿破仑不得不接受最终的溃败，返回巴黎的他宣布让位，并在胜利方——反法联军特派使节的密切注意下，在自己的枫丹白露宫中与效忠多年的近卫军挥手告别。此后，尽管皇帝被放逐到地中海的厄尔巴小岛，但仍有1000名死士宣誓追随着他。

　　拿破仑却突然出现在戛纳的土地上。在不到一周的时间里，法国军队就背叛了波旁王朝，纷纷倒戈到南方去效忠拿破仑。拿破仑快速向巴黎进发，在3月21日就抵达了巴黎。这一次他变得小心翼翼，谨慎、低调地抛出求和的呼声，但是反法同盟却断然拒绝了。而后，整个欧洲纷纷以武力讨伐这个背信弃义的科西嘉人。拿破仑迅速率军北上，想要在各处敌人形成合围之前将其逐一歼灭。但是此时的拿破仑早已不复当年的意气风发。他深感力不从心，不时就倍感身心俱疲，在本该抓住良机率领他的突击部队向敌人进攻时，他却早已呼呼大睡。此外，很多对他忠心不二的将士都已先他一步离开了人世，也让他显得形单影只。

　　在6月初，拿破仑的军队侵入了比利时。6月16日，他击溃了布吕歇尔统帅的普鲁士军队。但是很遗憾，他的一个下级将军并未严格执行他的命令，致使败退中的普鲁士军队一息尚存，埋下了纵虎归山的隐患。

　　6月18日，拿破仑和惠灵顿在滑铁卢附近两军相遇，到了下午2点钟，胜利的天平似乎已经开始向着法军的方向倾斜。到了下午3点钟的时候，在东边突然出现了一支军队，拿破仑认为这是自己的骑兵部队，他们已经击败了英国军队，是来接应他的。结果到了4点钟的时候他才弄明白，这是先前被打败的普鲁士军队。布吕歇尔怒吼着驱遣手下疲态尽显的部队加入了战团。这样一来，完全打乱了拿破仑制定周密的计划。没有任何后备部队的法军阵脚大乱，拿破仑只能嘱咐部下尽量保存有生力量，自己则再次临阵脱逃了。

此番经历之后，他第二次让位给自己的儿子。当他离开厄尔巴岛刚好100天的时候，他再一次离开了法国，这一次他打算去美国。在1803年，因为一首歌的缘故，他将即将被英国占领的法属殖民地圣路易斯安那卖给了美国。所以他认为美国人会知恩图报，施舍他一小块土地和一间小房子，让他安详地度过晚年。但是英国的舰队正在严密地监视着法国每一个港口。在盟国的陆军部队与英国的海上舰队之间，拿破仑插翅难飞。普鲁士人一心将他杀之后快，而英国人则看起来似乎更宽容一些。焦虑不安的拿破仑在罗什福特度日如年，期待局势能出现一丝转机。在滑铁卢战役1个月以后，新的法国政府向拿破仑发出了最后通牒，要求他在24小时之内离开法国的领土。这时候英国的乔治三世因为精神失常被关进了疯人院，所以拿破仑这个悲情人物只好给摄政王写信，说他准备接受敌人的处置，只希望能像狄密斯托克斯一样在敌人的家中获得原谅与款待。

滑铁卢之战

在法国人对昔日辉煌帝国的缅怀中，拿破仑潜回巴黎重新召集了军队，在整个欧洲的声讨下，求和不成的皇帝只求先发制人、各个击破。但在火炮主宰战局的滑铁卢之战，最精锐的帝国卫队也在威灵顿公爵统辖下的欧洲联军前销毁殆尽，无路可退的拿破仑被流放到更遥远的大西洋圣赫勒拿岛，直到离世。小图为滑铁卢战役纪念银币。

在6月15日，拿破仑终于登上了英国的"贝勒罗丰"号，并将自己的佩剑交付霍瑟姆海军上将。等到了普利茅斯港的时候，他改换乘"诺森伯兰"号，开往他生命中最后的一块土地：圣赫勒拿岛。他生命中最后的7年就是在那里度过的。在那里，他尝试着写自己的回忆录，和看守人员大吵大闹，完全沉浸在过去的回忆中。令人奇怪的是，在他的幻觉中他又回到了曾经的人生起点。当他回忆起过去的峥嵘岁月时，他努力地说服自己相信他一直都是"自由、博爱、平等"这些信念的真正朋友，这些美好的向往被他议会中那些衣衫褴褛的士兵们带到了世界各地。他经常会提及自己作为总司令和首席执政官的那一段生活经历，却对帝国只字不提。有时候他会想起自己的儿子赖希施坦特公爵和他豢养的小鹰。而现在这只"小鹰"正被他哈布斯堡的表兄们看作"穷亲戚"勉强收养在维也纳。记得当年，这些表兄们的父辈在拿破仑的威名下只会不安地瑟瑟发抖。在拿破仑生命的最后一刻，他仍幻想着自己正带领军队夺取胜利，他命令米歇尔·内率领他的卫队出击，然后离开了人世。

但是如果读者想弄清楚他

拿破仑传奇

借助法国大革命的乱世契机与军事才华，拿破仑·波拿巴发动了雾月政变，快速完成了由军事将领到执政者的转身。他先后数次粉碎了欧洲反法同盟，在教皇的面前加冕称帝，使法兰西帝国成为欧洲大陆的霸主。晚年却在欧洲的群起声讨中独木难支，兵败滑铁卢之后被放逐到大西洋的圣赫勒拿岛，直至去世。

拿破仑大事记

时间	事件
1769年	出生于科西嘉岛。
1779年	在法国布里埃纳军校进修。
1793年	攻克土伦并升任炮兵指挥。
1796年	远征意大利。
1798年	远征埃及。
1799年	发动雾月政变，建立执政府。
1800年	击溃第二次反法同盟。
1802年	被共和国任命终身执政。
1804年	颁布《拿破仑法典》，加冕为皇帝。
1805年	粉碎第三次反法同盟。
1806年	粉碎第四次反法同盟。
1807年	入侵西班牙。
1809年	击败第五次反法同盟，拿破仑帝国进入全盛时期。
1812年	进军俄罗斯，落败后返回巴黎。
1813年	被第六次反法同盟击败。
1814年	宣布退位，被放逐厄尔巴岛。
1815年	逃离厄尔巴岛，建立"百日王朝"。
1815年6月	兵败滑铁卢。
1821年	在圣赫勒拿岛上病逝。

圣赫勒拿岛之行

在普利茅斯港，拿破仑登上了开往流放地的"诺森伯兰"号，作为他人生的最后一站，遥远的圣赫勒拿岛已成为他地图上唯一有意义的坐标。在追随他的将士充满颓废与疑惑的目光中，拿破仑也唯有以沉默来面对他也看不清的渺茫前程，如此失败，但更多的是懊恼，也许只有在回忆中才能回味曾经的光辉岁月。

两个掷弹兵

两个被俘的掷弹兵顶风冒雪途经德国返回他们的家园法兰西。听闻拿破仑战败被俘后无比沮丧——答应我的请求吧，兄弟。如果我客死他乡，请把我的尸骨带回法兰西……我躺在故土的坟墓里，像一个警惕的哨兵，当战火再起，皇帝纵马跃过我的坟头，我将全副武装地爬出来，保卫我的皇帝。

传奇的一生，或者希望能够明白，为什么他能凭借自己顽强的意志，将那么多人长久地控制在自己的统治之下，那么请一定不要阅读关于他的传记。这些传记的作者要么是对他怀有满心的仇恨和憎恶，要么就是疯狂地崇拜他的人。或许从这些书中可以让读者知道很多的事实，但是相比于这些僵硬的事实，更多的时候需要用自己的心去感受这段历史。至少在有机会听到那首优秀艺术家演唱的名叫《两个掷弹兵》的歌曲之前，千万不要阅读那些书籍。这首歌的词作者是生活在拿破仑时代的一个名叫海涅的德国诗人，曲作者则是音乐家舒曼。舒曼出生于德国，当他探望自己的岳父陛下时，德国的敌人——拿破仑就曾站在他的面前。而这首歌就是出自这两个有着充分理由憎恶拿破仑的艺术家之手。

如果有机会，去听听这首歌。相信你能从中感受到1000本历史书都不能告诉你的东西。

第 五十四 章

神圣同盟

　　拿破仑被流放到圣赫勒拿岛之后，那些曾经被他打败的宿敌，
对这个科西嘉人万分憎恶的欧洲统治者们在维也纳聚会，企图抹
杀法国大革命带来的种种变革。

　　上至欧洲各国的王公大臣、各位大使主教，下至他们身侧的众多随从仆人，所有人
的工作安排都被拿破仑这个可恨的科西嘉人突然返回而生硬地打乱了。当拿破仑在圣赫
勒拿岛的炎炎烈日下忍受折磨，他们则在尽情地享受胜利，他们举办宴会、花园酒会、
舞会，有些人甚至跳起难得一见的新式舞步"华尔兹"，让那些依然停留在小步舞时代
的先生、女士们怒目而视。

维也纳会议

　　第六次反法同盟击败拿破仑之后，欧洲列强在奥地利维也纳召开一场意在重新划分欧洲版图的会议，
即维也纳会议。事实上这场会议颇具庆典狂欢意味，图中鲜明地揭露了奥地利、普鲁士、俄国、英国等战胜
国彼此私下达成协议的丑陋嘴脸，他们心照不宣地肆意吞并、宰割小国，瓜分了欧洲的大片领土与利益。

回归安宁的生活

被革命与战争弄得精疲力竭的人们开始期望安定的生活，曾经的自由、平等与民主已经无法唤起他们的热情。曾经的革命者最终没能逃脱专制者的命运，这让人们对革命失去信心，与其鸡飞狗跳地在黑暗中不断轮回，不如安安静静地苟且生活，于是人们将更多的精力与注意力投入到如何修复战争的创伤上来。

在整整一代人的时间里，他们的内心都非常不安，而当这种危险消除的时候，可以倾诉革命时期的各种痛苦与遭遇时，他们又会滔滔不绝地大倒苦水。他们还希望拿回雅各宾派从他们手中抢去的财富。在他们看来，那些革命党人就是一群野蛮人，竟然胆敢处死了上帝封赏的国王，甚至废除了假发，用贫民窟的破烂马裤取代了宫廷优雅的短裤。

当我提到这些鸡毛蒜皮的琐碎之事时，你们一定会觉得非常可笑。实际上，维也纳会议就是由很多让人觉得荒唐可笑的程序构成的。关于长裤和短裤的争论就耗费了代表们几个月的时间，而萨克森和西班牙等问题的最终解决方案反而被搁置一旁。普鲁士国王最夸张，他甚至特意订做了一条短裤，以向所有人展示他对革命的极度蔑视。

而德国的君主在表现仇视革命态度的时候也不甘人后。他颁布了一条法令：只要是在拿破仑统治期间缴过税的公民，必须向他——这个新的合法统治者继续缴纳这些税款。仅仅是因为当他们在受到拿破仑无情盘剥的时候，他正在遥远的地方默默地为他们祝福。诸如此类的荒唐事情在维也纳会议上层出不穷，直到有人愤怒到无法遏制，大声叫嚷："看在上帝的分儿上，我们为什么不抗争？"因为百姓们已经被战争和革命折磨得筋疲力尽了。他们对未来完全不抱有任何希望，也不关心接下来会发生什么事情，更不在乎谁来统治他们。只要能拥有和平，就是对他们最大的恩赐。战争、革命、改革就已经将他们完全拖垮了，让他们感到非常憎恶和厌倦。

18世纪80年代，当法国大革命爆发的时候，每一个人都曾在自由的大树下欢歌热舞。贵族们拥抱着他们的厨子，公爵夫人拉着她的仆从们在卡曼纽拉歌的节奏中尽情跳舞。因为他们真的相信，一个自由、平等、博爱的新世纪已经来临，所有的一切即将重新开始。但是伴随着这个新世纪到来的，还有革命委员们，还有衣衫褴褛的士兵们。这些人抢占了他们的沙发，在他们的客厅里面大吃大喝。等到他们吃饱喝足返回巴黎的时候，这些解放者向政府报告，这些被解放地区的人们都给予了他们热情的接待，拥护法国带给他们的自由宪法。当然，在他们离开时还顺手偷走了几件主人刻有家族徽记的金银餐具。

当他们听到消息说，有一个叫作波拿巴或布拿巴的年轻军官用武力镇压了巴黎最后一波革命暴乱时，他们终于都松了一口气。为了能得到安宁的生活，他们宁愿牺牲一点儿自由、平等和博爱。但是没过多长时间，那个波拿巴或布拿巴的年轻军官摇身成为法兰西共和国的三个执政官之一，后来又成为了唯一的执政官，甚至到最后成了法兰西帝国的皇帝。他比以往的任何统治者都要富有才能，因此在他统治下平民百姓所受的辖制、压迫也就更严重，更冷酷无情。他强迫他们的儿子去当兵，强迫他们漂亮的女儿嫁给他手下的将军，将他们心爱的古董珍藏夺走，占为己有。拿破仑牺牲掉了整整一代青年人的生命与未来，把整个欧洲变成了一个大兵营。

现在，这个名叫拿破仑的人被流放在圣赫勒拿岛上，除了少数的职业军人之外，大多数人期待着他不要再回来打扰他们平静的生活。在过去，他们曾拥有自治以及选举政府官员的权力，但是这些尝试被实践证明都是失败的。新的统治者初出茅庐，言行放任、大胆，让他们在原来的疮口上又增添了很多新伤。所以人们完全绝望了，于是他们向原来的统治者乞求，期望他能像从前一样统治他们，只要告诉他们需要交多少钱，只要不粗暴干扰他们的生活，他们都会答应。他们需要更多的时间来修复自由时期的创伤。

操控维也纳会议的大人物们自当竭力满足人们渴望和平、稳定的愿望，因此会议的最重要成果就是"神圣同盟"。这促使警察一跃成为国家中不可忽视的力量，他们承担着守护社会平安的职责，对那些胆敢对国家稍有微词的人处以最严厉的惩罚。

这样欧洲大陆终于重现了久违的和平，尽管这是一种阴森恐怖、毫无生气的和平。

在维也纳会议上有三个重要人物：俄国的亚历山大沙皇、奥地利哈布斯堡家族的代表梅特涅首相以及曾经的奥顿主教塔莱朗，合称为维也纳三巨头。在风起云涌的法国政坛遭受无数次危机的时候，塔莱朗凭借着自己的聪明狡猾最终站稳了脚跟。此次维也纳之行，他作为法国的代表为挽救遭受拿破仑荼毒的法国竭尽所能。这位不速之客就如同被邀请的贵宾一样在维也纳的宴会上胡吃海喝，就像一个打油诗中胸无城府、逍遥自在的年轻人。但事实证明，他做得非常成功，很快他就坐在了餐桌主宾席的位置上，用各种有趣的故事为其他来宾助兴，他的优雅风度赢得了所有人的好感。

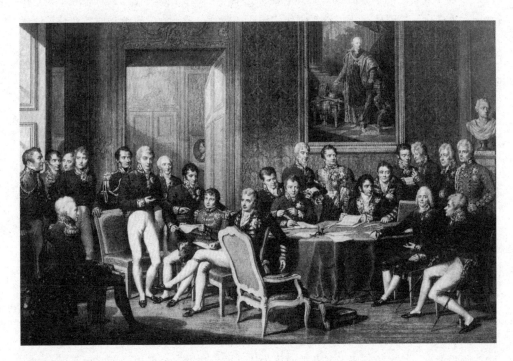

维也纳和会

八面玲珑、能言善辩的塔莱朗游走于盟国中对波兰、萨克森垂涎三尺的俄国、普鲁士，以及对此类兼并持反对态度的英国、奥地利两派之间，维也纳和会上各方势力努力寻求对欧洲的均衡对峙，让法国人逃脱了被其他欧洲人压制的厄运，也给予了波旁王朝路易十八再次崛起的机会。

在他到达维也纳的前一天，已经探听到反法同盟已经分成了两派。一方是想要吞并波兰的俄国和占领萨克森的普鲁士；另一方就是想要千方百计阻止前两者实现吞并的奥地利和英国。因为无论让俄国或普鲁士任何一个成为欧洲的霸主，都会对英国和奥地利的利益造成一定的影响。塔莱朗凭着他出色的才智与外交手腕在两派之间左右逢源，而使双方针锋相对。正是因为他的努力，法国人民才得以免于遭受欧洲其他国家帝国官僚的十年压迫之苦。在维也纳会议上，他努力地争辩说，法国人民的行动完全不是自己心甘情愿选择的，只是迫于拿破仑的威胁而做出的举动。现在拿破仑已经被流放，路易十八也成为了法国国王，他热切地请求欧洲国家给法国一次机会。这些同盟国的统治者们也乐意看到一个合法的君主重拾革命国家的大权，就接受了他的请求。这样，波旁王朝就得到了一个改过自新的机会，但他们却纵欲滥权浪费了它，以至于15年后路易十八被迫让位。

维也纳三巨头中的另一个大人物就是奥地利的首相梅特涅，他是哈布斯堡外交政策的决策者，是奥地利的梅特涅—温斯堡亲王，全名文策尔·洛塔尔。从他的名字中我们不难了解他的背景，他曾是一个大庄园的主人，也是一个风度翩翩的绅士，拥有巨额财产，而且非常聪明能干。但是，他所生活的世界却与终日辛勤劳作的大众相隔千里。当法国大革命爆发的时候，正值青年时代的他还在斯特拉斯堡大学攻读钻研。斯特拉斯堡是雅各宾党人频繁活动的中心，著名的《马赛曲》就诞生在那里。所以在他的记忆中，所有愉快的社交生活都被革命党人打乱了。很多平庸的人被突然召去做他们力所不及的工作，而那些革命党人就通过不分昼夜地杀戮无辜生命以欢庆自由的曙光。他看到了革命残酷的一面，但是他却并未看到人们的那种热情，他没有看到妇女和小孩捧着食物和水交给破衣烂衫的国民自卫军士兵手中，望着士兵们大步穿过街道，赶赴前线为自己祖国的荣耀而献身时，她们泪光中闪现的希望。

在年轻的梅特涅的印象中，大革命只会让他感觉到厌恶。在他看来，这次革命是野蛮的。即便是真的需要一场战争才能解救，也应该是一群穿着漂亮衣服的青年，骑着高大威武的战马去进行体面的战斗。但是将一个国家变成肮脏的军营，让流浪街头的乞丐一夜之间成为将军是非常愚蠢、非常歹毒的做法。当时奥地利的公爵们会轮流地举办各种晚餐宴会，他就会向遇到的法国外交官发表自己的看法："法国人那些精致的思维都带来了什么东西？你们期待自由、平等、博爱，但是最后却等来了拿破仑。假如你们能够安于现状，情况会比现在好很多。"紧接着他就会阐述自己维持稳定的政治见解。他极力主张重回大革命之前旧体制的正常状态，因为那时候每一个人都生活得很幸福，也没有人发表什么天赋人权或者人人平等的谬论。他对于这种政治见解发自内心地认可，他的顽强意志、铁血手腕以及超凡的说服力让他成为法国革命思想最大的敌人之一。梅特涅在1859年才去世，所以他亲眼目睹了1848年爆发的欧洲革命将自己苦心经营的政策当作垃圾一样丢弃，这让他感觉蒙受了最彻底的失败。就在一瞬间，他觉得自己成了整个欧洲最令人讨厌和憎恨的人，很多次都差一点儿被愤怒的市民处以死刑，但是就算到了生命的最后一刻，他仍然觉得自己所做的一切都是正确的。

他坚信，相对于自由所带来的危险隐忧，人们更愿意去选择和平。他会尽自己的最大力量让人民获取他们的最大利益。不得不说，他竭力构建的世界和平框架获得了巨大的成功，这让欧洲拥有了40年的和平时光。直到1854年，俄国、英国、法国、意大利、土耳其之间爆发了一场争夺克里米亚的战争，这种和平的局面才宣告结束。欧洲大陆上能保持这么长时间的和平是历史上前所未有的。

维也纳会议的最后一个巨头就是俄国的亚历山大沙皇。他的祖母就是著名的凯瑟琳女王，他从小就在她的身边长大。他聪明能干的祖母让他学会了要将俄国的荣誉看成是生命的一部分。除此之外，他还有一个来自瑞士的私人教师，这个老师对伏尔泰和卢梭的崇拜已经达到了近乎疯狂的地步。这个老师极力将热爱全人类的思想灌输到他的头脑中。这样就使得亚历山大在长大后身上出现了一种奇特的气质，他既是一个自私的暴君，但同时又是一个容易忧世的革命者，双重性格的冲突常常让他陷入自我矛盾的痛苦之中。在他的父亲保罗在位期间，亚历山大倍感屈辱。他

梅特涅

　　作为19世纪最杰出的奥地利外交家，梅特涅奉行保守主义策略，努力试图寻求欧洲传统权威与旧秩序的回归。为了确保奥地利不会在自由与革命难以控制的风潮中崩溃，梅特涅极力主张镇压欧洲各处的革命势头，以欧洲势力"均衡说"获得了各方的支持，成为维也纳会议神圣同盟的核心人物。

不得不亲眼目睹了拿破仑在战场上的疯狂杀戮、血流成河。等到他继承王位之后，他的军队为同盟国带来了胜利。这样俄国就从一个荒凉的边境之国变成了整个欧洲的救世主。这个实现民族振兴的沙皇则被人们奉为神明，希望他能治好所有的社会伤痛。

但是他本人却并不聪明，也不像塔莱朗和梅特涅那样对人性和外交手段驾轻就熟。而且像很多人一样，他也爱慕虚荣，喜欢听到群众对他的褒奖之声。很快，他就成了维也纳会议的焦点，塔莱朗和梅特涅以及精明能干的英国代表卡斯雷尔都悄悄地坐在一边，一边享受着托考伊酒，一边思考着具体的行动。因为他们都需要俄国，所以对亚历山大一点儿都不敢怠慢。对他们来说，亚历山大参与的实质性问题越少，对他们就越有利。甚至对于亚历山大提出的"神圣同盟"计划，他们也非常赞同，以便让沙皇将精力集中在这件事情上，他们就可以放手处理另外一些迫待解决的事情。

亚历山大偏爱社交活动，经常在各种各样的晚会中会见各种不同的人。在这样的场

俄国沙皇亚历山大一世

俄国沙皇亚历山大一世年少时所接受的正统欧式教育与启蒙思想，赋予了他严明君主与自由革命者的双重气质，唯独欠缺其他纵横政坛外交家的精明老练，他率领的俄军成为阻挡拿破仑强大军队东进的关键力量，拿破仑本人也评价其"细心、虚伪、狡猾"，他为俄国登顶欧洲霸主之路开创了崭新局面。

合中，沙皇总显得格外地轻松和愉快。但是他的性格中还有完全相反的一面，他总是想努力去忘掉那些让他难以释怀的事情。在1801年3月23日那天晚上，他在圣彼得堡圣迈克尔宫中焦躁不安地等待着父亲退位的消息。但是保罗却不愿在喝得烂醉的官员强塞给他的退位文件上签字。这些官员由怒生恶，用一条围巾缠住老沙皇保罗的脖子，使他因窒息而魂归天国。然后他们就走下楼梯，通知亚历山大，他已经接掌俄国的所有财富与土地。

亚历山大生性多疑，这个恐怖的夜晚不停地折磨着他。他曾经接受过法国哲学家们的杰出思想，他们相信理性思维而更胜于上帝。但是这不足以让沙皇摆脱心灵上的困境。于是他开始出现幻听、幻觉，经常会觉得有各种各样的形象和声音在他身边飘来飘去。他很想找到一种能够让自己不安的良心平和下来的方法。于是，他变得非常虔诚，对神秘主义产生了强烈的兴趣。而神秘主义就是对神秘世界和人类未知世界的一种崇拜与向往，它的悠久历史几乎可以同底比斯和巴比伦的神庙相比肩。

大革命时代跌宕起伏的大悲大喜之情，正在以一种很怪异的方式改变着人们的性情。经过了20年战争的残杀与恐惧之后，人们的神经都变得异常地敏感。甚至他们可能会被门铃声惊吓到，因为这个突如其来的声音或许带来的正是他们的孩子战死沙场的噩耗。革命所大肆宣扬的友爱与自由，对于备受煎熬的农民来说，就是一些毫无意义的口号。对他们而言，宁愿抓住那些能够帮助他们脱离苦海、重新生活的实质性东西，也不会听信一两句空洞的口号。在痛苦中，他们让一群骗子轻而易举地骗取了信任，这些人假扮成先知的模样，到处传播从《启示录》晦涩难懂的章节中挖掘出来的新教义。

1814年，有着多次占卜经历的亚历山大听说了一个女先知的故事。传说这个女人具有神秘的力量，能够预言即将到来的世界末日，所以不停地敦促人们尽早悔过。她就是冯·克吕德纳男爵夫人，她的丈夫是保罗统治时期的一个外交官。人们对她的年龄与过去谣言四起，但是多数都是无法确定的道听途说。有人说她把丈夫的财产全部用来挥霍，还因为各种绯闻让她的丈夫颜面尽失。她过着荒淫无度的生活，最终崩溃，精神开始失常。后来因为她亲眼看到了一个朋友的死亡，从而让她变成了一个虔诚的宗教信仰者，对世俗的快乐异常厌恶。她曾经对一个鞋匠忏悔过自己的罪恶，这个鞋匠来自摩拉维亚兄弟会，是1415年被康斯坦斯宗教会议判处火刑而死的宗教改革家胡斯的追随者。

之后的十年中，克吕德纳一直待在德国，全身心地劝说各位王公大臣皈依宗教。她一生最大的愿望就是感化当时欧洲的救世主亚历山大，让他能够意识到自己所犯下的错误。而当时亚历山大正好处于极大的痛苦中，

精神的慰藉

漫长的战争与革命让身处乱世之境的人们经受着无尽的苦难，恐惧与焦虑如同挥之不去的阴霾笼罩在每个人的心头，唯有宗教的寄托让他们获得了难得的些许平静与安慰。这些看似空虚的精神慰藉成为多数人最后一根可以抓住的希望稻草，给予他们支撑着生活下去的勇气。

神圣同盟

　　随着拿破仑帝国的陨落，维也纳会议之后在俄国沙皇亚历山大一世的倡议下，众多欧洲国家加入了一个以俄、奥、普三国为主体框架、以神圣宗教为戒条的"神圣同盟"。而后英国通过与俄、奥、普缔结"四国同盟"使同盟的范围进一步扩张，但毫无牢固根基的同盟在随后席卷欧洲的革命浪潮中土崩瓦解。图为欧洲版图。

只要是能给他安慰的人，他都非常乐意听他们的开导。所以男爵夫人和亚历山大很快就见面了。1815年6月4日晚上，男爵夫人进入沙皇的帐篷时，亚历山大正在读《圣经》。我们无法得知男爵夫人和沙皇的对话内容，但他们交谈了整整三个小时，等到男爵夫人离开之后，亚历山大泪流满面地说，他的灵魂终于得到了安宁。从此，男爵夫人就陪伴在亚历山大身边，充当灵魂的导师。他们一起前往巴黎，然后又来到维也纳，除了参加必要的宴会之外，亚历山大的大量时间都耗费在男爵夫人的祈祷会上。

　　你们也许会疑惑，我为什么要如此详细地描述这样一个有点荒唐的故事。你们可能会觉得19世纪的各种社会变迁远远比一个精神失常的女人更重要。这样的想法是理所当然的，也是很正确的。但是这个世界上有着太多的历史书在向我们详细讲述着历史中的重大事件，我只是希望你们能从这些历史中了解的不仅仅是表面的史实。我希望你们能学会用客观的态度去挖掘、分析这些事件。不只是满足于在何时何地发生了一件什么事情。只有了解了隐藏在每一个行为下的动机，才能更好地去了解世界，也更有机会去帮助他人。这样才是真正能够令人满意的生活方式。

我不希望你们将"神圣同盟"看成是在1815年签订的，现在正塞在国家档案馆中的某个角落为人们所遗忘的一纸空文。虽然它可能正在被人们忘却，但是依然影响着我们今天的生活。神圣同盟最直接的影响就是导致了门罗主义的产生，而这种思想和美国人的生活密切相关。我希望你们能知道这份文件是因为什么机缘而出现的，以及各国签署这份对基督教虔诚互爱、尽职尽责的文件背后所隐藏的真正动机。

亚历山大是一个精神受到了沉重打击，企图安抚不安灵魂的不幸者，男爵夫人是一个虚度光阴、容颜老去，只能借以新教义先知的名头来满足自己虚荣心和各种欲望的女人，他们这种怪异的结合联手造就了"神圣同盟"。我在这里透露出这些细节并非什么惊世骇俗的秘密。卡斯雷尔、梅特涅、塔莱朗这样头脑清醒的人当然知道这位夫人没有什么通天的本领，梅特涅可以轻而易举地将她送回德国老家，他只需给手眼通天的帝国警察局首脑递上一张纸条就可以解决所有的问题。

但是这时候法国、英国和奥地利正需要俄国的支持，所以他们不敢触怒亚历山大，所以他们必须要克制自己的脾气来容忍这个愚蠢的老女人。尽管他们觉得神圣同盟完全没有根据，连付诸纸上都让人觉得浪费笔墨，但是等到亚历山大向他们朗诵以《圣经》为底本草拟的《世人皆兄弟》的恢宏大论时，他们只能耐心地听下去。在同盟上签字的国家必须认可，在处理本国事务和国际外交关系时，都应该坚持以基督教的正义、仁慈、和平作为指导。这一法则不仅适用于个人，还应该在各国君王议会中推广，作为强化人类制度、改正人类缺陷的唯一手段体现在政府行为的各个步骤中。之后，各国还应该互相承诺，随时保持联系，不管对方遇到了什么困难，都应该像兄弟那样，不分时间和地点进行帮助等。

尽管奥地利的国王不明白神圣同盟究竟说了什么，但还是签上了自己的名字，法国国王也一样，因为当时的形势迫使他不能得罪俄国。普鲁士国王也签字了，他们希望借助沙皇的势力推行他的"大普鲁士"计划。还有其他受到俄国控制的小国也被迫签字了。但是英国却始终没有签字，因为卡斯雷尔觉得所有的条款都是些泛泛之言。教皇也没有签字，因为他对一个东正教信仰者和新教徒插手本属于他的分内之事抱有抵触情绪。而因为不了解条约的内容，土耳其和苏丹也没有签字。

然而不久之后，欧洲人就不得不正视这一条约的存在了，因为在空洞的神圣同盟背后，是梅特涅组建起来的五国联盟。这些势力庞大的军队是为了警告世人，欧洲的和平决不允许任何自由主义者扰乱。这些自由主义者就是那些改头换面的雅各宾党，他们就是想要欧洲重新回到动荡不安的革命时代。此时欧洲人对从1812年到1815年间的解放斗争的热情正在逐渐消退，开始越来越期盼真正的幸福生活，在战争中受害最深的士兵也

神圣的天堂

　　基督教所推崇的公正、仁慈与和谐成为了欧洲各国管理国家事务与处理彼此之间外交关系的标准尺度。情同手足的兄弟关系无时无刻不让各国及所属人民沉浸在宽宏大爱的幻想当中，在神的注视下，貌合神离的各国凭借着暂时的利益关系团结在一起，空虚的同盟却始终无法呈现出真正的天堂。

非常渴望和平，所以他们都成为了和平的宣传者。

　　但是人们需要的并不是"神圣同盟"和列强会议此刻呈递给他们的和平。他们觉得自己上当受骗了。他们不得不小心谨慎，以防自己的这些话被秘密警察听到。毫无疑问，反动势力高奏凯歌，策划这起反动浪潮的人坚信他们的初衷对人类有益。但它背后的不良企图仍然让人们无法接受。这样的行为制造了很多不必要的痛苦，也会阻碍政治改革的正常发展。

第 五十五 章

强大的反动势力

欧洲国家用压制新思想的方式来维持着和平，这样就使得秘密警察成为了左右权力的国家机构。很快，那些呼吁以百姓民意来管理国家的人挤满了各国的监狱。

想要彻底地将拿破仑带来的灾难残余清除干净是不可能的。之前的防线已被完全打破，经过了好几个朝代的宫殿已经残破不堪，无法继续居住。有很多王宫为了尽快治愈革命的创伤，不惜以损害邻居为代价，极力进行土地扩张。等到革命的洪流消退之后，欧洲留下了各种各样的革命的残留思想，如果强行将这些影响全部消除会给社会带来无法估计的风险。但在维也纳会议上，所有的政治工程师们将自己的力量发挥到了极致，也取得了许多成就。

长期以来，法国就一直搅得世界乌烟瘴气，人们对法国具有一种发自内心的恐惧感，虽然塔莱朗代表国王承诺，今后一定会好好治理国家，但是拿破仑百日政变的教训却仍让其他国家时刻警觉，一旦他再次背叛承诺会出现什么样的可怕景象，于是他们开始未雨绸缪。因此，荷兰共和国被改为王国，比利时也成为了这个荷兰新王国统辖的一部分。比利时并没有在16世纪与争取独立的荷兰人并肩作战，一直隶属于哈布斯堡王朝，开始被西班牙管辖，最后又成为奥地利的领地。不管是在新教控制的北方，还是天主教控制的南方，虽然他们不需要刻意的联合，但是也没人反对。既然这种情形能够维护欧洲的和平，就可以接受，这就是当时的主要想法。

因为波兰的亚当·查多伊斯基王子是亚历山大的好朋友，并且在整个反拿破仑战争和维也纳会议期间都充当着沙皇的顾问，所以波兰人对未来抱有很大的憧憬，希望可以得到更多的东西。但是当波兰被划为俄国的半独立国家，并由亚历山大担任国王时，这引发了波兰人民的极大愤怒，最终导致了后来的3次革命。

当年丹麦是拿破仑最忠诚的盟友，所以在拿破仑被流放之后它受到了很严厉的惩罚7年前，英国舰队在毫无征兆的前提下开进了卡特加特海峡附近，炮轰哥本哈根，将所有的丹麦军舰都掠走了，仅仅是为了避免它们为拿破仑所用。在维也纳会议上各国又对丹麦进行了进一步的处罚，会议把1397年卡尔麦条约签署之后与丹麦合并的挪威重新划出丹麦版图，并交给瑞典的查尔斯十四世管理，以作为后者背叛拿破仑的奖励。当初，查尔斯能坐上王位还要得益于拿破仑的帮助。奇怪的是，瑞典之前的国王是一个叫作贝纳道特的法国将军。贝纳道特是以拿破仑副官长的身份来到瑞典的，当霍伦斯坦一戈多普王朝最后一任统治者去世后，并没有留下后代，所以好客的瑞典人就让这位将军成为了瑞典国王。尽管他从来没有学习过瑞典语，但是从1815年到1844年，他都竭尽自己所能来治理这个国家。他是个聪明人，将国家治理得非常好，因而赢得了瑞典人和挪威人一致的认可。但是他未能将两个在历史与性格上完全迥异的国家调和在一起，所以这两个斯堪的纳维亚国家合而为一的办法从一开始就宣告彻底失败。1905年，挪威用一种和平的方式有条不紊地建立起一个独立的国家，瑞典也非常乐意让挪威独立，非常明智地让它独自发展。

　　文艺复兴之后的意大利一直饱受外敌的入侵，所以他们对拿破仑寄予厚望，但是成了皇帝之后的拿破仑让他们失望透顶。因为意大利不仅没有统一起来，反而被划分成了一个个小公国、公爵领地、共和国和教皇国。而教皇国是整个意大利除那不勒斯以外，吏治最混乱、民生最凄惨的地区。维也纳会议解散了几个拿破仑扶植的共和国，将其重

巴黎凯旋门

　　随着拿破仑缔造的欧洲格局最终崩塌，欧洲各国都挖空心思试图从革命的废墟中寻回曾失去的东西，而拿破仑为纪念奥斯特利茨战争胜利而修建的凯旋门所承载的历史与精神更让得势者惶恐不安，曾经帝国衰去的影子下，昔日的帝国同盟者皆不得不先后沦为被压制、清洗的对象。

新恢复为旧制的公国，并交给哈布斯堡王朝中几个有功之人作为奖赏。

西班牙曾经为了反抗拿破仑发起过著名的起义，为了效忠他们的国王，西班牙人民付出了血的代价。但是当维也纳会议允许西班牙国王返回本土时，西班牙人民却被推入万劫不复的境地。斐迪南七世是一个心狠手辣的暴君，他在拿破仑的监狱中度过了流亡生涯的最后4年。在狱中为了打发无聊的时间，他给自己心爱的圣像编织了很多件外套。他用早已在革命期间被废除的宗教法庭和行刑室来宣告自己的回归。他非常令人讨厌，不仅是西班牙人民，就连他的4个妻子也对他报以极度的蔑视。但是神圣同盟却始终维护他的合法地位，于是善良正直的西班牙人民为推翻暴君统治、建立一个立宪制国家的一切行动，不得不在随之而来的杀戮与流血中无功而返。

葡萄牙自从1807年王室成员逃到巴西的殖民地之后，就一直没有国王。在1808年至1814年的半岛战争期间，葡萄牙就一直作为惠灵顿军队的后勤补给中心而存在。在1815年之后，葡萄牙还做了几年的英国行省，直到布拉冈扎王室重新登上王位。布拉冈扎王室的一位成员则被留在了里约热内卢当了皇帝，那里是整个美洲大陆唯一的帝国，一直维持到1889年巴西建立共和国。

在东欧，斯拉夫人和希腊人的悲惨遭遇没有得到任何改变，他们的身份还是土耳其苏丹的臣民。1804年，一个名叫布兰克·乔治的塞尔维亚养猪人率先揭竿而起反抗土耳其人，但以失败告终，他被另一个叫作米洛歇·奥布伦诺维奇的塞尔维亚盟友杀害，后者是反对派的领袖，后来成为了塞尔维亚奥布伦诺维奇王朝的创始人。于是土耳其就继续在巴尔干半岛横行无忌，无可争议地成为那里的霸主。

希腊人在2000多年前就不再享受独立的主权了，他们先后沦为马其顿人、罗马人、威尼斯人、土耳其人的奴婢。现在他们将所有的希望都寄托在一个科孚人——卡波德·伊斯特里亚身上。因为他跟波兰的查多伊斯基一样，是亚历山大最亲密的朋友，或许能稍稍改变他们的现状。但是维也纳会议对希腊人的要求置之不理，他们一心想着如何才能让所有"合法"的君主保住各自的王位。所以，希腊人最后还是什么都没得到。

对德国问题的处理可能是维也纳会议所犯下的最后、也是最致命的错误。宗教改革和三十年战争不仅将这个国家的繁荣昌盛毁于一旦，也使它变成了一堆杳无希望的政治垃圾。德国分裂成了几个王国、大公国以及众多公爵领地、侯爵领地、男爵领地、选帝侯领地、自由市和自由村，由一些只会出现在歌舞剧中似曾相识的性情迥异的统治者管理着。当年弗雷德里克大帝曾为改变这一现状而建立了普鲁士，但是在他死后，普鲁士就开始逐渐走上了下坡路。

拿破仑拒绝了这些弹丸小国中多数寻求独立的想法，直到1806年，这300多个国家中仅有52个依然能够苦苦支撑着。在他们争取独立的岁月中，建立起一个强大统一的新国家是很多年轻士兵的梦想。但是没有强大的领导，就不可能完成统一，他们还没有找到这么一个拥有足够实力的领袖。

讲德语的地区共有5个王国，其中的两个是奥地利和普鲁士，他们各自的君主拥有着

失势的下场

作为拿破仑曾经最忠诚的追随者，失势的丹麦受到了重点"照顾"与严厉报复。英国舰队曾在未有任何先兆的情况下炮轰哥本哈根并卷走所有丹麦的舰只，而在维也纳会议之后，这个丧失主权的国度甚至被他国任意分割出国土，致使挪威地区如同奖励品般赠予了瑞典的查尔斯十四世。

无可置疑的"神授君权"，而余下的巴伐利亚、萨克森和维腾堡三个国家的王权则是拿破仑特许的。因为他们曾经为拿破仑效忠，所以他们的爱国热情在其他德国人眼中不免要打上一个问号。

一个由38个主权国家构成的新日耳曼联邦在维也纳会议后初露雏形，它由曾经的奥地利国王即现任的奥地利皇帝来全权管理，但这种临时性的解决方案并未获得任何人的认同。于是，在历史悠久的加冕之地法兰克福，人们举行了一次日耳曼大会，主要目的是为了商讨共同的政策和重大的事务。但是这38个不同主权国家的代表各自代表着38种不同的利益观念，会议采用了曾经毁掉强大波兰的国会程序——在作出每一项决定的时候都需要全票通过。于是，这次日耳曼大会很快就成为了整个欧洲的笑话，这个古老帝国的治国之策与我们上个世纪四五十年代的中美洲邻居越来越像了。

这对于那些为了实现民族理想不计代价的人们来说，绝对是一种极大的侮辱。但是维也纳会议根本不会考虑到这些"国民"的个人情感，他们对德国问题的讨论也就此草草盖棺定论。

有人反对维也纳会议吗？答案无疑是肯定的。当人们对拿破仑的仇恨逐渐平息，反

重建秩序

　　拿破仑打乱了欧洲各国旧有的封建秩序与版图，因此欧洲列强齐聚奥地利维也纳，试图恢复战争时期被殃及的秩序与领土划分。这些政治家、野心家们费尽心机，在各自的利益面前寸步不让，胜利的资本让他们得以庆幸地重掌欧洲大权。

正统原则： 承认1789年前法国及其他各封建君主的正统地位，恢复其统治权及所属领土。

补偿原则： 对失去领土或力抗拿破仑的国家给予补偿。

均衡原则： 最大限度遏制任何国家获取绝对的优势，力求欧洲各列强势力均衡。

惩罚原则： 打压拿破仑旧有势力，强化法国周边国家势力，以绝后患。

重建欧洲秩序

奥地利帝国获得波兰加利西亚、意大利伦巴底及威尼斯地区，割让比利时给予荷兰。

普鲁士获得波兰波兹南、瑞典波美拉亚纳、莱茵河地区以及五分之二萨克森的领土。

俄国获得波兰绝大多数领土以及瑞典统治的芬兰。

英国获得地中海的马耳他岛、爱奥尼亚群岛以及众多亚非海外贸易据点。

荷兰获得奥属比利时地区，建立联合荷兰王国，割让南非、斯里兰卡给予英国。

瑞典获得挪威地区，割让芬兰及波美拉亚纳给予俄国和普鲁士。

意大利的摩德那、帕尔马等地划归哈布斯堡家族所有，割让伦巴底及威尼斯地区给予奥地利。

对拿破仑战争的热情开始消退，当人们意识到那是利用维护和平和稳定的幌子来进行各种罪恶勾当之后，他们就开始暗地抱怨，有的甚至威胁说要付诸武力反抗。但是这些手无寸铁的普通人，无权无势，什么都做不了。而且他们面对的是世界上有史以来最残酷、最有效率的警察体系，所有的行动都受到严密的监视，他们只能任由别人摆布。

参与维也纳会议的列强们达成共识，拿破仑之所以会篡夺法国的政权，最根本的原因就是因为受到法国大革命思想的影响。他们认为应该将推崇法国思想的人全部消灭，并认为这样做是顺应上帝的旨意。这一点与宗教战争时期的西班牙国王菲利普二世的论调十分相像，这位西班牙国王一边残忍地对新教徒和摩尔人施以火刑，一边又认为这些令人发指的行为是遵循了良知的召唤。在16世纪初期，教皇可

巴西和平革命

作为拉丁美洲的最大国家，巴西历史上曾长期沦为葡萄牙的殖民地，1807年拿破仑入侵葡萄牙的脚步将葡萄牙王室逼往巴西。传统的贵族与庄园让巴西民众始终处于劣势地位，直到腐朽的专制与沉重的税赋激起了巴西人此起彼伏的废奴与共和运动，巴西帝国才经过政变转变为巴西合众国。图为加冕仪式中的巴西第一任皇帝佩德罗。

以按照自己的意愿来统治自己的臣民，只要有人不承认他这种神圣权力就会被视为"异端"，他所有忠实的追随者都有义务杀死他们。但是到了19世纪，这些异端就变成了不相信国王和首相有权按照自己的方式来统治臣民了，所有忠实的市民都有义务到警察局进行检举揭发，让异端分子得到应有的惩罚。

有一点必须承认，1815年的欧洲统治者已经在拿破仑的身上学会了如何提高统治的效率，所以在反异端上的效率要比1517年高很多。1815年至1860年期间，是欧洲的政治间谍时代。这些间谍无所不在，上至王公大臣的宫殿，下至社会最底层人的住所。他们可以利用细小的钥匙孔窥视到内阁会议的全程，也可以随意偷听人们坐在市政公园的长椅上呼吸新鲜空气时谈论的家长里短。同时，所有的海关和边境也有他们的影子，以严

防没有正式护照的不法分子混进来。他们还要检查每一个包裹和行李，避免任何一本带有革命思想的书籍进入他们神圣的领地。大学的课堂上，他们和学生们一起听教授的演讲，只要发现对现存的政治制度有丝毫不满的言论，教授就会受到严厉的惩罚。他们甚至连儿童也不放过，跟在孩子们的身后防止他们逃学。

间谍的工作得到了传教士的大力支持。在大革命期间，教会的损失是极其惨重的。不仅财产充公，传教士被杀害，而且在公安委员会1793年废除宗教仪式时，受到伏尔泰、卢梭和其他法国哲学家无神论影响的年轻人们在神坛旁边尽情欢歌，这是对神的一种莫大的侮辱。他们在和贵族一起度过了漫长的逃亡岁月之后，和盟军士兵一起回到家乡，将他们的全部热情重新投入到工作中。

1814年，耶稣会也回归了，他们重拾针对年轻人的传教工作，劝说后者将毕生献与上帝。在与教会敌人的斗争中，他们也取得了不小的成绩。在世界各地，每一个角落都设有耶稣教会的教区，向当地的人传播天主教的教义。但是这些教区很快就发展成了一个正式的贸易公司，不断地干涉当地政府的决策。在葡萄牙马奎斯·德·庞博尔任首相的时期，他们被多次赶出葡萄牙的领土。后来教皇克莱门特十四世迫于欧洲主要天主教国家的要求，在1773年取消了这条禁令。他们很快地重操旧业，不断地向人们宣传"顺从"和"效忠君主"的教义，以免出现当年玛丽·安东奈特被送上断头台时，不明就里的孩子们竟然笑场的事情来。

这样的局势在新教国家普鲁士也不见得能好多少。曾经在1812年号召大家一起反对篡夺政权的诗人和作家，如今被戴上了煽动家的帽子，被视为威胁现存秩序的危险人物。不仅他们的住房和信件要受到检查，还要每隔一段时间去警察局汇报自己近期的行

新日耳曼同盟

漫长的宗教改革与三十年战争让德国昔日的强盛与繁荣销毁殆尽，拿破仑对于德意志小国独立倾向的支持与放任更致使那里形同散沙。维也纳会议试图通过由38个主权国家组成新日耳曼同盟的方式寻求解决，但密集的利益交锋与各自为战却让名存实亡的同盟如同一盘散沙，始终无法让所有人满意。

踪。普鲁士的教官将满腔的怒火一股脑地全都发泄在年轻人的身上，并用非常残酷的手段来让他们牢记教训。在宗教改革300周年时，有一群年轻的学生用一种热闹但是却对社会没有伤害的方式在瓦特堡进行庆祝，但是政府却将这次庆祝活动当成一次革命的预演。当时有一个为人善良但是却不够机警的大学生将一个被派到德国搜集情报的间谍杀死，警察马上就对普鲁士所有的大学进行监视，并且不经过审讯，就将教授们关进监狱或者解除职务。

俄国在进行反革命活动时表现得更为荒唐、过分。这时候亚历山大已经从对宗教的虔诚与沉迷中清醒过来，渐渐患上了慢性忧郁症。此时他意识到了自己能力的局限性，也认识到在维也纳会议中，自己成了梅特涅和男爵夫人的玩物。所以他越来越讨厌西方国家，变成了一个传统的俄国统治者，将全身心的精力投入到历史上斯拉夫人心中的圣城与楷模——君士坦丁堡上。随着岁月的流逝，亚历山大的工作格外认真努力，但取得的成绩却越来越少。当他在书房努力工作的时候，他的大臣们已经在想方设法地将俄国

密探时代

　　执政者所承诺的和平与稳定并不受到民众的认可，大失所望的结果即是抱怨之声如同野火般四处蔓延。而执政者对于自由思想属于颠覆传统的罪恶根源的认定，让发现"异端思想"的萌生与扼杀成为他们最热衷的事情，无处不在的密探伴随着怨恨与报复灼痛着人们的视线与内心，如影随形。

宗教游行的观察者

　　宗教总是在社会流露出萌动与不安时适时而至，并在世界的各个角落开花结果，迅猛壮大的手甚至伸向了各地执政政府的内部事务。向往革新的异端者被冠以"煽动者"的头衔，稍有风吹草动即会触动执政者脆弱的神经，成为各国重点关注的危险分子，图中俄国公众的游行正置于观察者的监视之下。

变成一个大兵营。

　　这并不是一幅色泽光鲜的图画，这些对于强大反动力量的描述不值得我们耗费更多的时间和精力。但是，对于一些属于那个时代的黑暗记忆，你们仍有必要做个透彻的了解。这种试图促使历史开倒车的努力绝不是第一次出现了，虽然它总是难逃失败的结局。

第 五十六 章

民族独立

尽管反动势力如此强大，但是依然扑灭不了民族独立的热情之火。南美洲人率先发动了起义，声讨维也纳会议的反动举措，紧接着希腊人、比利时人、西班牙人和很多欧洲弱小的民族都开始纷纷响应，就这样拉开了19世纪民族独立战争的序幕。

如果维也纳采取不同于当时的那种举措，那么19世纪的欧洲也许完全会是另外的一种情形。这种假设可能是正确的，但是却没有丝毫的意义。首先要知道，维也纳会议是在刚刚经历大革命洗劫之后，由那些对过去20年的战争深怀恐惧、疲于奔命的欧洲列强主持下举行的，他们的目的就是重建一个"和平与稳定"的欧洲，并一厢情愿地认为这也是当时人民最渴望的。他们就是我们所指的反动人士，在他们眼中，大众是没有能力管束自己的。所以他们按照他们心目中的想法重新划分了欧洲的版图，以期实现永保欧洲稳定、繁荣的梦想。虽然他们的尝试以失败告终，但是并不意味他们用心险恶。他们的思想都还停留在过去，摆脱不了旧式的外交政策，对自己年轻时那种平静安逸的生活念念不忘，所以总是期望着能够重回过去那个美好的时代。但是他们没有意识到，大革命虽然被他们镇压了，但是很多革命思想已经深入人心。充其量只能说他们很不幸，不能因此用恶贯满盈来形容他们。革命思潮的席卷之下，法国大革命所提倡的人民有权争取民族独立和自由的思想，在欧洲人和美洲人的心中开花结果。

有人认为拿破仑在民族情感和爱国热情方面是极其冷血的，这是因为他对所有的事情都不害怕，也从来不尊重任何一个人。但是在革命初期，有些革命领袖认为："民族并不受限于政治区域，它和人的圆脑袋、大鼻子也并无瓜葛，它只是一种源于内心和灵魂的情感。"所以他们在法兰西的孩子们中间宣扬法兰西民族的强盛同时，也鼓励西班牙

革命者

　　尽管维也纳会议聚集了欧洲众多实力派国家，并为向饱受战乱之伤困扰的民众打造一个崭新的、和平的、稳定的欧洲而努力，试图重温往日传统世界的祥和与幸福，但无法避免的是长期的革命斗争让自由与革新观念深入人心，民族的凝聚力让无数人自发拿起武器踏碎封建的残烬，去捍卫他们的自由与荣耀。

海地独立战争

有着"多山之国"之意的海地位于加勒比海北部，在哥伦布发现之旅后沦为西班牙的殖民地，后根据勒斯维克条约割让给了法国。时值混乱之际的法国国民公会在赋予海地自由与权力的问题上出尔反尔，导致黑人领袖杜桑维尔率领海地人民发起多年的独立战争，并最终成为世界上首个独立的黑人国家。

人、荷兰人和意大利人积极参照他们的做法。不久之后，这些人开始相信卢梭关于原始人具有优越品性的论调，他们穿过历史的遗迹，在封建王朝的破砖败瓦间，挖掘出深深掩埋起的强盛种族的遗骸，然后自诩为这些强盛种族遗留于世的不肖子孙。

19世纪上半期是人们热衷于发掘历史的时代。世界各地的历史学家都忙于编撰中世纪初期的编年史，补充其中遗漏的章节。每一项考古发现都会让这个国家的人们对自己的祖先产生一股崇拜和自豪之情。虽然这些情感很多都是对历史的误解而产生的，但是在政治中，这些都不重要，重要的是人们是否愿意相信。很多国家的统治者和人民都相信自己的祖先是无上光荣和杰出的。但是维也纳会议却忽视了这种民族感情，几个大人物按照个别王朝的最大利益对欧洲版图进行了新的划分，将所谓的民族感情和法国革命思想都归入到了禁书之列。

但是，历史对维也纳会议却报以蔑视的一笑。因为某种原因，民族这一概念总能关系着人类社会的稳步发展。这一准则很可能是一条历史发展的规律，但却从未引发历史学者的足够重视。任何无视民族情感的所作所为，最终都难逃覆灭之路，这就跟梅特涅企图扼杀人们的思考一样。

让人难以置信的是，第一个民族独立战争竟然是在与欧洲远隔重洋的南美洲率先爆发的。拜拿破仑的战争所赐，西班牙人自顾不暇，根本没有时间管理其他的事情，所以西班牙在南美的殖民地经历了较长时间的独立时期。甚至当拿破仑抓住西班牙的国王时，南美的殖民

埃尔南·科尔泰斯的金属铸币

15世纪末期，西班牙探险者踏上加勒比海沿岸的土地并建立登陆点，他们以武力逐个征服了中美、南美的大片领地，并由此拉开了西班牙对南美数百年统治的序幕。

地依然忠于西班牙国王，并拒绝承认1808年拿破仑的弟弟约瑟夫·波拿巴接任西班牙的新国王。

其实，南美大陆只有一个殖民地受到了法国大革命的影响，并产生了巨大的变化，它就是哥伦布第一次航行到达的海地岛。1791年，出于心血来潮的博爱思想，法国国会决定给予海地的黑人与他们白人主子相同的享有一切的权力。但是他们很快就后悔了，收回了他们之前的承诺。这就直接导致了海地的黑人领袖杜桑维尔率领当地人与拿破仑的弟弟勒克莱尔将军之间旷日持久的战争。1801年，勒克莱尔将军邀请杜桑维尔见面，双方共同商讨和谈的条件，并保证绝对不会借机加害他。杜桑维尔相信了他的话，但是在和谈的时候他却被带上了一艘法国军舰，最后惨死于法国狱中。尽管海地黑人失去了领袖，但是他们最终还是赢得了战争的胜利，建立了自己独立的共和国。后来，当第一个杰出的南美爱国者想要将自己的国家从西班牙的奴役中解救出来的时候，海地人民给予了热情的帮助。

这个人就是1783年在委内瑞拉的加拉加斯城出生的西蒙·玻利瓦尔。他有过在西班牙求学的经历，大革命期间，他还到过巴黎，亲眼看到了革命政府是如何进行工作的。在美国短暂停留了一段时间之后，他很快就回到了家乡。当时委内瑞拉人民对西班牙政府怨声载道，各地都爆发了争取民族独立的起义。1811年，委内瑞拉正式宣布独立。玻利瓦尔就成了委内瑞拉杰出的革命领袖之一。但他们的起义不到两个月就失败了，玻利瓦尔被迫逃亡。

政局动荡

有着"小威尼斯"之意的委内瑞拉国内反抗西班牙专制统治的独立风潮此起彼伏，他们集结的革命军队在南美解放者西蒙·玻利瓦尔的率领下翻山跨河，一举赢得了对抗西班牙人具有决定意义的波亚卡之战。并由此让大势已去的西班牙殖民者感到整个南美大陆的独立如喷薄欲出的火山般无法控制。

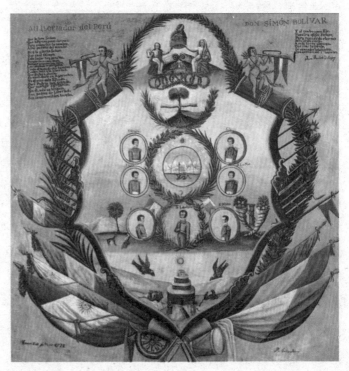

门罗宣言

当独立的拉丁美洲被纳入美国人眼中涉及自身势力的范畴，在欧洲"神圣同盟"试图对拉丁美洲日益高涨的独立运动加以干涉时，美国总统詹姆斯·门罗在国会演说中支持美洲人对美洲事务的独立自主，任何欧洲国家对美洲的干涉与扩张皆可被看作对美国安全的威胁，门罗宣言也成为美国外交政策的重要基石。

在这之后的五年时间里，这场朝不保夕、毫无希望的革命事业就由玻利瓦尔一个人领导着，他将自己所有的财产都献给了革命事业。但是，他最后一次远征的成功完全得力于海地总统所提供的援助。从委内瑞拉争取独立战争开始，民族独立的战火就迅速蔓延至整个南美洲。疲于应战的西班牙人很清楚，光凭借自己的力量已不可能镇压各地的叛乱，他们必须寻求援助，于是他们便向神圣同盟求救。

西班牙的这一举动让英国人非常担心。现在英国海上商队已经取代了荷兰，成为了海上的霸主，承担着世界上绝大多数的海上运输，他们迫切地希望能从南美宣布独立的国家那里获取暴利。所以英国人期待着美国能出面干涉神圣同盟的行动。但是美国没有让英国人如愿，他们的参议员根本没有这样的打算，即便是众议院里面的多数人也不希望插手西班牙的事情。

就在这时候，英国的内阁发生变动，托利党代替辉格党上台执政，由拥有精明头脑和灵活外交手段的乔治·坎宁出任国务大臣。他暗示美国，如果他们愿意出面反对神圣同盟帮助西班牙镇压南美殖民地的起义，那么英国就会动用自己所有的海上力量为美国提供一切必要的支援。于是，美国总统门罗在1823年12月2日发表了著名的门罗宣言："神圣同盟在西半球的任何扩展企图，都将被美国视为对自身和平与安全的威胁。"并警告神圣同盟说，如果他们胆敢帮助西班牙镇压南美殖民地起义，那么就是对美国不友好的表现。在四个星期之后，门罗宣言就被全文刊载在英国大大小小的报纸上，这样就迫使神圣同盟必须在西班牙和美国之间进行抉择。

尽管从梅特涅个人的角度上说，他很愿意冒着触怒美国的风险帮助西班牙。因为自从1812年英美战争后，美国陆、海军队的实力一直不被重视。但是在考虑到坎宁气势汹汹的态度以及欧洲本身存在的问题时，他开始退缩，变得小心谨慎。于是议案上的远征计划被无限期地拖延了，这样南美和墨西哥最终赢得了独立战争的胜利。

和南美洲的独立战争相比，欧洲的动荡来势要更加迅猛。1820年，神圣同盟派遣法国军队进驻西班牙，充当和平警察。之后，一个由烧炭工人组成的社团——烧炭党开始为统一意大利大造声势，最终引发了一场反抗那不勒斯无恶不作的斐迪南统治的起义活动，所以神圣同盟又将奥地利的军队派遣到意大利，扮演和平警察。

与此同时，俄国的情况也变得糟糕起来。因为亚历山大的去世，俄国的圣彼得堡爆发了一场革命。这场革命发生在12月，所以在历史上被称为"十二月党人"起义。这场革命很快就被镇压了，大量优秀的俄国爱国者和将领被杀死或者被流放到西伯利亚。其实他们只不过是希望能够在俄国建立一个立宪政府而已，但却在亚历山大的晚年时期招致反动分子的仇视。

但是更多糟糕的状况接连不断地发生了。梅特涅在艾刻斯拉夏佩依、特波洛、莱巴赫、维罗纳召开了一系列的会议，希望借此试探欧洲各个国家能否一如既往地支持他的政策。每个国家的代表都按时到达了奥地利首相常去的避暑胜地——一个风景优美的海滨城市，他们依旧信誓旦旦地承诺会全力镇压叛乱，但是每个人都没有必胜的信心。人民的情绪在骚动中变得越来越焦躁，尤其是法国，国王的处境非常危险。

但是真正的麻烦源于巴尔干半岛，这里自古就是外族侵略西欧的门户。在摩尔达维亚最先爆发了起义，这里原来是古罗马的达契亚行省，在公元3世纪就脱离了帝国的统治。之后摩尔达维亚就成了一块被人们遗忘的土地，就像大西洋中沉没的亚特兰蒂斯一样。这里的人们依然用古罗马语言进行交流，并自称为罗马人，他们将自己的国家命名为罗马尼亚。1821年，希腊的亚历山大·易普息兰梯王子发动了一场反抗土耳其的战争，他告诉那些追随他的人，俄国沙皇会为他们撑腰。于是，梅特涅的信使很快就马不停蹄地赶赴圣彼得堡，向沙皇呈递梅特涅的信件，亚历山大彻底被奥地利人"和平与稳定"的计划所打动，最后拒绝帮助罗马尼亚人。易普息兰梯不得不逃亡奥地利，并在那里的监狱中苦熬了7年。

在罗马尼亚人反对土耳其人的时候，希腊也同样发生了反对土耳其的暴动。从1815年开始，一个希腊爱国组织就在秘密筹划起义。他们在摩里亚突然发动起义，将当地的土耳其

危机四伏的巴尔干半岛

作为历史上蛮族入侵西欧的重要通道，有着"火药库"之称的巴尔干半岛再一次成为欧洲即将燃起战火的焦点。摩尔达维亚人与希腊人先后掀起了针对土耳其人的暴乱，但精明老到的梅特涅分别施以釜底抽薪、隔岸观火之策，让刚刚燃起的欧洲动荡之火得以控制，经历局部波动之后又都悄然归于平静。图为土耳其人突袭希俄斯岛。

军队全部赶了出去。土耳其人则用一贯的手法对他们进行报复，他们将君士坦丁堡的希腊大主教控制了起来，后者是希腊人和很多俄国人心目中的教皇。在1821年复活节那天，土耳其人对这位大主教及其他几位主教处以绞刑。之后，希腊人在摩里亚首府特里波利实施了报复性屠杀。土耳其当然不甘心，出其不意地袭击了希俄斯岛，杀死了2.5万基督教信仰者，并将4.5万人作为奴隶卖到了亚洲和埃及。

于是希腊人开始向欧洲各国求救，但是梅特涅却说希腊人是罪有应得。这里我并不是在说双关语，借用他之前曾经对俄国沙皇说过的话，"对于暴乱，应该让他们用野蛮的方式自生自灭。"他封锁了欧洲通往希腊的所有边境，阻止各国的志愿者前往希腊去帮助那些为独立而抗争的希腊人。他还按照土耳其的要求，派遣了一支埃及军队前往摩里亚。很快土耳其人就赶走了驻扎在重镇特里波利的希腊人，重新掌控了那里的局势。埃及的军队

特立独行的英格兰人

特立独行的英格兰人对于双手缔造的文明社会有着超乎寻常的深刻理解，他们彼此尊重，小心地平衡着各自的利益与冲突，却严守着自己思想自由的禁区。他们对于昔日骑士精神的高尚、勇敢与无私有着近乎痴狂的崇拜与向往，他们高傲地生活着，安分守己，谨慎务实，世代沿袭着祖辈的传统与荣誉。

随后以"土耳其式"的方式残酷镇压了叛乱。隔岸观火的梅特涅也静静地关注着这里的形势，等待着那一场搅乱欧洲大陆平静的预谋变成尘封历史的一天。

但是英国人却再一次破坏了梅特涅的计划。英国最引以为傲的地方并不在于它拥有数量庞大的殖民地、拥有无可匹敌的海上军队，而在于它拥有很多独立自主的市民，以及这些市民心中的英雄情结。英国人一向遵纪守法，因为他们明白尊重他人的权力是文明和野蛮之间最根本的区别，但是他们却并不承认他人有干涉自己思想自由的权力。如果他们认为政府对某一件事情处理的方式不对，他们就会马上站出来，表明自己的观点和立场。面对民众批评的政府也懂得尊重民众自由表达的权利，还会全力保护他们免受其他人的攻击。人们和苏格拉底时代的人一样，总是喜欢迫害那些在思想、智慧和勇气上超过自己的人。只要这个世界上还存在着某一项正义的事业，无论相隔多么遥远的距

离，无论有多少人在阻拦，英国人都会成为这些事业的鼎力支持者。虽然，英国人和其他国家平民百姓没有什么差别，也要为了生活不停地忙碌，也没有多余的时间和精力去从事不切实际的冒险。但是他们对于那些能够放下一切，为亚洲和非洲人民而战的邻居充满敬意。如果这些邻居们不幸埋骨他乡，他们还会为这些人举办隆重盛大的葬礼，并将他们的事迹作为榜样来教导自己孩子应具备什么样的勇气和骑士精神。

希腊独立

年轻有为的英国浪漫主义诗人拜伦为自由与理想，如同斗士般扬帆驰援身陷苦境中的希腊人民，他的死激发了整个欧洲对希腊的同情与声援。群情激昂的战歌汇同源源不断的物资涌向希腊，左右权衡之后的欧洲各国也派遣军队加入对土耳其的压制，致使希腊这块西方文明的孕育之地最终摆脱了奥斯曼帝国的束缚。

希腊独立战争

旷日持久的希腊独立战争前后历时8年多，给交战各方人民都带来了巨大的损失。而希腊人民凭借着勇敢与坚韧，在争取民族独立的道路上浴血奋战，获得了欧洲进步人士的声援与支持，并在欧洲列强的协助下，赢得了最终的胜利。

希腊独立战争历程	
时间	事件
1821年	希腊人民奋起反击土耳其奥斯曼帝国的统治，民族独立呼声高涨。
1822年	希腊第一届国民大会宣布希腊独立，成立国民政府。
1822年3月	土耳其派遣军队展开血腥镇压；希腊起义军内部出现分歧，未能抓住反攻时机。
1824年	希腊召开第二届国民大会，内部势力对峙引发内战。
1825年	埃及军队在伯罗奔尼撒半岛登陆，占领特里波利斯。
1825年5月	土埃联军围攻希腊西部重镇米索隆基市，次年沦陷。
1827年	希腊科林斯以北地区尽数落入土耳其之手。
1827年7月	英、法、俄三国在伦敦签订三国协约，要求希土双方立即停火，但遭土耳其拒绝。
1827年10月	英、法、俄三国舰队在纳瓦里诺海湾与埃土联军舰队激战，后者遭到重创。
1829年	土耳其被迫接受英、法、俄三国伦敦协约，希腊起义军趁机收复失地。
1830年	土耳其承认希腊获得独立。

　　英国人这种顽固的民族个性就连神圣同盟的秘密警察也无法动摇。1824年，拜伦勋爵漂洋过海去南方支援希腊人。这个年轻、富有的英国绅士曾经用自己优美的诗歌打动了整个欧洲，让所有人流下同情的泪水。过了3个月，拜伦在迈索隆吉这座希腊要塞离开人世的消息在整个欧洲不胫而走。诗人拜伦以他的行动和悲情英雄式的死亡唤醒了欧洲人的觉醒与想象力。之后，各种支援希腊人的组织团体纷纷在世界各国成立。美国革命中杰出的老人拉斐特也在法国为希腊人的独立革命而奔走宣传。巴伐利亚国王派了几百名官兵赶赴前线支援希腊。随后军队的粮食和补给就如潮水般涌入迈索隆吉，支援那里在饥饿中仍坚持抗争的人们。

　　在英国国内，成功挟制了神圣同盟对南美洲的干涉计划以后，功臣约翰·坎宁登上了英国首相的位置。此时他又看到了一个打击梅特涅的绝好机会。因英国和俄国政府都不敢继续压制本国人民支援希腊起义的热情，所以纷纷派出了军舰停留在地中海上待命。法国的舰队也出现在了希腊的海面上。1827年10月20日，英、法、俄三国舰队联手彻底摧毁了土耳其驻扎在纳瓦里诺湾的舰队。胜利的消息传来，民众雀跃欢腾的场面热

七月革命

　　固执的法国波旁王朝试图以专制、镇压来经营和挽救政局，日益加深的危机引发愤怒的民众涌上街头，激烈的冲突最终转变为一场不可遏制的叛乱。大量的起义者夺取武器、修筑街垒与军队对峙，并夺得了对巴黎的掌控权，在法国退出梅特涅主导下的欧洲协调版图后，革命浪潮也开始席卷整个欧洲。

烈非凡。西欧各国与俄国人民在本国长期的自由压制中，他们深藏在心中的对自由的向往与渴望，通过对希腊独立战争的参与、支持，获得了一定程度的释放。1829年，希腊人和欧洲人民的努力换来了希腊的正式独立，而梅特涅企图维护欧洲稳定、和平的政策又一次失败了。

如果我想在这么短的一章里面，详细地叙述发生在各个国家的民族独立斗争似乎是不可能的。对于19世纪发生的民族独立运动已经有很多非常优秀的书籍来介绍。我在这里之所以会单独对希腊独立斗争进行简要叙述，因为这是面对维也纳会议中建立起来的维护欧洲稳定与和平的反动政策的第一次成功突围。虽然人民的思想和自由依然受到压制，梅特涅的政策依然还在实施，但是距离后者退出历史舞台的日子已经不远了。

在法兰西的土地上，波旁王朝完全无视文明战争的规则与法律的存在，实行一种几乎让人窒息的警察统治，以求淡化法国革命留下的痕迹。当1824年路易十八去世以后，这种压抑的和平已经整整让法国人忍受了9年。历史证明，这样虚伪的和平比过去帝国时代的十年战争更让人觉得难堪。路易十八死后，他的王位由它的弟弟查理十世来继承。

路易十八是大名鼎鼎的波旁王朝中的一员，这个家族的人都有着共同的特征，那就是眼高手低，但却有着强烈的记恨心。路易一直忘不掉他在哈姆听闻他兄弟被推上断头台的噩耗时，那个清晨他所感受到的无助与悲愤。他经常以此告诫自己，一个不能认清形势的君王会得到什么样的下场。但是查理却恰恰相反，不仅不以此为戒，在他还没有满20岁的时候，就已经欠下了5000万法郎的巨额债务，而且浑浑噩噩，对任何事情都漠不关心，终日不思进取。他从哥哥手中继承王位之后，便迅速建立起一个"依赖教士、注重教士、奉养教士"的新政府。这种荒诞的评价出自非激进自由主义者惠灵顿公爵之口，由此可见查理的定国安邦之策已完全置尚可信赖的法律与秩序于不顾。当他极力打压敢于对他和他的政府发出批判之声的报纸，并强行解散支持新闻界的国会之后，他在王位上的时间已经不多了。

1830年7月27日的晚上，巴黎再次爆发了一场革命。7月30日，查理向海岸线逃遁，并由那里搭船渡海逃往了英国。如此一幕上演了15年的闹剧就以这样的方式谢幕收场。赢弱无为的波旁王朝从此被法国人彻底从王位上拽了下来。此时的法国原本可重新回到共和制的轨道，但是这样的结果是梅特涅绝对不能容忍的。

欧洲的局势已经接近崩溃的边缘，万分危急。叛乱的火花已经在法国的边界闪烁不停，它引燃了另一座民怨四起的弹药库。刚刚成立的荷兰王国从一开始就难以让人认同。荷兰人和比利时人基本上没有什么共同语言，即便他们的威廉国王工作非常勤奋刻苦，但是他根本没有政治头脑和灵活的手腕，自始至终都不能让这两个互相怨恨的民族和睦地生活在一起。法国革命发生后，很多天主教信仰者选择逃往比利时避难，身为新教徒的威廉为缓和局势而试图采取任何措施，都会被愤怒的群众指责为又一场争取"天主教自由"的阴谋，并遭到竭力反对而不了了之。8月25日，布鲁塞尔爆发了一场反对荷

波兰革命

　　法国波旁王朝的崩溃让向往独立与自由的波兰人看到了新的希望，但他们的革命火焰却不幸遭致俄国人压倒性的遏制与毁灭。在俄国沙皇亚历山大的继任者尼古拉一世的眼中，沙皇对波兰神圣权力的控制不容侵犯，残酷的流放与秩序的重建让无数波兰难民不得不踏上移居西欧的迁徙之路。

兰统治者的暴动。在两个月的时间里，比利时人赢得了独立，维多利亚女王的叔叔——科堡的利奥波德被推选为比利时的新国王。糟糕的结合终于圆满落幕，两个原本不该走到一起的国家各自单飞，从此以后，他们就如同两个规矩的邻居一样，彼此和平共处。

　　当时欧洲的铁路交通并不发达，消息的传递极为迟缓。但是当法国和比利时的革命取得胜利的消息传到波兰之后，马上就引发了一场波兰和俄国之间的残酷战争。战争持续了一年的时间，最终俄国笑到了最后，他们以著名的沙俄方式"控制了维斯杜拉沿岸地区"。亚历山大死后，尼古拉一世在1825年继承俄国沙皇之位，对于他来说拥有波兰的统治权是天经地义的。数以千万计逃往西欧的波兰难民用他们的亲身经历向世人证明，神圣同盟嘴上挂着的"兄弟之情"在俄国那里顶多不过是句飘散在空气中的口号而已。

　　这时候，意大利也不太平。拿破仑的前妻——帕尔马女公爵玛丽·路易丝，在拿破仑遭遇滑铁卢的失败之后很快离开了他，并在革命浪潮中被驱逐出自己的国家。反观教皇国中，热情高涨的群众想要建立一个共和制国家。但是等到奥地利的军队进入罗马城之后，一切又回到了原来的样子。梅特涅依然稳坐在哈布斯堡王朝的普拉茨宫，那里是他担任外交大臣的府邸，所有的间谍和警察都回到了自己的工作岗位，再一次充当起维护稳定、和平的角色。但是18年之后，人们再一次发动了一场彻彻底底的革命，希望借此将维也纳会议植入欧洲的恶毒触角全部铲除。

　　这一次率先开始革命的还是法国。可以说法国是欧洲革命的晴雨表和风向标，所有起义的征兆都在这里最先显露出来。查理十世逃往英国之后，奥尔良公爵的儿子——路易·菲利普成为了法国国王。奥尔良公爵是雅各宾派的拥护者，在他的表兄执行死刑的时候，他曾投下了一张极为关键的赞成票。在法国大革命的初期他曾经扮演了重要的角色，因此被誉为"平等的菲利普"。最后，当罗伯斯庇尔打算清除所有持有不同政见的叛徒，纯洁革命队伍时，奥尔良公爵被处死，然后他的儿子路易·菲利普也被迫逃离了革命军队。

　　之后，少年路易·菲利普开始浪迹四方，为了生活，他当过瑞典的中学教师，还曾经长期研究美国的西部地区。在拿破仑被流放之后，他辗转回到了巴黎。和他那些波旁王朝愚蠢的表兄相比，他显然聪明很多。他的生活非常简朴，经常打着一把红雨伞去公园散步。和所有慈祥的父亲一样，他的身后总是跟着很多快乐的孩子。但是法国这时候

法国二月革命

　　有着"平等的菲利普"之称的法国新任国王路易·菲利普试图在右翼极端君主派与社会党、共和党之间寻找一条平稳协调的中间路线，但法国民众生活的窘迫与革命的呼声再一次将这位碌碌无为的君主赶下政坛，这位君主在1848年2月24日签署逊位文书的同一天匆匆离开巴黎，此后隐居英格兰。

已经不再需要国王了，菲利普始终没有意识到这一点。直到1848年2月24日早上，一大群人进入了杜伊勒里宫，将菲利普赶下王位，宣布法国成立共和国。

巴黎革命的消息传到维也纳之后，梅特涅很轻蔑地说，这次革命还会像1793年的那次革命一样，最后也是由盟军入主巴黎，结束这场不合时宜的闹剧。但是只过了两个星期，他自己的国家奥地利首都也同样爆发了大规模的起义。梅特涅不得不从普拉茨宫的后门灰溜溜地逃走以避开那些愤怒的群众。于是奥地利的皇帝斐迪南迫于无奈重新颁布了一部新宪法，其中内容的绝大部分都是梅特涅在过去的33年中所曾扼杀、压制的革命思想。

就此，欧洲所有的人都能感受到这次革命所带来的震撼。匈牙利马上宣布独立，在路易斯·科苏特的带领之下开始反抗哈布斯堡王朝。这场实力悬殊的残酷战争前后坚持了一年，最后被翻越喀尔巴阡山驰援而来的沙皇尼古拉的部队镇压下去，匈牙利的君主

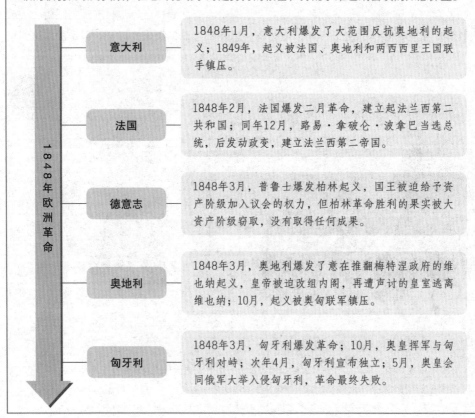

1848年欧洲革命

随着工业革命的飞速发展，欧洲各国封建残余势力与新兴资产阶级之间的矛盾愈发突出，引发了1848年革命的浪潮。尽管这股席卷欧洲的巨浪因资产阶级的背叛与工人阶级的软弱而最终失败，但它却撼动了封建势力的根基，打乱了维也纳会议的如意算盘。

1848年欧洲革命

意大利 —— 1848年1月，意大利爆发了大范围反抗奥地利的起义；1849年，起义被法国、奥地利和两西西里王国联手镇压。

法国 —— 1848年2月，法国爆发二月革命，建立起法兰西第二共和国；同年12月，路易·拿破仑·波拿巴当选总统，后发动政变，建立法兰西第二帝国。

德意志 —— 1848年3月，普鲁士爆发柏林起义，国王被迫给予资产阶级加入议会的权力，但柏林革命胜利的果实被大资产阶级窃取，没有取得任何成果。

奥地利 —— 1848年3月，奥地利爆发了意在推翻梅特涅政府的维也纳起义，皇帝被迫改组内阁，再遭声讨的皇室逃离维也纳；10月，起义被奥匈联军镇压。

匈牙利 —— 1848年3月，匈牙利爆发革命；10月，奥皇挥军与匈牙利对峙；次年4月，匈牙利宣布独立；5月，奥皇会同俄军大举入侵匈牙利，革命最终失败。

几番浮沉的柏林

　　1848年欧洲革命的大潮袭来，让德国掀起大范围的游行示威运动，图中普鲁士首都柏林的警察挥舞着大棒镇压平民的游行示威。善良的人们过度信任国王在面对街头巷尾冲突中死难者遗体时流下的眼泪，以及其致力于组建立宪制政府的承诺，革命浪潮过后，对革命疯狂的镇压成为这位重掌国家机器者唯一的回答。

统治得以保全。之后哈布斯堡王朝设立了特别军事法庭，处死了很多他们无法在战场上公开击败的匈牙利爱国者。

　　在意大利，西西里岛的革命者赶走了波旁王朝的国王，并宣布脱离那不勒斯独立。在教皇国中，首相罗西被杀死，教皇被迫逃亡。第二年，教皇率领着一支法国军队回到自己的国家。这支法国军队从此就驻扎在罗马，以避免愤怒的臣民随时对教皇发动攻击。直到1870年的普法战争爆发，这支军队才被紧急召回法国，用于对抗普鲁士人。这时候的罗马才得以成为意大利的首都。在意大利的北部，米兰和威尼斯在撒丁国王阿尔伯特的大力支持下，开始反抗自己的奥地利国王。但是一支强有力的奥地利军队在拉德茨基的统率之下很快就打到了波河平原，而撒丁王国的军队在库拉多扎和诺瓦拉被奥地利军队打败了。之后，阿尔伯特将王位让给了自己的儿子——维克多·伊曼纽尔。又过了几年，伊曼纽尔就成为了统一意大利的第一任国王。

　　受到1848年欧洲革命的影响，德国爆发了一场全国性的大规模游行示威活动。人们强烈要求建立一个统一的国家，成立议会制政府。在巴伐利亚，一个假扮成西班牙舞蹈家的爱尔兰女人让那里的国王神魂颠倒，耗费了大量的时间和金钱，这个女人就是洛拉·蒙蒂茨，她死后被葬在位于纽约的波特墓地。愤怒的大学生们将这个昏庸的国王赶

意大利的苏醒

　　亚平宁半岛上的革命之火再度燃起，革命领袖朱塞皮·加里波第率领着红衫军团登陆并最终解放了意大利位于地中海的西西里岛，并宣布脱离那不勒斯而独立，在意大利的统一道路上迈出了坚实的一步。而在此后的意大利独立战争中，机智、坚韧的加里波第更赢得了后人"现代游击战之父"的美名。

下了王位。普鲁士的国王则被迫站在街头，面对革命中战死的战士们的灵柩脱帽致敬，并允诺成立一个立宪制政府。1849年3月，德国各个地区一共550名代表在法兰克福聚集，他们在国会大会上推举普鲁士国王弗雷德里克·威廉成为统一的德意志皇帝。

但是形势很快又有了新的变化。愚蠢的奥地利皇帝斐迪南终于作出了一次明智的决定，它将王位让给了自己的侄子——弗朗西斯·约瑟夫。纪律严明的奥地利军队依然宣誓效忠于他们的主人。所以刽子手们忙得不可开交，不断地残害着革命人士。哈布斯堡家族凭借着他们鸡鸣狗盗的奇特天性，又迅速地站稳了脚跟，并迅速加强了他们东西欧霸主的地位。他们利用灵活的外交手段，玩起了政治游戏，利用日耳曼国家之间的嫉妒心理阻止了普鲁士国王成为帝国皇帝。然后在之后失败的痛苦中，他们又逐渐学会了忍耐。他们知道怎样等待合适的时机出现。当那些在政治上毫无经验的自由主义者大谈特谈，陶醉在自己激昂的演讲中时，奥地利人则正在偷偷地蓄积力量，准备绝地反击。所以法兰克福国会在他们的突然袭击之下被迫解散，奥地利人重建了原来的日耳曼联盟。但是这个联盟根本没有任何意义，因为这曾是维也纳会议将自己的意志强加给德国的空虚设想。

参加这次法兰克福国会的大部分都是不熟悉政治的爱国者，其中有一个城府很深的普鲁士乡绅。在其他人争论得面红耳赤的时候，只有他冷眼旁观着整个会议，很少发表见解，但却将所有的事情都记在心中，这个人就是俾斯麦。俾斯麦讨厌空谈，崇尚实际。他和每一个热爱付诸行动的人一样，深知夸夸其谈的演讲根本解决不了任何事情。他以自己独特的方式表达着对祖国的热爱，他有着在传统外交学院受训的经历，他欺诈对手的能力就如同对待简单的散步、喝酒、骑马一样驾轻就熟，且高人一等。

在俾斯麦看来，德国要想成功地跻身欧洲列强之列，首先就必须建立一个强大的日耳曼国家来取代目前由众多小国组成的联盟。受到顽固的封建忠诚思想的影响，他支持自己所在的霍亨索伦家族成为德国的统治者，而并非平庸的哈布斯堡家族。为了达到他的目标，他第一件事情就是要彻底清除奥地利对德意志的影响力。于是他为了完成这一外科手术般的痛苦变革，开始着手必要的准备工作。

与此同时，意大利早已开始解决自己的问题，并脱离了令人厌恶的奥地利国王的统治。意大利的统一是由加福尔、马志尼和加里波第这三个著名人物合力完成的。加福尔是一个建筑工程师，外表斯文，戴着一副钢丝边的眼镜，他小心谨慎地掌控着政治走向。而马志尼大部分的时间都不得不东躲西藏，以躲避奥地利警察无所不在的眼线。他主要负责革命宣传和激励人们热情的工作。加里波第则带领着一群身穿红衬衫的粗鲁骑士们共同彰显和释放意大利人狂放的热情。

这三个人中，加福尔倡导君主立宪，而马志尼和加里波第则主张建立共和制政体。后两者都对加福尔在国家执政、管理、决策方面的能力颇为信服，放弃了他们原有秉持的、能够赋予他们所热爱的祖国更好前景的理想，接受了加福尔的见解。

和俾斯麦支持自己效忠的霍亨索伦家族一样，加福尔更倾向于撒丁王族来统一意大利。他运用自己非同寻常的忍耐力和高明的政治手腕，慢慢地引导撒丁国王，直到他能够承担起领导整个意大利的重任为止。此时欧洲动荡不安的政局无疑助了他一臂之力。在意大利统一的过程中，它最信任，也是最不信任的邻居——法国作出了杰出的贡献。

法国是一个动荡不安的国家，在1852年11月，执政法国的共和政府突然垮台了，尽管这种结局早在人们的意料之中。于是前荷兰国王路易斯·波拿巴的儿子，也就是

拿破仑的小侄子——拿破仑三世开始掌握政权，自称是得到上帝允许和人民爱戴的帝国皇帝。

　　这位年轻的帝国皇帝曾经在德国求学，所以他的法语口语中带着浓重的条顿腔，就像他的叔叔拿破仑一直摆脱不掉意大利口音一样。他想尽力用拿破仑的声势和传统来巩固自己的统治。但是他在强敌环视之下，没有自信能够顺利地坐上王位。虽然他赢得了

克里米亚战争

　　奥斯曼帝国的衰退让俄国看到了扩张欧洲势力的时机，而欧洲其他强国则完全不希望看到前者的壮大以威胁其自身的既得利益，于是就巴尔干半岛的控制权，俄国与土耳其、英国、法国等国展开了正面的争夺之战。俄国最终战败的结果也改变了欧洲势力的格局，大伤元气的俄国忍痛将欧洲霸主的位置拱手让出。

索尔费里诺之战

　　撒丁王族以部分领地作为交换获得了急欲证明自己的法国皇帝拿破仑三世的支持，撒丁国王军队与法军结成的联军在米兰与维罗纳之间的索尔费里诺，与奥地利军队展开惨烈的大战，尽管最终联军在奥地利败退的背影中赢得了表面的胜利，但惨重的代价更让人触目惊心。图为拿破仑三世在索尔费里诺战场。

英国维多利亚女王的青睐，但是女王也仅是一个才智并不出类拔萃，乐于偏听阿谀奉承的仁厚、善良的人，博得她的好感似乎并不难。而其他欧洲国家的君主则总是对于这位法国皇帝摆出一副让人无比难堪的傲慢姿态。他们彻夜辗转难眠，心里时刻盘算着用些什么样的新花招来表现对这位一夜成名的"好兄弟"的极度藐视。

　　面对这种情况，拿破仑三世不得不去想一些或者拉拢、或者威胁的方式，来打消他们对自己的敌意。他知道法国人的心中仍然对荣誉有着深切的渴望。既然为了王位他不得不冒险赌上一局，那么就索性堆上更多的筹码痛快些，整个帝国的命运就是他的筹码。这个时候俄国发动了一次对土耳其的进攻让他找到了借口。在随后的克里米亚战争中，法国和英国一起支持土耳其苏丹，共同反对沙皇。结果这场挥金如土、收效甚微的冒险，让参战的法国、英国和俄国都灰头土脸。

　　但是克里米亚战争总算不至于空闹一场，这场战争让撒丁国王有机会成为胜利者的一方。当战争告一段落，加福尔就能理直气壮地向英法两国索要奖赏。

　　加福尔充分地利用国际局势将撒丁王国推上了欧洲主要列强之路，并接下来在1859

年6月又煞费苦心地挑起了一场和奥地利的争端。他用萨伏伊地区的几个省和原属于意大利的尼斯市作为筹码，换取了拿破仑三世的支持。法国和意大利两国的军队在马戈塔和索尔费里诺大败奥地利军队，几个曾隶属奥地利的省份与公国被意大利吞并，而佛罗伦萨从此成为新意大利的首都。1870年，驻守在罗马的法国军队被紧急召回，用于抵御德国人的入侵。他们一离开，意大利人就踏上了这座永恒之城的土地。之后撒丁王族就住进了老奎里纳宫，这座行宫是由一个教皇在康士坦丁大帝浴室的原址上修建起来的。

至此，教皇只能渡过台伯河，躲进了梵蒂冈的高墙内院。他的不少前任自1377年从阿维尼翁返回梵蒂冈而告别流亡生涯后，都长期居住在那里。教皇在这里对意大利人公开抢夺他们领土的霸道行为表示不满，并向同情他遭遇的忠实天主教信仰者发出了号召信，但是响应他的人非常少，而且还在不断地继续减少。但是，教皇能够从国家政务中抽身出来未必不是件好事，教皇从此有更多的时间和精力去解决困扰人们的精神问题。脱离了欧洲政客们尔虞我诈、此起彼伏的争斗世界，教皇得以重新获得尊严，这将非常有益于教会事业的发展。至此，罗马的天主教会成为了一股助推社会及信仰得以不断前进的国际力量，在对待现代种种经济问题上，他们有着远比绝大多数新教教派更客观的判断。

于是，维也纳会议在解决意大利问题上，欲将意大利半岛变成奥地利一个行省的计划就此宣告破产。

意大利终于实现了统一，但是德国的问题依然没有解决，政局会经常发生变化。历史证明，德国问题是所有问题中最难以解决的。1848年革命的失败导致了大规模的人口逃亡国外，很多年富力强、思想开放的德国人背井离乡。这些德国人大多都移民到了美国、巴西和亚非等新兴的殖民地地区，而他们没有完成的统一大业就由另外一批气质迥异的德国人来完成。

在法兰克福再次召开的新议会上，由于德国议会垮台以及自由主义者建立统一的国家相继宣告失败，奥托·冯·俾斯麦作为普鲁士的代表出席了会议。这时俾斯麦已经得到了普鲁士国王的充分信任，这是他施展远大抱负的必要条件，除此之外，普鲁士议会和其他人的意见他根本就不在乎。他亲眼看到过自由主义者的惨痛失败，非常清楚要想摆脱奥地利的统治，必须通过战争来解决。所以他开始在私下里加强普鲁士军队的实力。在之后的州议会上，代表们被他的高压手段激怒，不再向他提供所需求的资金，而在这个问题上，俾斯麦甚至懒得理会他们。于是，俾斯麦对其他意见充耳不闻，继续按照自己的想法做事，用皮尔斯家族和国王交付他打理的资金疯狂扩充军队。然后，他就开始寻找一个能够引发所有德国人爱国热情的机会，而最终他也找到了这么一个民族间的摩擦。

德国的北部有石勒苏益格与荷尔施泰因两个公国。这两个公国从中世纪开始就是众多骚动、战乱的发源地。这两个公国之内都居住着一批丹麦人和一批德国人，虽然那里不属于丹麦的领土，但却始终掌控在丹麦国王的手中，这使琐碎的纷争源源不断。在

"铁血首相"俾斯麦

作为普鲁士的宰相兼外交大臣，奥托·冯·俾斯麦主张以战争来实现德国的统一大业，他以强硬的"铁血政策"先后发起了普丹战争、普奥战争与普法战争，为德国的统一扫清了道路。他杰出的政治外交才能与不择手段的个性最终将德国推上了强盛之路，而他的传奇一生也影响着德国一代又一代的人。

此，我绝不是故意要提及这个久已被人们遗忘的问题，因为不久前刚刚签署的《凡尔赛条约》似乎已经将这个问题解决了。但在当时，居住在荷尔施泰因的德国人会经常抱怨丹麦人对他们的虐待，居住在石勒苏益格的丹麦人就会煞费苦心地维护他们的传统。整个欧洲都在讨论他们之间发生的问题。当德国的男声合唱团与体操协会还在聚精会神地倾听"失去的兄弟"的煽情演说，当众多王公大臣还在猜测又发生了什么状况的时候，普鲁士军队已经开拔前往"收复"他们被侵占的领地。奥地利作为日尔曼联盟的统治者，决不允许普鲁士在如此需要慎重考虑的问题上单枪匹马、擅自行动。于是奥地利集结了哈布斯堡的军队，与普鲁士军队携手攻入了丹麦的领地。虽然丹麦人进行了英勇顽强的抵抗，但敌我双方的实力悬殊，最终普奥两国的军队联手夺取了石勒苏益格与荷尔施泰因两个公国。尽管丹麦此后向欧洲各国求援，但自顾不暇的各国都选择了观望，让

普奥战争爆发

对丹麦的战争结束后，1866年普鲁士借口奥地利对荷尔施泰因监管混乱而对奥地利宣战，昔日的同盟者刀兵相向。

萨多瓦战役

　　普鲁士、奥地利两军在萨多瓦展开决战，普军大胜。战后"北德意志联邦"的成立标志着德国完成了初步统一。

可怜的丹麦人无力回天。

　　在走出了第一步之后，俾斯麦为了准备实施他的宏伟帝国计划又迈出了第二步。在和奥地利军队分享战利品时，他趁机挑起了双方的争吵。就这样哈布斯堡家族就掉入了俾斯麦预先设好的圈套中。俾斯麦率领着他赤胆忠心的将军们以及刚刚组建的普鲁士军队剑指波西米亚，用了不到6周的时间，奥地利军队最后一支有生力量也在萨多瓦和柯尼格拉茨遭遇惨败，全军覆没。至此，丧失一切防御力量的奥地利首都维也纳大门敞开，只等待普鲁士的军队进入了。但是俾斯麦不想把事情做得太绝，因为他在欧洲的政治舞台上还需要新盟友的帮助。所以他向战败的哈布斯堡家族提出了极为优厚的议和要求，只需要他们放弃对日尔曼联盟的领导权即可。但是对于那些依附于奥地利的德意志小国，俾斯麦就绝没有那么仁慈，他一口气将那些小国全都划到了普鲁士的版图之下。就这样，大部分的德意志北方小国结成了一个新组织，即是所谓的"北德意志联邦"。而获胜的普鲁士当仁不让地成为德国人非正式的领导者。

　　欧洲人被俾斯麦一连串迅速的扩张和吞并震惊得目瞪口呆，英国人对此置身事外，但是法国却显得非常不满。此时，拿破仑三世对人民的控制早已今不如昔，因为他在克里米亚战争中耗资甚巨，但却竹篮打水没捞到什么好处。

拿破仑三世与欧仁妮·德·蒙蒂纳

　　出身西班牙贵族的欧仁妮皇后是欧洲颇具传奇色彩的女性，她的美貌与背景让其拥有着为数众多的追求者，她与拿破仑三世的惊艳结合甚至让法兰西人民萌生了对约瑟芬皇后的怀念。但欧仁妮皇后对政治的热心与枕边误导却让拿破仑三世信心爆棚，致使难堪的普法战争让法兰西蒙受了沉重的灾难。

　　1863年，拿破仑三世开始了他的第二次豪赌。他招兵遣将，想要扶植一个叫作马克西米安的奥地利公爵成为墨西哥的皇帝。但是当美国的内战以北方的胜利而告终时，他所有的努力都白费了。美国政府迫使法军撤出墨西哥，这样墨西哥人就有机会扫清国内的敌人，杀死了那个不得民心的外国皇帝。

　　为了扭转不利的局面，拿破仑三世必须再次寻找新的机会来树立威信，进而安抚国内不安的情绪。德国的实力正在一步步增强，很快就会成为法国的另一个劲敌。所以他决定发动一场对德国的战争，将这个日后的劲敌扼杀在摇篮中，这能使他的王朝从中获益良多。此时，西班牙连年的革命暴乱让他找到了发动战争的好借口。

　　这时候西班牙的王位空缺，需要选出一个新的继承人。之前已经选定一个信奉天主教的霍亨索伦家族旁系来继承王位，但是因为法国的极力反对，霍亨索伦家族很快就自觉退出了。此时此刻的拿破仑三世身体状况已大不如前，漂亮的妻子欧仁妮·德·蒙蒂纳不时地吹枕边风，也对他的执政策略有着不小的影响。他的妻子欧仁妮是一个西班牙绅士的女儿，她的爷爷是驻守在盛产葡萄的马拉加的美国领事威廉·基尔克帕特里克。她非常聪明，但是和很多其他西班牙的女孩一样，她并没有受到良好的教育。她受到一些憎恶普鲁士新教徒国王的宗教顾问的影响，鼓励她的丈夫要大胆行动。但是她却忽略了那句著名的用以告诫英雄的普鲁士谚语"胆子要大，但绝不蛮干"。对于自己军队的战斗力深信不疑的拿破仑三世给普鲁士国王写信，要求他们不再允许霍亨索伦王族的人来竞争西班牙的王位。因为霍亨索伦家族刚刚放弃了争夺王位，所以这一要求纯属多余，俾斯麦也是这样知会了法国政府，但是拿破仑三世仍觉得不甚满意。

　　在1870年的一天，国王威廉还在埃姆河中游泳时，一个法国的外交官拜见了他，希望能重新商讨西班牙的问题。但是威廉却非常愉快地回答说，今天的天气不错，西班牙的问题已经解决，没有必要在这件事情上再浪费时间。按照当时的惯例，这次的会面谈话被整理成了一份报告，借助电报送交给了负责外交事务的俾斯麦。为了普鲁士与法国的双方利益，俾斯麦对这则报告进行了修改。虽然有很多人为此对他大放厥词，但是俾斯麦却辩解称，自古以来政府就有权力来修改官方消息。等到这则经过加工的电文公布于众之后，柏林善良的德国人立刻觉得他们可爱可敬、年事已高的老国王受到了那位身材矮小、趾高气昂的法国外交官的戏耍，而巴黎善良的人们同样义愤填膺，他们觉得儒雅的外交官竟然在普鲁士皇家走狗面前丢尽了颜面。

于是双方都选择用战争来解决问题。不到两个月，拿破仑三世就和他的士兵们成了德国人

俾斯麦掌控中的普法战争

尽管普法之间为争夺欧洲霸权归属的战争无法避免，但是狡猾的俾斯麦仍通过外交途径有意点起了普鲁士人与法国人之间的怒火。俾斯麦刻意修改官方报告的行为虽然引发了普鲁士与法国双方新闻界的质疑，但不可否认普法战争是俾斯麦全盘计划中的一场胜利，图为普法战争胜利后俾斯麦口述和平条款。

的阶下囚，法兰西第二帝国走到了末路。之后建立起的法兰西第三共和国积极地着手准备，激励法国人保卫巴黎，奋起抵抗德国侵略者。这场巴黎保卫战坚持了5个月的时间，在巴黎沦陷的前10天，德国人最大的仇敌路易十四在巴黎近郊建造的凡尔赛宫被德国人攻占，普鲁士国王在那里正式宣布自立为德意志皇帝。枪炮的轰鸣声清晰地警告饥肠辘辘的巴黎人民，一个刚刚登基的德国皇帝已经取代了之前老迈羸弱的条顿公国和小国的联盟。

德国的问题最终还是以粗暴的战争方式解决了。到了1871年底，维也纳会议56年之后，它精心布置的所有的政治成果已经全部瓦解。梅特涅、亚历山大、塔莱朗本来意图构建一个始终和平、稳定的欧洲，然而他们却采用了一种错误的方法，导致了无穷的战争与革命。进入18世纪，神圣同盟带来的"兄弟时代"翻过了一页，紧接着到来的就是一个偏激的民族主义时代，它所产生的影响直到现在依然存在。

第 五十七 章

机器时代

然而，在欧洲人民进行轰轰烈烈的民族独立战争之时，他们所处的世界正随着一系列的科学发明而发生着日新月异的巨变。那些发明使18世纪笨拙的旧式蒸汽机成为了人类最忠实、最勤勉的奴隶。

远古人类是从猿猴进化而来，但是他们在50万年之前就已经死亡。他们的眉毛很低、眼睛凹陷、下颚突出，浑身长着浓密的毛发，有着虎牙一般尖利的牙齿。这样的相貌如果在一个现代的科学研讨会上出现，肯定会让人厌恶不已，但是这些科学家还是会视他为主人，谨慎而又恭敬。因为这个人曾经用石头砸开坚果，用长棍撬起过巨石。人

改变自然的创造力

受滚木可用来承重运输的启发，人们利用圆木切成的圆形截面制成轮子来搬运陆地上的重物。人类凭借着自身的智慧，借助自然的力量代替自己来实现各种力所能及、力所不及的能力，而无与伦比的创造力也成就了人类千百万年的璀璨文明。图为美索不达米亚人借助有轮的马车运输重物。

类最早期的两样工具——锤子和撬杠都是由他发明的。所以他做的工作远比后来的任何人都要多，他对人类的贡献也远远超越了生息在这个世界上的任何一种动物。

从此之后，人类便开始发明各种工具来让生活变得更加方便。在距今10万年前，世界上第一只用老树做成的圆盘——轮子被发明的时候，它所带来的轰动效应绝对跟近几年飞机的发明一样。

据说在19世纪30年代初期，华盛顿有一个专利局长，他建议取消专利局，因为所有可能被发明出来的东西都已经出现了。相信在轮船发明之前，人们在木筏上展开第一面船帆，他们从此不必费力划桨、撑篙或拉纤就可以从一个地方到达另一个地方，这些史前人类一定会萌生与这个专利局长一样的想法。

其实，人类的历史演进中最妙趣横生的地方，就在于人类总是试图想尽各种方法来让他人或其他的东西来代替自己工作。于是，他自己就可以充分地享受生活，悠闲地坐在草地上晒太阳，随心所欲地在岩壁上作画，或者是将凶猛的野兽幼仔训练成家畜一样温顺的动物。

在古老的时代，将一个弱小的民族打败，让他们代替自己去做那些又苦又累的工作是一件非常稀松平常的事情。之前的古希腊人、古罗马人和我们一样聪明，但是他们却没有发明出一件让人眼睛一亮的机械，其根源就在于当时奴隶制度的普遍存在。他们可以去附近的奴隶市场，用最低的价格买到自己需要的所有奴隶，他们当然不会将自己的时间浪费在摆弄金属线、滑轮或齿轮上面，更不会为研究、发明而将自己的房间弄得烟尘四起、吵闹不息。

到了中世纪，虽然程度较轻的农奴制取代了残酷的奴隶制，但是商会并不赞成使用机器，他们觉得机器的使用会让很多人丢掉自己的饭碗，无法生存。还有一点就是那时候的人们并不注重大批量生产的商品。那时的裁缝、屠夫、木匠都只为满足他们身边社区中生活的人的直接需求不断劳作，他们没有与他人竞争的意识，也不愿意生产更多超出市场需求数量的任何产品。

到了文艺复兴时期，教会对于科学研究的偏见不再像从前一样死死地控制住人们的思想。很多人开始从事数学、天文、物理、化学等领域的研究工作。在三十年战争开始的最初两年，苏格兰人约翰·内皮尔将自己对于对数的新发现做成了一个小册子正式出版。战争期间，微积分体系也由莱比锡的戈特弗雷德·莱布尼茨逐步完善了。在签订《威斯特伐利亚条约》的前八年，著名的英国自然科学家牛顿出生，但是意大利的天文学家伽利略也在同一年离世。在30年战火的摧残下，中欧地区的繁盛几乎化为一片灰烬，但在这片焦土之上却盛行起"炼金术"的热潮。作为一门在中世纪兴起的伪科学，人们希望借助炼金术将普通的金属淬炼成金子，这显然是难以实现的。正当这些炼金师们在自己的实验室中不停进行实验的时候，他们偶然间有了新的发现。这些发现为后来化学家们的研究工作提供了助力。

他们这些人的工作加在一起，就为这个时代打下了一个扎实的科学基础，让复杂的机器发明变成了可能。很多聪明能干的人抓住并充分利用了这样的条件深入研究。在中世纪，人们能够用木材制造出少数必要的机器，但是木材很容易磨损。铁是一种相对较好的制造材料，但是当时只有英国才有铁矿。于是，英国就趁机发展了冶铁业。在对铁矿进行熔炼的时候需要极高的温度，开始人们使用木材作为燃料，但是等到英国境内的森林快被砍伐殆尽时，人们开始使用煤作为燃料。但众所周知，煤只能从很深的地下开采，然后被运送到冶铁的熔炉中。在煤炭的开采过程中也一定要

冶铁工业

自古以来人们借助坚硬耐磨的铁器从事狩猎、农耕、生产甚至战争活动，丰富的铁矿资源让英格兰从偏僻的荒蛮之地一跃成为强盛的工业大国。冶铁业的发展消耗了英格兰大量的森林资源去填补燃料需求，直到当地人发现以廉价的煤替代昂贵的木炭来进行冶铁的技术，图为位于英格兰乡村的冶铁工厂。

保持矿坑的干燥，防止进水。

这是当时迫切需要解决的两个难题。运煤的时候尚可借助马匹来拉，但是要想解决抽水的问题，就必须使用特殊的机器。于是很多科学家开始为解决这一难题而忙碌起来。人们都知道可以借助蒸汽来成为机器的新动力。这个蒸汽机的想法由来已久。公元前1世纪的亚历山大就曾经向世人描述过几部以蒸汽作动力的机器。中世纪的人们甚至考虑过制造以蒸汽作动力的战车。和牛顿同一时代的渥斯特侯爵也曾在他的发明手册中提及过蒸汽机。没过多久，伦敦的托马斯·萨弗里就在1698年发明出了抽水机，并申请了专利。与此同时，荷兰的克里斯琴·海更斯也正致力于改进发动机，他的设想是借助火药在发动机内部引发可控的爆炸，近似于我们今天借助汽油来发动引擎的原理。

这时候欧洲各国的人都开始从事蒸汽机的研究。海更斯的好朋友兼助手是一个名叫丹尼斯·帕平的法国人，他在好几个国家都进行过蒸汽机的实验，他还发明了利用蒸汽作为动力的小货车和蹼轮。就在他信心满满地准备开着自己的小蒸汽船进行首度试航时，市政当局却依据航运工会的投诉而将蒸汽船没收了，皆因航运工会担心这种新式机器会抢了他们的饭碗。帕平散尽所有的钱财来从事发明研究，最后却在伦敦穷困潦倒的生活中默然死去。在帕平去世的时候，一个机械迷——托马斯·纽科曼也在全心地从事

气泵研究。又过了50年，一个格拉斯哥的仪器制造工人詹姆斯·瓦特改进了纽科曼发明的气泵，并在1777年造出了世界上第一个真正意义上的蒸汽机。

就在人们痴迷于蒸汽机实验的几百年间，世界的政治格局也发生着巨大的变化。英国人已经取代了荷兰的海上霸主地位，成了海上贸易的主要承运商。他们大肆扩张海外殖民地，将当地出产的原材料运回英国进行加工，然后再将这些商品出口到世界各国。17世纪，北美的乔治亚和卡罗莱纳开始试种称作"棉花"的一种出产奇特毛状物的新型灌木。这些棉花被摘下来之后就立刻运往英国，再由兰卡郡的工人织成布匹。最开始这些布匹的纺织工序都是由工人在自己家中手工完成。之后不久，约翰·凯在1730年发明了"飞梭"，这让纺织技术有了长足的进步。再后来，1770年詹姆斯·哈格里夫斯发明了纺织机，并申请了专利。一个叫作伊利·惠特尼的美国人还发明出了轧花机，这种机器能够自动将棉花中的颗粒分离出来，这种工作以前只能凭手工完成，一个工人每天只能分出1磅，轧花机的出现极大地提高了棉花的加工效率。之后理查德·阿克赖特和埃德蒙·卡特赖特还发明了以水力作为动力的大型纺织机。到了18世纪80年代，法兰西召开

了"三级会议"，在代表们为改变欧洲政治制度的重要议题而争执得不可开交的时候，人们已经开始将瓦特的蒸汽机装在阿克赖特发明的纺织机上，从而利用蒸汽动力来带动纺织机运转。这些发明改变了社会经济与生活的走向，在整个世界的领域改变了人与人之间的关系。

当固定式蒸汽机的研发取得了进展，发明家们的目光马上就开始转到如何借助它们来推动车船行进的问题上。瓦特也曾提出过蒸汽机车的研究设想，但还没等到他付诸行动，世界上第一辆火车就已经在1804年出现了。这辆火车是由理查德·特里维西克发明制造的，它可以载着20吨的矿石在威尔士矿区佩尼达兰的铁

动力革命——蒸汽机

人类对于新动力与动力极限的不断追求，让无数人试图借助蒸汽提供崭新的动力之源，从古代人对蒸汽动力的猜想到将蒸汽的巨大能量成功转换为源源不断的机械能，这种往复式的动力机械甚至引发了人类历史上著名的工业革命。图为托马斯·纽科曼设计发明的蒸汽机，这种蒸汽机初始时多用于矿井抽水。

轨上快速前进。

就在同一时期，美国珠宝商和肖像画家罗伯特·福尔顿正在巴黎到处活动，想要说服拿破仑借助他发明的"鹦鹉螺号"潜水艇和汽船，装备法国海军以取代英国成为海上的霸主。

这种关于汽船的设想并非是福尔顿的独家创意。事实上，这种想法是由康涅狄格州机械天才约翰·菲奇率先提出来的。1787年，菲奇制作的小型汽船就已经在德拉瓦尔河进行了第一次航行。但遗憾的是，当时拿破仑和他的科学顾问们认为这种自行推动的船只根本就没有任何意义。尽管这种装着苏格兰引擎的小船冒着烟在塞纳河面上飞快地行驶，可这位愚蠢的皇帝竟然没有意识到这也是一种致命的武器，或许它完全有可能改变特拉法尔加海战的最终结局。

福尔顿满怀着失望的心情回到了美国。但是他也是一个头脑灵活的商人，很快就和罗伯特·利文斯顿一起成立了一家小有名气的汽船公司。利文斯顿曾经是《独立宣言》的签署人之一，还是美国的驻法大使。他们公司的第一艘汽船"克勒蒙特"号，装载着英国伯明翰的博尔顿和瓦特研制的引擎，垄断了纽约州所有的水上营运业务，并于1807年开设了从纽约到奥尔巴尼的定时航线。

蒸汽机车

蒸汽机的出现让人们开始尝试着研制一种以蒸汽机为动力、能快速行进运输工具，从小看惯蒸汽机的矿工之子英国人史蒂芬森不断地研究、修改设计方案，直到相对完善的蒸汽机车"火箭号"横空出世。被应用于铁路运输的蒸汽机不仅改变了人们的观念，更开创了崭新的铁路时代。图为蒸汽机车"火箭号"。

蒸汽船

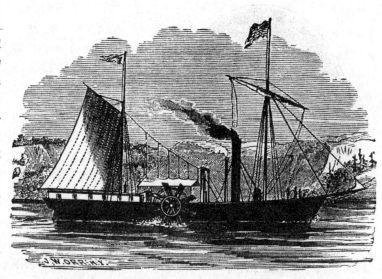

作为世界上第一艘蒸汽动力轮船，"克勒蒙特号"出自美国工程师福尔顿之手，它以巨大的轮形桨叶在哈得孙河逆流而上，32小时内行驶了150英里，这种蒸汽动力轮船的应用使原有航运载重及航程速度均获得了大幅的提升，稳定性与安全性也有了一定的保证，开创了人类航海历史的新篇章。

　　约翰·菲奇本来先于任何人考虑将蒸汽船试用于商业运输，但是却悲惨地死去了。当他制造的第五艘螺旋桨汽船被毁掉的时候，他已经身无分文，身体健康也每况愈下。他的邻居们毫不留情地讥讽、嘲笑他，就如同百年之后制造荒诞飞行器的兰利教授也曾遇到过的境遇一样。菲奇一直期望着能为自己的国家作点贡献，开辟出一条通往西部水域的快速通道，但是他的同胞们却宁愿乘坐平底船甚至步行，也不愿听听他的想法。直到1798年，菲奇在无尽的痛苦与失望中选择服毒结束了自己卑微的生命。

　　时光又推进了20年。一艘载重1850吨、时速6节的"萨凡纳"号汽船用了25天的时间从美国的萨凡纳抵达利物浦，这仅比"毛里塔尼亚号"的船速慢了1/3，一举创造了横渡大西洋的新纪录。这个时候，人们终于不再嘲笑这种新机器。他们开始对新事物报以极大的热情，却又将这些发明的荣誉错放给了那些坐享其成的人们头上。

　　6年之后，英国的乔治·斯蒂文森始终致力于矿井产出的原煤在运往冶炼炉、棉花工厂的线路中运营机车的研制。他发明了举世闻名的"移动式引擎"节省了运输成本，使得煤的价格下降

福尔顿

　　美国工程师罗伯特·福尔顿正在自己的工作台前拿着机械模型冥思苦想。

了70%，并使开通曼彻斯特至利物浦之间的定期客运线路变成了现实。此时此刻，人们以时速15英里的速度从一座城市飞驰向另一座城市，这在从前绝对是难以想象的。而在十几年之后，这一速度甚至已经提升至时速20英里。今天，任何一部有着19世纪80年代戴姆勒和莱瓦莎品牌血统的小型机动车，都可以完全超越那些早期喘着粗气的蒸汽机器，只要它没有太大的毛病。

当工程师都在全心研究"热力机"的时候，还有一群"纯粹"的科学家们，他们每天用十几个小时的时间去研究科学现象中的理论，这些理论的发现承载着机械时代的进步。此刻，这些"纯粹"的科学家们正沿着一条前所未有的新线索，借此探索着大自然最深奥莫测、最不为人类所知的奇妙领域。

在2000年前，就有很多希腊和罗马的哲学家发现了一种非常奇特的现象：人们可以用羊毛摩擦过的琥珀将附近的稻草细屑或羽毛吸起来。这些哲学家包括美里塔司城杰出的泰勒斯和普林尼，但是很不幸的是，在公元79年爆发的那场将整个庞贝和赫库兰尼姆城毁于一旦的维苏威火山喷发中，亲历现场观察研究的

本杰明·富兰克林与电

愚昧的人们起初完全没有意识到自然界中闪电所蕴含的巨大能量，而美国科学家本杰明·富兰克林却认定闪电与电火花归属于同一性质的放电现象，并根据各种电学实验确凿地证实了猜测的准确性。他在电学领域的巨大突破为其赢得了广泛的赞誉，人们甚至称其"从天空捕获了雷电，从暴君的手中夺回了王权"。

普林尼离开了人世。中世纪的科学家们对这种神秘的现象并没有表现出浓厚的兴趣，人类对电的研究很快就戛然而止。文艺复兴之后不久，伊丽莎白女王的私人医生威廉·吉尔伯特曾写了一篇著名的论文，论文中对磁铁的特性和表现进行了探讨。在三十年战争期间，马格德堡市长兼气泵的发明者奥托·冯·格里克制造出了世界上第一台电动机。在之后的100年间，大量的科学家都对电的研究注入了极大的热情。1795年，相继问世的"莱顿瓶"至少有三位教授分别研制出来过。与此同时，美国杰出的天才本杰明·富兰克林在本杰明·托马斯（因同情英国而逃离新罕布什尔，人称朗福德伯爵）之后，也将研究的重心放在了这一领域。他发现电火花和闪电之间的一些相同的特性。之后一直到他生命的尽头，他都在从事对电的研究。在他之后还有福特，他发现了著名的"电堆"。还有包括迦瓦尼、戴伊、丹麦教授汉斯·克里斯琴·奥斯忒德、安培、阿拉果、法拉第等一系列勤勤恳恳的科学探索者，他们努力地探寻着电的真正本质。

这些科学家们将他们的发现无偿地贡献给社会。一个和福尔顿一样的艺术家萨缪

雷电的认识

　　雷电是伴随着雷雨云出现的自然放电现象，懵懂时期的人类给天空中神秘的雷电赋予众多神话色彩，直到美国科学家本杰明·富兰克林通过实验"捕捉天火"，人类才终于对电的性质以及自然雷电有了更深刻的理解。

电的发现 → 电容器"莱顿瓶"的发明

雷电的认识 → 上帝"怒火"说 → "气体爆炸"说 → 富兰克林反复思考、研究，认定雷电是一种可视的放电现象。 → 富兰克林借助风筝上系着的铜钥匙捕捉到暴风雨前夕的雷电。

实验证明捕捉回的"天火"与实验室中的电如出一辙。

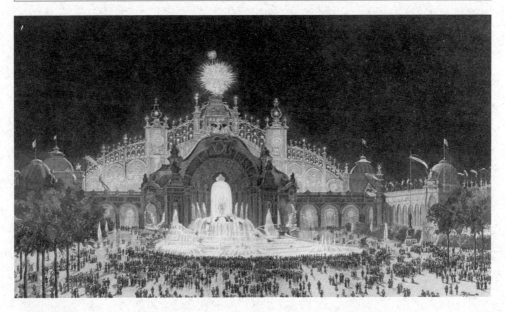

电的世界

　　电能在热力、照明、动力、通信等领域为人类提供着日新月异的发展前景，更将一种崭新的清洁能源引入人们的生活。图为1900年法国巴黎世界博览会上，璀璨夺目的灯光将夜晚映照得亮如白昼，不仅带给驻足观看者以难以名状的惊喜，更以魔幻般的魅力改变着人们的生活。

尔·摩尔斯认为，利用这种电流，可以实现不同城市之间的信息传输。他准备利用他发明的一个小机器和铜线来印证他的判断。但是，当时他的想法却遭到了人们无情的嘲笑，他只好自掏腰包来做实验，很快就花光了他所有的积蓄，这样人们对他的嘲笑就更加肆无忌惮了。他后来向国会申请国家为他的实验提供资金支持，一个比较特别的商务委员会答应了他的请求。但是这些始终围绕政治打转的议员们对他的想法没有一点兴趣，也不能理解他的想法。所以他苦等了12年，才拿到国会的一小笔资金。他很快就在纽约和巴尔的摩之间架设了一条电报线。1837年，他在纽约大学的演讲厅内当众成功地演示了他的电报。1844年5月24日，世界历史上首次远距离信息传输的电报从华盛顿发到了巴尔的摩。现在世界上充满了各种各样的电报线，从欧洲发到亚洲的电报只需要几秒钟就可以完成。在有线电报发明23年之后，亚历山大·格拉汉姆·贝尔又利用电流发明了电话。又过了50多年，意大利人马可尼发明了一套可以完全不依赖线路的无线通信系统。

在新英格兰人摩尔斯潜心研究电报的时候，约克郡的米切尔·法拉第在1831年制造出了世界上的第一台发电机。当时的欧洲正处于彻底打破维也纳会议美梦的法国七月革命的巨大影响中，没有人注意这一个足以改变世界的发明。从第一台发电机问世开始，很多人都对它不断地进行改进。到现在，发电机已经能够为人类提供热能、照明和开动各种机器的动力了。而且，爱迪生在同一世纪四五十年代英法两国的实验基础上，不断地进行改进，终于在1878年发明了用于照明的白炽灯泡。假如我的推断准确，电动机很快就会彻底地取代蒸汽机，就像动物的进化过程一样，生存率低的低等动物总会被进化得更完备的史前动物所取代。

至少对于我这个机械白痴来说，我是非常乐意看到这样的情景发生的。因为发电机是借助水力作为动力的，这远比热力更加清洁和健康。18世纪最伟大的发明——热力机，让各国都树立起了无数的大烟囱，它们昼夜地向空中排放灰尘和煤烟。而且，为了满足一部人的贪婪，成千上万的人们被迫历尽千辛万苦、冒着生命的危险在矿井的深处不断地挖掘、开采煤矿。这样的画面并不美好，也是我们所不愿意看到的。

假如我不是一个必须尊重事实的历史学家，而是一个可以随意想象的小说家，我会用我手中的笔写出最后一部蒸汽机被送进自然历史博物馆的情景，想象着它被放在恐龙和其他已经灭绝的动物的骨架旁边的那种美好画面，这样会让我感到无比快乐。

第 五十八 章

社会革命

那些新机器的价格非常昂贵，只有有钱的人家才会去购买。那些曾在小作坊进行独立劳动的工匠们必须出卖自己的劳动，接受机器拥有者的雇佣。虽然这样他们可以挣比过去更多的钱，但是他们也失去了过去的自由，所以他们并不喜欢这样的生活。

在各类机器被发明之前，世界上的工作都是由小作坊中的工匠们独立完成的。这些工匠拥有工具，还可以随意地打骂自己的学徒。他们只要不违反行业的内部规定，就可以随意从事经营。他们的生活非常简朴，每天都要工作很长的时间才能维持自己的生活。但是他们可以自己做主，假如发现有一个适合外出钓鱼的好天气，他们就可以放下一切去钓鱼，没有任何人能阻拦他们。

但是机器的出现和使用将这一切都改变了。机器就是被放大了的工具，我们可以将每分钟1英里速度的火车比喻成一双快腿，也可以将一部能够将铁板捶平的气锤比喻成一只无比有力的拳头。

机器革命

强大、高效的机器不仅放大了人类有限的力量，更可以稳定、可靠地从事一些高强度作业，甚至在某些必要前提下不停不休，这让从前以人力为主的工作逐渐被先进的机器所取代，人反而成为了机器的附属品。图为英国人利用蒸汽的压力来设计研制冲击力远超人们想象的气锤，从而推动了金属铸造产业的飞越。

　　尽管我们每个人都可以拥有一双快腿，或抡出去劲道十足的重拳，但是一辆火车、一个气锤和一个棉纺工厂却是价格高昂的机械装置，并非是每个人都能够买得起的。最常见的就是由很多人一起购买，每个人都拿出一定数额的资金，然后按相应的比例来分享机器为他们带来的利润。所以，当机器不断改进，可以用于盈利的时候，这些大型机器的制造商便开始寻找能够用现金购买它们的买主。

　　在中世纪，土地就是财富唯一的表现形式，所以只有拥有土地的贵族才能被称为富人。但是我们之前也说过，当时还在采用以物换物的形式，所有的生活用品都可以用另

一种生活用品来换取，所以贵族手中的金银没有多大的用处。到了法国的十字军东侵的时候，城市的居民才在贸易中聚集了大量的财富，并成为了贵族和骑士的竞争对手。

　　法国大革命彻底地摧毁了贵族的财富，中产阶级的地位得到很大的提升。紧接着大革命而来的不安岁月为很多中产阶级提供了一个发家致富的契机，让他们得以累积了超过他们社会地位应有的巨额财富。教会的财产全部被国民公会没收充公，在拍卖的过程中，贿赂的数额非常高。一些土地的投机商人趁机获取了几千平方英里的土地。在拿破仑战争期间，这些商人就曾利用自己的资本屯集粮食和军火，并从中大捞特捞。到了机器时代，他们拥有的财富已经远远地超出了他们日常所需的财富数量，他们能够自己开设工厂，并雇佣工人为他们操作机器。

　　这样一来，数十万人的生活就将因此发生翻天覆地的变化。在几年之内，城市人口增加了好几倍。之前作为市民休闲的市中心已经被众多简陋的建筑所包

城市化的出现

　　社会变革摧毁了贵族阶层引以为傲的资本，崛起的中产阶级依靠繁荣贸易完成了资本积累，掌握着土地、工厂、机器与资金的创业者聚集了大量人力从事生产，以致于大量工业城市的不断涌现，城市人口迅猛增长。这些劳工终日奔忙于工厂与住所之间，用辛勤劳动与透支健康来换取他们遥不可及的幸福。

围。那些每天在工厂工作11—13小时的工人下班之后就会在这里休息，而当听到汽笛声的时候，他们又必须马上回到工厂继续工作。

而在广大的乡村地区，四处蔓延着去城市里就能够挣很多钱的消息。于是那些已经习惯日出而作、日落而息生活的农村人都纷纷跑到城市里。他们在空气污浊、充满烟尘污垢的工厂车间中苦苦地挣扎着，以前健康的身体不复存在了，等待他们的结局不是在医院中苟延残喘，就是在贫民窟中凄惨地死去。

这些从农村到工厂的转变并不是在完全和平的状态下完成的。因为一台机器可以取代100个人的工作，除了操作机器的工人之外，其余99个失业的人就会必然因此怀恨在心。他们会不断地袭击工厂、捣毁机器。但是到了17世纪，保险公司出现了。按照保险的原则之一，这些工厂主的损失都能得到充分的赔偿。

很快，更新、更先进的机器又重新安装在了工厂之中，四周筑起了高墙，这样就阻止了暴动的发生。在这个充满着蒸汽和钢铁的世界中，旧有的行会根本生存不了，很快它们就如同恐龙一样彻底绝迹了。虽然工人们曾经努力想要建立新的工会，但是工厂主

自由经济的春天

从大革命的"自由"时代走出来的人们对自由经济满怀期待，他们提倡个人财产与契约的自由，反对市场人为的控制与干预，以便市场在自身发展规律、机制下顺畅运作，最优化地配置社会资源。于是，每个人都获取了追求利益、出售自身劳力的自由，致使膨胀的工业城市吸引了大批创业者、劳动力的涌入。

们凭借自己的财富，对国家的政治要员施加了更大的影响力和压力。于是他们通过立法机关，以工会会阻碍工人的自由行动为借口，通过了禁止组织工会的法律。

但不要因此就认为那些通过这项法律的议员们都是奸诈的暴君形象。他们都是大革命的产物。因为自由是他们的革命思想之一，有的人甚至会因为自己的邻居并未表现出对自由足够的热爱而杀死他们。所以他们将自由视为最高的道德品质，所以工会是不能决定工人应该工作多长时间、索取多少报酬的。于是，他们既要保证工人们能够在市场上自由地出卖自己的劳动力，也要保证工厂主们能够自由地管理他们的工厂。这时候，由国家控制的社会工业生产的重商主义已经结束了，取而代之的是自由经济。在这种观念的影响下，他们认为国家应该让商业按照自己的发展规律自由运行，不应该横加干涉。

18世纪下半叶不仅是一个才智和政治备受质疑的时代，也是一个新观念取代旧观念的时代。在法国革命爆发初期，屡战屡败的财政大臣蒂尔戈就曾经宣传过自由经济的思想。他生活的国家被太多虚假的礼节、规章制度和大小官僚包围了，他知道这种环境带来的弊端。所以他才会产生取消政府监管，让人们随心所欲地去经营反而会变得更加顺畅的想法。很快，他的自由经济理论就成为了当时经济学家们热烈推崇的理念。

与此同时，英国的亚当·斯密正在进行《国富论》的创作，为自由和贸易进行呐喊助威。经过了30年，当拿破仑被流放之后，欧洲的反动势力在维也纳会议上曾经拒绝赋予人们政治自由的权力，却将这种自由强加在了人们的经济生活中。

正如本章开头所说，机器的普遍使用是对国家的发展有利的，它让社会财富迅速增长。英国在机器的帮助下甚至可以凭自己的力量来独自承担反抗拿破仑战争的全部费用，那些出钱购买机器的资本家获取了想象不到的巨额利润。所以，他们的欲望不断增长，甚至想要在政治上获取一席之地，和那些至今仍然控制欧洲大多数政府的贵族们比试一下。

英国沿用1265年的皇家法令选举出国会议员，但是奇怪的是很多新兴的工业中心竟然没有一个议员代表。1832年，资本家们设法让国会通过了修正法案，对选举制度进行改革，让资本家们对立法机构产生了更大的影响力。但是这些举动也引起了几百万工人的强烈不满，因为政府中根本就没有他们的声音。于是工人们发动了一场争取选举权的运动，将他们的要求写在一份文件上，这就是后来著名的"大宪章"。人们对这份宪章的争论非常激烈，以至于1848年欧洲革命爆发之后也没有停止。因为害怕爆发新一轮的雅各宾派的血腥政变，英国政府任用年逾80的惠灵顿公爵指挥军队，开始大规模地募集志愿军。这时候伦敦被严密封锁，为镇压即将到来的革命做好了充分的准备。

最后，声势浩大的宪章运动因为领袖的无能而终止，并没有爆发武装革命。新兴的富裕的工厂主控制政府的能力逐步加强，大城市的工厂也逐步扩张，并一点点占据了原属于牧场与耕地的大片土地，工业城市将那里变成一个个了无生趣的贫民窟。而这些贫民窟则清晰地见证着每一个欧洲城市走向现代化的进程。

第 五十九 章

奴隶解放

机器的大规模使用，没有像那些亲眼见证火车取代马车的那一代人所说的那样——让人们生活的世界更加幸福、更加繁荣。尽管人们想了种种方法来补救，但是效果并不明显。

被逼入困境的工人

为了给自己营造更好的生存或投资环境，人们领悟到每个人都应对社会投入爱与责任，但当"自由准则"下的竞争迫使企业主为获得利润与高效，肆意压榨底层劳动力，即便是女人和孩子也不能幸免时，完全不对等的劳动回报让"血泪"工厂大批出现，道德的沦陷开始四处蔓延。

1831年，英国通过修正法案的前一夜，杰出的立法策略研究学者、最富实效的政治改革家——杰里米·本瑟姆在给朋友的信中写道："自己想要过得舒适就先要让别人过得舒适，要让别人过得舒适就必须对他们表现出热爱之情，要想表示热爱他们就要真正地去爱他们。"他是一个非常诚实的人，他只是将自己的真实想法实话实说。他的这种观念得到了很多人的赞赏。他们认为自己有责任让那些不幸的人得到幸福，并竭尽所能去帮助他们。也许，付诸行动的时刻到来了。

在那个工业力量被中世纪的各种规定所束缚的时候，倡导自由经济是非常有必要的，但是如果将它作

人间地狱

如林的机器工厂与猪圈般的生活区之间，疲惫、饥饿、疾病的不断侵袭将无数工人拖得奄奄一息。获利阶级把持着主流的发言权，没有工会的支撑让身处社会底层的工人们生存空间越发狭窄，恶劣的境地让成千上万儿童面临死亡的威胁，这场由自由经济引发的苦难将每个人拖入无力挣扎的恶性循环。

为经济生活的最高法则，就会导致非常严重的后果。工人工作的时间长短偏重于工人的体力来计算，这让一个纺织女工只要能坐在纺织机前面，没有因为过度劳累而晕倒，那么就得继续工作。五六岁的小孩也被送到了工厂劳动，以免他们在街头遇到危险，或者是沾上游手好闲的恶习。政府甚至为此制定了相关法律，强迫乞丐的子女必须去工厂劳动，否则就会将他们锁在机器上作为惩罚。他们辛勤地工作，取得的报酬就是有足够的粗粮烂菜可以吃，有猪圈一样的地方可以休息。他们经常会因为过度工作而打盹，为了让他们时刻保持清醒，监工会拿着鞭子到处查看，只要发现有人打盹，就会用力抽打他们的指关节以便让他们有精神干活。在这样恶劣的环境下，数以千计的儿童死去了，这是一件令人感到悲伤的事情。工厂主们也是人，也有同情心，他们也希望能够取消"童工"制度。但是既然人拥有自由，那么儿童也可以拥有自由工作的权利。此外，如果琼斯先生的工厂不再雇佣五六岁的童工，那么他的竞争对手斯通先生就会将无事可做的小孩全都招进自己的工厂，这将很快让琼斯先生的工厂濒临倒闭的境地。所以在国家法律明令禁止使用童工之前，任何一个工厂绝对不会独自停止使用童工。

但是现在的国会已经不再是封建贵族们的天下了，而是由工业中心的代表们所控制。只要禁止工人组织工会的法律存在一天，情况就不会发生改变。当时的思想家和道德家不可能对这样的惨状视若罔闻，但是他们确实无力改变现状。机器一夜之间征服了整个世界，但是想要它从人类的主宰者变成忠实的奴仆，还需要漫长的时间和很多人的共同努力。

有一点非常奇怪，对这个野蛮的雇佣制度霍然发难的首要目的竟然是为了解救非洲和美洲的黑奴。美洲的奴隶制最早是由西班牙引入的，虽然他们曾经尝试使用印第安人作为田庄和矿山的奴隶，但是如果他们一旦远离了野外生活，很快就会死去。为了让印第安人免于灭绝的危险，一个传教士建议使用非洲的黑人作为奴隶。这些黑人身强体壮，能够在恶劣的条件下生存。而且在和白人的相处过程中，他们有更多的机会接触基督，也可以让他们能够拯救自己的灵魂。所以不管从哪方面考虑，这种安排对白人和黑人来说都是可以接受的。但是伴随着机器的普及，棉花的需求量日益增长，黑人要比以前更加辛苦地工作，结果造成他们就像当初的印第安人一样，在监工的虐待之下大量死亡。

废奴运动

　　罪恶的奴隶贩卖让无数自由的生命蒙上阴影，英国人最先站出来痛斥奴隶贩卖与奴隶制，这种姿态不仅获得了民众的支持，也让相对发达的英国经济从奴隶贩卖的抵制中有效地压制了其他国家经济的迅猛崛起。图为英国人在伦敦反奴隶制学社代表大会中寻求上层社会的支持，并引发废奴运动在各国的连锁性反应。

美国内战

　　由于美国以黑奴制为核心的南方种植园经济与以雇佣制为核心的北方资本主义经济之间矛盾重重、日益激化，最终引发了艰苦卓绝的内战，即美国南北战争。这场战争最终以北方联邦军的胜利收场，不仅废除了陈腐的奴隶制度，更为美国工业的崛起以及资本主义经济的腾飞扫清了道路。

　　这些粗暴行径的传言很快就传到了欧洲，于是很多国家都掀起了废奴运动。英国的威廉·维尔伯福斯和卡扎里·麦考利组织了一个禁止奴隶制度的社会团体。他们做的第一件事情就是通过法律让奴隶贸易变成非法的活动。在1840年之后，英属殖民地完全废除了奴隶制度。在法国，1848年的革命也使得奴隶制度成为了历史。葡萄牙也在1858年颁布了一项法律，允诺自颁布之日起在20年之内废除奴隶制度，还奴隶自由之身。而荷兰在1863年也废除了奴隶制度。与此同时，沙皇亚历山大二世也将豪夺了两百多年的农奴自由重新归还给了农奴。

　　而美国的奴隶问题最终引发了一场严重的社会危机，让美国经历了一场漫长的内战。虽然《独立宣言》强调"人人生而平等"，但是这些对黑人和在南部各种植园中的奴隶却没有任何效力。随着时间的推移，北方人对南方的奴隶制度越来越反感，但是南方人却声称，一旦取消奴隶制度，棉花种植业就难以为继。众议院和参议员为了这个问题进行了将近50年的争吵。

　　北方坚持己见，南方也毫不退让，当两者无法继续妥协的时候，南方开始威胁政府要退出联邦。这是美国历史上一个非常危险的时刻，可能会发生很多事情。但是这

亚伯拉罕·林肯

亚伯拉罕·林肯是美国历史上杰出的领袖、政治家，美国第16任总统，在其任期内爆发的美国内战中，他以《宅地法》与《解放黑奴宣言》赢得了美国人民的支持，率领为自由、权力而奋勇当先的北方联邦军击溃了南方种植园主的分裂势力，维护了美国的统一，深受美国人民的敬仰。

些事情之所以没有发生，则要归功于一个心怀仁念的著名人物。

这个人就是自学成才的伊利诺伊州律师亚伯拉罕·林肯，他在1860年11月6日成功地当选为美国总统。林肯是一个反对奴隶制的共和党人，他对奴隶制度深恶痛绝。他意识到，北美大陆很难让两个充满敌视的国家同时存在，所以当南方的一些州退出联邦，促成南部联盟的时候，他没有退缩，而是奋起反抗。

很快北方就开始招募志愿军，有几十万的热血青年积极响应了国家的号召，并开始了前后长达4年的残酷战争。在战争初期，因为南方的准备相对非常充分，并在李将军和杰克逊将军的指挥下连战连捷。之后来自新英格兰和西部的雄厚工业势力开始在战争中发挥决定性的作用。一个名叫查理·马特尔的普通将领凭借勇猛在这场著名的废奴战争中脱颖而出。他向南方的军队发起了猛烈的进攻，丝毫不给对方喘息的机会。在他狂风暴雨般的进攻之下，南方苦心经营的防线不断崩溃。

1863年初，林肯总统发表了著名的《解放宣言》，从而让所有的奴隶获得自由。时至1865年4月，李将军麾下最后一点勇猛的部队也在阿波马克托斯宣布缴械投降。但是没过几天，林肯总统不幸被一个疯子刺杀。庆幸的是，他的杰出事业已经完成。除了西班牙的殖民地巴西仍然存在奴隶制度之外，奴隶制度在文明世界的任何地方都烟消云散了。

当黑人们享受自由的空气时，欧洲的工人却在"自由经济"的压迫下拼命地喘着粗气。在很多现代作家和观察家的眼中，工人在这样悲惨的环境中没有完全灭绝就是一个难以置信的奇迹。这些无产阶级住在肮脏、破旧的贫民窟住所中，吃着难以下咽的粗糙食物。他们的教育程度刚好达到每天工作所需的技巧即止。如果他们遭遇意外或者死亡，家人就会失去所有的依靠和希望。在这样悲惨的情况下，对立法机构能施加很大影响力的酿酒业还在不断地向他们提供廉价的威士忌和松子酒，让他们来借酒消愁。

19世纪三四十年代以来的社会进步并不是某一个人的功劳。为了将工人从机器普及所造成的灾难性后果中解放出来，人类付出了整整两代人的心血和智慧。他们并非要将整个资本主义体系推倒重建。因为他们知道，少数人积累起来的财富若运用得当，还是完全可以促进社会进步的。但是对于那些拥有大量财富，可以随意关闭工厂也不会挨饿受冻的工厂主们和不论报酬多少都要辛苦工作，否则全家就无法生存的工人们来说，两

英国改革

随着19世纪初期英国经济的突飞猛进，一场关于生产过剩的全面危机也接踵而来。生活困窘、劳动强度繁重的底层民众生存环境与社会地位越来越受到人们的关注，为确保社会稳定和良性发展，改革的呼声此起彼伏，也取得了一定的成效。

英国改革进程

19世纪初

英国经济爆发生产过剩危机，工人运动重新兴起，政府迫于压力通过了改革法案，工业资产阶级获取了更多的参政机会。

19世纪40—50年代

率先完成工业革命的英国把持世界贸易命脉，巨额财富源源不断收入土地贵族和资产阶级囊中，底层民众生活困窘。

19世纪50—60年代

资本剥削日益严重，英国工人运动声势高涨，工人、底层贫民成立工会以罢工的方式呼吁改革。

19世纪60年代初

随着君主立宪制的推行，工业资产阶级走上政治前台，第二次选举改革运动后，改革方案获得通过并纳入法律。

孤独的观察者

自由经济的发展迫使工人阶级身陷水深火热之中，一边是膨胀的城市与忙碌的工厂，一边是日渐窘迫的生活，工人们以辛勤的劳动与血汗修建起这片繁荣，却难以融入其中，他们缔造着一个又一个的人间奇迹，却在这片钢铁、烟囱堆砌的环境中倍感孤独与陌生。

社会主义

为了维系社会的平衡与持久繁荣，人们开始萌生对现有社会经济制度的思考，于是以整个社会和群体利益为着眼点、提倡按劳分配的社会主义思潮初现端倪。全社会掌控土地、资源、商品，并在符合公众利益的前提下统一管理、合理分配，获得真正自由与福祉的劳动者终于看到了幸福的方向。

者之间存在绝对平等的观点，他们也会全力地反对。

他们改善了很多法律来规范工厂主和工人之间的关系，他们取得了一系列不错的改革成效。时至今日，大部分劳动者的合法权益已能得到保证，他们每天的工作时间缩减到8个小时，他们的子女也开始接受学校的正规教育，孩子们从前必须也要跟着下矿井、去车间的日子已经一去不返了。

但是还有一些人在看到从烟囱中冒出来的滚滚黑烟、听到火车昼夜不息的轰鸣、看到各种卖不出去的商品堆满仓库的时候，不禁思考起来。他们想知道这些巨大的力量究竟会将人类带往何方，哪里又是这一切的终点。他们非常清楚人们已经在完全没有贸易和工业竞争的情况下生存了几十万年。可不可以改变现状，取消那种以牺牲人类幸福为代价、追名逐利的社会体制呢？

这种憧憬更加美好世界的思想在很多国家都开始出现。名下拥有很多纺织厂的罗伯特·欧文在英国建立了一个"社会主义社区"，并已经取得了一定的成就。但是在他死后，他位于新拉纳克厂址所在地的社区很快就萎靡消亡了。法国的记者路易斯·布兰克特也曾有过相同的尝试，但是并没有取得明显的效果。越来越多的社会主义作家们已深深意识到，在常规工业社会势力的环视下，试图建立势单力孤的独立小社团是永远不可能取得进展的。因此在做出实质性的动作之前，人们首先要了解整个工业和资本主义社会的基本原理与规律。

在罗伯特·欧文、路易斯·布兰克、弗朗西斯·傅立叶这些肩负实用社会主义大旗的学者身后，诸如卡尔·马克思和弗里德里希·恩格斯这样的一批理论社会主义学者走上前台。作为一名睿智的学者，马克思盛名在外，他和他的家人长期在德国居住。他在了解欧文和布兰克的社会试验之后，开始兴致勃勃地致力于劳动、资本和失业问题的研究。但他的自由主义思想为德国警察当局所不容，所以他不得不逃往布鲁塞尔，后又流亡伦敦，成为了《纽约论坛报》的一个记者，生活十分贫困。

他的经济学著作在当时根本无人问津。他在1864年组建了第一个国际劳工联合组织。1867年，他出版了《资本论》的第一卷。在他看来，人类的历史就是有产者和无产者之间的斗争史。机器的普及让资本家开始登上历史舞台，他们利用自己多余的财富购买机器，雇佣工人为他劳动，以便创造更多的财富，然后再利用这些财富建立更多的工厂，不断地循环下去。根据他的这种观点，资产阶级会越来越富有，而无产阶级会越来越穷。所以他作出了一个大胆的预测，这种资本循环的发展极致就是世界上的所有财富会集中到一个人的手上，其他所有的人都会成为他雇佣的工人，并依靠他的施舍勉强度日。

为了防止这可怕的一幕真的出现，马克思号召世界上所有的工人都联合起来，为了争取合理的政治经济体制不懈斗争。在1848年，欧洲革命发生的那一年他发表了《共产党宣言》，其中对此有各种详细的阐述。

卡尔·马克思

作为全世界无产阶级与劳动者的伟大导师与精神领袖，卡尔·马克思对资产阶级与资本主义经济有着深入的考察与研究，在资产阶级世界危机日益加剧之际，他的社会主义学说成为众多欧洲国家关注的焦点，他所著的《资本论》甚至成为19世纪最具影响力的大作。

很显然，他的这种观点是政府所不能容忍的。很多国家，尤其是德国制定了相当严厉的法律来专门针对这些社会主义者。警察受政府指派解散了社会主义者的集会，并大肆逮捕演讲者。但是这种残酷的镇压并不会给政府带来任何好处。对于社会主义这种不受国家礼遇的事业来说，这些被抓捕的革命先行者反成了最佳的宣传广告。以至于在欧洲各地，信仰社会主义的人越来越多。经过长时间的发展，资产阶级终于弄清楚了，这些社会主义者并没有发动暴力革命的打算，他们只是希望借助在国会中日益增长的影响力，为广大劳动阶级争取到更多的合法利益。有的社会主义者甚至被任命为内阁大臣，他们和开明的天主教信仰者和新教徒携手合作，努力消除工业革命所带来的不利影响，将机器普及与财富增长所获取的利润加以更公平、更合理的分配。

第 六十 章

科学时代

> 与此同时，世界正经历着一场比政治革命和工业革命影响更深远、意义更重大的变革。在经过了长期的压迫、摧残之后，科学家们终于重拾行动的自由。他们从此可以自由地尝试探索宇宙间的基本规律。

埃及人、巴比伦人、迦勒底人、希腊人、罗马人都对早期的科学概念和研究作出过一定的贡献。但是公元4世纪的大迁移将地中海地区的古国彻底摧毁了，随之而来的基督教对人灵魂的重视超过了肉体，科学就被视为人类骄傲的一种表现。在教会看来，科学企图偷看上帝神圣领域内的神秘事物，这和《圣经》中描述的七宗罪有着莫大的关系。

虽然文艺复兴在很大程度上突破了中世纪对科学的偏见，但是16世纪初期的宗教改革运动却对科学怀有强烈的敌意。如果科学家们超过了《圣经》规定的狭隘范畴，就会受到最严厉的惩罚。

这个世界到处都是杰出将军的雕塑，他们带领着士兵走向辉煌的胜利，同时也有很多不起眼的石碑，向世人昭告这里沉睡着一个杰出的科学家。经过了1000年，我们可以用完全不同的态度来面对这个问题。这时候生活幸福的孩子更加敬佩这些科学家们的勇气和大无畏的献身精神，因为这些人是抽象知识领域中的先驱者，而这些抽象的知识让世界变得更加真实、更加有实际意义。

这些科学家中有很多人的生活都十分困苦，经常遭受他人的非议和白眼。他们生前住在破旧的房屋之中，死时栖身于阴冷、潮湿的地牢。他们不敢将自己的名字写在著作的封面，甚至一生都不敢公开自己的研究成果。他们有时只能将自己的书稿送到阿姆斯特丹或者哈勒姆的某个地下出版社偷偷出版。因为教会对他们有着强烈的敌意，不管是天主教信仰者还是新教徒都不会对他们抱以怜悯之心。他们是传教者永恒的敌人，他们是无知民众被蛊惑时冠以异端分子的称谓，进而被诉诸暴力的反面宣传典型。

但是他们依然能找到各种容身之所，比如荷兰。虽然荷兰人对这些神秘的科学研究没有兴趣，但是也不愿意去干涉别人的思想自由。所以具有宽容精神的荷兰就成了自由思想者的避难所，其他欧洲国家的哲学家、数学家和物理学家等都来到这里，享受着自由的空气。

在之前我曾提到过，在13世纪，一个名叫罗杰·培根的天才用长期禁笔的方式来避免教会责难的事情。5个世纪之后，那些著名的《百科全书》的编撰者们还处在法国宪兵严密的监视之下。50年之后，达尔文因为对《圣经》中创世的故事提出质疑而成为了所有传教者的公敌。直到现在，那些敢于探究人类未知领域的科学家依然会受到各种迫害。甚至在我写这一章文字的时候，布莱恩还在对人们鼓吹"达尔文主义的危害"，呼吁人们共同反对这个英国自然学家的谬论。

但是所有这一切都是无关紧要的细节，该完成的工作还是做完了。尽管最初人们会将这些具有远见的科学家看成是疯狂的理想主义者，但最终还是会一起分享科学发现和发明创造所带来的利益。

到了17世纪，科学家们都开始关注天文领域，开始研究地球和太阳之间的关系。但是教会依然会反对这种在他们眼中看来不该存有的好奇心。最先证明太阳才是宇宙中心的哥白尼在死前才将他的著作发表出来。而伽利略尽管一直生活在教会形影不离的监控

古老的科学实验

数千年来，人类试图探索自身乃至宇宙奥秘的决心与脚步从未有过丝毫的迟疑与停滞。无数杰出的科学家坚毅、勇敢地站在了时代的前沿，他们饱受质疑、冷眼、迫害甚至被人们看作是邪恶的巫师与异端。在神奇的科学领域，在道德与理性的边缘，他们用事实与论证帮助人们拨开迷雾、张开被蒙蔽的双眼。

真理与谬误的博弈

　　由于支持哥白尼的日心说而被教会传唤的"近代科学之父"伽利略，在宗教法庭将手按在《圣经》上不情愿地宣誓放弃毕生维护的观点。逃过此劫的他被"酌轻判处"终身监禁，直到他开创现代力学之作《关于两种新科学的谈话》在阿姆斯特丹秘密出版，为探索真理战斗到生命最后一息的他才稍感安慰。

之下，还是能坚持用自己制作的望远镜观察星空，为后来伊萨克·牛顿的研究提供了大量的数据。这为牛顿日后由物体降落中发现有趣的万有引力定律提供了很大帮助。

　　这种在所有落体上都存在的定律在很长一段时间内，将人们研究星空的目光转移到了地球上。17世纪中期，安东尼·范·利文霍克发明了显微镜，操作非常便利，它让人们开始有机会研究导致人类患病的微生物，奠定了细菌学的基础。正是因为有了这门学科的存在，在19世纪60年代之后，人们才逐渐发现各种致病的微生物，消除了很多的患病隐患。

　　除此之外，地理学家在研究不同的岩石和从地底深处挖出来的化石的时候也会经常用到显微镜。对古化石的研究结果充分证明了地球的历史要比创世纪中描绘的更加久远。1830年，查理·莱尔爵士出版了《地质学原理》一书。在这本书中，他否定了《圣经》中创世的故事，并详细地描绘了地球缓慢的发展过程。

　　与此同时，拉普拉斯法发表了一种关于宇宙起源的新论点，认为地球只是浩瀚银河中很小的一个行星而已。邦森与基希霍夫也正在利用分光镜来研究星球以及太阳的化学

成分，但是最先发现太阳表面耀斑的还是伽利略。

经过了长期和天主教、新教的艰苦斗争之后，医学家和生物学家终于能够解剖尸体来进行研究，我们也得以了解自身的器官和身体结构，从而不再受中世纪江湖医生那样的胡乱猜测所误导。

几十万年的时光飞逝，最初人类从思考星星为什么存在于天空，开始了对天文的探索。从1810年至1840年，短短不到一代人的时间中，科学所取得的进步已经超过了过去几十万年发展的总和。那些在古老教育模式下成长起来的人必然觉得这是一个可悲的时代。尽管拉马克和达尔文没有直接说出人是由猿猴进化而来的，但他们已经暗示了人类是经过了漫长的进化过程而来的，甚至可以追溯到地球上的最早生物水母身上，所以我们能够理解顽固的旧思想者对这两个发现者的憎恨。

19世纪，中产阶级已经建立了一个由他们掌控的、兴旺发达的世界，他们问心无愧地使用着煤气、电灯和所有杰出的科学发现所带来的成果。但是那些纯理论的科学家，那些耗尽所有的精

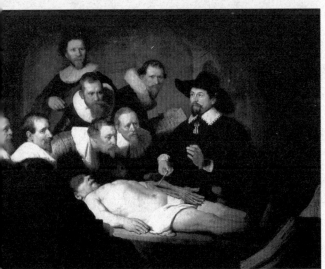

杜尔普博士的解剖课

曾被认为违反上帝旨意而被教会视为禁区的人体解剖学让科学家们充满好奇，却又不敢越雷池半步，直到几番艰难的挣扎与斗争后，逐渐解禁的学科研究才让人们有机会去探索人类自身的奥秘。图中在阿姆斯特丹的解剖学教室中，杜尔普博士正向学生们展示、讲解人体的肌肉，紧张神秘的气氛仿佛有魔鬼在旁听。

科学改变世界

斗转星移，在人类历史漫长的时光长河中，科学领域的厚积薄发让人充满希望。大量的科学成果从人类最初的幻想走到实验室，再从实验室走进书本，最终成为现实。科学丰富着人们的头脑，改变着世界，甚至影响着人类的命运。然而，没有人注意到科学背后闪现的是无数人的智慧、努力、勇气甚至生命。

力来为这些进步提供理论依据的人，却遭受着人们怀疑的目光和无情的讥讽。他们的贡献直到不久之前才终于得到人们的认可。现在，富有的人开始将以前用来捐助建造教堂的资金来修建各种类型的实验室。在这些没有硝烟的战场上，这些科学家们正在和人类隐藏的敌人进行着一场无声无息的战斗。有时候他们为了将来人们能够更加健康、幸福地享受生活，甚至不惜付出自己的生命。

之前人们喜欢将一些无法治疗的疾病看成是上帝的旨意，其实这是由于人类对自我认知的无知与无视所导致的。现在每一个小孩子都知道，要喝清洁干净的水，这样就能减少感染伤寒的可能。可就是这样一个简单的常识，也是医生们经过多年努力取得的成果。科学家们对于口腔细菌的研究让我们能更好地预防蛀牙，即使是非要拔牙，我们也会很轻松地去找牙医。1846年，美国最早利用乙醚作为麻醉剂，成功进行了一次无痛的手术。欧洲人在看到相关报道之后觉得非常不可思议，他们竟然想让人类逃脱一切生物都无法规避的疼痛，这简直是在公然反抗上帝的旨意。直到很多年以后，在外科手术中使用乙醚或氯仿作为麻醉剂才逐步推广开来。

尽管人们对科学的偏见依然存在，但是科学家们不断地引导人类进步的战役还是取得了不错的战果。固执、偏见的古老墙壁上缝隙在逐渐扩大，随着岁月的流逝，无知的垒石终于倾倒崩塌。一些追求更美好、更幸福生活的人们走出了古老的囹圄，但是他们很快就发现了又有一个新的障碍挡在他们面前。随着旧时代的终结，一个新的反动城堡又建立了。成千上万的人们前赴后继，为了冲破这最后一道防线付出了生命的代价。

第六十一章

艺 术

关于艺术。

　　一个健康的宝宝在吃饱喝足之后，口里会不自觉地发出哼哼唧唧的声音，以此向世界宣告他的幸福生活。这些声音在大人听来是没有任何意义的，但是在宝宝心中，这些"依依呀呀"之声就是属于他们的音乐，也是他们对艺术的最早贡献。

　　等到他再长大一点，能够自己坐起来，就开始了玩泥偶的日子。这些泥偶在大人看来是寥寥无趣的。在世界上，有很多孩子可能都在玩泥偶，每一个泥偶又都是与众不同的。但是对于孩子们来说，这是他们走向艺术王国的又一次尝试，可以说他现在正在扮演着一个雕塑家的角色。

　　等到了他们三四岁的时候，他们又变成了一个个画家，用双手画出脑海中的图画。当妈妈给他一盒彩色的画笔和一张白纸之后，他就会在纸上画出各种奇特的图案。虽然看上去歪歪扭扭，但是这些弯弯曲曲的线条代表的是他们心中房子啊、马啊、可怖的海战啊等形形色色世界里的事物。

　　过不了多长时间，他们这种随心所欲的创作生活就会结束，然后

孩子与艺术

　　天性与尝试让孩子们在不知不觉中打开了通往人生繁华世界的大门，他们以纯真而好奇的双眼打量着这个世界，他们充满热情、活力与创造力。但成人们总是遵循着自己的意志去试图塑造孩子的未来，艺术反倒成为可望不可即的奢侈品，固化的思维与功课最终消磨了孩子们的创造力。

被送进学校接受教育。从这个时候开始，孩子的生活就会被数不清的功课填满。每个小孩心中的首要事情就是学会谋生之法。在背诵各种公式和词语、定理的时候，孩子们已经没有更多的闲暇时间来进行他们的"艺术"创造了。他们仅有在创造带来的快乐非常强烈，而且不求能够在现实中得到回报时，只是为了满足内心的渴望而进行艺术活动。等到孩子们长大成人之后，很快就会忘掉在自己生命的最初五年中，是在艺术的创造中度过的。

其实民族的发展和小孩的成长过程非常相像。当穴居人躲过了漫长冰川世纪中各种致命的危险，将他们的家园修整一新之后，就开始创造一些自己觉得美丽的事物。尽管这些东西对他们的捕猎行为没有丝毫的意义，但是他们还是在洞中的岩壁上将捕猎猛兽的情形画了出来，有时还会在石头上刻画出自己认为最美的女子轮廓。

尼罗河和幼发拉底河沿岸地区的埃及人、巴比伦人、波斯人以及其他东方民族在建立了自己的国家之后，就开始为他们的国王建造美丽的王宫，为自己的妻子和女儿制作漂亮的首饰，还会种上各种美丽的植物，用鲜艳的花朵来装饰自己的花圃，美丽的色彩就如同一首优美、欢乐的乐章。

我们的先祖来自遥远的中亚草原，他们四海为家，如同战士和猎人一样喜欢无拘无束的自由生活。他们曾经写下过很多动听的歌谣和诗篇来赞颂领袖所取得的杰出成就，那种诗歌形式一直流传至今。1000年之后，他们在希腊安身立命，建立属于自己的国家的时候，又开始修建庄严的神庙，雕刻出各种各样的雕塑，编著各式各样的悲喜剧。他们用自己所能想到的各种艺术形式来表达他们心目中的悲伤和欢乐。

罗马人和他们的敌人迦太基一样，都忙于管理其他的民族，想着怎样才能赚更多的钱，对于那些没有实际用处且不能带来利润的精神冒险毫无兴趣。尽管他们让天下臣服，修桥筑路，但是他们的艺术却完全是抄袭希腊的。他们创建的几种建筑模式均是以实用为主，仅仅是为了满足时代的需求，而他们的雕塑、历史、装饰、诗歌等艺术形式，则都有着显著的希腊式影子，仅仅是改为拉丁版而已。如果一个人缺乏自己所特有的个性，是没有办法创造出好的艺术来的。罗马恰好最不相信个性的存在，它所需要的是训练有素的军队和精明能干的商人，诗歌创作等艺术形式都交给外国人去做就好了。

之后就是艺术的黑暗时代。野蛮的日耳曼民族就像谚语中一头突然闯进西欧瓷器店的疯牛。他们不理解的东西对他们来说都是可有可无的。以我们现今时代的标准来说，他喜欢有着漂亮女郎封面的通俗杂志，反而将自己继承下来的伦勃朗名作丢进了垃圾堆。过了一段时间，他的见识有所增长，想要弥补之前的损失，但是垃圾堆早就不复存在，名画也就跟着不复存在了。

但是到了这个时候，他自身所具有的东方艺术得到了很大的发展，弥补了他之前的无知，并最终发展成为优美的中世纪艺术。对于北欧人来说，中世纪艺术就是日耳曼民族自身精神的体现，这几乎没有希腊、拉丁艺术的影子。这种艺术形式和埃及、亚述古老的艺术形式更是完全不一样的，更不要提印度和中国艺术了。因为在那个时代，这两个国家还并不为世界所知晓。其实，北方的日耳曼民族很少受到欧洲南部人们的影响，

采花少女 壁画 出自意大利庞贝城附近的斯塔比伊城

优雅的步履、轻舞的裙带、柔美的身姿，艺术家以其细腻的笔触向世人展示了人与自然的和谐之美。尽管人们从画面中只能一睹少女的背影与面部轮廓，但却丝毫不能掩盖她的优雅与迷人。这幅传世之作发掘于被火山吞没的庞贝古城附近的别墅卧室中，几乎完好的线条与色彩让人惊艳。

所以他们的建筑形式根本不能被意大利人所接受，也因此受到了后者强烈的鄙视和讽刺。

人们都知道"哥特式"这个词，一提到这个词，人们就会联想到一座美丽的教堂，教堂的屋顶是尖尖的，直插入高耸的云霄。然而这个词背后真实的意义是什么呢？

它代表了一种不文明、甚至粗俗野蛮的事物，它们最初皆出自那些停留在原始时代的哥特人之手。在南方人看来，哥特人就是一群来自偏僻之地的粗野蛮族，一点也不尊重古典艺术的既定法则。他们只知道用一些奇怪而又恐怖的现代建筑来满足自己的恶俗趣味，完全无视古罗马广场上和雅典卫城中那些崇高艺术的巅峰之作。

但是几百年来，哥特式建筑始终彰显着高度的艺术情感，鼓舞着所有欧洲北部的居民。在前面我已经介绍过中世纪晚期人们的生活方式，他们是城市中的居民。但是在古拉丁语中，城市就代表着部落之意。这些住在高墙深堑防御之后的善良居民，都是货真价实的部落成员，他们依靠城市内部之间的互帮互助，一起同甘共苦。

在古希腊和古罗马的城市中，庙宇作为市民的生活中心，都会被建在广场上。到了中世纪，教堂又成为了市民的生活中心，那里是神的殿堂。现在的新教徒每周只去一次教堂，每次也只待几个小时，已经很难体会出中世纪教堂对于人们来说具有怎样的意义。

在中世纪，每个孩子在出生之后，不到一个星期就要到教堂接受洗礼。在孩子小时候，他还会经常去教堂中听其他信仰者讲解《圣经》中的传奇故事。他长大后还会成为教堂中大家庭的一员。如果有足够的金钱，他还可以给自己建造一个小教堂，在其中供奉家族的守护神。当时教堂作为最神圣的地方，是不分昼夜对外开放的。就像现在的俱乐部一样，它专门为市民提供享用的场所。你很有可能在教堂中遇见一位彼此倾心的女孩，等到她成为自己的新娘之日，你们还会在教堂的神坛之前许下最庄重的誓言。等你走到了人生的尽头，你还会被葬在教堂的石头之下，你的子女或子女的子女会经常走过你的墓前，直到世界末日到来的那一天。

中世纪的教堂不仅是神的住所，还是人们日常生活的中心，所以它的建筑形式应该和其他的建筑物区别开。埃及、希腊和罗马的神庙只是一个供奉神灵的大殿，祭司们也不需要在奥塞里斯、宙斯或丘比特的雕塑面前讲经说法，所以也不需要为公众准备很大的空间。在古代的地中海地

哥特式建筑

野蛮、粗犷的哥特人将辉煌的罗马文明毁于一旦，然后以他们特有的艺术形式打造着世界，并在人类艺术文明史中留下浓烈而充满力道的一笔，尽管这让罗马人感到深深的痛苦与不堪。城市中春笋般拔地而起的哥特式教堂上，拱顶、飞扶壁的设计减轻了建筑墙壁所承受的压力，崇高的气势宣示着他们对天空的向往。

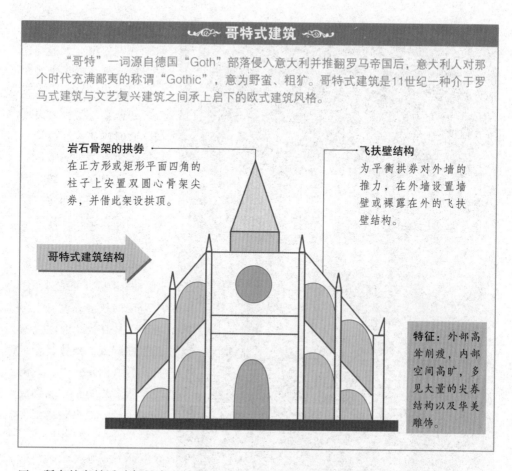

哥特式建筑

"哥特"一词源自德国"Goth"部落侵入意大利并推翻罗马帝国后，意大利人对那个时代充满鄙夷的称谓"Gothic"，意为野蛮、粗犷。哥特式建筑是11世纪一种介于罗马式建筑与文艺复兴建筑之间承上启下的欧式建筑风格。

岩石骨架的拱券
在正方形或矩形平面四角的柱子上安置双圆心骨架尖券，并借此架设拱顶。

飞扶壁结构
为平衡拱券对外墙的推力，在外墙设置墙壁或裸露在外的飞扶壁结构。

哥特式建筑结构

特征： 外部高耸削瘦，内部空间高旷，多见大量的尖券结构以及华美雕饰。

区，所有的宗教活动都是在室外进行的。但是对于气候寒冷潮湿的欧洲北部来说，很多宗教活动必须要在教堂中才能举行。

几百年间，建筑师们都在冥思苦想，怎样才能建造出足够大空间的建筑物。按照罗马的建筑理论，在建造厚重的石墙时，必须要有一个小窗户，这样才能避免墙体因为无法承受自身的重量而坍塌。到了12世纪，十字军在东侵的过程中，看到了清真寺的圆顶建筑。受到这种建筑的启发，欧洲的建筑师们想出了一种新颖的建筑风格，这让欧洲人首次有机会建造出适合频繁宗教生活的大型建筑。他们在被意大利人鄙视的哥特式建筑基础上，进一步延续了这种奇特的建筑风格，发明出了一种由几根支柱支撑起的拱形屋顶。但是这样的拱顶如果太重，就很容易将墙壁压垮。其中的道理很简单，就像一个重300斤的胖子坐在一张儿童座椅上一样，压垮座椅的结果是显而易见的。为了解决这个问题，法国的建筑师们开始使用"扶垛"来增加墙壁的承重能力。所谓扶垛就是指砌在墙边的大堆石块，可以用来协助支撑屋顶的墙体。为了进一步确保屋顶的稳固，建筑师们又借助所谓的"飞垛"来支撑屋脊。这种简单的建筑构造我们可以从很多建筑实体上找到它们的痕迹。

圣徒小教堂内部 建筑装饰 约在1243—1248年间 现存于
法国巴黎

罗马之后、文艺复兴之前的哥特式建筑艺术风格让世人惊叹不已，优雅轻盈的拱顶、精巧别致的廊柱、海量华丽的彩色玻璃镶嵌，赋予了建筑更充分的几何之美、空间之美、光学之美……图中教堂墙壁对彩色玻璃的应用竟然达到3/4，在外界光线的掩映下光影交织，让人如入圣境。

这样的建筑方法可以将窗户开得很大。但是在12世纪，玻璃是一种非常珍贵的奢侈品，所以在私人的建筑物上很少安装玻璃，有时候甚至连贵族的城堡也没有防风的条件。这样房屋里面一年四季都有风穿屋而过，即使在屋内也如同在室外一样要穿着很厚的衣服。

不过幸运的是，当时地中海附近的居民制作彩色玻璃的技术并没有完全绝迹，并在这个时候又重新繁盛起来。很快，在哥特式教堂的窗户上，就出现了很多用彩色玻璃拼成的《圣经》故事，周围再用铅制的长框镶嵌固定。

于是，在上帝新建的房屋中就挤满了虔诚的信仰者。随后，这些让宗教信仰变得栩栩如生的杰出技艺达到了历史上从未企及的高度。为了建造好这个上帝的房屋和人间的圣地，人们不惜一切代价，尽量做到完美无瑕。罗马帝国灭亡之后，雕塑家们就处于长期的失业状态，这个时候他们又可以重新投入工作了。他们在教堂目之所及的所有地方，大门、廊柱、扶垛以及飞檐上填满了上帝和圣人们的雕像。绣工们也全心全意地投入到了工作当中，绣出了精美华丽的挂毯装点着教堂的墙壁。首饰工匠们也拿出了他们的看家本领装点祭坛，让它完全值得上虔诚祭拜者的顶礼膜拜。画家们也使出了浑身解数，但是始终因为没有适合绘画的颜料溶剂，而不得不处处受制。

湿壁画的绘制

最初源自意大利的壁饰绘画——湿壁画（Fresco）意为"新鲜"之意，这种绘制在墙壁灰泥上的绘画对绘画者的自身功底要求极高，能将其运用得出神入化的大师级人物寥寥无几，难于保存也让这类佳作世间存留不多。

湿壁画的绘制流程

首先在准备绘画的墙壁上涂抹一层粗糙的灰泥，并在其上覆盖一层细灰泥。	然后，在潮湿的灰泥层上描上画作最初的草图、轮廓。	接着，在草图上涂抹一层更细的灰泥以作为壁画的表层。	最后，借助画笔将溶于水或石灰水的颜料逐个区域、逐层绘制在灰泥上。

弊端： 因颜料被灰泥层吸收后难以修改，所以绘制时要求尽量一气呵成；湿壁画完成后，石膏因逐渐干燥、龟裂而易于脱落，受潮也易使颜料色泽发生改变。

犹大之吻 湿壁画

乔托 约1305—1306年
200cm×183cm 现存于
意大利帕多瓦市斯克洛
维尼礼拜堂

阴沉的天空下，空气中充满着剑拔弩张的火药气息，耶稣与犹大一动一静站在纷杂的人物与器具旋涡中，传达着一种势如刀锋般的冲突与对立。尽管湿壁画创作维艰与难于保存的现实让艺术家们一筹莫展，但仍涌现了诸如乔托等一批艺术大师，他们以画笔勾勒出人世间光明与黑暗、正义与邪恶的不休缠斗。

正因为如此，才有了另外一段故事。

在基督教成立之初，罗马人用很小的彩色玻璃拼嵌起各种各样的图案，用来装点神庙的墙壁和地板。但是这种镶嵌的技巧很难掌握，画家们也很难借此来表达情感。这种感受就像小孩子用彩色的积木进行创作一般处处受制。所以这种镶嵌的技巧自中世纪就渐渐绝迹了，仅在俄国得以保留和延续。君士坦丁堡沦陷之后，原属于拜占廷帝国的镶嵌画家都逃到俄国另辟家园，他们仍采用五颜六色的玻璃来装点东正教教堂，一直到十月革命之后再没有新教堂建造为止。

中世纪的画家们可以借助熟石膏水来调制颜料，

阿尔诺菲尼的婚礼 橡木板油画 扬·凡·艾克

1434年 82cm×60cm 现存于英国伦敦国家美术馆

华贵、典雅的房间中，一对步入婚姻殿堂的新人携手而立。作为一幅极具纪念意义与艺术价值的绘画精品，艺术家扬·凡·艾克凭借着精细入微的笔触与对色彩出神入化的运用，将真正婚姻最神圣的一幕与意蕴巧妙凝缩在绘画艺术当中。艺术家高超的技艺与特殊油彩颜料的应用使他在上层名流中极富声望。

涂抹在教堂的四壁上。这种掺入新鲜石膏的画法通常被我们称为壁画或者湿壁画，并在世界上流行了好几百年。但是现在这类绘画就像手稿中的微型画一样难得一见了。在众多的现代城市画家中，也许一百个中仅有那么一两个人掌握着调和这种溶剂的方法。但是在当年没有其他更好的材料来调配颜料的情况下，画家们成为湿壁画工也是无可奈何的选择。因为这种画法有一个很大的缺陷，那就是用这种方法画完之后，石膏用不了几年就会从墙上脱落下来，或者画面受到湿气的影响而发生了改变，就如同我们现今的壁纸图案因为返潮而被侵蚀、毁坏一样。尽管人们曾尝试过用酒、醋、蜂蜜以及黏稠的蛋清等其他材料来代替石膏水，但都没有取得成功。这种不懈的尝试持续了1000多年。中世纪的画家们可以驾轻就熟地在单页的羊皮纸上绘画，可一旦绘画的位置转移到面积较大的木料或石壁上，这种发黏的颜料所呈现的效果就让人不甚满意。

到了15世纪上半叶，这一愁

戏剧的发展

　　在特殊宗教庆典场所才能粉墨登场的戏剧经过几个世纪的发展，终于成为王室贵族、平民百姓日常娱乐消遣的新方式。人们在各式各样的剧场中感受人间悲喜、打发时间、从事社交甚至同情人幽会，对艺术的迷恋与心情的排遣让剧场成为上层名流们趋之若鹜的场所。图为路易十六的皇家特许戏剧团在舞台上表演喜剧。

人的难题终于被荷兰南部的扬·凡·艾克与胡伯特·凡·艾克兄弟俩解决了。这对著名的弗兰芒兄弟加入了一种特制的油来调配颜料，从而使绘画可以在木板、帆布、石壁或其他任何材质的底本上呈现出良好的效果。

　　但与此同时，中世纪初期那种狂热的宗教热情也已经消退了。富有的城市居民开始替代了主教，成为了艺术的资助人。因为艺术创作终究是一种谋生的手段，所以当时的艺术家们就开始给一些世俗的雇主提供服务，他们给国王、大公或财大气粗的金融家绘制肖像。很快，新的油画画风开始在欧洲流行起来。基本上每一个国家都有一种固定的画风，人们创作风格独具的肖像画和风景画作品来彰显当地人所特有的艺术情趣。

　　在西班牙，有专门描绘宫廷小丑、皇家挂毯厂的女工，以及其他和国王、宫廷有关的各种各样的人物和器皿物件的贝拉斯克斯。在荷兰，有描绘商人的仓库、邋遢的妻子、健壮的孩子以及发家致富的船只等主题的伦勃朗、弗朗斯·海尔斯和弗美尔。而在意大利则完全不同，因为艺术仍受到教皇的极力保护，所以米开朗基罗和柯雷乔仍然在进行圣母等宗教形象的创作。在富有贵族众多的英国和国王象征一切的法国，艺术家笔下的主要形象就是达官显贵以及和国王有着亲密关系的贵夫人们。

教会势力的没落和新兴社会阶级的崛起给绘画艺术带来的巨变，这也体现在其他所有的艺术形式中。因为印刷术的出现，作家可以通过写作来获得人民大众的喜爱。但是能够买得起新书的人，他们是不会整天坐在自己的家中望着天花板发呆的。已经拥有足够财富的人们需要新的娱乐方式，中世纪的若干个吟游诗人已经满足不了他们的娱乐需求了。从希腊城邦初现到现在已经有2000年的历史了，那些消失已久的职业剧作家终于第一次有了在自己的行业领域中大显身手的机会。过去，戏剧只是宗教庆典的龙套过场。13、14世纪戏剧中讲述的都是耶稣受难的故事。而迎合大众口味的戏剧直到16世纪才开始出现。我们不能否认，一开始，剧作家和演员都是饱受歧视的职业。著名的威廉·莎士比亚还曾经被当作马戏班的小丑，仅能用他的悲喜剧让人们娱乐一下。直到他在1616年去世之后，他才开始获得世人的尊重与认可，从此戏剧演员的名字也从警察严密监视的黑名单中划掉了。

洛佩德·维加是和莎士比亚生活在同一时期的西班牙剧作家。他的创作力令人惊叹，他一生中为大家贡献了400部宗教戏剧和1800多部世俗的悲喜剧，连教皇都对他称赞不已。时隔100年之后，一个叫作莫里哀的戏剧作家，凭借自身的才华成为了路易十四的好友。

从这里开始，戏剧开始受到大众们的喜爱。现在戏剧院已经成为一个城市必备的文化设施之一，电影中的沉默剧也开始逐渐传播到乡村中去了。

比戏剧更令人喜爱的一种艺术形式就是音乐。很多古老的艺术形式都需要极高的操作技巧，我们要想用笨拙的双手接受大脑的指令，在画布或者大理石上展现我们大脑中的丰富想象力，这可能需要花费很长时间的练习，还不一定能够做得很好。还有的人为了学习怎样将精彩的戏剧展现在人们面前，或者创作一本优秀的小说，可能要用一辈子的时间。作为欣赏各种艺术形式的大众来说，想要欣赏它们的精妙之处，也需要接受很多专业的训练。但是对于音乐来说，只要不是聋子，每一个人都可以学会哼唱某一首歌曲，也能够从音乐中体会到很多乐趣。中世纪的人们尽管能听到少量的歌曲，但全都是涉及宗教领域的。这种宗教音乐必须遵循固定的节奏和发声规律，很快就会让人觉得枯燥无趣，而且这些歌曲也不适合在大街上来歌唱。

但是文艺复兴改变了这种状况，让音乐再次变成了人们的好友，可以一起分享快乐与忧伤。

埃及人、巴比伦人和古代犹太人都非常酷爱音乐，他们甚至可以将几种不同的乐器搭配成一支标准的乐队。但是希腊人认为这是野蛮的噪音，他们非常讨厌这种声音。他们喜欢倾听他人朗诵荷马或品达的宏篇史诗。在朗诵的时候，希腊人常用一种古老、简陋的竖琴——里拉来进行伴奏，但这种伴奏也仅限于所有在场的人都同意的情况下。罗

女王的厚爱

　　戏剧与音乐的缤纷呈现让人们枯燥的生活有了更多的色彩，"戏剧天才"莎士比亚在创作初期为在伦敦占有一席之地，他在剧本中多为王者歌功颂德、拥护明君与女权主义。而喜欢在轻快的音乐中翩然起舞的伊丽莎白女王也表现出足够的宽容与大度，这为莎士比亚的戏剧人生提供了充足的挥洒空间。

　　马人和希腊人恰好相反，他们非常喜欢在晚餐和聚会中间用管弦乐来进行伴奏，我们现在使用的很多乐器都是在他们发明的基础上改进而来的。在最初的时候，罗马的音乐并不被教会所接受，后者认为它带有很多邪教的气息。3世纪至4世纪所有的主教所能容忍的音乐极限就是信仰者经常合唱的几首圣歌。因为信仰者们在唱歌的时候没有伴奏会很容易走调，所以教会特许用风琴来进行伴奏。风琴这种乐器是在2世纪发明出来的，由一组排箫和风箱组合而成。

　　之后就是人类大迁徙的时代，最后一拨罗马音乐家不是在战乱中死去，就是成为大街小巷中落魄的流浪艺人，在大街上以卖艺乞讨为生，就像现在船上的那些竖琴手一样。中世纪晚期，世俗文化在城市中复兴，这引发了人们对于音乐家的需求。有些像羊角号一样的乐器，原来是在战场上或狩猎时传递信号用的，现在经过改进，它们的优美音色已经可以在舞厅或者宴会厅中占有一席之地。还有一种绑以马鬃毛为弦的弓，后来成为了用来演奏音乐的老式吉他。在中世纪后期，这些历史上可以追溯到古埃及、亚述的六弦乐器，是所有弦乐器中最古老的一种，它们发展成了现在的四弦小提琴。它们在18世纪斯特拉迪瓦利和其他意大利小提琴制造名匠的手中发出了登峰造极的音色。

　　最后是钢琴的发明，它是所有的乐器中最为常见的一种，曾经被那些热爱音乐的人们带进人迹罕至的荒漠和冰天雪地的格陵兰之中。几乎所有的键盘乐器都源于风琴，在演奏风琴的时候，需要有人协助拉动风箱来完成演奏，但现在这一工作已经由电来替代人完成了。因此，音乐家们一直在寻找一种简单而且不易受外界因素影响的乐器，以便培养更多唱诗班的学生。到了11世纪，在诗人彼特拉克的出生地阿雷佐，一个叫作奎多

古钢琴前的女士

弦乐的不断发展为"乐器之王"钢琴的最终出现铺平了道路，人们按动琴键，牵动钢琴中的琴槌敲击钢丝弦而发出宛转悠扬、铿锵激荡的声音。这种键弦合一的乐器让音乐的表现形式日臻完美，优美的音乐由指尖流出，人们痴迷于其音域的宽广与音色的变化，众多大师的非凡之作更造就了无数个传奇。

的本尼迪克特教团的僧侣为音乐家们创造了一种音乐注释的体系，并且沿用到现在。同时，人们越来越喜爱音乐，终于世界上第一个键盘和琴弦合在一起的乐器诞生了，这就是钢琴，它能够发出叮当的响声，和现在玩具店中出售的儿童钢琴的声音是一样的。在维也纳，中世纪的流浪音乐家们尽管有着与杂耍艺人、赌徒作弊者同样的社会地位，但他们仍在1288年成立了首家独立的音乐家同业行会。我们通常认为，是由简单的单弦琴逐步改进成为现代斯坦威钢琴最初的样子，它因为有按键，所以在奥地利被通称为"击弦古钢琴"。它后来又从奥地利传入意大利，又被改成了小型的竖式钢琴"斯皮内蒂"，因其是一个名叫乔万尼·斯比奈蒂的威尼斯人发明而得名。从1709年到1720年，能够同时演奏强音和弱音的钢琴由巴尔托洛梅·克里斯托福里发明出来，现在的钢琴就是在此基础上改进而来的。

钢琴的出现，意味着世界上第一次有了一种能在几年之内就能掌握的简单乐器，它不像竖琴或提琴那样需要频繁地调音定弦，却也能够演奏出比中世纪的大号、单簧管、长号和双簧管更加动听的音乐。而且钢琴的出现让音乐知识普及的范围更加广泛，就像留声机的出现让更多的人喜欢上音乐一样。音乐家们从之前毫不起眼的流浪艺人转变成为备受尊重的艺术家。后来戏剧中也引进了音乐的元素，使其演变成了现在的歌剧。在当时，只有少数家财万贯的贵族才付得起邀请歌剧团的资费。但是随着人们对歌剧的兴趣越来越浓烈，很多城市都建起了歌剧院。意大利人以及后来的德国人的歌剧让人们可以在歌剧院中体验到前所未有的美妙感受。这时候，大部分人都接受了歌剧这种新的艺术形式，但是仍然有少数非常严谨的基督教派成员对此持怀疑态度，认为它带来的过分快乐会对人的心灵造成伤害。

到了18世纪，欧洲的音乐生活显示出了勃勃的生机。就在这时，一个杰出的音乐家诞生了，他就是约翰·塞巴斯蒂安·巴赫。他原来是莱比锡市一个教堂的风琴师，他为现有的各种乐器都谱写过曲子，他的作品涉及面极广，从喜剧歌曲到通俗舞曲，甚至神圣庄严的圣歌和赞美诗，他为现代音乐奠定了坚实的基础。他在1750年去世之后，莫扎特接过了他的遗志。莫扎特创作的作品精妙非凡，在人们听来宛如众多和声与节奏串成的精美花边。之后出现了一个充满悲情色彩的杰出音乐家路德维西·冯·贝多芬，他创作了很多现代交响乐，但是他因为小时候的一场感冒而丧失了两耳的听觉，再也没有办法听到自己创作的杰出作品和世界上所有动听的声音。

贝多芬经历过轰轰烈烈的法国大革命，满怀着对一个美好新时代的向往，他曾将一首交响乐进献给了拿破仑，这也是让他毕生为之后悔的事情。当1827年贝多芬去世时，曾经叱咤风云的拿破仑垮台了，法国大革命的硝烟也早已散尽。而随着蒸汽机突然降临之后，充斥在世界中的已经是另一种与《第三交响乐》的梦幻意境完全迥异的声音。

在充斥着蒸汽、钢铁、煤和大工厂的工业世界，新秩序对于艺术、绘画、雕塑、诗歌、音乐确实没有什么新的发展契机。中世纪和17世纪、18世纪的主教，王公大臣和商人这些古老的艺术资助者都已找不到踪影。在工业社会中，新兴的阶级都在忙于获取更多的利润，也没有接受过高等教育，没有闲暇时间去关心什么蚀刻、奏鸣曲、袖珍牙雕，更不要说那些从事艺术制作却不会对社会与时代产生任何实际价值的人们了。在工厂劳动的工人们终日听着机器的轰鸣声，也逐渐丧失了承袭他们淳朴祖先的对笛子或提琴悠扬婉转音乐的欣赏情趣。这时候，艺术沦为工业社会备受冷眼的继子，与生活彻底脱离。有幸保留下的绘画也只能奄奄一息地待在博物馆中。音乐则变成了少数"艺术鉴赏家"的专属品，在虚有其表的演奏厅中演奏着没有生命的声音，因为它早已经远离了人们的生活。

尽管艺术的回归之路很漫长、很艰辛，但是最后它还是回到了属于它的世界中。人们开始意识到那些著名的艺术家才是人类的先知与民族的领袖，伦勃朗、贝多芬、罗丹就是这样的人，世界如果找不到艺术与欢乐，就如同幼儿园失去了孩子们的笑声。

西方音乐之父——巴赫

作为德国最杰出的作曲家之一，"西方音乐之父"约翰·塞巴斯蒂安·巴赫出身于音乐世家，他将西欧不同民族风情的音乐巧妙地融于一体，并赋予音乐新的生命，上帝赐予他的天赋与灵感让他的作品深沉、空远，富于变化，充满着现代气息，塑造了欧洲乃至世界音乐史上的不朽传奇。

第 六十二 章

殖民地扩张与战争

如果知道写一本世界史是这样地艰难，我绝不会轻易地接受这样的工作。几乎任何一个普通人只要有足够的勤奋，花上五六年的时间，在图书馆陈旧、发霉的书堆中认真阅读，都能够写出厚厚的一大本文字，将发生在世界上各个时代和角落的各种重大事件详细地记录下来。但是这并不是这本书的重点。出版商希望这本书充满了历史的动感，希望其中的故事生机勃勃地鲜活跳动，而不是让人读来死气沉沉、索然无味。在我即将结束这本书的时候，发现有的章节跌宕起伏，但是有的章节就像在单调乏味的沙漠中独自跋涉一般艰难，有的章节戛然而止，而有的章节则像自由漫步于充满跃动与浪漫色彩的爵士乐中。这让我不是很满意，所以很期待推倒整部书稿重新来写，但是出版商并不同意这样的做法。

清教徒的祈祷

英格兰宗教改革的风潮，让保持虔诚、圣洁之心，对英国国教颇有微词的清教徒流亡美国。作为被国家遗弃的子民，他们即将登上普利茅斯港开往美洲大陆的"五月花号"，那将是一段充满着未知与危险的旅程，人们聚集在手拿福音书、张开双臂仰天向上帝祈祷的人周围，以祈求能平安地抵达彼岸。

　　为了能够解决这个问题，我尝试用第二种方法，将这本书的手稿让几个好朋友阅读，希望他们提出一些对我有帮助的建议。但是我再一次地失望而归。因为每一个人都有自己的好恶和偏见，他们都质问我，为什么我会将他们最喜欢的某个国家、政治家或者罪犯在某个关键的地方弃之不提。他们中有人非常崇拜拿破仑和成吉思汗，认为两者理应受到最高的赞赏。但是我却认为我对于拿破仑的态度已经是尽可能地客观、公正了。在我眼中，乔治·华盛顿、居斯塔夫·瓦萨、汉谟拉比、林肯等众多其他历史人物远比拿破仑要重要得多。这些人更值得多作一些描述，但是因为篇幅的限制，我只能用简单的几段文字草草了事。

　　有一个批评家赞赏了我目前的工作成果，但是他又问我是否考虑过清教徒的问题，因为他们最近正在筹办清教徒登陆普利茅斯港300周年的庆祝活动，所以他认为书中关于清教徒的故事理应多占一些篇幅。在我看来，如果只是单纯地写美国历史，那么清教徒的问题绝对会占据前12章文字的一半。但是，这是一本关于人类历史的书，清教徒在普利茅斯港登陆的事件直到多年之后才被人们重视与重新认识，并引发了国际上的争议。更何况，美利坚合众国并不是仅仅有这么一个州，它是由13个州共同组建起来的。不容忽视的是，在美国成立的最初20年历史中，多数杰出的领导者都出自弗吉尼亚州、宾西法尼亚州和尼维斯岛，并不是出自马萨诸塞州。所以用一页的篇幅以及一个辅助阅读的特制地图来讲述清教徒的故事，应该足够了。

　　接下来就是史前史专家对我提出的疑问，在他们看来，我本可以用更多的篇幅来介绍那些非凡的、让人肃然起敬的克罗马努人，因为他们在一万年前就已经创造出了高度的文明。

　　而我为什么没有介绍他们呢？原因非常简单，我并不像一些很著名的人类学家那样被原始居民取得的成就所惊羡不已。卢梭和一些18世纪的哲学家提出了"高贵的野蛮人"的概念，并以此指代那群生活在天地初开中的幸福人类。现代的科学家却将我们祖先所崇拜的"高贵的野蛮人"置之不理，而是以法兰西山谷中"杰出的野蛮人"代之，他们在35000年前就终结了尚未进化完全的低眉蛮族尼安德特人和其他日耳曼人对天下的独揽，他们给我们留下了克罗马努人的大象图画以及人物雕像，给这些原始人带来了无与伦比的自豪。

　　这些科学家并没有什么不当之处，但是在我看来，人类对这一时期的了解仍极为贫乏，这让我们极难对初期的西欧社会作出精准、或接近精准的描述，因此我宁愿不提及这些我不了解的事情，也不愿意信口胡说。

　　还有一些其他的批评声音，有的人责怪我有失公允。质问我为什么对爱尔兰、保加利亚和泰国三缄其口，却将荷兰、冰岛和瑞士等其他国家生拉硬套进来？对此，我的答复是我从未牵强插入任何国家的历史，这些国家是随着形势的发展走上了前台，我亦无法对它们避而不谈。为了让我的想法能被更好地理解，我在这里将对本书选取国家的依据作一说明。

野蛮人的世界

由蛮荒时代走出来的野蛮人用他们对自然界本能的理解与力量改变着这个世界，他们在简陋的岩洞、茅屋中尽情挥洒丰富的想象力与创造力，尽管留给后人的遗迹不多，但他们用并不丰富的头脑与并不灵活的双手缔造出的文明与艺术已让后人颇为惊叹，众多难以解答的谜团甚至延续至今。

我在选取国家历史的时候只遵循一个原则：那就是这个国家或者个人是否能创造出一种新的思想或者用一种新的行动改变着人类历史的进程。这个问题和个人的喜好并没有关系。这个原则是冷静而近似于数学般严密、精准的计算结果。在人类历史上，没有哪个民族背后勇猛、传奇的色彩能与蒙古人相比肩。但是如果从取得的成就与智慧的进步来看，所有的民族都没有孰先孰后之分。

尽管亚述国王提华拉·毗列色的一生充满着传奇的色彩，但是对于我们来说，他几乎没有存在过。同样的道理，荷兰的历史并不是因为德·鲁依特的水兵曾悠闲地在泰晤士河边钓鱼而被人们关注，皆因荷兰人对欧洲各种深受人厌恶的言论有着各种各样的奇思妙想，他们在北海沿岸的泥沼之地为那些天赋禀异的人们构建了一个宽容、和平的避难所。

不可否认，处于全盛时期的雅典或佛罗伦萨的人口还不到堪萨斯城的1/10。但是如果历史上没有这两个地中海附近的小城，我们现在的文明就会是完全不同的景象。但是对于位于密苏里河上的堪萨斯城来说，即使人口再多，他们对人类文明的影响也根本无法与雅典或佛罗伦萨相提并论。

但是我坚持的观点也都仅是一些个人想法，所以有必要提及另外一件事实。

就好像我们要去医院看病一样，首先要弄清医生究竟属于哪一类医生，是外科医生、诊断医生、顺势疗法医生，又或是一个故弄玄虚的庸医，因为只有弄清楚了这些，我们才能知道他会从哪一个角度来诊断病情。我们在选择历史学家的时候也应如此仔细。有很多人认为历史就是历史，所有的历史都是一样的。但是一个从小在苏格兰落后的农村长大的，接受长老会家庭严厉家教培育出来的作者，和一个从小聆听无神论者罗伯特·英格索尔精彩演说的人，他们对人类关系的各个方面所持有的观点完全不同。虽然随着时间的流逝，他们身上早年训练的印迹会逐渐淡化，他们也不会时常出入教堂和演讲厅。但他们儿时难以释怀的记忆会在他们的脑海中永远无法抹去，并在他们写作、言行举止间常常不经意地流露出来。

在这本书的序言中，我曾经说过我不会是一个无懈可击的历史向导。在我所讲的故事行将结束的时候，我在此重申这一观点。我出生在一个接受旧式自由主义教育的家庭，这样的家庭笃信达尔文以及其他19世纪科学先驱者的论断。我小时候的大部分时光恰巧是与我的一位叔叔共同度过的，他家中收藏有16世纪法国杰出散文家蒙田的所有作品。而我在鹿特丹和高达市接受教育的经历让我经常有机会接触到伊拉斯谟。我也不清楚其中的原因所在，但这个宽容的倡导者确实在我这个并不宽容的人心中占据着重要的位置。后来我又接触过阿尔托·法朗士，在一个偶然的机会，当我看到一本萨克雷的《亨利·艾司芒德》之后，才开始了我与英语的第一次亲密接触。这本书让我印象深刻，对它的记忆甚至超过了我曾阅读过的任何一本英语书。假如我出生在一个令人身心愉悦的美国中西部城市，或许就会对小时候听过的赞美诗充满着某种念旧情节。记得我童年的某一天午后，母亲带着我去听巴赫的赋格曲，那是我对于音乐的最早记忆。这位杰出的新教音乐大师用他精准、严密的完美杰作彻底地征服了我，以至于在我倾听祈祷会上那些平实无华的赞美诗时，常常让我觉得苦不堪言。

换句话说，假如我出生在意大利，在阿尔诺山谷温暖的阳光中长大，我也可能会对五彩缤纷、光线充足的绘画作品爱不释手。但此刻我却对它毫无兴致，因为我最开始接触艺术是从这么一个国家开始的：在那里，难得一见的晴空之下，刺眼的阳光强烈地烘烤着浸饱雨水的田野，在那里，世界万物都凸显出光明与黑暗的鲜明反差。

在这里，我重点强调的事实是为了让你们对这本书作者的个人偏好有一定的了解，这样能更有利于你们领悟我的观点。

在简短地绕过一个必须提及的弯子之后，我们将再次回到最后50年历史的话题上来。这个时期有着很多的故事，但是值得着重提及的并不多。大多数的强国已不仅仅局限于纯粹的政治机构而存在，它们也有着大企业的身份。它们兴修铁路，开通或赞助通往世界各处的海上航线，架设电报网线将众多殖民地串联起来；它们将世界各地的土地一点点吞并，划到自己的名下。在非洲和亚洲，几乎每一块可以争夺的土地都被列强中的某一个强国占据着。阿尔及利亚、马达加斯加、越南和东京北部湾都成了法国的殖民地。而西南和东部非洲一些地区不仅被德国收入囊中，德国人还在非洲西海岸的喀麦隆、新几内亚以及众多太平洋弹丸小岛上安置了据点，更以几名传教士被杀为由，公然占据了中国黄海的胶州湾。意大利人将手伸向了埃塞俄比亚，却在当地国王尼格斯率领

密苏里河上的皮毛商人

　　金色的阳光中，两个猎手正带着他们的猎物与猫在平缓的密苏里河中顺流而下。时空的河流中，这样平凡而美好的点滴记忆无数次滑过人们的脑海，但真正该被铭记的总是那些能够影响甚至改变人类历史进程的记忆，那些重大的事件或人物也会被特殊地"选择性"地烙印在历史的长卷中，直到被后人无意间翻起。

的黑人军队反击下大败而归，聊且仅从占据北非土耳其苏丹所属的黎波里寻求自我安慰。俄国在抢占了西伯利亚全境之后，中国的旅顺港也落入它的手中。日本在1895年的甲午海战中打败了中国军队，进而占领了台湾岛，并在1905年宣称将整个朝鲜王国划归其属地。1883年，世界历史上最强大的殖民地国家英国宣布对埃及提供"庇护"，并较为圆满地行使了这一职责，更从中获取了巨额的实际利益。自从1886年苏伊士运河开通以来，不被各国所重视的埃及开始无时无刻不处于被外来势力侵入的威胁之下。在接下来的30年间，英国在世界范围内又接连发动了多次殖民战争。经过3年的持久战，英国在1902年吞并了德兰士瓦和奥兰治自由邦两个独立自主的布尔共和国。同时它还鼓励塞西尔·罗得斯极富野心地扩充庞大的非洲联邦版图，在这个计划中，英国占据着从南部好望角到尼罗河口的广袤土地，它甚至不遗余力地将沿线所有未沦为殖民地的诸多岛屿或地区都收入其名下。

镜子中的背影

一个人过往的经历与记忆会在潜移默化中对他观念、态度的倾向性产生重大的影响。在现实世界中，每一个人都是独一无二的，他的思想，他的才学，他的崇高……如同一个男人站在镜子前面对着自己的背影，人们不仅要在历史的长河中拼凑昨天零碎的记忆，更要学会找到真实的自我与属于自己的态度与立场。

1885年，头脑灵活的比利时国王奥波德利借助探险家亨利·斯坦利的发现成果，在刚果建立了自由邦。最开始，刚果这个国土辽阔的赤道帝国原属于"君主专制国"。但是多年让人懊恼的胡乱管理，最终被比利时抓住机会趁虚而入，在1908年沦为比利时名下的殖民地，进而撤销了那位胡作非为的国王所一直默许的各种陈规苛典。只要能够获得象牙和天然橡胶，这位国王根本就不关心这些土著居民的死活。

而美国已经拥有了广阔的土地，所以没有强烈的欲望去继续扩张领土。但是西班牙在古巴这个它西半球仅存的几块属地之一所施行的暴政，却迫使华盛顿政府不得不行动起来。经过了一场波澜不惊的短兵相接之后，西班牙人很快地撤出了古巴、波多黎各和菲律宾诸岛，而最后两个地区自此都成了美国的殖民地。

这种世界经济的发展走向是大势所趋。英、法、德三国的工厂数量在不断地增加，它们对原料产地的需求自然也会水涨船高。而越来越多的工人也需要更多的生活必需品的供应。所以世界各国都要求获得更多更旺盛的市场，更多更容易开发的煤矿、铁矿、橡胶种植园以及油田，更多更充实的小麦和粮谷供应。

对于准备开辟通往维多利亚湖的航线或修筑山东境内铁路的人们来说，欧洲大陆上发生的各种政治事件已经变得不值一提。他们知道欧洲有很多问题需要解决，但是他们对此力不从心或鞭长莫及。这些冷漠与疏忽为他们的子孙后代埋下了仇恨与痛苦的种子。不知从什么时候开始，欧洲的西南部土地一直深陷在不休的杀戮与流血之中。在19世纪70年代，塞尔维亚、保加利亚、门的内哥罗和罗马尼亚的人们为再度赢得自由而前赴后继，而有着众多西方列强撑腰的土耳其人则每每极力阻挠。

1876年，保加利亚的人民在争取民族独立斗争中遭到了残酷无情的镇压，这让善良的俄国人再也不能视若无睹。就如同美国麦金利总统被迫干涉古巴局势，竭力阻止哈瓦

狂热的殖民竞赛

土地与资源的诱惑让众多世界列强一手举着虚伪的面具，一手藏着武力的大棒，为了争夺更多的殖民地费尽心机，甚至不惜大动干戈，而欲望的贪婪让他们没有丝毫节制。图中大英帝国全盛时期的著名帝国主义者"南非钻石大王"塞西尔·罗得斯甚至期冀着独占非洲好望角至开罗之间的大片领土。

柏林会议

　　欧陆各国利益在巴尔干半岛的纵横交错时刻触动着执政者脆弱的神经，直到再度复兴的俄国势力将手掌伸向这里。为此在以德国为东道主的德国柏林会议上，各国试图平衡英国、俄国、奥匈帝国以及其他欧洲强国的利益关系，重建巴尔干半岛的秩序，但最终非但没有解决实质问题，反而使局面更加复杂、微妙。

那惠勒将军行刑队指向无辜民众的枪口一样，俄国政府迫于压力不得不挺身而出。俄国军队于1877年4月渡过多瑙河，以迅雷不及掩耳之势攻下了希普卡隘口，在拿下普列文之后，他们一路向南高歌猛进，一直攻到君士坦丁堡城下。此时的土耳其开始向英国请求援助。很多英国人都不满政府支持土耳其苏丹的举措，但是迪斯雷利还是决定出面干涉。此时维多利亚女王刚刚在他的支持下登上印度的王位，他对俄国人迫害印度境内的犹太人非常不满，因此对土耳其反而存有更多同情与好感。在英国的干涉下，在1878年俄国被迫签订了圣斯蒂芬诺和约，这让巴尔干半岛的纷争交由同年6、7月举行的柏林会议去处理。

　　著名的柏林会议完全由迪斯雷利一人幕后操纵。他有着一头油光发亮的卷发，秉持着一种拒人于千里之外的高傲，但是他又有着桀骜不驯的幽默感和狡黠高超的外交手腕，在面对这个老人的时候，连素有"铁血宰相"之称的俾斯麦都不得不畏惧三分。他作为英国的首相，在柏林会议上充分地考虑着他的盟友土耳其的利益。会议承认了门的内哥罗、塞尔维亚、罗马尼亚的独立地位，而保加利亚在沙皇亚历山大二世的侄子、巴登堡的亚历山大王子统辖下成为了半独立的国家。然而，上述的这些国家都没有机会充分发挥它们自身的国力与资源优势。作为大英帝国防范俄国西进扩张的缓冲地带，土耳其苏丹的政局是英国密切关注的重点，否则这些国家还是有可能实现它们最初的愿望的。

　　还有更糟糕的事情，此次柏林会议还授予奥地利将波斯尼亚—黑塞哥维那由土耳其

争霸之战

欧洲列强疯狂地在世界各个角落掠夺殖民地，以获得更多的原料产地与销售市场。从1876—1914年间，英、俄、法、德、美、日等国巧取豪夺了近2500万平方公里的领土，地球上三分之二的土地沦为帝国列强的殖民地。而随着经济发展的不均衡、殖民争端的日益突出，各国最终不可避免地为争夺霸权步入战争的旋涡。

第一次世界大战前奏

1870年，为了统一德国、争夺欧陆霸权，普鲁士与法国爆发普法战争，战败方法国割地赔款，埋下两国之间的旧怨深仇。

1873年，为孤立、抗衡法国，欧陆强国德、奥、俄三国缔结"三皇同盟"，脆弱的同盟后因巴尔干半岛问题走向破裂。

1882年，德、奥匈、意三国在维也纳签订同盟条约，缔结"三国同盟"。

1891—1907年，英、法、俄三国彼此之间先后签订协议，形成"三国协约"。

1907年，以德、奥匈为首的同盟国和以英、法、俄为首的协约国两大军事集团对峙而立。

1914年6月，历经多年军备竞赛、局部冲突，各国紧张的神经在突然爆发的"萨拉热窝事件"之后无法遏制，各自宣战爆发第一次世界大战。

中划分出去，作为哈布斯堡王朝的一块领土纳入奥地利的版图。不得不承认，奥地利干得不错，它将这两个被人忽视的土地整治得如同英国最好的殖民地一样井然有序、赞誉有加。但是这里生活着很多塞尔维亚人，这些人曾经是生活在斯蒂芬·杜什汉的塞尔维亚大帝国中的一员。这位著名的领袖杜什汉曾经在14世纪初期成功地率领民众抵抗过土耳其人的侵略，让西欧免于战火。在哥伦布发现新大陆的前150年，那里的首都乌斯库勃就已经成为了帝国的文明中心。过去的那些辉煌和荣耀依然停留在塞尔维亚人的心中，永远无法磨灭。所以他们讨厌奥地利人在这两个地方指手画脚，以他们的传统观念看来，这两个省由始至终就是属于他们的领土。

在1914年6月28日，一个塞尔维亚的学生仅仅是出于简单的爱国动机，在波斯尼亚的首都萨拉热窝刺死了奥地利的王储斐迪南王子。

这次刺杀行动成为了第一次世界大战的直接导火索，虽然这次大战的起因不能简单归结于那个歇斯底里的塞尔维亚学生，也不能归结于被前者刺死的奥地利王储。这些虽是引发战争的直接因素，但却绝不是唯一因素，战争错综复杂的起因还应归咎于柏林会议的那个年代，整个欧洲急于建设物质文明，而将古老的巴尔干半岛上那个民族曾表露出的渴望与梦想遗忘在了阴暗的角落里。

第 六十三 章

一个新世界

为了迎来更美好的新世界，各国在世界范围内进行了一场争斗，那就是世界大战。

在一小部分对法国大革命的爆发负责的忠诚拥护者中，德·孔多塞侯爵可以说是品格最为高尚的人之一。他在这场震惊世界的革命之中，为了解救劳苦大众贡献了自己的一生。此外，他还以助手的身份协助德·朗贝尔和狄德罗编撰了举世瞩目的《百科全书》。在革命爆发之初，他曾担任过国民议会中温和派的领导者。

当国王和保皇派的反动阴谋让激进派掌控了政权，并开始大肆屠杀异己分子的时候，孔多塞侯爵所持有的宽容、仁厚与坚定态度让他陷于被怀疑的境地。之后他就被激进派划入了"不受法律保护者"的黑名单，他成了一名被放逐的对象，成为了一个无家可归的人，致使任何一个真正的爱国者都可以随意地处罚他。虽然他的朋友情愿冒着生命的危险收留他，但是他拒绝了让朋友为他身陷险境。他自己偷偷地逃离巴黎，想要逃回自己的家乡，他认为那里可能还是安全的。经过了三天三夜，他风餐露宿、历经艰辛、遍体鳞伤，不得不前往一家小饭馆讨食求生。多疑的村民对他进行了搜查，从他的口袋里找到了一本拉丁诗人贺拉斯的诗集。这表明这个身陷困境的人出身高贵，但是在那个时代，所有受过教育的人都被看作革命仇敌对待，这个人绝不会平白无故地甘冒奇险跑到公路上来。村民们抓住了孔多塞，将他捆起来，堵住了嘴，关进了乡村拘留所。到了第二天早上，当士兵们准备将他押赴巴黎处决时，这个高尚的人已经离开了人世。

孔多塞

作为18世纪法国启蒙运动的代表人物，孔多塞被人们称作法国大革命的"擎炬人"。他对社会的革新思想引导着人们挣脱重重压迫，实现真正的公平与正义，他对人类历史文明的发展进程有着透彻的理解，乐观地期待着革命所带来的平衡与改变，但崇高的生命却最终被法国大革命汹涌的浪潮所吞没。

苦难中的反思

　　自然界与时间给予人类充沛的想象空间与支持，对正义与光明的笃信让人们对这个充满着变数的世界抱有深深的期望，然而社会的动荡与战争的残酷却将这些尚未凝聚的希望击得粉碎。希望之火的暗淡让人们身陷于巨大的恐惧与黑暗当中，而事实上苦难的沉重代价正引导着人类一步步接近希望。

　　他为了谋得人类的福祉付出了他的一切，但是最后却以如此凄凉的结局收场，他有着最充足的理由憎恨人类。但是他曾说过这样一句话：

　　"大自然让人类充满了无尽的希望。现在，人类正在全力地挣脱身上的束缚，以坚实的步伐在通向真理、美德与幸福的大路上阔步前进，这样的画面让哲学家们见证了一个人间奇迹，这让他们从身边玷污与压抑这个世界的谬误、罪恶以及不公正中获得了些许安慰。"

　　这句话距今已经过了130年，但是读起来依然振聋发聩。在这里，我和读者们一起来分享这句话带给我的震撼。

　　我们生活的世界刚刚经历了一场无比痛楚的苦难，这与法国大革命相较之下，后者充其量就是一次偶然的事故。这场战争带给人们的是无与伦比的震惊和绝望，它让成千上万的人心中最后一点点的希望之火都熄灭了。这些人曾经因为人类的进步而放声歌唱，但是他们不断祈祷和平换来的却是一场持续了4年，而且残酷无比的疯狂杀戮。所以他们会不自觉地扪心自问："我们为了那些还处在穴居阶段的人类付出这样艰辛的代价是否值得？"

　　答案永远只有一个。

　　那就是："值得！"

　　虽然第一次世界大战是人类历史上一场令人战栗的灾难，但是并不代表世界末日，

因为随着战争的结束，一个全新的时代即将来临。

如果只是单纯地写一本和古希腊、古罗马或者中世纪的历史有关的书并不难。因为在那个已被人们遗忘的历史舞台上，所有的演员都已经埋在黄土之下，我们能够对他们进行冷静和客观的评价。那些台下曾为表演者喝彩叫好的观众们也都消逝在空气中，不管我们作出什么样的评价，都不会伤害到他们的感情。

但是要对当代发生过的事件做一客观、真实的描述却是非常困难的。有一些问题困扰着和我们相伴一生的亲人，也让我们自己疑惑不解。这些问题不是对我们造成了太深刻的伤害，就是让我们过于高兴，因此我们很难用一种历史写作所必须持有的客观、公正的心态加以描述。历史并不是自我吹嘘的宣传，做到公正是起码的态度。所以不管怎样，我都要竭力告诉你们，我完全同意孔多塞侯爵对美好明天所秉持的坚定信念。

我已经不止一次地提醒大家，一定要谨防对历史时代进行僵硬划分所造成的错觉。也就是所谓的人类的历史先后

历史的主人

人类进步的阶梯远没有顶点，对于每一个人来说，沉迷在过去的辉煌或现实的安逸中同样可怕，放弃奋斗只能成为自然界优胜劣汰的失败者。今天的我们行走在缔造历史的路上，而这一切都将在时空的沉积中成为明天的回忆，人们承袭传统、开创未来，每一个人都是他自己现在和将来的主人。

经历了古代、中世纪、文艺复兴和宗教改革时期以及现代，共计四个阶段。这其中，最后一个阶段的语义界定是非常混乱的。"现代"这个词从表面上看似乎在告诉我们20世纪的人类已经走到了历史的顶点。在半个世纪之前，以格莱斯顿为领袖的英国自由主义者看来，第二次的"改革法案"赋予了工人与雇主共享政治的权力，已经使确立真正代议制的民主政府问题得以完美地解决。当以迪斯雷利为首的保守派嘲讽他们的行动是极具危险性的瞎摸乱撞时，他们进行了坚决的否认。他们对自己的事业怀着坚定的信心，相信从今以后，在社会所有阶层的携手努力下，他们共同拥有的政府一定会发展得越来越好。然而，随后的世事无常，让少数几个幸存的自由主义者终于开始隐约察觉到他们当年有一点过分的乐观和自信。

对于任何历史问题来说，永远没有一个绝对的答案。

任何一代人都必须重新为他们的命运而战，也只有这样才能避免类似史前动物因懒于移动而遭致最终灭绝的事情再度发生。

一旦人们意识到这一点，才会获得更广阔的视野来看待这个世界。如此，我们在进一步推论，假如我们身处在一万年以后自己子孙的位置上，他们一样也会研究历史。但是他们会怎样看待我们用文字记录下来的短短的4000年的行为和思想呢？他们可能会将拿破仑看作是亚述征服者提拉华·毗列色那一时代的人物，甚至可能将他和成吉思汗或马其顿的亚历山大混淆起来。而刚刚这场偃旗息鼓的世界大战也可能被他们看成是罗马和迦太基争夺地中海霸权，彼此攻伐持续了128年的商业战争。而19世纪巴尔干半岛的争端问题，这些塞尔维亚、希腊、保加利亚以及门的内哥罗为自由而战可能在他们看来，就是大迁徙时代混乱的延伸。他们会用我们审视250年前土耳其和威尼斯之争中摧毁殆尽的雅典卫城照片时一样的眼神，盯着刚刚发生过的一战中德国炮火摧毁的兰姆斯教堂的照片。我们身边很多人所普遍持有的对死亡的恐惧心理在他们来说，可能只是一种极为幼稚的迷信，这种看法似乎合情合理，因为直到1692年仍有一些愚昧的民族将女巫烧死。甚至就连那些让我们无比自豪的医院、实验室和手术室，在他们的眼中也只是经过简单改装的炼金师和中世纪外科医生的小作坊而已。

他们之所以会产生这样的看法，原因很简单，因为我们自认为的现代在他们看来并不现代。我们仍然属于穴居时代人最后的几代子孙。新时代的脚步声现在才刚刚响起。只有人类拥有足够的勇气去怀疑现在存在的所有事物，并运用自己的知识和理解创造一个更理智、更合理的社会基础时，人类才有机会步入真正的文明。而世界大战也正是这个新世界在成长过程中不可避免要经历的阵痛。

在未来即将发生的很长一段时间中，人们用出版各种各样的书籍来证明这场战争是由这个、那个或者另外一个人导致的。社会主义者会认为这场战争是资产阶级为了自身的商业利益而发动的，而资产阶级则会反驳说，他们的子女在战争的最前线冲锋陷阵，最终马革裹尸，他们在战争中失去的远比得到的要更多。他们也会全力向人们证明，在战争初始每一个国家的银行家是如何极力阻挠战争爆发的。法国的历史学家们会从查理曼大帝开始，一直到威廉·霍亨索伦，罗列出不同统治时期德国人所有过的种种罪行。德国的历史学家也会以其人之道还治其人之身，历数从查理曼时期一直到布思加雷执政时期法兰西所犯下的各种暴行。也只有用这样的方法，他们才能志得意满地将战争的责任完全推卸到其他人身上。这时候，所有国家已故或仍健在的政治家们，都会用文字去控诉历史，他们是怎样竭尽全力地避免冲突，但是罪恶的敌人又是怎样迫使自己卷入到这场战争中的。

经过了一个世纪之后，历史学家们就根本不会关注这些表面上的理由和愧疚，他们会探究到深层最真实的原因。他们明白，一个人的罪恶、野心、贪婪对战争爆发的影响是非常渺小的。其实在科学家们为建造一个充满钢铁、化学和电力的新世界时，罪恶的种子就已经开始生根发芽了。他们忘记了很重要的一点，人类的大脑比谚语中乌龟的速

历史的真相

对于战争，每一个卷入其中的人都会将自己说成冠冕堂皇的正义者或楚楚可怜的无辜者。无可置疑的辩解需要敏锐的双眼去揭开它的伪装，欲望与野心，杀戮与死亡，每一个人对于历史的评判都有着自己的观点，而历史的真相也隐藏其中。图为南非的殖民战争中，英国人正用军刀劈开祖鲁士兵的防线。

度还要迟缓，比树獭更懒惰，人类远远地跟着极少数充满勇气的领导者从100年走到300年。

一头狼虽然披着羊皮，但它依然是狼。就算一只狗经过训练之后能够非常熟练地骑着自行车，会抽烟，但它始终都是狗。同样的道理，就算一个商人开着1921年最新款的罗尔斯·罗依斯汽车，如果他的智商还处在16世纪的话，那么他依然只能算一个16世纪的老古董。

假如你还没弄明白其中的道理，不妨再重新读一遍。读到一定的程度之后，你就会在一瞬间明白这个道理，它可以帮助解释最后6年中发生的很多事情。

或许我可以用一个更生活化的例子来表达我的看法。在看电影的时候，电影院的银幕上常常会出现可笑或滑稽的字幕。如果有机会，你可以趁机观察一下观众的反应。有些人会很快地反应过来，他们理解了这些句子的意思，随即大笑起来；但是有的观众反应就比较慢，需要花上20—30秒才能领会其中的意思，发出笑声。还有的观众自身的理解能力有限，需要在另外一些观众的帮助下才能明白其中的含义。而我想要表达的意思就是，人类的生活和观众看电影的反应在某种程度上是一样的。

　　在前面我已经提到过，虽然罗马帝国灭亡了，但是罗马帝国的观念仍然在人们心中延续了近1000年。这种观念直接导致了大量"仿制帝国"的建立，它们让罗马主教能够成为整个教会的领袖，因为主教代表的就是罗马帝国中世界强权的这种观念。这种观念让很多原本善良的酋长和族长误入歧途，并卷入了一场永无止境的杀戮之中，皆因"罗马"这个充满着诱惑、神奇的词汇让他们心神向往。历史中的教皇、皇帝、平凡的士兵乃至所有的人原本和我们都是一样的，但是他们生活的世界已经被罗马帝国的精神充斥并占据着，曾经的罗马传统已成为一种真实存在的生命，它在父辈与晚辈之间生生不息、触手可及。所以他们不惜耗尽一生的精力，为了他们的事业而战，而他们的这种行动在如今恐怕连六七个拥护者都没有。

　　在另外一个章节中，我还提到过，大规模的宗教战争是怎样在宗教改革兴起100多年后忽然爆发的。倘若你把三十年战争的那一章和介绍科学时代的那一章对照比较，你就会发现，那场血雨腥风的战争恰好与法国、德国、英国科学家的实验室中第一台笨拙的蒸汽机呼哧呼哧喘着气发生在同一个时代。但是所有的国家对蒸汽机根本就没有兴趣，他们还沉浸在那一场不切合实际的宗教争执上。如今，听到这些空洞的内容虽不至于让人厌恶，但除了让我们昏昏欲睡以外，再也提不起什么兴致了。

强权之梦

　　罗马帝国缔造的辉煌文明在人们的心中延续了千年，无数的国家与民族循着罗马帝国的足迹走上他们自己的强权之路。传统成功的思维定势与野心驱使着善良的人们沦为战争的工具，通过不断地侵略、掠夺与杀戮收获大量的土地、财富与奴隶，最终缔造帝国的辉煌，却也难逃罗马帝国覆灭的命运。

时光飞逝，在1000年之后，历史学家们也会用同样的语言去讲述19世纪欧洲早已逝去的故事。这些历史学家们会发现，人们是怎样忙于残酷的民族斗争的，然而同时他们的身边仍活跃着不少不苟言笑的人，对政治充耳不闻，终日泡在各种实验室里，只求能从中揭开大自然更多的奥秘。

你们可以慢慢来领会这些话的含义。如今，大量的重型机械、电报、飞机以及煤焦油产品充斥着欧洲、美洲、亚洲的各个角落，而这仅仅是这些工程师、科学家和化学家在一代人的时间里完成的。他们缔造了这个无比崭新的世界，时间与空间都已成为不值一提的细枝末节。他们将所有花样繁多的新发明、新产品加以改进，使之成为任何一个人都可以享用的物美价廉之物。尽管之前已经提到过，但是我觉得还是有必要在这里再次强调。

昔日的工厂主们已成为了国家机器的掌控者，他们需要更多的原材料与煤，特别是煤，来维持工厂在竞争压力逐渐增大的情况下正常运转。与此同时，为数众多的普通民众却依然停留在16—17世纪的思维方式上，仍旧将国家看作是一个朝代、一个政治团体，这种顽固的观念在短期内无法改变。这种蠢笨的中世纪古老机构在面对突如其来的机械与工业社会中出现的各种高度现代化问题时，它总是以几百年前畅行无阻的游戏规则来竭力解决这些难题。所以每个国家都组建了相应的陆军和海军，在远隔千里的土地上展开疯狂的殖民竞争。只要还有一小片未被占据的土地，英国人、法国人、德国人或者俄国人就会蜂拥而至，宣称自己是那片土地的主人。如果当地的居民进行反抗，就会遭到无情的杀戮，尽管多数时候，当地人会以忍辱退让来获得平安与宁静。只要当地的

战争的延续

工业时代的迅猛发展让工业大国的资源供应接近极限，于是众多强国重拾几个世纪前旧有游戏规则中的简单、暴力，依靠战争疯狂地扩张和掠夺殖民地，进而在短时间内获取巨大的暴利与辉煌的繁荣。图中殖民地的人们只有用财富与资源换取安定的生活，否则只有承受强国无止境的破坏与杀戮。

居民不骚扰殖民者钻石矿、煤矿、金矿、石油或橡胶园的秩序与开发，也能从这些外国占领者那里分得一定的收益。

有时候也会出现这样一种情况，两个正在寻找原料的国家同时想要染指同一块土地，于是双方就会爆发战争。1904年，为争夺同一块中国的土地就曾引发了日本与俄国之间的战争。但是这样激化的矛盾冲突实属少见，没有人会真正愿意发生战争。20世纪初的人们已经清醒地认识到诉诸军队、战舰或潜艇去彼此伤害的想法是极为不明智的。在他们看来，暴力只是几百年前肆无忌惮的君权和钩心斗角的王朝所惯用的伎俩。他们每天都可以在报纸上发现很多新的发明，在那里看到英国、美国、德国的科学家们在一片祥和的氛围中携手合作，并在医学或天文学的领域中不断获得新的成就。他们生活的世界中，每个人都在为商业、贸易或工业而忙碌不

残酷的战争

国家间的利益摩擦与争端激化常引发各种战争，尽管荒诞的战争常让战争双方承受巨大的苦难与代价，但仍被各国奉为解决争端最原始、最简单的方法。无情的战火迫使平民背井离乡，甚至将繁华的城市化为灰烬。图为德国累斯顿城被战火洗礼后的高大石雕无声地俯瞰被夷为废墟的空城。

停，很少有人注意到他们因共同观念而走到一起的、庞大的国家社区中，所施行的制度已经和时代严重脱节了。发现其中问题所在的几个人想要对其他人加以提醒，但是多数人除了眼前的事业以外，其他问题一概没空理会。

在前面我已经用了很多的比喻了，请原谅在这里我还要再用一个。我们可以将国家比喻成一艘船，这个古老的比喻在任何时候都是那么生动形象。埃及人、希腊人、罗马人、威尼斯人和那些17世纪的商业探险家们驾乘的"国家之船"，是由一些干燥适用的木材建造起来的，由那些擅于管理又了解船只的优秀航海者掌舵，除此之外，他们对祖先留下来的航海术的瑕疵与局限也了如指掌。

随之而来的就是由钢铁和机器构成的新时代。这艘"国家之船"起先是局部发生着变化，而后来蔓延到整艘船都发生了翻天覆地的变化。船的体积变大了，开始使用蒸汽机来代替古老的风帆。尽管客人居住的船舱变得更加舒适，但更多的人被赶到了锅炉舱中。虽然这里的工作环境更加安全，得到的报酬也不断上涨，但是锅炉舱中的工作与从前在桅杆上装配船帆、操纵索具的工作一样危险，这仍让人难以欣然接受。很快，这艘

前途渺茫的航程

　　随着工业革命带给人类日新月异的变化，跨入崭新时代的国家之舟变得空前庞大而精密，然而这些承载着人们希望的远航之舟却在领航者的手中沿袭着最原始的航行法则。拥挤的国际政治之海上，众多国家彼此争逐，无数人情愿或者不情愿地与这些庞大国家机器的命运捆绑在一起，驶向无法预知的彼岸。

船就悄然从古老的木质方船变成了焕然一新的远洋钢铁巨轮。但是，船上的船长与大副还是以前的那些人，他们按照一个世纪之前的传统方式被指定或选举出来管理、操纵这艘船。但是他们使用的航海技术还停留在15世纪，他们沿用的还是船舱中悬挂着的路易十四和弗雷德里克大帝时期的航海图和信号旗。对于新的工作，他们兢兢业业，却根本无法完全胜任。

　　国际政治的海洋并不宽广辽阔。那么多的皇家船只与殖民地船只在这片水域游弋、争逐，就一定会发生事故。事实也正是如此，当你鼓起勇气穿越那片水域，还会见到那些事故后的残骸。

　　这个故事想说明的道理非常简单，现在的世界极为需要能担负起领袖使命的人才，他必须具有真知灼见和过人胆识，能够冷静地认识到"国家之船"才刚刚启程，需要掌握一套全新的航海理论体系才能很好地驾驭它。

　　在达成这一切之前，他必须经过厚积薄发的多年研习，与可能遇到的各种困难和阻碍经历几番苦斗，才能成功。当他站在驾驶台前，他或许要甘冒全体船员出于嫉妒产生哗变、甚至杀死他的危险。但是终究有一天，会出现一个能将船只安全带入港湾的领袖人物，那么他就会成为这个时代的英雄。

第六十四章

永远如此

"当我对生活中出现的种种问题越是深入地思考，我就会越坚信'讽刺与同情'理应成为我们的顾问与法官，这和古埃及人为死去的亡灵向女神伊西斯和内夫突斯不断祈祷有着异曲同工之妙。

"讽刺与同情皆是最出色的顾问，前一个用她的微笑让生活愉快安逸，后一个用她的泪水让生活高尚圣洁。

"我所期待的讽刺并不是一个残忍冷酷的女神，她既不嘲弄爱情，也不讥讽美丽。她是如此的温良贤淑、仁爱友善；她的欢乐让我们戾气顿消。也正是她，引导我们对好逸恶劳、蒙昧无知之辈报以冷嘲热讽。倘若失去了她，我们或许会懦弱无能地去蔑视他们，怨恨他们。"

在这里，我借用法国著名作家法朗士充满理性与智慧的词句作为献给你们的临别赠言。

女神

面对着人生的坎坷与世事的繁杂，唯有讽刺与同情才是人们评判世界可以依赖的标尺。借助她的双眼人们才有机会去缔造平凡而美好的世界，皆因她引导我们去拥抱纯真、善良与美丽，它给予人们活着的勇气与希望；她也支撑我们去直面虚伪、邪恶与丑陋，它给予人们反抗世间一切黑暗的力量。